近世吉野林業史

谷 彌兵衞 著

思文閣出版

本書は「財団法人　住宅総合研究財団」の二〇〇七年度出版助成を得て出版されたものである

まえがき

いま日本の林業は存亡の危機に直面している。丹精した木材が売れない、売れても安くてコストが合わないといった悲鳴が全国各地から聞こえてくる。そのために植林や手入れが放置され、山林は荒廃しつつある。吉野林業とて例外ではない。危機の原因として次のようなことが指摘される。(1)外国産の安い材木が大量に輸入され、国産材がそれに押されている。(2)住宅に対する国民のニーズが変化しているのに、供給側が消費者のニーズに応えていない。(3)木材の代替品が建設関係をはじめとして各方面で広がっている。

かつて吉野林業は小区画・密植・長伐期・多間伐施業を特徴とした。頭初の間伐材は稲足になったが、いまではコンバインが普及し、稲架けをする農家はまれである。それに続く間伐材は足場丸太になったが、鉄パイプの足場に取って代わられた。一本十数万円から数百万円もした床柱も、和室のない家が増えて、需要が急減しつつある。吉野杉が酒樽に最適とされたのは遠い昔のことである。このように吉野林業システムが崩壊したところに危機の深刻さがある。

こんな状況の中で、気楽に林業史を研究して何の意義があるのか、私にも答えられない。安易に温故知新などとごまかすことはできない。

私が林業危機の深刻さを実感したのは、一九九八年から吉野木材協同組合連合会の記念誌『年輪』の編纂に参加したことによる。この組合は近世の郡中材木方の歴史と伝統を受け継ぐ組合で、その役員は吉野林業を代表する木材業者である。編纂委員会ごとに語られる話題から吉野林業の危機的な現状を否応なしに知らされた。記念誌の副題を、「滅び行く吉野林業」としたらどうかという声さえ冗談とは思えなかった。私は記念誌の中で歴史編を執筆したが、役員諸子は私の報告から先達の独立心、先見性、行動力を学びとられ、「吉野の気甲斐性」を最大の教訓と受けとめられた。

その後、記念誌『年輪』の編纂に参加した役員らが中心になって、川上産吉野材販売促進協同組合（略称川上サプリ）を立ち上げた。川上サプリは従来の吉野材の販売システムに安住せず、人工乾燥、表面加工により付加価値を高め、山元とエンドユーザーを直結する新しい流通経路を開拓しようとしている（平成一六年度『森林・林業白書』参照）。二〇〇四年夏、地域農林経済学会近畿支部研究大会が奈良女子大学で開催された。この大会で、川上産吉野材販売促進協同組合理事長の上嶌逸平氏が「吉野材の新しい流通の試み」と題して報告をされたが、冒頭、「この組合を立ち上げようと決めた動機の一つは、吉野木材協同組合連合会の記念誌『年輪』の編纂に参加し、谷先生から先達の努力の跡を聞いたことであった」という発言があった。私のささやかな研究がそのように役にたったとするならば、歴史研究者として冥利に尽きる。

私は吉野の材木商人の家に生まれ、子どもの頃から吉野林業を見て育った。私の吉野林業史研究のモチベーションは、吉野林業の歴史を知りたいということであるが、全国に冠たる発展を遂げたという光の部分だけではなく、山林の多くが村人の手から村外者の所有に移っていったことや、大小多くの材木商人が生成しては消滅していった影の側面も明らかにしたいのである。私の生家も多くの親族も、残念ながら盛衰を免れなかった。吉野林業発展の陰には土倉家をはじめとして多くの材木商人の浮沈があった。小著は彼らに対するレクイエム（鎮魂歌）でもある。

吉野林業史の研究は多くの蓄積を持っているが、本格的な通史はまだない。小著は通史的体裁をとっているが、通説にもとづく吉野林業史ではなく、私の考えを展開した論集でもある。勿論、笠井恭悦・藤田佳久・泉英二各氏らの業績に負うところも大きい。

私はこのささやかな書物を研究者だけではなく、林業や木材業に携わっておられる方々にも読んでもらいたいと願っている。歴史を学んだとて、そう簡単に将来展望が見えてくるものではないが、先達の苦労の跡を知ることによって、そこから勇気を得てほしいのである。また、市民の方々にも読んでいただき、林業に対する関心と理解を深めていただくことを希望する。

アメリカの日本史研究者であるコンラッド・タットマンは、その著『日本人はどのように森をつくってきたのか』（熊崎実訳、築地書館、一九九八年）を次のようにしめくくっている。「二〇世紀の日本が貧困に打ちのめされた農民社会ではなく、豊かな緑の列島として生きのびることができたのはこの移行があったからである」（二〇〇頁）。この移行とは採取的林業から育成的林業への移行である。林業史を学ぶ今日的意義はここにもあるのではないだろうか。

近世吉野林業史　目次

第一部　吉野林業発展史

近世吉野林業史

序章　近世吉野林業史研究の視点

本章の課題

吉野材は今日市場で最高の評価を受けている。ちなみに、日本不動産研究所が毎年おこなっている山元立木価格の都府県別平均価格調査によると、[1]平成一五年は杉・檜とも奈良県が最高である。平成一六年は杉については滋賀県や福井県に上位を譲っているが、これは山元立木価格の計算法によるものである。山元立木価格は、最寄り木材市場渡し価格から生産諸経費等を差し引いた数値であり、市場渡し価格が少々安くても生産諸経費等が安ければ山元立木価格が高くなる。奈良県の伐出業労働賃金は日本一高く、[2]生産諸経費等が他府県より高くつくので、山元立木価格のみかけの首位を他に譲ったのであって、実質的には檜と並んで最高であることには変わりはない。これは都府県ごとの比較で、調査は林業事情を最もよく反映していると認められる市町村を選定して調査したものであるから、当然これが吉野材の評価であることはいうまでもない。

そのような評価を受ける吉野材とは何か。よくいわれる吉野材の特質は、年輪幅が緻密で均一である、幹の根本から上の方まで太さがほとんど変わらない（通直）、幹に節が無くほぼ丸い形をしている（無節直幹）、美しい淡紅色で香りがよい、ということである。[3]吉野材は良材であるとともに強材でもある。杉の強度を表すヤング計数は普通七〇であるが、吉野杉は一二〇ある。[4]これらは紀伊山地の自然条件とともに吉野の施業体系が生み出したものである。造林から伐出し、流送にいたる吉野林業の技法は、ほぼ一八世紀初期に確立されたものであって特定の個人の名前を冠せられるものではない(5)。

ここで、近世の吉野林業の発展形態を素描しておこう。近世当初の著しい人口成長と都市の発展は膨大な材木需要を招来した。それに刺激されて、おとな百姓は各自の所有する山畑に植林し、農業の傍ら零細な林業を営むようになった。伐期は二〇年程度の短いものであったが、中小径木の市場が存在したことが零細な林業を可能にした。折から進行する小農自立によって、植林する百姓は増えていった。零細な百姓による林業を小農型林業と呼ぶことにする。

一七世紀を通して、林業へのインセンティブはますます強くなった。彼らはもはや自己の所有する狭い山畑での林業に満足できなかった。元禄期（一六八八―一七〇四）前後から、いっせいに惣村山への植林を始めた。延宝の頃（一六七三―一六八一）には、吉野川の浚渫が川上郷和田村まで達し、上流から流筏が可能になったことも彼らを後押しした。当初、村方は規制を試みたが、しょせん植林化の大勢には抗すべくもなく、のちにはこれを容認した。享保の頃（一七一六―一七三六）になると、川上郷内では、集落から見える所は全て杉山というまでになった。吉野林業は新たな発展段階に入ったのである。

一八世紀になっても材木生産は持続的に発展を続けた。とりわけ酒樽に吉野杉が最適とされたことによって、吉野材の名声が広まった。一八世紀の後半になると、これに目を付けた吉野川中下流域や奈良盆地の地主資本・商業資本・高利貸資本が、有利な投資先として吉野林業地帯に進出してきた。地元では、激しい小農分解の攻勢を緩和する手段として外部資本を受け入れた。土地と立木の所有権が分離し、所有と経営も分離した。これを借地林業という。投資家は林業経営が目的ではなく、木材の売却による収益が目的であったから、林業経営は地元百姓に委ねた。また伐り出した材木は、まず山林所在村の材木商人が排他的にこれを購入し、商品化した。小農型林業は借地林業によって変質を余儀なくされたが、その基本は維持された。借地林業制は一八世紀の後半から広がり、一九世紀の中頃には支配的になった。

このように近世の吉野林業史は小農型林業の生成・発展・変質の歴史である。その発展のモメントは材木生産である。

本章では、小農型林業を近世の吉野林業のコアとし、その基本的な特徴をとり出して素描する。そのさい小農型林業が成立し得る条件を明らかにするとともに、商品経済の浸透によって借地林業制に変質していく過程をも考察する。

第一節　吉野林業地帯

ここでわざわざ吉野林業地帯に論及するのは、吉野林業の範囲が必ずしも明確でないからである。吉野林業を広義と狭義にわけ、前者を吉野郡全体の林業とし、後者を吉野川流域の林業とするという記述に時折出会う。筆者もかつて『吉野町史』上巻でそのように書いたことがあったが、吉野林業には広義も狭義もない。

吉野林業は吉野川中上流域・高見川流域・丹生川流域で営まれる林業であり、その地域を吉野林業地帯という。今日の行政区画でいえば、奈良県吉野郡川上村・東吉野村・吉野町・下市町・黒滝村・五條市西吉野町（西吉野村は平成一七年に五條市に統合された）・大淀町である。吉野川北岸の大淀町を含めることについては議論が分かれる。この地域の特産物である吉野杉の生産についていえば、川上村・東吉野村・黒滝村が主産地であり、吉野町・下市町・五條市西吉野町もその一部分が主産地につながる。大淀町の山林は第二次世界大戦後の拡大造林まではほとんどが雑木林であって、その林相は吉野林業とはいえなかった。しかし、林業を育成林業と狭く見るのではなく、木材業を含めて広く見ると、大淀町を除外するわけにはいかない。吉野林業の担い手であった材木商

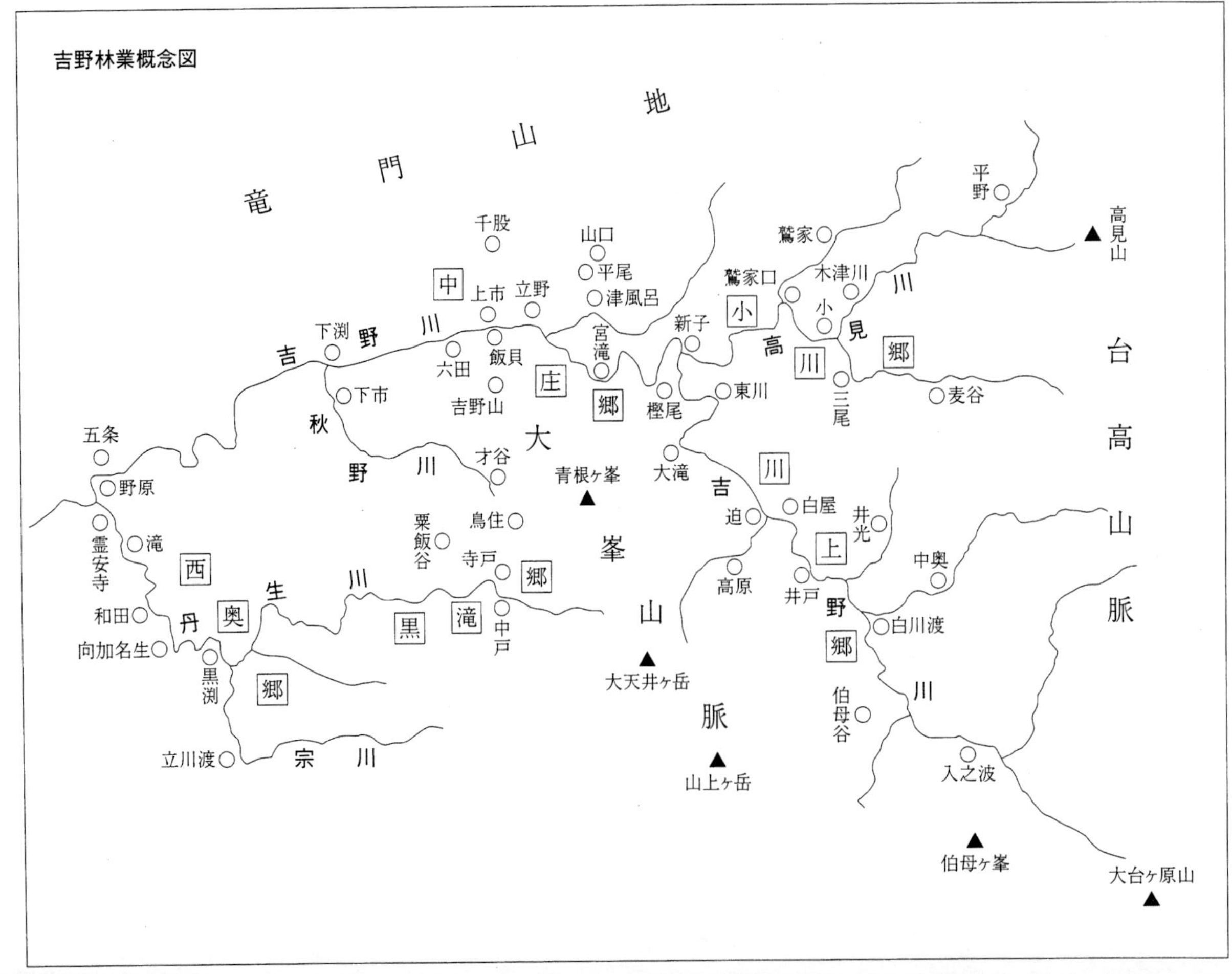
吉野林業概念図
竜門山地
台高山脈
大峯山脈
吉野川
秋野川
丹生川
宗川
小川
高見川
上野川
中庄郷
小川郷
川上郷
西奥郷
黒滝郷
千股
山口
平尾
津風呂
上市
立野
下渕
飯貝
六田
吉野山
宮滝
下市
五条
野原
霊安寺
滝
和田
向加名生
黒渕
立川渡
才谷
鳥住
粟飯谷
寺戸
中戸
青根ヶ峯
大天井ヶ岳
山上ヶ岳
新子
樫尾
東川
大滝
迫
高原
白屋
井光
井戸
中奥
白川渡
伯母谷
入之波
伯母ヶ峯
大台ヶ原山
鷲家
鷲家口
木津川
小
三尾
麦谷
平野
高見山

人の同業組合はこの七町村をカバーしており、一体的な運営をしていたからである。筆者はこのことをもって大淀町を吉野林業地帯に含める。

吉野郡南部の北山川流域と十津川流域は熊野川（新宮川）の上流に位置し、林業の歴史や特徴は吉野林業とは全く別物であって、近世・近代を通して一体的な運営も行動もなかった。

近世にあっては、林業は川の流域を範囲として行なわれた。材木のような重量物は河川を利用して輸送しなければならなかったからである。だから流域の違いは決定的な違いになる。吉野川（紀ノ川）を流下した材木は和歌山に到着し、さらに大坂に回送されたが、北山川・十津川（熊野川）を流下した材木は新宮を経由して、江戸に回送された。

流域の違いは林業経営の違いでもあった。吉野川流域では、近世初頭より民営林業が発達し、旺盛な材木需要に対応して、早い所では一六世紀後半から、ごく一部を除いて一七世紀末までに植林がおこなわれていた。一八世紀になると、小区画・密植・多間伐・長伐期という施業システムが確立された。その後、吉野川中下流域や国中（奈良盆地）から高利貸資本・商業資本・地主資本が入ってきた。外部資本の進入に対応して、土地と立木の所有権を分離し、立木や山地の年季売りが一般化するようになった。このシステムはのちに借地林業制と呼ばれた。

さらに材木商人の同業組合である材木方もこの流域で活動していた。吉野川上流域では川上郷材木方が、高見川流域では小川郷材木方が、吉野川中流域では中庄郷材木方が、丹生川上流域では黒滝郷材木方が、丹生川中下流域と一部吉野川中流域では西奥郷材木方がそれぞれ活動し、全体を郡中材木方が統括していた。

これに対して、北山川流域の林業はどうであったか。『奈良県吉野郡史料』第一巻（吉野郡役所、一九一九年）を引用しておきたい。

本村ハ慶長以後御材木ト共ニ材木ヲ輸出シ幕府時代既ニ其名声ヲ全国ニ嘖々タラシメシモ当時ハ専ラ天然林

ヲ伐採シ其殖林ノ如キハ旧記ノ認ムベキモノナク多クハ元禄享和（享保カ）ノ頃ヨリセシモノナランカ然ルニ我郷ハ地勢更ニ別境ノ観アリテ又天与ノ材木ニ豊富ナルヨリ村民ハ不知不識ノ中ニ殖林事業ヲ閑却セシモノナルベシ（中略）今尚全土ノ八歩ハ天然林ニ委スルガ如キモ其土地ノ所有ニ至リテハ他郡村民有ニ関スルモノハ全土ノ二歩ヲ出デザルナリ故ニ輸出材モ亦従来ノ樅栂等ヲ主トシ杉檜以テ之レニ次グノ状ナリシガ杉檜材ハ長二間五寸角黒木雑木ハ同八寸角ヲ最下位トシ以下ノ細物ハ輸出スルコトナカリキ随テ造林ノ方法モ亦之レヲ標準トシ其生育ヲ速カナラシメンガ為メ坪一本以下且ツ専ラ運転（輸カ）ニ便ナル所ヲ撰ビ少許ノ殖林ヲ為セルモノトス

（『奈良県吉野郡史料』第一巻、六三一〜六三二頁）

この引用文によって、吉野川流域の林業との相違が歴然としている。とりわけ北山川流域の林業を特徴づけるものは御材木の制度で、これは中世の木年貢の遺制である。(6) 御材木には年貢米の代わりに材木で上納するものと、江戸幕府から毎年支給される拝借銀の見返りに、翌年幕府に材木を上納するものとがあった。

なお、島田錦蔵氏はその著『流筏林業盛衰史』で、同じところを引用して、大正年代以前の北山林業の技術的特色について参考になるところが多いと述べている。(7)

十津川流域の林業についても『奈良県吉野郡史料』第三巻（吉野郡役所、一九二三年）を引いておこう。

本村ハ往古ヨリ国家ニ尽忠ナル由緒ヲ以テ地租ヲ免除セラレ（地租免除ノコトハ沿革ノ條ニ詳ニス）別ニ食禄ノ給ナカリシカバ唯林産ヲ以テ生業ヲ営ミ民風朴素ニシテ其郷ニ安ジ（中略）王政維新前ニテハ啻ニ其郷ニアリテ日夜優遊山ニ取リ水ニ漁シ地ニ播シテ以テ飲食スルノ有様ニシテ山林原野アリト雖モ未ダ之レガ殖林ノ方法ヲ講ズルニ及バズ唯自然ノ天与ニ任ジテ其生ヲ営ムモノ多カリキ

（『奈良県吉野郡史料』第三巻、五二一頁）

商品経済から隔離された秘境で暮らしていたかのような書きぶりであるが、実際は劣悪な土地生産力のもとで厳しい生活を余儀なくされていた。この流域でも、すでに元禄年間から山手銀が賦課されており[8]、全く材木の移出や植林がなかったわけではない。しかし、山が険阻であるのと十津川が流筏に適せず、林業の十分な発達がみられなかった。また十津川郷には筏役が設定されており、北山筏の流送に従事した。そのために筏役米が幕府から給与された[9]。

半田良一氏は、近世の十津川林業の特質について、その産出材がほとんど天然林材でモミ・ツガ等の黒木が主体であったこと、大部分の山林は部落所持の実質を崩さないで明治以降まで受けつがれたこと、新宮の材木商は十津川材に対する関心が薄く直接山元での植林事業に乗り出さず、専業の育林事業家の発生を見なかったこと等をあげている[10]。

このように吉野川流域と北山・十津川流域の林業史には大きな違いがある。このことからして吉野郡の林業を一括して吉野林業とは呼べないことは明白である。

なお、三橋時雄によって、一九五〇年代の林業経営からみた川上村（吉野川流域）、上・下北山村（北山川流域）、十津川村（十津川流域）の比較がなされているが[11]、この時点でもなお違いが明確である。

第二節　材木生産を機軸とした吉野林業の発展構造

林業は材木を生産する産業である。林業史はこの自明のことから出発しなければならない。したがって林業史はまず材木生産の発展を可能な限り時系列で示す必要がある。これまでの林業史はもっぱら幕藩や国の林業政策・林野制度・林業経営・林業技術・流通機構等に重点があり、材木生産は脇に置かれていた。いわば〈材木なき林業史〉といっても過言ではない。船越昭治氏は、『日本林業発展史』[12]の冒頭で「資本主義下における林業生産の中心的課題は、いうまでもなく林産物の生産である」（一頁）と書いている。これは「資本主義下における林業発展法則」なる章での叙述であるから、「資本主義下」といっているが、封建社会といっても同じことである。また「林業生産の中心課題」というのは林業の中心課題と同義であろう。しかし同書は林産物の生産が機軸になって書かれているとは言い難い。一九五〇年代に編集された各林業地帯の林業発達史も同様である。[13]

その中にあって、西川善介氏の論文「林業経済史論――木材生産を中心として――」は唯一ともいうべき先駆的な業績である。この論文は雑誌『林業経済』に一九五九年一一月から九回連載された。[14]その第一回で、西川氏は「わたくしは林業経済史の名称で近世林業経済の発達史を考察することを小論の目的としている」(1の七頁)と述べ、研究のねらいを、「この名称のもとで、木材の生産と流通が現在に至るまでどのような発展過程をたどってきたのか、林業の歴史を生産関係の発展に視点を合せて分析すること」(同前)とした。

そして林業経済史が新たな学問分野として確立するためには、従来の地方的個別的な事例研究から脱却して、各林業地帯の「発達の程度を全体構造から見通し、発展段階理論からの歴史的規定を与えねばならなかった」(同八頁)と述べ、「そのためには、林野私有の大小の実態に視点を合わせるのではなく、むしろ木材生産の実態を解明することがどうしても不可欠のことがらとなる」(同八頁)とした。さらに、「小論では、木材生産を軸として、近世における林業の発展を考察していくことになる」(同一三頁)とも書いている。本書もこの視点から吉野林業の発展構造を考察するものである。

今日、吉野林業地帯とよばれる地方では、すでに中世以来、修験道の中心地である吉野山の旺盛な材木需要に対応して天然林材が盛んに伐り出された。一六世紀の畿内都市の発達も吉野地方の材木生産を増大させた。材木生産の発展は天然林材を枯渇させ、採取林業から育成林業へ転換させた。それは大峰山脈北部の東西斜面から始まったが、その時期は一六世紀の最後の四半世紀であった。育成林業は惣村主導で始められたと思われる。その頃の山林は惣村の共同財産として惣村が所有・管理し、伐り出しは惣村の主導で行われていた。伐り跡地への植林もその延長として見るのが自然だからである。

一七世紀になると、山元の百姓は畿内の旺盛な材木需要に刺激されて各自の所有する山畑に植林を始めた。植林して二〇年程度の小径木が商品になったから、山畑で自給食料や僅かな工芸作物を作るよりも、材木を育てて売る方がはるかに有利であった。この時期は小農民（ひら百姓）が自立する時期と重なっており、材木生産は彼らの自立を助け、本百姓を中心とする近世村の確立に資した。本百姓といえども、生産力が劣悪で狭隘な畑地に依拠する吉野の零細な百姓が営む林業は、家族労働による小規模なものであった。これを小農型林業と呼ぶ。近世初期はその生成期である。

一七世紀から一八世紀にかけても、材木生産はますます発展し、植林へのインセンティブはさらに強まった。百姓は狭い所有地での林業に満足せず、元禄期（一六八八―一七〇四）には、所有地に隣接する惣村山への浸食を始めた。当初、村方は無秩序な植え出しの規制にかかったが、植林を求める大勢には抗するべくもなく、ついにはこれを承認し、以後、林業村への移行を積極的に進めた。享保一四年（一七二九）に吉野地方を巡回した幕府採薬使植村政勝は、川上郷白屋村で、「川上筋の内此辺吉野杉名物ニて、山の上迄も植置候ても他所村の谷に植候杉より能生立候事」[15]と記している。享保の頃には、集落から見える限りの山は杉山に変わっていた。小農型林業は新しい段階に発展したのである。

材木生産の発展は材木の輸送方法を変革した。効率の悪い管流（一本流し）を流筏に変えた。そのために吉野川の浚渫が村方と材木方とで進められ、延宝八年（一六八〇）には吉野川の奥地からも流筏が可能になった。

材木生産の発展は生産地（奥郷）に大中小の材木商人を輩出させた。彼らの社会的身分は百姓であるが、意識と行動においては商人であった。材木商人は伐出業者であるとともに育林者でもあったから、市場の動向を山林経営に素早く反映することができた。材木商人は流域ごとに材木方（同業組合）を結成し、一八世紀の初頭には流域全体を統括する郡中材木方を立ち上げた。安定した流筏機構の確立、材木問屋との折衝など材木方の果たした役割は大きかった。材木方が立ち上げた流通機構は小農型林業に適合したものであり、中小の材木商人も平等に参加できた。

一八世紀の初め頃までは、吉野川中下流域の商人が、それまでに築き上げたネットワークに乗せて材木を和歌山・大坂に送っていたが、一八世紀になると、奥郷の材木商人が流通機構を再編成して主導権を確立した。それを可能にしたのは材木生産の発展を背景にした奥郷の大商人の台頭であった。

樽丸生産が始まるのは享保期（一七一六―一七三六）以降である。樽丸とは酒樽の原材料である。折から勃興しつつあった灘地方の清酒の容器に利用され、灘の芳醇な清酒を引き立てる杉樽として吉野杉の名声は一躍天下に広まった。樽丸は八〇年生から一〇〇年生の杉を原料としたので、伐期が延長され、小区画・密植・多間伐・長伐期の施業体系が確立した。

一八世紀後半からの材木生産の発展は目覚ましかった。小川郷では、明和元年（一七六四）からの一〇年間で年平均三〇〇〇床だった出材量が、天明四年（一七八四）からの五年間で年平均一五、〇〇〇床に五倍化し[16]、文政六年（一八二三）には二〇、〇〇〇床に達した[17]。吉野林業地帯全体では、安政四年（一八五七）の材木方の報告書によると、杉檜丸太が下床で五一、〇〇〇床（上床では一〇二、〇〇〇床）、樽丸が七〇、〇〇〇丸、両方合わせた金額が六六〇〇貫、全体の九六％を占めた[18]。

一八世紀後半からの材木生産の発展は小農型林業を変質させた。市場に投げ込まれた小規模な山林所有者や中小材木商人は絶えずその生計や経営を脅かされていた。彼らは生計や経営を守るために、自ら植林した山林の売却を余儀なくされた。幸い彼らが所有する山林は高い換金性を有していたので、有利な投資先を求める吉野川中下流域や奈良盆地の地主・商業・高利貸資本が着目した。一部の資本を除いて、彼らは投資対象として山林に着目したのであって、山林の経営を望まなかったから、経営は地元の百姓に委ねた。土地と立木の所有権が分離し、所有と経営も分離した。借地林業である。それは小農型林業を変質させたが、まだ小農型林業の基本は維持していた。地元の百姓が育てた木は所在村の材木商人がまず排他的に購入し、商品にした。立木の年季売りにとどまらず、年季の延長、歩口銀の前受け取り、山守職の売却等々しだいにエスカレートし、行き着く先は山地の永代売りであった。借地林業は小農民の経営を安定させるどころか、小農型林業分解の始点となった。それは資本主義的な農民層分解ではないが、それにつらなる長い過程の始まりであった。

以上は材木生産を機軸として吉野林業の発展構造を素描したものである。冒頭にも書いたように、筆者は材木生産の発展をもって吉野林業発展の指標とするものである。また、山林所有・林業経営・林野制度・流通機構等々と材木生産とは相互に依存しあうが、より規定的なものは材木生産であると考えている。

これまでの吉野林業史研究は材木生産のあり方を疎かにしていた。三橋時雄の『吉野林業発達史』[19]にしても、藤田佳久氏の『日本・育成林業地域形成論』[20]にしても、外資導入を機軸としたものである。三橋の研究はまだ社会経済史的研究の蓄積がない時期であった。藤田氏はのちに『吉野林業地帯』[21]で、森林生育にとって好適な土壌や気候、輸送路となる吉野川、大坂市場に近接するという条件を外部条件とし、それを生かす内部環境こそが育成林業を生み、確立させたと言いながら、その後再び外資導入論に逆戻りしてしまった。これに対して泉英二氏の『吉野林業の展開過程』[22]は吉野林業発展の機軸をそれまでの育林過程から流通過程にシフトさせた。それは吉野林業史研究におけるアンチテーゼであった。今やそれらを総合（ジンテーゼ）することによって、吉野林業の全体像を構築しなければならない。

ここで想起されるのは鈴木尚夫の議論である。鈴木は育林業を森林経営とし、真の意味の林業経営は伐出生産過程をになう経営であるとした[23]。鈴木の理論的苦闘には敬意を表するが、これを採るわけにはいかない。筆者は林業を育林過程と伐出過程の一貫したものと考えている。育林過程の立木が伐出過程で材木になるが、育林過程がどれほど長期であろうとも二つの過程は連続した生産過程である。材木の生産こそが林業の基幹部であり、それゆえに材木生産が林業のキーである。キーとはそれを握れば全体像の把握に接近することができるものである。筆者は材木生産をキーとして吉野林業の発展構造を把握しようとするものである。

[注] 引用の煩雑さを避けるために、泉氏と藤田氏の引用は本章の第五節と第六節に掲げているので、それを見てほしい。

第三節　完全な民営林業

吉野林業は完全な民営林業であった。吉野郡はごく一部を除き天領であったが、吉野林業は幕府から何の掣肘も援助も受けなかった。しかし材木の輸送途中、幕府から吉野川中流域の飯貝で材価の一割の口役銀を徴収され、その内から金一〇〇両を幕府に上納するが、残りは百姓助成として下付された。紀州藩からも岩出の二分口役所で口銀を一割徴収されたが、こちらは百姓助成金がなかった。

安政六年（一八五九）、吉野郡各郷材木方惣代は連名で、紀州岩出口銀の減免を求めて五条代官松永善之助宛に歎願書を提出した。それには次のように書かれていた。

一体吉野郡村々の儀は、往古より百姓共銘々持山の立木伐出シ、紀州若山表其外え売捌候を渡世の儀にて、材木商人本稼一統の土地柄にて、（後略）

（『黒瀧村史』七九六頁）

また天明八年（一七八八）、小川郷が幕府巡検使に提出した歎願書はこう述べている。

一、当国吉野郡之儀ハ極山中嶮岨ノ悪地ニテ殊ニ小川郷ト申ハ高見山ノ麓故御高不相応ニ諸作等稔悪敷農業一通ニテハ渡世存続難致依之山分ヘハ諸木ヲ植附ケ成木仕候得者伐木仕リ紀州和歌山並ニ大坂表ヘ川下シ仕リテ和歌山大坂表ニテ売払渡世仕リ其余ノ百姓共ハ耕作ノ間右材木並ニ諸丸太ヲ山出シ其他柴木抔ヲ伐

リ炭灰等ヲ焼キ渡世仕居候　（東吉野村小・谷家文書「乍畏書付を以御願申上候」、『小川郷木材史』一三四頁）

百姓が持ち山に各自植林し、成木すればこれを伐り出し、和歌山・大坂で販売して渡世してきたことが明確に述べられており、植林から材木の販売まで幕府の掣肘や援助が入る余地は全く無く、完全な民営林業であった。

それでは、なぜ吉野林業が民営林業として成立し得たのか、まず先行研究を瞥見しておこう。

松島良男氏は、「藩による林政の差が私有林の消長を生じた。藩が林政に力を傾倒せる所では反って私有林の生長は遅れたが、吉野、尾鷲、静岡、埼玉の如く山林の処理を地方民に委ね租税徴収のみに当たった所では、この時代に民間林業の基礎がきづかれる」と述べている[24]。たしかにその通りであるが、事実を述べたに過ぎないように思われる。なぜ藩や幕府が林政に力を傾倒しなかったかが問われねばならないし、それだけで民営林業が成立するものでもないといえよう。

塩谷勉氏は、「木材生産が重要な産業であり、林政が関心事であるような、東北、西南の諸藩には右のような意味での（自発的な経済造林への発展――筆者）民営林業は成立せず、両者の中間地帯に於いてみられた。そこでの成立要件は従って、自然条件が樹木の生育に適することなどは云わずもがなであるが、経済条件として比較的市場に近く運搬事情（殊に流送の点）のよいということ、もう一つ政治的に封建的強制の希薄であるということであった[25]」とし、吉野・尾鷲・北山（京都）・天竜・西川（埼玉）・青梅をあげている。

塩谷説は自然的・経済的・政治的条件を指摘することによって、説得力を持っている。

船越昭治氏はこれら二説に立脚しながら、「前提として商品化市場が存在するか否か、また領主的支配がいかなる程度で林野利用を規制していたか、この2つの条件が民有林業の成立を規定した[26]」と指摘し、吉野林業がその典型であるとした。いずれも妥当な見方である。

鶴嶋雪嶺氏に『近畿型民有林業の形成過程[27]』というまとまった研究がある。鶴嶋氏は吉野林業を広くとらえ、十津川林業を対象に、明治以降の発展過程を論じており、われわれとは対象地域も時期も異なる。われわれがここで論じているのは、近世初頭の成立条件である。吉野林業については、先進的民有林業であって借地林制度によって早くから発展できたというが、これではなぜ民有林業なのかという問いに答えたことにならない。

吉野は、竜門山地南麓の一五村が旗本領、紀州侯の参勤交代路にそった三村が紀州藩領、吉野山他一村が金峯山寺領であった他は、一時期郡山藩領に編入された村ものちに幕府領となり、林業地帯はほとんど天領であった。しかも江戸期を通して、前半は大津や南都の役所の支配、中途で藤堂藩や織田家の分家である芝村藩（現桜井市芝）の預かり地になり、ようやく吉野川流域の五條村（現五條市）に代官所が設置されたのは寛政七年（一七九五）であった。水田に恵まれず、貢租に期待できない僻地に対して幕府も強い関心を示さなかった。また太閤検地実施前後の反対一揆なども難治地域との印象を与えたにちがいない。そのようなことが幕府の規制を緩和していたのである。

吉野川・紀ノ川が紀伊水道へ西流していたことも、幕府の関心を殺いだのではなかろうか。同じ吉野郡でも南部の北山地方の木材は御材木と称され、北山川・熊野川を南流し、新宮を経由して江戸に回送された。これは憶測に過ぎないが、あり得ないことではない。

さらに紀伊山地が温暖多雨で樹木の生育に適していたこと、吉野川・紀ノ川という天然の輸送路を利用できたこと、大消費地である大坂まで一泊二日という地理的条件に恵まれたこと、そのような政治的・経済的・自然的条件を生かせる主体的な条件（人間）が存在したことである。主体的条件とは、南北朝以来戦乱のなかで鍛えられた技術者集団（杣人）がいたこと、本善寺や願行寺といった格式の高い浄土真宗寺院があって、大坂との間で繁多な往来があり、情報が得られたこと、浄土真宗に帰依した裕福な商人がいて吉野山中と国中や大坂との物資の交易に従事していたことなどがあげられる。こうした諸条件があって民営林業が成立し、発展した。担い手はいうまでもなく地元の百姓であった。

幕府が林野所有に乗りださなかったことは、現在吉野林業地帯にはほとんど国有林が存在しないことからもいえる。七町村のなかで、国有林は、川上村七一五ヘクタール、大淀町一三七ヘクタール、吉野町四ヘクタール、合計八五六ヘクタール（森林面積比一・三％）で他四町村にはない。同じ吉野郡でも、熊野川流域の六村には一一、三五三ヘクタール（森林面積比七・八％）の国有林が存在する（平成一五年度『奈良県林政の概要』）。

慶応から明治に改元されたばかりの元年九月、成立早々の奈良府の役人から、吉野材を政府産物に取り立て、代銀等は御上より御貸し下げになるので承知せよとの命令があった。郡中材木方では寄合を開いて協議を重ね、さらに小前末々の商人にいたるまで意見を徴した結果、二年二月、御産物には加入しないと決定した。民営林業の基本を堅持するというのである。これには大行司二名と各郷材木方の行司一五名が連印している。

「郡中材木方取締書」は材木商人の心意気を次のように述べている。

（前略）当郡中材木之儀者小木之頃より下伐いたし四方之山々谷々堰流し、尚又大木ニ相成候得者拾丁廿丁或者百丁斗も嶮岨之山坂攀登り攀下り懲艱難辛苦大川端迄持出し候而出木候得者、山城伊賀遠路之辺より藤葛買調桴ニ柵立紀州若山迄桴乗下り候内、大雨ニ合候得者（中略）水上に繫留在之桴押流し吉の川水上より若山迄四十里之内ニ而年々流失木夥敷、窮民之商人共度々水難におよひ殆迷惑致候儀ニ而（中略）木材流失致候得者、天災之事故いたし方無之、既ニ御拝借金返納方ニ指支自然村方亡所之基与可相成哉も難計与小前末々之商人共一同申立候ニ付、何分在来通ニ而郡中一体之商人共、商売相励度与申之ニ付、決談行届キ御産物江加入不致筈、然ル上ハ、向後違心之者在之御産物江加入仕候得者、其者材木仲間遠慮可致筈ニ一同取締為後證連印依而如件

（川上村白川渡・大前家文書、『川上村史』史料編・上巻、一九六頁）

われわれの先祖はきびしい自然条件の下で艱難辛苦に耐え、林業に携わってきた、何をいまさら御産物だとい

う材木商人の面目が脈々と伝わってくる。完全なる民営林業が吉野林業の特質の第一である。

第四節　小農型林業

密植・多間伐・長伐期施業

吉野の百姓は、明治になるまで林書に類したものを書き残していない。民営林業では、山林所有者や材木商人、村役人はそれぞれが当事者であって、対象化して眺めるような立場にある者がいなかったし、他地域の林業と比較する必要もなかったからであろう。しかし、外から吉野林業を観察した人がいた。

宮崎安貞は元禄九年（一六九六）に成立した『農業全書』[28]で、杉種子の採取と杉苗の栽培、実生苗と挿し苗の植林、間伐などの技術について次のように解説している。

> 杉ハ大小ともにしげくうゆるほど、早くさかゆる物にて、うすければ却って盛長をそし。（中略）若又山にさし付にする時ハ、間を四五尺をきてさしたるよし。杉柱、又たる木小柱ほどの時、間ぬき伐取て後々に至りて、大材木ともなるべき、盛にしてつよく、其立所もよきを吟味して残し置、生立べし、（後間を伐取バ、三尺余四尺程にも近くうゆべし）（中略）たる木、棹、小柱などに成事ハ、数年を待ぬ物なれバ、雑木ありとも除き去て、専是等の木をうゆべし。
>
> （『日本農書全集』一三巻、一九一〜一九二頁）

明らかにこれは密植である。しかも間伐を前提にしており、間伐材は杉柱・垂木（たるき）・杉小柱・棹になるという。伐期については、明らかに短伐期が主で、長伐期は従の位置に置かれている。安貞は特定の地域を指していないが、よい杉種の出るところとして上野・丹波・吉野をあげており、実際に畿内を巡回していることも考えあわせると、加藤衛拡氏のいうように[29]吉野が念頭に置かれていることは間違いない。元禄期にはすでに、川上や黒滝郷では、密植・短伐期・多間伐の施業法がすでに確立していたといえるだろう。

大蔵永常は天保一五年（一八四四）に上梓された『広益国産考』(30)で吉野林業をとりあげている。同書二之巻は、杉の種子とりから始まって、杉苗の育て方、伐り時にいたるまで比較的くわしく書かれている。永常は、冒頭で吉野では谷々の山へ杉を植え広め、成木してから板や柱にして諸方へ商った結果幾万両の利益を得たと述べている。そして、「此材木につき金を儲くるものはまづ地主、木伐、木挽、山出し、筏師、中買、材木屋等の口腹を養ふ事夥し」（『日本農書全集』一四巻、七〇頁）と、多くの住民が材木に携わって暮らしていることを紹介している。さらに植林・伐採の過程において吉野方式をとりあげ、吉野丸太の優れていることにもふれ、最後に次のように吉野の施業を説明している。

余国ニてハはじめ植るとき弐三尺も間おき植れども、吉野郡にてハ繁くうゑ、三四年ニて間引くゆゑ木にいがミなく生立つなり。始よりあらく植たるハいがミできる也。最早八九ヶ年ニなれバ抜き伐するが宜し。此伐たるハ棰になる也。十二三年迄の内追々見計らひて抜切すれバ、残りたる木廿年立てバ壱尺七八寸弐尺に廻る。三十年目は弐尺五寸より三尺廻りと大体壱ヶ年一寸のわりに十ヶ年に壱尺廻りヅヽハ成長して、五十年目には凡五六尺廻りの材にハなる也。是ハ皆吉野郡の杉作る人より聞所なり。

（『日本農書全集』一四巻、八三頁）

さらに一本の杉から長さ一丈の柱を二本取るとし、二〇年目から一〇年ごとに一〇〇年まで九回伐るとして、毎回の杉一本当たりの価格等を次のように示している。

二十ヶ年目	元二尺廻り	壱丈物弐丈（たけ）にて	代銀三分
三十ヶ年目	元三尺廻り	同	代銀五六分
四十ヶ年目	元四尺廻り	同	代銀壱匁
五十ヶ年目	元五尺廻り	同	代銀五匁

六十ヶ年目　元六尺廻り　同　代銀拾匁
七十ヶ年目　元七尺廻り　同　代銀弐拾目
八十ヶ年目　元八尺廻り　同　代銀四拾目
九十ヶ年目　元九尺廻り　同　代銀八拾目
百ヶ年目　元壱丈廻り　同　代銀百五六十目より弐百目迄

（同書、八三〜八四頁）

大蔵永常は、吉野林業の育林技術や優れた材質とともに、密植・多間伐・長伐期の施業と材木生産に携わる人間の多さにも注目したのであった。安貞と違い、ここでは明確に長伐期が意識されている。すでに一八世紀の中頃には長伐期施業が確立されていたのである。

もう一人吉野林業に目を向けた人がいた。下野国黒羽の興野隆雄である。彼は嘉永二年（一八四九）に『太山の左知』[31]を著し、採種・播種・育苗・植林・杉檜の育成法・立木の販売・土地柄等について叙述している。その随所で吉野の施業を紹介している。彼もまた育林技術だけではなく、間伐の多さと伐期の長さに注目している。

一、吉野にてハ山林の伐すかしは抜伐と唱、植付てより廿年目位より七、八ヶ年ツヽにて抜伐いたし、右抜伐ハ用に相成候ニ付、材木に仕出し候ハヽ、相応に売候ゆへ、捨木にハ相成不申。

是ハ国柄にて、丸太にて高料に成よし。此辺にてハ丸太ニ而ハ買人有とも下直にて損也。

（『日本農書全集』五六巻、二七〇頁）

一、吉野にてハ三拾年位にて抜伐ハ垂木なり。但、末口弐寸、三寸。四、五拾年の抜伐ハ材木に仕出し、六、七拾年位の抜伐は材木又ハ板木也。八、九十、百位ニ相成候ハヽ、樽丸又ハ材木也。乍去、所により仕出し方多し。

此廉ハ、此方とハ丸に違ひて不及論事なり。

（同前、二七七〜二七八頁）

興野隆雄を驚嘆させた吉野林業の「緻密さと、経済性[32]」とは、育林技術もさることながら、間伐方式であった。しかし、彼は「此廉ハ、此方とハ丸に違ひて不及論事なり」と述べているように、吉野の方式が大坂市場に近接するという地理的条件のもとに成立していることを見きわめていた。たしかに隆雄の見た通り、多間伐施業は吉野特有のものであったのである。

この三人が注目した吉野林業方式は、のちに密植・多間伐・長伐期という用語で概念化された。

吉野林業が地元の林業関係者によって対象化され、論じられるのは明治二〇年代に入ってからである。

明治二三年（一八九〇）、東京上野で開催された第三回内国勧業博覧会に土倉庄三郎は三〇〇〇円の私費を投じて吉野材を出品した。土倉は吉野の大山林所有者であり、吉野方式の造林法を全国に広めた高名な林業家であった。この時彼が出品した吉野材に、『第三回内国勧業博覧会大和国吉野材木桴出品解説書[33]』が添付されている。わずか三〇頁の小冊子であるが、その眼目は出品の解説というより、むしろ密植・多間伐・長伐期という施業体系の説明にあった。出品の説明に百万言ついやすよりも実物を展示すれば一目瞭然である。それよりかそれを生み出す施業体系を説く方に力を注いだのである。植林後一五年目から始めて一三回の間伐を重ね、一〇〇年以降の皆伐にいたるまで、各回の伐木数、材木の平均的な長さと太さ、伐木代金が計上されている（表1）。この所得概算の核心は一〇〇年間にわたる一三回の間伐から生じる多収益にある。土倉は、「実ニ乞フ全国殖林ノ有志諸君本項ヲ軽々看過セラレズシテ之レヲ以テ杉檜ヲ修養セハ其結果ノ善良疑ヒナカラン乎」（一三頁）と、収入機会の多い吉野林業方式の核心をあますところなく開示したのである。この計算方式は以後諸書に引き継がれた。土倉の意図は的中し、以後、吉野へ視察者が相次いだ。

同じ年に静岡県から盛口平治の『吉野林業法[34]』が出版された。盛口平治も吉野の著名な林業家であった。本書はこの前年秋、静岡県の巡回林業教師を委嘱されて同県下を巡回講演した記録である。採種から植林を経て皆伐

表1　杉・檜の植付から皆伐にいたる収支計算書

〈支出の部〉

10.50円	杉苗　7000本　単価0.15銭
7.50	檜苗　3000本　単価0.25銭
2.00	地拵代　10日分　日当20銭
8.00	植付代　40日分　日当20銭
22.00	下草刈り等（植付後7年間）　110日分　日当20銭
10.00	植付後枯損苗捕植代及び風雪猪鹿等の被害防禦費
5.00	下枝打ち・藤葛切り　年5日　5年間　25日分　日当20銭
25.00	地代（借地代）
90.00	合　計

〈収入の部〉

金　額	植付後	間伐回数	伐木数	単　価
5.00円	15年目	第1回	1000本	0.5銭
10.00	17	2	1000	1
18.00	20	3	1200	1.5
25.00	24	4	1000	2.5
30.00	30	5	1000	3
48.00	35	6	800	6
65.00	40	7	650	10
75.00	45	8	500	15
82.00	52	9	410	20
99.00	60	10	330	30
130.00	70	11	260	50
210.00	85	12	210	1円
340.00	100	13	170	2
1137.00円	小　計	間伐木数　8530本		
2660.00円	皆　伐	杉330本　単価7円 檜140本　単価2円50銭		
3797.00円	合　計			
3707.00円	純　益			

備考：枯損木数を1000本と見込む

出典：土倉庄三郎『第三回内国勧業博覧会大和国吉野材木桴出品解説書』

にいたる杉檜の吉野式培養方法が説かれ、とりわけ間伐についてくわしく解説されている。間伐回数や諸費用・収益金には若干の差異があるが、基本的な枠組みは土倉と変わらない。

盛口は、「壱番二番ノ抜伐ハ利益少ケレトモ三番抜伐ヨリ以後百年季皆伐ニ至ルマテ皆ナ倍額ノ収利アリ費ス所少クシテ得ル所多シ是レ我地方ノ諺ニ『山ハ百年持テバ算外ノ算アリ』ト云フ所以ナリ」（二六頁）と述べ、吉野風の密植・抜伐り・伐期の延長を提言した。

各種の小冊子の出版があって、その集大成ともいうべきものが、明治三一年に発行された『挿画吉野林業全書』[35]である。本書は、採種から植林・保育・伐採・搬出・流筏を経て大阪の市場に到着するまでの全過程を挿し絵入りで解説した、文字通り吉野林業の百科全書である。木材生産の過程から見ると、密植・多間伐・長伐期という施業体系にもとづく造林過程と、それによる杉檜丸太や樽丸の生産・伐出・輸送過程に大別される。林業技術論と林業経営論とに分ければ、前者は造林・伐出・流筏技術であり、後者は多間伐による多収益林業となる。農業に引きつけていえば、多毛作・多品種林業ということである。

享保以降、樽丸生産が始まると、必然的に伐期は八〇年から一〇〇年に延長された。長伐期とは『森林・林業白書』（平成一六年度版）によると、「通常の主伐林齢（杉の場合四〇年程度）のおおむね二倍に相当する林齢を超える林齢で主伐を行う」（一七二頁）施業である。そこで、焼畑造林→密植→短伐期→樽丸生産→長伐期という推移形態を仮説として立てておく。密植→長伐期になれば、必然的に多間伐になる。かくして密植・多間伐・長伐期という施業体系が確立する。施業とは、同白書によれば、「目的とする森林を造成、維持するための造林、保育、伐採等の一連の森林に対する人為的行為」（一七一頁）である。これら一連の人為的行為を系統的に組立てたものが施業体系である。

小区画施業

前節で考察したように民営林業の担い手は地元の百姓である。山中で耕地に恵まれない吉野の百姓はおしなべて零細であった。このような劣悪で零細な農業から植林を始める資本が蓄積できるのだろうか。極小の例はあるとしても、一般論としては不可能である。では少数の上層百姓や下流の富裕な商人が植林を始めたのだろうか。

表2　一筆面積の規模別割合

規　模	筆　数(%)
1町以上	21(　2.0)
5反～1町	59(　5.7)
2反～5反	93(　9.0)
1反5畝～2反	61(　5.9)
1反～1反5畝	47(　4.5)
5畝～1反	140(13.5)
1畝～5畝	432(41.7)
1畝以下	184(17.7)
合　計	1037(100.0)

出典：「白屋区土地台帳」から作成された「一覧表」のコピーを石本伊三郎氏から頂戴し作成した。

答えは否である。地元の零細な百姓等がいっせいに植林を始めたのである。林地は各自の所有する山畑や惣村山である。苗は自分たちで育てるか、山野に自生する苗を移植したにちがいない。労働力は家族で賄ったはずである。したがって植林面積は家族労働で可能な大きさとならざるを得ない。労働力さえあれば、特別に大きな資本を必要としなかったのである。

近世の山林売買証文には山地の面積が記入されていないから、一筆ごとの施業地面積がわからない。近代になると、売券状や山林台帳に面積が記入されるようになるので、そこからさかのぼって判断することができる。藤田佳久氏が東吉野村三尾の「立木台帳」（明治三〇年以降の作成と目される）から抽出した二七筆の山林のうち、実測面積が一町歩以上あるのはわずか四筆、最高でも二町六反余、一反未満が七筆、最低は二二歩である。(36)

川上村大字白屋の昭和三一年の「白屋区土地台帳一覧表」(37)によると、山林面積は一五七町七畝二三歩、これが一〇三七筆に分かれている。山林一筆ごとの面積の規模別割合を示したものが表2である。

じつに一反未満の山地が七〇％を超えているのである。一筆の平均面積が一反五畝余である。最小は二歩、最大で二町六反六畝二〇歩、帳簿面積と実測面積とに違いがあるとしても、きわめて零細である。実際、集落に近い山を見渡すと、成長の異なる施業地がモザイク状に分布している。これは近世以来の小区画施業の表れである。一七世紀に、零細な百姓が山畑や村山に植え出した時の施業地の面積が小さかったのである。

この施業体系は零細な吉野の百姓の身の丈にあった林業であった。小区画施業は零細な百姓も育林に参加できるシステムである。また少量の間伐材取引は零細な材木商人でも参入できるシステムであった。

これまで、吉野林業の施業体系は密植・多間伐・長伐期とされてきたが、これに小区画を加えて、小区画・密植・多間伐・長伐期とする。

小農型林業の可能性

このような林業を小農型林業と呼ぶことにする。小農型林業とは、半田良一氏の「前提としての農民的土地所有に基礎をおき、主として家族労働によって行なわれる林産物の小商品生産[38]」という規定に依拠している。零細な百姓の山地所有を基礎にして、小区画・密植・多間伐・長伐期の施業体系に基づく多毛作・多品種生産の育林と、材木商人による伐り出し・販売までを含めて、小農型林業と呼んでおく。小農的林業といってもよいが、小農的育林業とはいわない。材木の伐り出し・販売までを含めているからである。小百姓型という用語は熟してはいないので、大農—中農—小農という規模を表すものとして使っておく。

この規定は林業構造論の議論をむしかえすものではない。零細な百姓が主体となって営んでいる林業ということに過ぎない。

笠井恭悦氏は、「小農民的育林業が地元において成立し、それが挫折して村外への流出をまねき、さらに不在大山林地主が形成されていった、という系列がこの地方の林野所有形成の基本的方向だった[39]」と述べている。小農民的育林業なる概念について笠井氏は明言していないが、半田氏の前述の規定に従って理解しても差し支えはないだろう。

しかし、笠井氏の小農民的育林業には否定的な議論もある。半田氏は、個々の農民が共同体的諸関係に制約されて自由な商品生産を展開できたかどうか検討の余地があるとして、農民的林業に否定的な評価をした[40]。別のところでは、「私も、やはり何といっても、地主林業型構造の典型は吉野だろうと思います[41]」と述べている。村尾行一氏も吉野林業を地主的林業と見た(42)。さらに有木純善氏は、都市商人に対する地元材木商人の力関係が必ずしも弱いものではないことをもって不純な地主的林業とした(43)。

ここで小農型林業の可能性を否定した村尾行一氏の議論を検討してみよう。村尾氏は、吉野林業は「圧拉がれた『農民的林業』」と言い、「生れいずる前に圧殺された死産せる胎児、『農民的林業』の葡萄状鬼胎、それが吉野林業(44)」とまで言い切り、一応の成立すら認めなかった。村尾氏は、半田説に依拠しつつ、農民的林業は次なる資本家的発展に接続し得るのか、だとするならば小農民的林業者は独立自営農に比定し得るかと問い、それを否定した。

村尾氏の論拠の第一は、流通面で共同体的諸関係に制約され、個々の農民が自由に商品生産を展開できたかどうかということである。具体的な例証として、生産物販売、伐出業、材木方組織の三つをあげている(45)。たしかに材木商いについては他村者を入札に参加させなかった。この共同体的規制は、地元の材木商人（農民）を経済的格差の大きい吉野川中下流域や奈良盆地の商人等から保護する上で積極的な意味を持った。またいくら何でも伐出生産が庄屋などの統率下に共同体的関係を利用して組織されたなどという、中世的な諸関係がいつまでもあったわけではない。材木方に所属した材木商人が自分の所在村で自由に伐り出していた。村民であればだれでも一定の拠金をすれば材木方の会員になることができた。材木方も近世後期には村方から独立して活動しており、材木方と村方とは活動分野が異なり、協力協同することはあっても村方に従属していたとはいえない。

村尾氏の第二の論拠は、農民的土地所有が括弧（カッコ）つきであったということである。村尾氏は立木だけが独立に商品化して、地元農民から村外者に流出することが多いのは、農民の地盤所有意識が十分に成熟していなかったからだという(46)。しかしこれは逆である。再生産基盤として地盤所有意識が確立していたからこそ、立木と地盤の分離をはかったのである。一九世紀、商品経済の浸透によって農民的経営の維持が困難になり、立木だけではなく地盤の流出が激しくなったことに対応して、川上郷井戸村では文政の頃から、山林売買証文に次のような「村中仕格」を書き添えるようになった。

村中仕格之事

一、土地之儀村内売買勝手ニ可仕事、従先規他郷他村へ永売永譲一切不仕候、万一此手形添證抔仕他村へ相洩候ハ此手形反古ニ而候、猶又従親譲請主他村へ持参仕住居仕候へハ立木一代限立置土地ハ本家へ差戻可申田畑ハ直様差戻可申者也

井戸村役人中

但シ他所之仁右仕格乍存役人無之土地買取候へハ其者之丸太村方より差押出シ方為致不申候　已上

（大阪市立大学所蔵「大和国吉野郡川上郷井戸村文書」）

このような決定をしているのは、強い地盤意識があり、それが揺らいできたからである。

第三の論拠は、山林や植地の村内買い手を等しく同質の農民と考えてよいのかということである。村尾氏は、村内に公事家と一般農民との二つの階層があり、経済的にもかなりの格差があったことを指摘し、それら買い手を一般農民から区別した(47)。吉野川流域では近代初頭まで公事家制度が続いた。階層の区別は公事家と一般農民ではなく、公事家と非公事家である。公事家が本百姓であり、非公事家は公事家に従属する水呑であった。一般農民という場合は、非特権的な零細農民という含意があるが、村内の大多数を占める公事家自体が零細な農民であった。もちろん大滝村の土倉家のような巨大山林所有者もいたが、それは例外中の例外であった。公事家の存在をもって農民的林業の範疇を超えるものという批判は当たらない。

以上のことから、村尾氏の論拠は崩れたといわねばならない。しかしより根本的な論拠は、小農民的林業を資本主義的林業に接続するものと位置づけようということである。どのように位置づけるかは自由であるが、小農民

的林業を資本主義的林業の直接の前提と見なければならない必然性はない。本書はそのような視点で小農型林業を論じているのではなく、近世の吉野林業が地元の小農民によって形成され、発展させられたというだけである。

峻険な吉野山地で、はたして小農型林業の可能性があったのだろうか。加藤衛拡氏は笠井氏に対する批判のなかで「『農民的育林業』が成立するためには、育林以外での再生産部門が必要条件である」(48)と述べているが、加藤氏の論議を踏まえて小農型林業の可能性を考えてみよう。

第一に指摘したいことは、小農型林業は突然出現したものではなく、先行する林業があったということである。中世以来の惣村主導の林業は運営主体こそ名主層（おとな百姓）であったが、現場で伐り出しや輸送に従事したのは主に小百姓（ひら百姓）である。川上・黒滝郷では植林や保育にも携わっていたに違いない。そこで獲得したノウハウをもってすれば、小百姓にも十分可能であろう。

第二に、小区画・密植・短伐期施業は家族労働で可能であるから、多額な資本を必要とはしない。零細な百姓等が植え出していった面積は狭いものであった。その大半は焼畑にもなる土地であった。家族労働（中には若干の下人を所有する百姓もいた）に依拠する零細な百姓でも植林と育林が可能な規模である。しかも大部分が数軒の百姓の共同施業になっていた。筆者が小区画施業にこだわるのは、これが小農型林業を可能にした決定的要件の一つであるからである。

杉檜苗は近くの山に生立している杉檜から採取した種を畑に播いて育てたか、山中に自生している苗を移植したにちがいない。地拵え（ぢごしら）や植林・下草刈りは家族総出でおこない、手不足の時は親類縁者や隣り近所の相互支援でおこなったことだろう。伐り出しは専門的で集団的な労働であるが、彼ら自身が杣人（そまびと）であって、日常的に村山で伐り出し労働に従事しており、協同して伐り出したにちがいない。この時期は前述のように伐期が短く、施業地もそれほど奥山ではない。ここに述べたことは机上の作文ではなく、かつて筆者自ら従事し、観察したことにもとづいている。

第三に、彼らは村方の力を借りながら、吉野川の浚渫をおこない、流筏システムを立ち上げることに成功した。次節で詳説するが、流筏を含めて輸送システムは小農民に適合したものであった。

第四は、市場との対応能力である。山元と大坂市場とを結合させたのは吉野川中流域の上市や下市の商人であった。この二つの在郷町は、すでに一五世紀後半から、後背地と国中地方（奈良盆地）とを結ぶ吉野郡の二大商業地として繁栄していた。本願寺蓮如が上市の対岸の飯貝に本善寺を、下市に願行寺を開基したので、商人たちは浄土真宗に帰依した。この両寺は寺格が高く、大坂本願寺との間で繁多な往来があった(49)。人の往来には金・物・情報が随伴する。上市や下市の商人は本願寺門徒として、大坂との間に密接なネットワークを築いていた（第一章参照）。吉野材はそのネットワークに乗せられたのである。

以上のことから、小農型林業は可能であったと結論づけることができる。

だが、成立したものの、小農型林業が存続する条件はあったのだろうか。商品経済の浸透は否応なしに封建的小農民経営を分解せずにはおかない。分解を阻止しえなくとも緩和する条件はあるのだろうか。もしないとするならば、小農型林業は一瞬の光芒に過ぎず、それを論じることは滑稽である。

一八世紀後半から借地林業制は広がったけれども、一九世紀の初頭までは小農型林業はまだ支配的であったと考えられる。以下その根拠を考察しよう。

第一は、山林開発がまだ可能であったことである。せっかく植林した山林を余儀なく売却しても、また別の箇所に植林することが可能な限り、小農型林業は存続することができる。

小川郷小村では、享保八年（一七二三）に公事家に対して二〇〇〇坪ずつ配分し、住民による村山への植林を追認した。さらに天明二年（一七八二）には歩口銀の納入を条件として村山への植え出しを追認した。この時は山地の私有化は認めず、歩口山とした。文化六年（一八〇九）には伯父び処（地名）を五六軒の公事家に配分した。ただし五六軒を七軒ずつ八組にし、組ごとに場所を決め、それぞれに植林させた。年季六〇年の歩口山である。配分された翌年、早くも持ち分を村外者に売った者がいる。しかし全部が全部村外者に売ったのではない。村方によるこうした対応が可能な間は、零細な百姓にも山林経営は可能である。

伯父び処は小村の奥山で、三方が他村との境界をなしている。大川から約三キロ弱、そこからさらに二キロほど上流に日裏という集落がある。日裏川にそって集落に通ずる道路がある。この道路から尾根筋まで両脇数百メートルぐらいまでが、小農民にとって開発可能な範囲ではなかったろうか。小村は奥山がそれほど深くはなく、ほぼ全域が開発可能である。だがここまで分割配分されたことは、この村の山林開発がほぼ限界に達したということではないだろうか。

隣村の木津川村でも、文化期（一八〇四―一八一八）の終わり頃に村山を二五軒に分割したり、売却して植林させた。いずれも山地は村方が所有する歩口山である。川上郷西河村でも天保の頃、村民と分収契約を結んで村山に植林させている。このような形で村方が村民による小規模な林業を下支えしていた。

源流域にある深い奥山は、日帰りができないので現場に小屋掛けし寝泊まりして仕事をしなければならない。また材木の搬出が困難でコストがかかる。小区画施業では採算が合わないので、どうしても大区画施業になり雇用労働に依存せざるを得ない。このようなことから開発の手が伸びなかった。小農による山林開発の限界はいつごろか、今のところ史料がなく後考に俟つしかない。

第二は、表1で示したように、多間伐施業は数年ごとに収入の機会を与えた。後からとりあげるが、流送される材木の大半は二〇年から五～六〇年までの間伐材であり、その取引単位は小さかったから、中小材木商人も参入しやすかった。

第三は、前述したように、この時期の材木生産は著しい発展を見せていた。材木需要の最大のものは住宅である。住宅需要は都市人口と深い関係があり、人口の増減は住宅建設に大きな影響を与える。とりわけ天下の台所といわれた大坂は元禄以降人口が漸増し、明和二年（一七六五）には四二万を数え、最高を記録した(50)。大坂は畿内最大の材木消費地であり、そのうえ火事が多かった。大坂では、平均して二年半に一回火事が起こっていた(51)。吉野の材木生産が都市の火災と関連していたことは事実である(52)。

ともあれ、村民に開放し得る村山の存在、小農民に適合した生産・流通システム、材木生産の持続的な発展等によって、個々に浮沈があったとしても、小農民は山林を維持することができたのである。また彼らは材木商人でもあったから、経営を持ちこたえることができた。つまり小農型林業を分解させる商品経済の圧力が緩和されたのである。しかし緩和されただけで、圧力はなくならなかった。

［注］　材木生産の発展を示す史料については各章で表示する。

第五節　材木商人と小農型の流通機構

材木商人

材木商人とは材木の流通部門、すなわち材木の伐り出しや売買を担当した素材（伐出）業者である。だから山林所有者（林業者）とは別個の存在である。材木商人も多少の山林を所有しているから林業者でもあるが、材木商人と林業者とは本来別範疇である。

一、右郷々之儀ハ極山中ニ而往古より百姓計りニ而は渡世難相成候ニ付、作間ニハ山稼之材木丸太伐出候ヲ商人共売買仕候而和歌山并ニ大坂江指送リ、右売代銀ヲ以御年貢之手足ニいたし、其上材木口役御運上銀等も御上納仕罷在候、（後略）

（小川郷木材林産協同組合文書「大川筋御触流之願書写」、『吉野林業史料集成（七）』一九頁、筑波大学農林学系、一九九〇年）

この歎願書は寛政四年（一七九二）、川上郷他六ヶ郷の材木商人惣代が南都奉行所に対して、流木の引き揚げに関して大川筋に「御触書」を廻してくれるよう願い出たものである。材木商人が材木丸太を和歌山・大坂市場へ輸送して売買していることが知られる。この史料では、材木商人は伐り出された材木丸太を売買するように書かれているが、立木を購入して伐り出しもしているのである。

材木商人とはいうものの、身分は百姓であり、農山村に居住していた。在郷町に居住する材木商人もいたが、そことて農村に包摂される地域であり、彼らも身分は百姓である。

材木商人は奥郷（山元）の商人と口郷の商人とに大別される。奥郷とは川上・小川・黒滝郷など材木の生産地であり、口郷とは上市や下市のような在郷町である。前者は主として材木の伐り出しに従事し、後者は専ら材木の輸送と販売に携わった。

二つの材木商人はその出自を異にしている。山元の材木商人はもともと農耕や材木の伐り出しに従事した百姓であった。その中から商売の才覚を持った者が材木商人として出てきたにちがいない。いっぽう口郷の材木商人はすでに一五世紀の時点で商人であった。

山元の材木商人は検地によって耕作権を保障されるとともに年貢負担の義務を負わされた本百姓である。吉野地方では公事家という。本百姓であるから、規模はともかくとして村内に家・屋敷・畑・藪林・山林を所有していた。彼らは材木の伐り出しだけではなく、持ち山や借地した山地に植林をしながら、屋敷まわりの畑で自給的な作物も栽培した。とはいえ山林経営や材木商売の資金を補完するほどの農業を営んでいたのではない。商売を補完できるような百姓はごく稀で、ほとんどが自家用食料の生産であった。近世初期は山元の材木商人は伐り出すだけで、まだ自ら大坂や国中の市場と接触する力がなかったように思われる。

一方、口郷の材木商人は早くから商業に従事していた。すでに一五世紀後半から上市や下市は吉野郡の在郷町として栄えていた。とうぜん富裕な商人が輩出した。とりわけ浄土真宗中興の祖といわれる蓮如が、この地方を巡錫して上市の対岸の飯貝に本善寺を、下市に願行寺を開基したことによって、この地方の商人は浄土真宗に帰依した。この両寺は格式が高く、大坂本願寺との間で繁多な往来があった。往来は寺院間にとどまらず商人にも及んだ。そのような人の交流は必然的に金・物・情報の交流を随伴する。

口郷の商人はそのようなネットワークをもっていたので、材木もそのネットワークに乗せて流通させたのである。すでに山科本願寺や大坂本願寺の建設に吉野材が使用されたこともあって[53]、門徒商人の果たした役割は大きかったといえよう。もちろん口郷の商人は多品種を扱っていたのであって、材木屋（中継問屋）を専業とするようになるのは近世後半である。それは彼らが中継問屋であるとともに、金融業も兼ねた仕入問屋に転化することでもあった。この他、川筋の村々にも中継問屋があり、文政年間には八〇余軒にも達していた[54]。それだけの中継問屋が群立するには、材木の増産があり、中小の材木商人が広範囲に営業活動を展開していたからである。

山元の材木商人は三階層に分類される。かなりの山林を所有し、自己資金で商売をする商人、ある程度の山林を所有し、自己資金の不足分を有力な同業者や問屋から借り受けながら商売をする商人、山林をほとんど持たず、有力な同業者や問屋の資金を借り入れて商売をする商人である。上から順に大材木商人・中材木商人・小材木商人としておく。今日のように企業を大企業と中小企業とに分類するような客観的な指標はないが、階層を区切る概念として立てておく。各材木商人のランクづけは商売の実態から判断できる。

筆者はかつて、重立商人（長立商人）と小前商人、その中間にある中位商人の三階層に分類したことがある[55]。それまでの通説は重立商人と小前商人の二階層であったが、これを三階層にしたことは妥当であった。しかし重立商人と小前商人という材木方文書の用語をそのまま安易にランクづけに使用し、さらに中位商人などという未熟な用語を併用したことは適切ではなかった。たしかに重立商人と小前商人とは本来階層を表す言葉であるが、争論文書などでは必ずしもそうともいえない場合があり、慎重な態度をとるべきであると考えるからである。

それでは材木商人は各村々にどれほどいたのだろうか。泉英二氏によると、川上郷白屋村では村民の三分の一から半数近くが材木商人として活動していた[56]。しかもその大半は中小の商人であった。

このように多数の中小材木商人が活動し得たのは、小区画・密植・多間伐・長伐期の施業体系にもとづく多品種生産と彼らの活動を支えた流通機構によるものである。つまり小単位の売買が多かったのである。さらに地元に土倉家という「金融機関」があったことは、和歌山・大坂の問屋資本への資金の従属を避け得た大きな理由である。もちろん個々のケースとして和歌山や大坂の材木問屋から資金の融通を受けていた商人もいた。

小農型林業のなかで材木商人はどのように位置づけられるのだろうか。周知のように林業は育林・伐出・流通の過程からなる。この全過程が同一人格で完結するか、同一人格でなくとも同一村内もしくは同一郷内で完結することが小農型林業の理想型である。育林・伐出・流通過程で投入された資本、そして利潤は流通過程で回収されなければならないが、それは材木商人の双肩にかかっている。彼らが小農型林業のキーパーソンである。彼らの経営が安定している限り小農型林業は安泰である。しかしその経営は不安定で絶えず没落と新生を繰り返した。

小農型の流通機構

流通機構におけるさまざまな慣行や封建的規制が材木商人を保護していた。いくつかあげておこう。

その一つが材木出し道の保障である。材木の経済的価値が出材条件に左右されることは周知のことである。いかに優れた材木であっても、出材不可能な場所にあるものには商品価値はない。だから山林の売買には出し道の保障が絶対的な条件である。吉野林業地帯のように小区画の山林がモザイク状に分布しているところでは、他人の山林を通過しなければ出材することができない。近世の山林売買証文には、「杉檜木出シ道之義ハ何方江成共御勝手次第御出し可被成候」と書かれるのが常態であった。この慣行のおかげで自由に出材できたのである。

二つ目は流筏の平等性である。流筏は伐り出しとならんで商品実現の核心であって、流筏が円滑かつ安全に行われることは流通の必須条件である。流筏の平等性とは、一床・一筋に満たない場合は他人の筏と組み合わせて一床・一筋にして和歌山へ下すことである。和歌山の材木問屋が発行した仕切状に何床何分とあるが、これは一床に満たないものを他人の筏と組み合わせたことを示すものである。また零細な商人は二〜三人の組み合せで筏を編成して流筏した。明和元年（一七六四）から天明八年（一七八八）までの仕切状が二三通残っているが、うち八通は組み合わせである。たとえば明和元年の仕切状は宛名が「三尾新忠武殿」とあり、その後に「右者明和元申年三尾村新右衛門忠兵衛狭戸村武右衛門組合仕出候材木」[57]と注釈が添えてある。だから小商人でも平等に商売ができたのである。筏の編成は溜堰（たまりぜき）でおこなった。鉄道の操車場を想像してもらえればよい。

三つ目は他郷商人による材木商売の禁止である。材木方は、国中地方の地主や商人による山林の所有を認めても、材木商売は認めなかった。天明六年の郡中材木方の申し合せをあげておこう。

一、近年他国より当郷江入込丸太商ひ致シ申者有之候、地方商人之儀者右之者共と合商ひ致間敷筈、勿論入札等之席江者一切入申間敷筈也　（東吉野村小・谷家文書「材木商人仲間究書一札」）

このような申し合わせは再々おこなわれていた。域外の商人の参入が絶えなかったからであろう。これは封建的規制であって、自由な営業を妨げる規制である。しかしこのような規制に護られて山元の零細な材木商人でも縦横に商売ができたのである。もし規制が撤廃され、吉野川中下流域や国中地方の資本の自由な参入を許せば、たちまち彼らは苦境に立たされたことであろう。

こうした慣行や封建的な規制は、大きな経済的格差のある吉野川中下流域や国中地方の資本と対抗するには必要な手段であった。

かつて共同体規制は生産力や社会の近代化の阻止要因、停滞の原因と見られていた。泉英二氏が共同体の積極的役割を高く評価し、自由な生産力の展開に対する阻止的要因がほとんどないと見たことについて、山田達夫氏は「これまでの多くの一般的な見解とは、際立って異なった見解というべきである」[58]と批判をしている。筆者は基本的に泉氏と同じ見方に立つが、封建的小農民経営を分解させずにはおかない商品経済の影響を緩和するものとして評価している。ただ、山田氏が「山元の小前材木商人を育み、村ぐるみで結合して外部を圧倒したと説く基底を、抽象的に村落共同体的結合に求めるのではなく、そのような育成や結合を可能にした村落階層構成や、村極めによる具体的な利害関係をこそ問題にすべきであろう」[59]と述べているのは、その通りである。ここでは、抽象的な村落共同体的結合というようなものではなく、利害関係にもとづく規制としてとりあげた。

◎泉英二氏の材木商人論について◎

ここで泉英二氏の論文「吉野林業の展開過程」にふれておこう。泉氏は「陸送から流送への転換、さらに管流から流筏への転換は、吉野林業の発展にとってきわめて大きな意味をもつものであった。それは、その後の吉野林業の展開に重要な基盤を提供しただけでなく、その展開方向をも大きく規定することになるのである」(三六〇頁)と述べているように、材木の流通過程を機軸として吉野林業の発展を論じ、それまでの育林過程を機軸とした発展論から新しい地平を切り開いた。

泉氏は、管流から流筏への転換を可能にした流筏路の整備は、奥郷(生産地)材木商人による流通機構の再編、材木商人の広範な展開、郷段階を超える材木商人組合(材木方)の組織整備、重立商人の林業生産機能から金融・商業機能への重心移行、人工造林と焼畑跡地造林の進展、惣村山の分解と私有林化、伐期の延長と吉野林業技術の成立、公事家層の分解による村落支配構造の変貌などをもたらしたという。ここには近世中期以降の全展開が網羅されている。時期的には多少の問題もあるが、とりあげられた項目に異論はない。

しかし、その細部については疑問や異論がある。第一は、材木商人の広範な展開について、泉氏は材木商人の階層を重立商人と小前商人とに分けるが、既述のように三段階に分類されるべきである。

第二に、安永六年（一七七七）の中奥村金平と白屋村兵助ら二三人の材木商人との争論をくわしく追跡して、これを大坂支配人の配置をめぐる重立商人と小前商人との争いであり、小前商人の勝利と見た（三七六〜三八七頁）。これは重立商人と小前商人との争いではなく、中奥村金平一人の不平に過ぎず、彼が重立商人の不満を代表したなどとはいえない。他の重立商人が金平と共同していないからである。また文政一一年（一八二八）には口郷の重立商人と奥郷商人との争論があり奥郷商人が勝利し、小前商人が材木商人組合のイニシアティブを把握したと見たが、これも事実ではない。奥郷商人が勝利したことは事実であるが、その後の材木方の役員の顔ぶれを見ると、依然として奥郷も口郷も重立商人がイニシアティブを握っている。

泉氏は、争論文書の重立商人や小前商人を階層表現と理解して論を立てているが、小前商人という言葉には、歎願者がその主張を正当化するためにバイアスをかけていることを考えておかねばならない。天保四年（一八三三）に和歌山支配人の配置をめぐって作成された小川郷の「郷中小前商人頼書」(60)でも、小前商人となっているが、連印している材木商人の顔ぶれを見ると、鷲家口村弥八郎や新三郎などは紙屋と造酒屋を兼営する郷中きっての大材木商人である。材木商人の広範な展開と奥郷材木商人による流通機構の再編成が、小前商人による材木方イニシアティブの把握に収斂するという展開構造は、図式にとらわれ過ぎたといわざるを得ない。なお林業生産機能から金融・商業機能へ重心を移したのは重立商人ではなく、口郷の材木商人である。

第三に、杉檜立木が激しく村外に流出していく事態をどのように評価するかである。吉野林業の発展は林野所有のあり方に重大な変容をせまった。泉氏は「『立木年季売り』の広範な展開をもって、直ちに『農民的林業』の

『挫折』とするのには問題が多いのである」(四四七頁)とし、それ以上の言及を避けた。筆者は年季売りをもって直ちに小農型林業(農民的林業といってもよい)の挫折とはいわないが、そこに小農型林業分解の始まりを見ないわけにはいかない。泉氏の吉野林業展開論は小農型林業の分解への言及を欠くといわざるを得ない。

第四に、近世中・後期を一つの発展過程とみるべきではなく、中期(元禄から宝暦まで)は小農型林業の発展過程にあり、後期(宝暦から幕末まで)はその変質=長い分解の過程である。中期と後期を画する指標は流通機構や林業技術にあるのではなく、立木の年季売りの広がりに求めるべきである。近世後期は小農型林業がその内部から徐々に変質させられていったのであって、一九世紀のある時点で量的な変化が質的な変化に転化するのである。

全体として、小農型林業分解への言及を欠くのは流通機構を機軸として吉野林業の発展をみようとするからである。林業は生産過程が基本であり、材木生産を機軸としなければ全体像への接近は困難であろう。

材木方

材木商人の同業組合が材木方である。吉野川上流域に川上郷材木方、高見川流域に小川郷材木方、吉野川中流域に中庄郷材木方、丹生川上流域に黒滝郷材木方、丹生川中下流域と一部吉野川中流域に西奥郷材木方が組織されていた。それらを郡中材木方が統括していた。各郷材木方の下には村ごとに材木商人が集まっていたが、川上郷白屋村[61]のようにきちんと組織されていたのは、むしろ稀であろう。

材木方の設立時期は詳らかでない。管見では、元文六年(一七四一)の「商人仲間定目録」[62]が最古の記録であるが、それよりかなり以前にできていたことは間違いない。その起源は、口役銀の徴収組織に端を発するものであろう。[63]口役銀を徴収するために、両郷村方によって飯貝・下市・加名生に番所が置かれ、吉野から移出される材木を検査していた。[64]材木の輸送が増加し、それに伴う流通機構の整備が必要となると、村方では対応できなくなり、専門の組織が必要とされる。大坂にはすでに問屋や仲買が営業しており、山元でもそれに対応した組織が作られたと考えられる。

材木方は幕府から公認された株仲間ではなく、材木商人の自主的・自律的な組織であった。吉野林業地帯の村民で材木商売に携わる者は、一定の金額さえ支払えばだれでも仲間になれた(65)。

材木方の目的と業務は、①外部に対する自己の利益擁護、②内部の運営と統制、③材木流通機構の整備、④筏士等の管理である。①では、和歌山・大坂市場や紀州藩との対応、②では床掛銀の徴収や出荷規制など、③では流筏機構と施設の構築、流木対策など、④では筏士の賃銀の決定・統制などがある。

材木方の最も重要な業務は流通機構の構築であった。とりわけ流筏に関する事項は材木方の専管事項であった。吉野川は材木方によって建設された輸送路で、溜堰をはじめとしてさまざまな施設が施されており、材木商人はそれを利用しなければ材木の輸送ができなかった。

材木方は和歌山や大坂の材木問屋に対して十分対抗する力をもっていた。和歌山問屋に対しては、その開廃業に関与し、場合によっては吉野から問屋を設立しようとすることもあった。大坂問屋との間では吉野講問屋が組織され、相互に排他的な取り引きを確認していた。個々の材木商人が非力でも、材木方という組織でよく対抗できたのである。近世にあっては、山元（生産地）はつねに都市の問屋制資本の前期的支配下にあったなどと先験的に見てはならない。

紀州藩にもよく対抗した。寛政一二年（一八〇〇）、紀州藩寺嶋役所（大坂にあった紀州産物改役所）から、吉野材は紀ノ川を通行し岩出において口銀を上納するから、紀州産物に含まれる故、仕切状に裏書と押印をするとの通達があった。郡中材木方では直ちに代表を上坂させて断らせた。同藩のねらいは、藩の保護とひきかえに臨時の運上金や調達金を徴収しようとしたのではないかと考えられる。約一ヶ月におよぶ交渉のすえ、撤回させた(66)。全面的な勝利を得た最大の要因は、紀州藩の不条理にひるまなかった材木方の力である。それだけの力を持っていたのである（第六章で詳説する）。

盛口平治がその著『吉野林業法』の中で、「商業機敏ヲ以テ全国ヲ圧倒セントスル、大坂ノ仲買商及和歌山ノ仲買商人ニ対シテ商権ヲ失ハサル事、大坂、和歌山ニ在ル問屋ニ対シテ取締ノ行キ届ク事、険峻ナル坂路ヲ開キテ車道トシ、渓流ノ難所ヲ破石シテ流筏ノ障礙ヲ去リ、運搬費ヲ低減セシ事等、皆ナ団体（材木組合――筆者）ノ力ヲ以テ運動スレバ也」（三二頁、読点は筆者）と述べているのはこのことである。

大中小さまざまな材木商人が伐り出しから販売に従事したが、彼らを支えたのは彼ら自身が構築した流通機構であって、材木方がそれを保護していた。そこに材木方の求心力があり、材木方に反逆して新しい流通機構を立ちあげることは不可能であった。

第六節　小農型林業と借地林業制

小農型林業の限界

借地林業制は一八世紀の中頃、宝暦（一七五一―一七六四）以降広がった。借地林業制は、地元百姓が立木を村外者に年季売りして、自らは山守となって山林を経営し、間伐・皆伐時に材木の売代銀から数％の歩口銀を受け取り、皆伐後は跡地を返してもらうシステムである。また、立木ではなく山地（裸地）を年季売り（一定期間貸与すること）して、借地者に植林させ、立木の年季売りと同様の経営をする方法もある。いずれにしても土地所有と立木所有が分離し、所有と経営も分離する。とうぜん小農型林業は変質を余儀なくされる。笠井恭悦氏は後者のみを借地林業としたが、その議論はのちにふれることにする。次に掲げる売買証文はその例示である。

売渡シ申杉檜山之事

一、杉檜山　壱ヶ所　大滝村領字ゆの木か谷と申所
木数壱万本去年植付申候
四方際目（略）
右我等持分不残代直銀九百目ニ売渡シ則代銀慥ニ受取申所実正也、向後其方立木一代切り御勝手支配可被成候（中略）
一、右山役ハ不残切取被成候節銀三拾目（銀欠カ）我等方へ御渡シ可被成候、不残伐取被成候跡地此方へ御戻シ可被成候筈也

安永九年
子極月日
山売主大滝村
善兵衛 ㊞
（証人三名略）

上市
木屋又左衛門殿

一、此度当村善兵衛より字ゆのきか谷と申所杉山去年植付山ニ御座候、遠方其元様植付御存知無之候、若間植等入候ハヽ我等より来春入念植付可申候（中略）
子極月廿一日
大滝村善兵衛證判人
文　助 ㊞

上市
木屋又左衛門殿
（天理図書館蔵「土倉家文書」）

売るのは立木だけであって、山地まで売るのではない。山地を所有していることで歩口銀や山守賃の収入が見

込まれ、山林の保育労働の機会も得られる。立木の所有権を移転しておくことで、災害等のリスクを免れることもできる。この山林を購入したのは下流の上市村木屋又左衛門である。又左衛門は材木問屋を営んでおり、近代になると奈良県一の大山林所有者に成長する。

しかし立木の所有権移転という事実は重く受け止めねばならない。立木の所有権を譲渡したことは林業構造の本質にかかわることである。いくら地元百姓が育林に主体的に携わったといっても、小農型林業は姿態変換（変態）を余儀なくされたのである。

山元の百姓は小農型の施業体系や流通機構を持ちながら、なぜ山林を手放さざるを得なかったのだろうか。また村内で対応できなかったのだろうか。

第一は、小農民経営を分解する商品経済の圧力が強かったことである。商品経済の浸透は村内の階層分解を不可避とする。植林したものを商品として実現し得た者、風害・雪害・獣害・火災等によって商品として実現し得なかった者、伐採と販売の時期を失した者など市場競争の勝者と敗者に分かれる。敗者の山林は勝者に移る。当主の長患いや若死も階層分解の大きな要因である。階層分解を村内で吸収するような経済力を持った百姓は少なく、全体を吸収することなどとうてい不可能であった。村方にしても経済的基盤が弱小な村ばかりであった。

第二は、樽丸生産によって伐期が延長されたことである。伐期が長くなれば、資本投入額が増え、自然災害等による危険も多くなる。もちろん多間伐による収入機会が増え、多収益を望めるが、ハイリスク・ハイリターンである。多間伐によって長伐期をカバーできる限度を超える場合もとうぜんあり得る。零細な百姓の中には、なけなしの自己資金で山林を維持するよりも、可能な限り早く手放してリスクから解放され、山守賃や歩口銀を取得することの方が有利であると判断する者がいたことも事実である。

第三は、材木商売が不安定であったことである。百姓のなかで才覚のある者は材木商人になった。材木商売は投機性が強く、大儲けもするが、たえず倒産の危険にさらされている。倒産した者は山林を手放さざるを得ない。また、材木は伐採してから売上銀を回収するまでの期間が長い。時には半年以上もかかることがある。資金を借りて商売する中小商人には利息の圧力が大きい。これも倒産につながる。

これが小農型林業から借地林業制に変態せざるを得ない要因であった。封建的小農民経営の分解は商品経済の必然的な帰結である。

借地林業制

借地林業といえば、笠井恭悦氏が、借地者が土地を年季購入し、そこに自らの資本で植林して所有するものだけを「字義どおりの借地林業」としたことが想起される。笠井氏は山林売買証文を検討した結果、「字義どおりの借地林契約は少なく、立木のみか立木・土地共の山林売買が多かった[67]」とした。しかし、笠井氏の借地林業論はあまりにも借地という字義にとらわれ過ぎるのであって、土地だけではなく、立木の年季売りも含めて借地林業としてきた従来の理解で差し支えない。筆者はかつて借地林業制を論じたことがあるが（補論1）、そのさい借地林業制の内容を、①土地所有権と立木所有権の分離、②立木や土地の年限所有、③村外の借地者による立木所有、④立木伐採時の歩口金の授受とし[68]、さらに実態として、土地は村方か地元百姓が所有しており、山林には必ず地元の山守が置かれているとした。小論ではより正確さを期するために、②を立木や土地の年季売買とする。村外の借地者による立木所有を条件としたのは、村内者どうしでは歩口金の授受がないことがあるからで、歩口金は借地林業制の不可欠な条件である。

土地を年季購入（借地）して自ら植林して所有することと、他者が植林した山林（立木）を年季購入して所有することとの間に、それほど質的な相違があると考えられない。後者の場合も、立木所有者は土地を借用していることには変わりはない。両者ともに他人の所有地で立木を所有し、伐採時には歩口銀を土地所有者に支払い、皆伐すれば跡地を所有者に返すのである。かりにAが借地して植林した山林を、BやCに転売したら、転売した途端に借地林業は消滅するのだろうか。明治三三年（一九〇〇）に、立木の地上権設定登記が始まると、立木所有権は地上権として保護されることになった。地上権設定証の設定目的の欄には「杉檜樹の造林所有」とともに「杉檜樹の所有」もあり、「字義通りの借地林業」も立木の年季売りも等しく地上権として収斂されている。このことから福本和夫が地上権林業とよんだことがある。[69]

ただ笠井氏が、「江戸時代以降川上郷を中心とした地方において、字義どおりの借地林業が支配的となりながら人工造林が進展してきた、という点は再検討されるべきなのである。いわんや借地者が地主にたいして経済的に優位に立ち、かつ、借地契約（その実は立木の売買が多かったのであるが）における地代が比較的低率であるからとして、これを資本家的育林業と呼ぶことには賛同しがたいのである」（一三頁）と批判しているが、この前半部分は、『吉野林業概要』の見地にもとづくもので、今日の研究水準では肯定しがたいことは本書を読んでいただければ明らかであろう。また筆者が借地林業という用語を使用しても、資本家的林業という含意で使用しているのではないことはいうまでもない。

笠井氏は、農民的林業の挫折は、立木維持の困難から村外資本の進出を許したことによるという。たしかに村外資本の進出は小農型林業を変質させずには措かなった。それでは変質させられた林業をどのように概念化するのだろうか。筆者はそれを借地林業制と規定する。借地林業制は一八世紀の中頃から広がりをみせ、小農型林業を内包しながら、やがて小農型林業を圧倒して支配的な位置を占める。

笠井氏のいうように、字義通りの借地林業制が少ないということは（笠井氏は借地林業の存在を否定したのではない）、植林山の売買が一般的であったということである。立木の年季売りにしても、山地の年季売りにしても、山地の占有権をある期間譲渡するが、所有権は村方か地元百姓が持っている。山地は再生産の基盤であり、先祖伝来の財産であるという観念が百姓を支配していた。さらに山地を持っているから、立木伐採時に歩口銀を受け取れるのであって、山地まで村外に流出してしまえば、歩口銀は村へ入ってこない。村方経済にとって大きな損失である。

川上郷井戸村のように、村外者に対する土地の永代売りは認めないと申し合わせて、売買証文に押印（「村中仕格」）した村もあった（二七頁参照）。

そのような文言が山林の売買証文に押印されるということは、逆に山地の売買が相当に広がっていたことを物語るものである。この「村中仕格」によってどの程度山地の村外流出を防げたのだろうか。ある大山林所有者から川上村井戸には土地付の山林が少ないと聞いたことがあるが、一定の効果を収めたのであろう。

これに対して立木は作物であり、早晩売却するものである。立木のままで売るか、伐木山（伐採予定の山林）もしくは伐採して売るかのちがいはあるが、土地を売るのとでは売り手側の感情に根本的な相違がある。借地林業制の広がりにはそのような観念が底辺にあった。じっさいこの時代の文書の形式を見ると、丸太や伐採予定の立木の売買には「丸太売揚証」と書かれ、証文は短期間しか保存されなかったが、山林の売買には「売渡申杉檜山之事」という証文が作成され、転売には古証文が貼付された。あたかも現在の不動産の転売履歴を証明する「登記済証」の乙区のような扱いであった。

借地林業制を内実化するのは歩口金制度である。歩口金とは間伐あるいは皆伐時に立木所有者から土地所有者に支払われる一種の後払い地代である。山年貢・山役金・歩一金等の別称がある。歩口金は山林や村によって異なるが、平均すれば立木売買価格の二％から一〇％の範囲内である。後払い地代というからには先払い地代がある。それは山地もしくは立木を売却した時に受け取るものである。

地上権設定証をあげておこう。これは近代のものであるが、内容が明快であるから使うことにした。

地上権設定書

奈良県吉野郡川上村大字西河領
第弐百六拾九番地　字マカリヤ谷
山林反別六町歩之内
一、山林反別九畝歩　第四拾七号
地上権ノ範囲ハ左ノ略図之通リ

（図略）

土地ノ価格　　四拾円也
右山林内ニ於テ杉檜樹ノ造林所有ノ為今般貴殿ヘ地上権設定候所明確也、然ル上ハ左記項目ニ依リ御支配成被下度候也
第壱項　地上権存続期間ハ杉檜立木壱代間トス
第弐項　（略）
第参項　地代ノ義ハ歩口金（山役金トモ云）ト称シ該立木抜伐皆伐共伐採之都度売代金百円ニ付金拾円ノ割合
第四項　杉檜抜伐皆伐材売渡シ方ハ所在地ノ習慣ニ基キ競売ニ附スル事
第五項　（略）
第六項　（略）
右契約ニ基キ御支配成シ被下度（中略）為後日地上権設定書依テ如件

明治三十三年壱月五日
奈良県吉野郡川上村西河大瀧共有

右管理者村長欠員
助役　上平四郎左衛門　㊞

奈良県吉野郡川上村大字大瀧
土倉庄三郎　殿

（登記印等略）

（天理図書館蔵「土倉家文書」）

これは西河・大滝両大字が区有山地を土倉庄三郎に売却した契約である。民法の施行にともない地上権設定登記が開始され、このような形式となった。山地の売却といっても、植林から皆伐まで立木一代限りの山地の占有権の売買である。契約時に四〇円支払われ、立木の抜伐・皆伐時に伐木売代金の一〇％が地代として支払われる契約である。いずれも立木所有者の土倉庄三郎から山地所有者である西河と大滝両大字に対してである。後者が歩口金である。この事例のように、土地が村（大字）の所有である場合はもちろん村（大字）へ支払われる。村（大字）ではそれを村民に配分したり、村（大字）の協議費や学校・道路などの公共費用の財源とした。

◎藤田佳久氏の外部資本導入論について◎

ここで藤田佳久氏の吉野林業論を検討しよう。藤田氏は笠井氏の借地林業論をさらに進めて、「従来概念化されてきた『借地林業』は存在しないこと、若干それに該当する事例が存在したとしても、それはむしろ例外的存在であり、本質的な存在ではない[70]」とし、「虚構」と断定した。そして立木の年季売りは「外部資本を積極的に導入する」ことであって、小農民的育林業の挫折ではなく、「自らの手で流通機構を把握できない農民側の積極的な対応であった」と評価した。また、別のところで「吉野の人々は、自分達は一銭の資金も必要なしで、育苗し、植付し、管理して間伐収入を得るという方式を生み出したのである[71]」とも述べている。

藤田氏の吉野林業論の核心はここにある。詳しく検討するために原文を掲げよう（カッコ内は筆者注）。

そこでは（東吉野村の奥地）村持山を分割した直後に各農家は自らの手で造林し、そのあとすぐに他地域の投資家にそれぞれの造林地を競って年季売りした。つまり、造林は農家自らが小農民的育林業を展開するための行為ではなく、外部資本を積極的に導入するための手段として行なわれたということを明らかにした。

この背景には、裸地そのものの売買よりは、造林地を小間切れに順次売却することの方が、農民にとって利益につながったということであり、一方、外部の投資家にとっても、伐採跡地や雑木（林欠カ）を購入して造林を初めて行なうためには、山元にそれを委託するだけの組織の確立から始めなくてはならず、それよりも造林地を購入した方が安くつくと判断したことがあった。山林の管理は売買契約を行った地元民に一任すればよく、地元民もまたそのような不在地主、不在地上権者の管理人、つまり山守になることによって、経済的安定を求めようとした。（藤田佳久『日本・育成林業地域形成論』二一五頁）

借地林業については概念化の問題であるから、さまざまな議論が存在することは当然であるが、地元百姓が最初から育林経営を放棄し、外部資本の下で山林の管理人（山守）になることに甘んじたという論断は、吉野林業史の一側面を極端に誇張したものであって、全体像から乖離したものといわざるを得ない。たしかに売買証文の中には、植林して即売却した事例は散見されるし、「小苗山売買ハ不苦」[72]という枠組みもあったが、そこに吉野林業の「基本的枠組」（二一七頁）があったとはいえない。惣村山に植え出しをおこなった百姓もこれを容認した村方も、地元百姓の手で育林から販売まで一貫した経営を目的としていた。だが商品経済の法則は冷酷に貫徹せずには措かない。小農型林業は結局分解され、大山林所有制に移行する。その過程が借地林業制である。以下その論拠を示そう。

⑴村方も百姓も自ら植林した山林の所有と経営を望んでいた。

①享保八年（一八二三）、小川郷小村は村民の旺盛な植え出しを認めて、村山を二〇〇〇坪宛分割して私有させた。その時分割に参加した惣百姓は、「自今以後林領藪領共永代売不申ニ及地共売買堅仕間敷究也」[73]と確認

して連印した。「永代売不申ニ及」を年季売りならよいとか、「地共売買堅仕間敷」を立木だけならよいと読むのは、牽強付会の類である。

②同村では、文化六年（一八〇九）にも字伯父び処を五六軒の公事家に植林させた（土地の私有は認めなかった）。天保三年（一八三二）に作成された「字伯父び処歩口帳」でも、「若又自分所持得不致分は可成丈組合又ハ村内江売買可仕候、其上無拠他江売買仕候ハ組合一統得心之上印形相添村方ニ茂得心ニテ売買致可申事」(74)と決めている。組合とは五六軒を七軒宛八組に編成した五人組に準じた組織である。村内で山林経営をすることが原則とされている。

③明和六年（一七六九）、川上郷井戸村は字ししやすみと字やとの杉山二ヶ所を二六軒の公事家に分配した。「村山割賦證文之事」には、「銀子入用ニ付勝手ヲ以売払度人有之候ハヽ、村公事家之内江売買致候筈也、猶又他村又ハ水呑等へ売渡シ人有之候ハヽ、此割賦手形可為反古堅極メ也」(75)とあり、連印している。他村売りは明確に禁止されている。

④嘉永二年（一八四九）、井戸村権兵衛は字青木杉檜山を玉出村藤七郎に売却した。売買証文とは別に「山林戻リ證文之事」(76)なる証文があって、それには「来戌年（一八五〇）霜月廿日限銀八百七拾八匁五分御持参被成候ハヽ、御頼之義ニ付山林其元へ御戻し可申候、若限月過候ハヽ、約速（ママ）之通当方ニ勝手支配ニ可致候、其節此書付其元ニ御座候共返（反カ）古ニ御座候」とある。この売買は明らかに質入れである。このように山林売買証文には、名目は売買であっても内実は質入れである事例が散見される。また売買証文に奥書があって、「若日限ニ不埒仕候ハヽ、此奥書切取御勝手ニ御支配可被成候」と書かれている場合もみられる。質入れは百姓が可能な限り自分で所持していたいという意志の表れである。しかし事志（ことこころざし）とは違い結局手放さざるを得なかったから、奥書の部分は切り離されてしまい、単なる売買証文としてしか残らなかったのである。証文分析をするなら、この点

を見落とすべきでない。

このように惣村山の分割にあたって村方は村外流出を認めていなかったし、百姓もなけなしの山林を手放したくはなかった。

(2)材木商人は山林所有を拡大しようとしていた。

①井戸村治右衛門（井上家）は享保一二年（一七二七）、父治郎右衛門から家屋敷畑の他に山林三六ヶ所を相続した。その中には相持山や土地だけの山林もあった。その後、安永二年（一七七三）までに五三ヶ所を買入れた。相続山をすべて持ち続けたかどうかわからないから、単純に合計することはできない。その後裔は文政一三年（一八三〇）から安政三年（一八五六）までの二七年間に七三ヶ所の山林を買得した。平均して一年に二〜三ヶ所を購入したことになる。明治九年（一八七六）には所有山地は九六ヶ所になっていた[77]。井上家は材木業を営みながら順調に山林所有を伸ばしたのである。

②川上郷東川村升屋（枡家）は天明から天保までの間に山林と土地を九一ヶ所取得した。そのうち九ヶ所が立木で残り五六ヶ所が土地、三ヶ所が立木土地共、不明が二三ヶ所である。同家は購入した土地で山林経営をおこなっていた[78]。

材木商人にとって山林を所有するメリットは大きい。自家山林を伐り出すのと他人山を購入するのとでは、資金需要が違う。前者は後者に比してより少ない資金で商売ができるから、借入金に依存しなくてもよい。だから材木商人は山林を持ちたかったのである。また山林所有は地域におけるスティタス・シンボルでもあった。山林所有と安定した材木業とが両々相まって双方に好結果をもたらした。だがそうした幸運をつかめたのはごく少数で、大多数は山林所有から切り離され、材木業でも激しい浮沈を余儀なくされた。

(3)山林所有から切り離された者はその山林の山守になった。だが数ヶ所の山守では経済的安定は得られない。間もなくして山守職は売却され、少数者に集中した。

(4)流通機構は材木商人（地元百姓）によって立ちあげられ、維持管理された。吉野の流通機構は中小材木商人でも商いができるようになっていたから、近世後半には材木商人が族生した。地元百姓が山林経営を放棄して山守の地位に甘んじたのは、流通機構を握れなかったからではなく、地元百姓が材木業に進出しながらその経営が安定しなかったことにあった。

上述から、吉野の百姓は積極的に外資を導入する途を選んだのではなく、小農型林業を分解せずには措かない商品経済の強制によって山林所有から離脱せざるを得なかったのである。藤田説は一つの側面の極端な誇張である。

借地林業制は土地を地元百姓が所有し、立木所有者に代わって山林経営にも主体的に参画するから、多分に小農型林業の内容を持っている。しかし小農型林業とは異なるものである。村外者による立木所有という事実をかるがるしく見てはならない。借地林業制は小農型林業の姿態変換（変態）であり、小農型林業を分解する契機を内包しているのである。

山守制度

山守とは、村外者の所有する山林の管理もしくは経営を担当する者であって、必ずその山林の所在村の者に限られる。管理もしくは経営とした理由については後述する。山林が有利な投資対象になり、吉野川中下流域や国中地方の商業資本・地主資本・高利貸資本等が吉野林業地帯へ進出した時、必ず山守を委嘱した。投資家には山林経営の知識や経験はなく、ましてや山林の所在地すら定かでなかったろう。現地に山守を置かなければ、利益はもとより投資したものを安全に回収することすら不可能であったに違いない。ここに山林所有者が山守を置く必然性があった。

一方、地元側にとっても、せっかく植林した山林を一度の売り切りにしてしまっては、先々生計の道が断たれてしまうから、自分の持つ林業技術や山林経営のノウハウをもとに、山林の保育や伐り出し等さまざまなかたちで継続して山林にかかわっていかなくてはならなかった。両者の利益が合致したのである。笠井恭悦氏は、「山守制度が（中略）成立する過程においては、村外の山林所有者と村民とのあいだに対立・抗争がみられ、いわばその妥協の産物としてかかる制度が出現した[79]」と述べているが、山林の売り手と買い手という関係の中に、対立・抗争といった経済外的なものを持ち込む必然性があるのだろうか。またそのような歴史的事件が発生していたのだろうか。純粋に経済的関係と見るべきである[80]。

最初は山林の売却者が山守になったが、山守が山守賃の伴う職になると、世襲され、売買されるようになり、やがて山林経営の才覚をもった少数の者に集中した。たいていは中以上の材木商人であった。

これまで山守制度がどのように説明されてきたか、煩をいとわず引いてみよう。最初に北村又左衛門の『吉野林業概要』を引く。

我吉野林業に於ては遠隔の地に在る殖林家は勿論のこと、仮令、遠隔ならずとも山林所有者の住居地と所有地と其の大字を異にする時は必ず山林所在地の地元大字に於ける住民の中最も信用且徳望のある者を選んで山林看守（即ち山守）とし、自己の山林を之に嘱託するのを慣行としている。山守の職務は山林所有者の為めに其の山林の保護に対し常に全責任を帯びて看守することに在る。而して平時は山林を巡視し植栽、手入、間伐、皆伐等の際には林主に代わって人夫を指揮監督し、非常変災のある際には所有主のために臨機応変の処置をするなど、皆其の職掌に属するものである。而して其の看守料は林木皆伐又は山林売却の時に伐採価格若くは売却価額の幾分を以て看守料は尚又歩口金（山役金）と同じく、恰も部分林に等しい利益の分配に相当するから、之を受ける看守は山林を自己の財産の如く思ってその保護の任に当るものである。且亦古来の慣行上山守は一の世襲的事務を形成し、随って一人で多数広大な山林を看守するものであるから、其の利得は安全で且大なるものである。之に加えるに看守は殖林家に次いで尊敬せられ、比較的村民の上位に立ち着実と信用とが之に伴うことを要するものであるから、単に看守のみの事に止まらず総て山林の改良施設の事に与り、埴林家と密接な関係を有し職務に忠実なれば忠実なる程其の信頼を増し、其の報酬も亦増加するから益々職務に勉励するようになる。

（『吉野林業概要』六八〜六九頁、私家版、六版改訂版）

次は桝源助の『わが吉野川上林業』である。

一　吉野林業と山守制度

山守制度とは不在村林業家の代理として、またその山林の管理受託者として、造林撫育の管理運営はすべて看守にまかされたのである。そして看守（山守り）を委託されるものはその部落における信望家であり、ある程度の山林または資財産を所有する有力者であり、また林業経営に経験を有するものに限られるので、看守の委託をうけることは大きな誇りであり、かつそれは多くの場合ほとんど世襲となっているので、看守はその栄誉を誇りとして、委託をうけた山林は自分の所有山林と同様に愛護の誠心をもって造林撫育にあたったので、山林はますますよくなって吉野美林を生み出したものである。

二　山守の任務

山守（看守）は山主または主当（しゅとう、山守の統括者――筆者）の指令をうけて林業経営上の作業を計画し、それに対する山林労務者を確保し、またこれら労務者とともに自らも作業に従事する。（中略）また主頭（当カ）をおかない山主の場合には、間伐・主伐のとりきめ、材積調査、諸入費の算定、売買価格の算定などの相談相手になる。

三　山守の数と主当

（前略）主当は当該山林所有者の山林に対する顧問であり、また林主に代わって多くの看守の頭として山林の撫育管理一切を担当し、（中略）すなわち主当は支配人的立場にあるのである。

四　山守の報酬

山守は撫育管理の代償として、該山林が皆切りされた際、その売買代価の一〇〇分の五を謝礼として山主より受けるのが一般である。これを看守料という。（中略）しかし一面旧来の慣習により、看守には間伐材、主伐材共に優先的に引合調談させることが常例であり、その場合幾分の所得があることになる。これらの内情を通じて看守は最大の魅力を感ずるものである。

（『わが吉野川上林業』二二一～二四頁、私家版、一九七〇年）

北村家は奈良県最大の山林所有者であり、桝家は川上村で代々岡橋家（清光林業株式会社）の山守をつとめてきた著名な林業家である。両者ともに山守の委託、職務、報酬、村内における地位、山林保護にあたるイデオロギーについては共通した認識を持っている。両者の違いは、北村が山守を林主の忠実な職務者と見ているのに対して、桝は現地における支配人と見ていることである。この違いは当然といえば当然だが、興味のあることである。

北村の見方では山守は現地の管理人であるが、桝の見方を敷衍すれば、山守はその職務からいって単なる現地の管理人ではなく、山林の経営者である。筆者は桝の見方に立つものであるが、北村の見方も否定されるものではないと考える。土倉や北村のように同じ吉野に在住し、林業経営に当たる林主の場合は山林経営のノウハウは持ち合わせていたから、これらの山守は管理人であったかも知れない。

山守は父祖伝来の育林技術や経営知識を持っていた。具体的にいえば、植林・下刈り・枝打ち・間伐皆伐の時期設定、現地における労働者の手配と監督、丸太の搬出と輸送、時にはその販売にいたるまでを担当したのである。また山守は材木商人であったから、和歌山・大坂の問屋と直結しており、市場の動向を知悉していたので、林主の意向を参酌して経営者的な対応ができる能力を持っていた。そのような才覚を持った者に山守権が集中したのである。国中地方のような遠隔の林主はもとより吉野川中下流域でも中小の林主は林業経営は望まず、山林に投資したのであって、山守の経営者的才覚に依存しなければならなかった。

さらに山守は材木商人として材木方（同業組合）を組織していた。材木方は、流筏のための溜堰の設置や吉野川の浚渫、筏士の監督、和歌山・大坂の材木問屋との折衝、仕切銀の回収等の流通機構を構築していた。これを利用しなければ材木の輸送は不可能であった。だから山守は単なる管理人でも山番でもなかったのである。これが山守を経営者であるという所以である。

それはあたかも資本主義的な会社経営における所有と経営の分離であり、山守は「非所有者的専門経営者[81]」であるといえよう。「非所有者的」といっても山林をまったく所有していないというわけではない。桝がいうように何ほどか自分山を持っている。非所有者というのは、山守として管理している山林が他人山であるという意味である。

ここで山守に関する先行研究にふれておこう。

山田達夫氏はマルクスの『資本論』に依拠して山守を分益農（Teilbauer/share tenant）と捉えた[82]。分益農制とは、借地農業者が自家労働（他人の労働も含む）のほかに経営資本の一部を提供し、土地所有者は土地と経営資本の一部（たとえば家畜）を提供し、両者で生産物を一定の割合で分割する制度である[83]。この場合、借地農業者が分益農である。借地林業制の下では、借地者は山林所有者である。たしかに山守は自己の管理する山林に自家労働（他人の労働も含む）のほかに経営資本の一部を提供するが、山守は借地者ではない。時には自己の担当する山林の土地所有者であることもあり得るが、それは山守の主要な側面ではない。山守の経営者的側面を一面化したり、あるいは生産物の分割ということにとらわれて、借地農業者というわけにはいかない。山守は借地者でもなければ土地所有者でもなく、材木商人であって、林業の専門経営者である。

有木純善氏は山守を相当な利権をもつ管理者とみている[84]。有木氏は吉野林業を林業構造論からみた場合、地主的林業構造としては不純であるとしたが、不純というのは、山守でもある山元の材木商人の力が強くて、村外の山林所有者が山林所有・生産・流通・加工部門を制圧しきれないことを指している。山林所有者は制圧しきれない分、利益の一部分を山守に与えねばならなかったというのである。有木氏は小作農であるとか分益農であるとかいった論でなく、山守を材木商人と認め、吉野林業技術が山守制度との関連ではじめて形成されたと高く評価しているが、管理者にとどまっている。

高木唯夫氏は、経営活動を経営・管理・作業の三機能の関係から見るという山城章氏の経営論[85]を下敷きにして、山守の経営的機能を解明しようとした。高木氏は山守の役割を経営的機能とし、その機能を発揮するためには林業技術に精通していなければならないという[86]。高木説は現在の吉野林業を対象にしたものであり、林業の直営化、資本主義化が進行すれば、山守の経営的機能は圧迫され、管理的側面が拡張すると予想する。逆にいえば、直営化や資本主義的経営から遠ざかるほど、山守の経営的機能は高まるといってよいだろう。ともあれ、高木氏の山守論はもっとも山守の本質にせまったものである。

筆者はここで全面的な山守論を展開するつもりはなく、山守が材木商人であり、山林所有者に対しては非所有的専門経営者であるという指摘にとどめておく。

山守の報酬は、伐採時に支払われる看守料であるが、近世においてもその率は平均して立木の売代金の五%である。率としては低率であるが、売代金額が大きくなれば看守料も増えるから、成功報酬といえなくもない。パイを大きくすれば、山守の取り分も大きくなるから、山守が職務に精勤することは自然なことである。また、桝は「看守には間伐材、主伐材共に優先的に引合調談させることが常例であり、その場合幾分の所得があることになる」（『わが吉野川上林業』二四頁）といっており、山守にとっては看守料よりもこちらの方に魅力があった。山守は材木商人（素材業者）でもあるから、市場で有利な商売ができたのである。いずれ自分が購入する材木であるから、山林の管理に精勤するということはあり得る。経営者として山守が獲得した利益は村経済を潤すことになる。また、村内の林業労働者を雇用することによって村経済にも裨益したのである。

小農型林業の変態として一般化した借地林業制も、さらに商品経済の圧力を受けて、そのままのかたちを維持することはできなかった。変化の第一は、立木の年季売買から山地の永代売買に移行したことである。再生産の基盤である山地を手放してしまえば、借地林業制の土台が崩壊する。第二は、奥山の広大な原生林に山林開発の手が伸び、そこに地上権（立木所有権）が設定されたことである。そこは零細な百姓では伐り出しが難しく、ほとんどが惣村山として放置されていた。これは零細な百姓持ちの山地を対象にした借地林業制とは異なるものである。早晩、地上権設定から山地の所有に移るのは必然である。それは大山林所有制を基礎にした資本主義的林業への発展であるが、それは本稿の対象外である。

第七節　先行諸研究

吉野林業に関する研究は汗牛充棟の感があるが、本格的な吉野林業史はまだない。しかし、三橋時雄をはじめとして、半田良一・笠井恭悦・有木純善、山田達夫・藤田佳久・泉英二・加藤衛拡など各氏の業績は今後の研究にとって不可欠である。本書はこれらから大きな教示を得ており、それらについて若干ふれておきたい。

①三橋時雄『吉野林業発達史』（林業発達史調査会、一九五六年）

吉野林業の通史的叙述の嚆矢。山林所有や林業技術にウェイトを置き、大坂木材市場との接触過程や材木組合・労働組合をもとりあげているが、全体として素描の段階にとどまっている。また北山林業や十津川林業も混在し、吉野林業の範囲が不明確である。

吉野林業の特徴を借地林業と捉え、「村外資本が吉野林業の発達に対して果たした役割は極めて大きい」（六四頁）と述べているように、村外資本の役割を高く評価し、地元百姓の力を過小評価している。これは主に『吉野林業概要』をベースにしたためであり、当時の研究水準を反映したものであった。

②笠井恭悦「吉野林業の発展構造」（『宇都宮大学農学部学術報告』特輯第一五号、一九六二年）

吉野林業を「小農民的育林業」と規定し、この地方の林野所有形成の基本的方向を「地元において主として村共有山の分解にもとづく小農民的育林業が発生し、これが挫折のうえに村外大山林地主が形成されていった」という系列に求めた（一一〇頁）。笠井氏は「小農民的育林業」なる概念については説明しなかったが、吉野林業を構造的に捉えようとする試みは、従来の制度的理解を大きく超えるものであった。この論文は社会経済史的手法による最初の吉野林業史論であり、吉野林業史研究を新たな峯に引きあげた。

これとともに笠井氏は、「借地林業とは、地元の土地を借り入れて村外資本家が育林業をいとなむ」（一三頁）ことであると字義通りに捉え、山林売買証文から見る限り、ほとんどが杉檜立木の年季売りに過ぎないと断定した。笠井説は大きな反響を巻き起こした。しかし笠井氏は借地林業という字義にとらわれ過ぎた。

③半田良一「吉野林業論をめぐる諸問題」（『林業経済』一八三号、一九六四年）、「林業経営と林業構造」（『林業経済』二二四号、一九六七年）

「諸問題」は笠井氏の「吉野林業の発展構造」に触発して書かれたものである。笠井氏が指摘した「字義通りの借地林業」については評価したが、小農的育林業については必ずしも十分に発展していたとはいえないとし、それが挫折して林地が村外資本の手に集積されていく場合、その資本を山元の材木商人に求めた。笠井氏が十分に説明しなかった農民的育林業を、「前提としての農民的土地所有に基礎をおき、主として家族労働によって行われる林産物の小商品生産」と規定した。

その三年後の林業経済研究会春季大会で、半田氏は「林業経営と林業構造」を報告した。大部な報告の中で、わが国林業の発展路線として、地主林業型発展構造と農民林業型発展構造を設定した。地主林業型構造とは、地主が育林の生産基盤としての林地を占有把握して行う育林経営をいう。後の討論で、「私も、やはり何といっても、地主林業型構造の典型は吉野だろうと思います」と答えている。半田氏の提起は吉野林業史研究のさらなる発展の契機となった。半田氏が山元の材木商人に注目したことは泉英二氏に受け継がれた。

④村尾行一『育林の生産構造』（林野弘済会、一九六九年）

これは林業の類型的把握をめざすもので、山国林業を農民的林業の典型とし、吉野をその「反世界」とした。すなわち地主的林業と規定した。笠井氏のいう農民的林業については、「生れいずる前に圧殺された死産せる胎児、『農民的林業』の葡萄状鬼胎、それが吉野林業である」（一二八頁）と一応の成立すら認めなかった。村尾氏があげる論拠は明白であるが、しかしこれが書かれた一九六〇年代後半は、吉野林業の社会経済史的研究がようやく緒についた時期であって、村尾氏が依拠した先行研究は、参考文献一覧を見てもきわめて貧弱である。その後の藤田佳久氏や泉英二氏らの実証的研究は村尾氏の出した結論とは別方向を示している。

また村尾氏の議論は、「共同体」的林野保有の地主的変貌を近代への展開過程として見ようとするものである。だとすれば、近世において広範に展開した林野の農民的所有をどう解すべきなのだろうか。

大胆な論断は論争を明快にするが、反論をも容易にする。実証的研究の深化が決着をつけることであろう。

⑤有木純善「吉野林業技術史」（『林業技術史』第一巻・地方林業編上、一九七二年）

この論文は吉野林業技術の発展を構造論との関連で論じている。有木氏は吉野林業の特徴を「山守制度に集約的に具現されている外発的林業発展構造である」（六頁）とみ、「村内山林はその多くが外部の商人・地主に取得されてゆき、山守を通じて大面積山林を経営する大山林地主地帯が形成された」（一〇頁）とした。すなわち外発的林業発展構造とは地主的林業構造である。ただし、都市商人に対する山元の材木商人の力関係がそれほど弱くはないこと、山元の材木商人と国中地方のいわば中間的な商人・地主との具体的な力関係や、大坂商人の役割等が明確でないこと、山守が単なる使用人ではなく一定の力を持ち、都市商人はこれと妥協せざるを得なかったことなどから地主林業の典型としては不純であるとした。これはのちに加藤衛拡氏から、構造論論議の不毛さとともに、一定の論理をもって成立している林業に純粋も不純もないとの批判をうけた[87]。

たしかに不純という表現は科学的ではないが、有木氏の理論的苦衷がよく表れている。地主的林業というには、あまりにも地元百姓の力が強いのである。

⑥山田達夫「林業構造論と吉野林業論」（半田良一編著『日本の林業問題』、ミネルヴァ書房、一九七九年）

半田氏以来の林業構造論を踏まえて、農民的林業構造とその壊滅型としての寄生地主型林業構造・地主経営型林業構造・分益的林業構造を提起し、吉野は典型的な寄生地主型林業構造であるとした。構造論の議論もここまで深まれば、議論のための議論になりやすく、もはやこれ以上の議論を重ねても進展は期待できなかった。

⑦泉英二「吉野林業の展開過程」（『愛媛大学農学部紀要』三六巻二号、一九九二年）

これまでの吉野林業史は借地林業をキーワードにして育林過程を対象としてきたが、泉氏は木材の流通過程を軸にして吉野林業の展開を論じた。吉野材の流通に携わる中継問屋や和歌山・大阪材木問屋等の諸流通組織の存在形態を明らかにしながら、流通機構における地元材木商人の優位性を主張した。そして流通過程を担った材木商人について、重立商人と小前商人の経営分析を行うとともに、小前商人の圧倒的な展開を明らかにしたのである。とりわけ重立商人と小前商人との間で展開された流通機構の主導権争いにふれ、小前商人がイニシアティブを把握したと見た。イニシアティブを握ったのは、小前商人というニュアンスで語られるものではなく、やはり重立商人であったと見るべきであろう。さらに育成林業についても、零細な百姓による小区画の焼畑造林から始まり、当初は二五年から三〇年程度の短伐期であったことなどを明らかにした。こうした実態から近世中期以降、農民的林業は成立していたと結論づけた。流通機構を軸とした分析は吉野林業史研究の新たな地平を切り開いたのである。

だが、流通過程から吉野林業を見た場合、その変質過程、すなわち農民的林業の分解過程は視野に入ってこない。課題は残ったといわねばならない。

⑧藤田佳久『日本・育成林業地域形成論』（古今書院、一九九五年）、『吉野林業地帯』（古今書院、一九九八年）

藤田氏は吉野林業地帯を最も精力的に踏査し、多くの業績を残している。しかもこれまでの研究者が林学の分野に属しているのに対し、地理学の分野から吉野林業史に接近した。

『形成論』で藤田氏は、吉野林業方式とは、育林技術と経営体系とが統一的に体系化されたものであって、吉野林業の育林技術は、「苗木の精選を前提とした密植栽培によって恒常的な多間伐収入をめざし、皆伐時に大径木生産へ誘導する一貫した」（二六四頁）技術であり、間伐方式を育林技術の基本的な枠組みという。経営体系は、外部資本の積極的な導入（山林の年季売り）と山守制度によって、歩口金と監守料を確保するシステムであり、歩口金と監守料がインセンティブとなって吉野林業が高度な発展をとげたという。だから立木の年季売りは笠井恭悦氏のいうような農民的林業の挫折ではなく、恒常的な収入確保の手段であった。また、別のところで、「吉野の人々は、自分達は一銭の資金も必要なしで、育苗し、植付し、管理して間伐収入を得るという方式を生み出したのである」(88)と述べているが、これは吉野林業の一面を極端に誇張したもので、実像から離れたものといわざるを得ない。借地林業制を否定することはともかくとして、立木の年季売りを即農民的林業の挫折とはいわないまでも、小農型林業崩壊の契機を多分に内包している。

『吉野林業地帯』は、吉野林業の成立と発展をこれまで外部資本の側から見てきたものを、集落内部から見直そうとするもので、この視点は評価される。しかしそれが村落の成立要因と領域認識からで可能かどうかは疑問が残る。地理的・経済的要因から分析すべきである。集落内部から見直そうとする視点を提示しながら、その後、外資導入論に陥ったことは何とも惜しまれてならない。

⑨加藤衛拡「『吉野林業全書』の研究」(『徳川林政史研究所研究紀要』昭和五八年度、一九八四年)、「林業史研究の方法――『林業の経済的構成概念』整理の意義――」(『林業経済』五二九号、一九九二年)

「研究」では、吉野林業の分析に当たっては、「造林にはじまり、立木が伐出され、その一部は加工され、販売されるまでの」「総生産過程を捕まえることからはじめなければならない」とした。そして生産過程の最も重要な部分過程は生産物(木材)の移動であり、それが林業生産全体を規定していると述べている。つまり木材の伐出過程に中心を置いていることがわかる。この提起は従来の育林過程に視点をすえた分析方法に転換をせまるものであった。

それを鮮明に打ち出したのが「方法」である。ここでは「林業とは本来伐出業である」という鈴木尚夫氏の論に依拠して、これまでの吉野林業論、林業構造論、西川善介氏の林業経済史論を検討し、「林業の経済的構成概念」の整理をはかった。具体的にいえば、吉野林業史研究においても伐出業を中心に据えることである。その点で、材木商人を中心に据えた泉英二氏の研究を高く評価した。

⑩赤羽武編『吉野林業史料集成(一)―(一〇)』(筑波大学農林学系、一九八七―一九九二年)

赤羽武氏を代表者とする筑波大学吉野林業史研究会の吉野林業史料調査は文字通り吉野林業地帯全域におよんだ。このような偉業はかつてなかった。山間僻地にあって孤立的・分散的な林業史料が簡単に利用できるようになった恩恵は実に大きいものがある。各冊は村明細帳・町村誌、検地帳・地価帳、山林・林産物、大山林経営谷家文書、明治期吉野林業論集、村定・区定、小川郷材木方文書、白屋区会議事録、大山林経営栗山家文書、山論に分けて編集されている。続巻の刊行とこれにもとづく吉野林業論の発表が期待される。

（1）『山林素地及び山元立木価格調――平成一六年三月末現在――』（日本不動産研究所、二〇〇四年）。
（2）厚生労働省「林業労働者職種別賃金調査報告」、『森林・林業統計要覧』六八頁（林野庁、二〇〇四年）。
（3）『川上村の林業』（川上村役場、二〇〇一年）。
（4）奈良県森林組合連合会代表理事専務堀内正之氏の発言（『奈良県林業の活性化をめざして』、日本共産党奈良県委員会、二〇〇二年）。
（5）時折土倉式造林法などという人がいるが、土倉庄三郎は吉野式造林法を全国に広めることに功績があった人で、彼が活躍した明治時代にはすでにできあがっていた。
（6）西川善介「林業経済史論（3・4）」（『林業経済』一三七・一三八号、一九六〇年）。
（7）島田錦蔵『流筏林業盛衰史』九頁（林業経済研究所、一九七四年）。
（8）永島福太郎「十津川郷の筏役」七五〇～七五四頁（『十津川』、十津川村役場、一九六八年）。
（9）同右、七四一～七五〇頁。
（10）半田良一「十津川村における林業経済の発展」八五三～八六五頁（『十津川』）。
（11）京都大学人文科学研究所林業問題研究会編『林業地帯』三四頁（高陽書院、一九五六年）。
（12）船越昭治『日本林業発展史』（地球出版、一九六六年訂正二版）。
（13）一九五〇年代林業発達史調査会は八二号の資料と番外三号を刊行した。各号の題名等は『日本林業発達史』（大日本山林会、一九八三年）に掲載されている。
（14）「林業経済史論――木材生産を中心として――」は『林業経済』一三三号（一九五九年）を初出とし、以後九回に分けて掲載された。

(15) 植村政勝「植村政勝諸州採薬記原稿　残欠」一四三頁、享保一四年（浅見恵・安田健訳編「近世歴史資料集成」第Ⅱ期第Ⅵ巻、科学書院、一九九四年）。

(16) 東吉野村小・谷家文書『成功集』第一（森口奈良吉・山添満昌監修『小川郷木材史』一三九～一四二頁、小川郷木材林産協同組合青年部、一九六一年）。

(17) 東吉野村小・谷家文書、文政六年「小川床掛銀勘定帳」（『年輪』一三四頁、吉野木材協同組合連合会、一九九九年）。

(18) 黒滝村寺戸・田野家文書、安政四年「内藤杢左衛門様御役所より産物御調ニ付郡中材木方申上扣」（岸田日出男編『吉野・黒瀧郷林業史』二九七～三〇三頁、林業発達史調査会・徳川林政史研究所、一九五七年）。

(19) 一九五六年に林業発達史調査会が刊行したものだが、著者は三橋時雄である。

(20) 藤田佳久『日本・育成林業地域形成論』（古今書院、一九九五年）。

(21) 藤田佳久『吉野林業地帯』（古今書院、一九九八年）。

(22) 泉英二「吉野林業の展開過程」（『愛媛大学農学部紀要』三六巻二号、一九九二年）。

(23) 鈴木尚夫『林業経済論序説』（東京大学出版会、一九七五年）。

(24) 松島良男「スギの造林史」一二四頁（佐藤彌太郎監修『スギの研究』、養賢堂、一九五〇年）。

(25) 塩谷勉『部分林制度の史的研究』八四頁（林野共済会、一九五九年）。

(26) 注(12)船越前掲書、三九～四〇頁。

(27) 鶴嶋雪嶺『近畿型民有林業の形成過程』（関西大学経済政治研究所、一九六二年）。

(28) 宮崎安貞『農業全書』（山田龍雄他編『日本農書全集』一三巻、農山漁村文化協会、一九七八年）。

(29) 加藤衛拡「『吉野林業全書』の研究」一九五頁（『徳川林政史研究所研究紀要』昭和五八年度、一九八四年）。

(30) 大蔵永常『広益国産考』（山田龍雄他編『日本農書全集』一四巻、農山漁村文化協会、一九七八年）。

(31) 興野隆雄『太山の左知』（山田龍雄他編『日本農書全集』五六巻、農山漁村文化協会、一九九五年）。

(32) 加藤衛拡「解題」三一〇頁（『日本農書全集』五六巻）。

(33) 筆者所蔵。『吉野林業史料集成(五)』七～一二頁（筑波大学農林学系、一九八九年）にも所収。

(34) 原本は国立国会図書館蔵。昭和五二年に盛口家と筆者により復刻。『吉野林業史料集成(五)』一二三～一三七頁にも所収。

(35) 森庄一郎『挿画吉野林業全書』(伊藤盛林堂、一八九八年、および古島敏雄他監修『明治農書全集』一三、農山漁村文化協会、一九八四年、土倉梅造監修『完全復刻吉野林業全書』日本林業調査会、一九八三年)。
(36) 注(20)藤田前掲書、一六八頁。
(37)「白屋区土地台帳一覧表」は、「川上村白屋地区文化財民俗調査」を実施した(財)元興寺文化財研究所が「白屋区土地台帳」から作成したものである。筆者は同区住民であった石本伊三郎氏(川上村文化財保存審議会会長)からコピーを頂戴した。
(38) 半田良一「吉野林業論をめぐる諸問題」三〇頁(『林業経済』一八三号、一九六四年)。
(39) 笠井恭悦「吉野林業の発展構造」一一〇頁(『宇都宮大学農学部学術報告』特輯第一五号、一九六二年)。
(40) 注(38)に同じ。
(41) 半田良一「林業経営と林業構造」四六頁(『林業経済』二二四号、一九六七年)。
(42) 村尾行一『育林の生産構造』一〇七頁(林野弘済会、一九六九年)。
(43) 有木純善「吉野林業技術史」一〇～一二頁(『林業技術史』第一巻、日本林業技術協会、一九七二年)。
(44) 注(42)村尾前掲書、一二八頁。
(45) 同右、一一三頁。
(46) 同右、一一三～一一四頁。
(47) 同右、一一四頁。
(48) 注(29)加藤前掲論文の一九〇頁。
(49)『石山本願寺日記　上・下』(大阪府立図書館長今井貫一君在職二十五年記念会、一九三四年)には、飯貝本善寺と石山(大坂)本願寺との交流が詳しい。
(50) 財団法人大阪都市協会・大阪市都市住宅史編集委員会編『まちに住まう――大阪都市住宅史』一六二～一六三頁(平凡社、一九八九年)。
(51) 同右、一六三頁。
(52) 盛口家の先祖である森口和兵衛と平右衛門は、天明八年(一七八八)の京都出火、寛政元年(一七八九)の大坂焼け、天保八年（一八三七）の大塩平八郎の変、元治元年（一八六四）の京都禁門の変の鉄砲焼けをとりあげ、いずれもその直後、材木が値上がりしたことを書き残している（盛口平治『吉野林業法』八一～九〇頁、私家版、一九七七年）。

(53) 文明年間に蓮如が山科本願寺を建立したさい、御影堂と阿弥陀堂の材木を吉野から取りよせている（『蓮如上人遺文』、法蔵館、一九三七年）。また大坂本願寺の建立時にも吉野から材木を求めている（「蓮如尊師行状記」、『新編真宗全書』、思文閣出版、一九七六年）。

(54) 注(22)泉前掲論文、三六四頁。

(55) 拙稿「吉野材木業試論」六頁（『林業経済研究』四七巻二号、二〇〇一年）。

(56) 注(22)泉前掲論文、三七三頁。

(57) 東吉野村小・谷家文書『成功集』第一（『小川郷木材史』一五一頁）。

(58) 山田達夫「林業構造論と吉野林業論」五八頁（半田良一編著『日本の林業問題』、ミネルヴァ書房、一九七九年）。

(59) 同右、五八頁。

(60) 小川郷木材林産協同組合文書、天保四年「郷中小前商人頼書」（『吉野林業史料集成(七)』八四～八五頁）。

(61) 注(22)泉前掲論文、三七三頁。

(62) 東吉野村小・谷家文書。

(63) 北村又左衛門『吉野林業概要』七一頁（私家版、六版改訂版、一九五四年）。

(64) 吉野町飯貝・林家文書『口役目録』。

(65) 小川郷木材林産協同組合文書、明和四年「大川筋御廻文願書写」（『吉野林業史料集成(七)』一九頁）、川上村白屋・横谷家文書、寛政五年「材木商人極メ書連印帳」（『川上村史』史料編・上巻、四〇四頁）。

(66) 小川郷木材林産協同組合文書、寛政一二年「大坂寺嶋一軒始末書記」（『吉野林業史料集成(七)』四〇～四五頁）。

(67) 注(39)笠井前掲論文、一一〇頁。

(68) 拙稿「借地林業概念とそのイデオロギー的役割」（大阪市立大学『経済学雑誌』九七巻四号、一九九六年）。本書補論1に所収。

(69) 福本和夫『新・旧山林大地主の実態』一七二頁（東洋経済新報社、一九五五年）。

(70) 注(20)藤田前掲書、二一七頁。
(71) 藤田佳久「林業100年」六一頁(『20世紀の奇跡』第二巻・産業経済の成長、日本統計協会、二〇〇三年)。
(72) 『川上村史』史料編・上巻、一三三頁に「杉檜小苗山之義格別之小苗山売買ハ不苦候得共」とある。
(73) 東吉野村小・区有文書、享保八年「藪林字寄帳」。
(74) 東吉野村小・区有文書、天保八年「字伯父び処歩口帳」。
(75) 大坂市立大学蔵、大和国吉野郡川上郷井戸村文書。
(76) 同右。
(77) 同右。
(78) 奈良県吉野郡川上村東川・枡家文書、文政一二年起「證文写帳」。
(79) 注(39)笠井前掲論文、四九頁。
(80) 『スギの研究』(注24)では、借地林業制の進入について、「商業資本家にとり有利な商機であった」「他に生活資料の少い林地所有者の側から、云わば懇願的に村外資本家の側へ行われて行った」(六九六頁)と書かれているが、これは実証をともなわない『吉野林業概要』の引用に過ぎない。
(81) 『大月経済学辞典』一九五頁(大月書店、一九七九年)。
(82) 注(58)山田前掲論文、六二一～六五頁。
(83) マルクス『資本論』第三巻、第六篇第四七章第五節「分益経営と農民的分割地所有」(大月書店、一九六八年)。
(84) 注(43)有木前掲書、九～一一・一九～二〇頁。
(85) 家城章『経営学講座』(青林書院、一九六三年)。
(86) 高木唯夫「第Ⅳ章　吉野林業における経営の性格」(野村進編著『資本主義的林業経営の成立過程——吉野林業の展開と現状——』、日本林業調査会、一九六六年)。
(87) 加藤衛拡「林業史研究の方法——『林業の経済的構成概念』整理の意義——」七頁。(『林業経済』五二九号、一九九二年)。
(88) 注(71)に同じ。

補論1　借地林業概念とそのイデオロギー的役割

はじめに

長い間、借地林業概念は、吉野林業の特色を説明するものとして使用されてきた。吉野林業といえば借地林業、借地林業といえば吉野林業というように、この両者は唇歯の関係にあった。それだけではなく、借地林業概念はこの一〇〇年間イデオロギー的役割を果たしてきた。イデオロギーであるというのは、吉野林業関係者と住民の思考や行動を緊縛し、指示する観念形態であるということである。

大山林所有者が借地林業という概念を使用するのは当然として、地元の中小山林所有者、山守、材木商人などの林業関係者から行政機関や地元住民にいたるまで、吉野林業の特質は借地林業制度であると受けとめてきた。奈良県一の大山林所有者（地主）である北村又左衛門の著わした『吉野林業概要』は、吉野林業の特質を、借地林業制度・保護制度・組合制度の三つとし、この「三制度は、相互に関連して共同作用を行いつつ今日みるが如き成果を収め得たものである」と論述している(1)。

川上村の著名な林業者である舛源助の『わが吉野川上林業』も、吉野林業を築きあげた要因として、借地林業制度・山守制度・材木組合制度の三つをあげ、「借地林業制度、山守制度を通じて両者の間にあたたかい心の交流があったことがこの制度を永く支え、かつ吉野林業を拡大し育てあげたことはいうまでもなく、また山守と山に働く人々の間のつながりも大きな底力となっている」と記述している。[2]

このような見方は研究者のあいだでも変わらなかった。一九五〇年代は吉野林業の調査研究がさかんにおこなわれた時期であったが、それらの報告書も例外なしに借地林業という概念を使用している。たとえば、東京大学社会科学研究所編『林業経営と林業労働』は「本村の林業を特色づけているのは……借地林業である」と解説し、借地林業の成立過程は、北村の『概要』にもとづいて説明されている。[3] 京都大学人文科学研究所林業問題研究会編『林業地帯』も同じく「借地林制度は吉野地方特有の土地制度である」と説明し、『概要』を引用する。[4] このような研究スタイルは、この時期の吉野林業研究の共通のパターンであった。[5]

ただ、潮見俊隆編『日本林業と山村社会』は「わが国の代表的な私有林業地帯である奈良県吉野地方に今日のような林業の隆盛をもたらしたのは、一にかかって借地林業制度にあるといわれている。借地林といっても後にくわしくみるようにその実態は分収造林なのであって、それを借地林業とよぶのは用語それ自身として矛盾を感じないわけではないが」と懐疑的である。[6]

これにアンチテーゼを提出したのが笠井恭悦氏であった。笠井氏は、これまで借地林業といわれていたものの内容が、実は民間先進林業地に一般的にみられる立木の年季売りであり、これを資本家的育林業と呼ぶことはできないとした。さらに、「小農民的育林業が地元において成立し、それが挫折して（山林の——筆者）村外への流失をまねき、さらに不在大山林地主が形成されていった、という系列」に「この地方の林野所有形成の基本的方向」を見いだしたのであった。[7]

しかし、笠井氏は借地林業制については上記のような指摘にとどめ、その批判を体系的には展開しなかった。その後、借地林業制の内容を検討し、制度としての借地林業を否定したのは藤田佳久氏であった。[8] だが、地元では、吉野林業＝借地林業という見方は依然として根強く存在している。

吉野林業の本場、川上村役場が平成元年に発行した『村制一〇〇周年記念誌』には、「木魂伝承、木とともに生きるよろこび」というページがあって、「吉野林業は、木を我が子のように可愛がるっちゅうけど、これはホンマや。下草刈りとか枝うちは当然やけど、木にからまる草のツルなんかも手間惜しまずにきれいに取ってやる。台風の後や雪の日の山の見囲りも欠かされへん。ホンマ、子供を育ててるのと同じくらい気イを使ってるもんな……。そやから、ええ木に成育してくれるんやと思う」と書かれている。

これこそ、一〇〇年前に大山林所有者が借地林業概念のなかに込めたかったことではなかったろうか。山林所在地の住民が、自分のものでない山林に我が子に対するような愛情を注ぎ、その成育を喜ぶことは、山林所有者にとってこれほどありがたいことはない。それは一般的な自然愛護の観念とは異なった観念あるいは感情である。たとえてみれば、終身雇用・年功序列賃金・企業内組合を内容とする会社主義と共通するものといえないだろうか。これは吉野林業の特質を表す概念ではなく、そこから派生したイデオロギーである。筆者は、借地林業概念はイデオロギー的役割を果したと考えている。それは、借地林業概念が形成された経過をみると首肯しうることである。小論の目的は、まず借地林業概念を再検討し、ついでそのイデオロギー的役割を明らかにすることである。

第一節　借地林業概念の検討

近世以来、吉野林業地帯で形成された林業制度が借地林業として概念化されたのは、明治二〇年代から三〇年代初頭にかけてであった。まず、その林業制度を検討しておこう。最も包括的で、多くの研究書にも引用されている北村の『吉野林業概要』（第六版改訂版、一九五四年）をとりあげよう。北村家は奈良県一の大山林地主で、県内の林業者をリードする存在である。ちなみに、昭和二六年（一九五一）秋、昭和天皇が吉野に来訪したさい、彼が天皇に吉野林業について進講したのである。

この制度（借地林業制度――筆者）は立木所有（者欠カ）と土地所有者と其の人を異にし、即ち甲（仮に立木所有者としよう）は乙（仮に土地所有者）の土地を立木一代間若しくは一定の長期間借地し、それに植林し伐期に及んで伐採せる木材の価額の幾分かを土地所有者に支払う組織である（五五頁）。

山地では耕地に乏しいから、森林資源を維持培養し、木材の販売により生活する外はなかった。しかしその伐出生産の過程でも利益を得ることが少なく、一方村に課せられる貢租は高く、一般に資本を蓄積する余地はなかった。かくて村は租税の支払いに窮し、郷内の有力者に林地を売却し、或は造林の能力のある者に之を貸付ける制度を設け、造林を促進させた。しかし山村民にはこの造林地を維持する資本が欠けていた。そのため元禄年間を前後する頃、下市、上市及び大和平野方面の商業資本の消費貸付を通じて借地林が発生して行った（二六頁）。

借地林業といわれる制度は、①土地の所有権と立木の所有権の分離、②立木の年限所有（立木一代限りあるいは数十年季）、③村外の借地者による立木所有、④立木伐採時の歩口金（山年貢・山役金等の別称がある）の授受という四条件からなっている。筆者はこれが借地林業概念の内容であると考える。以下、具体的にみよう。

土地所有権と立木所有権の分離

山林売買証文から見ると、吉野林業地帯では一八世紀以降、土地所有と立木所有とが明確に分離してくる。立木だけの所有（当然、所有期間は有限である）を年限山あるいは年季山と言い、土地および立木土地共の永代所有を永代地という。立木所有と土地所有とが分離するのは、育成林業の成立過程に関係しているのであるが、小論の目的ではないので、立ち入らない。

村外の資本所有者が、植林された山林を買得して所有するのか、それとも土地を買得し自ら植林して所有するのか、この違いに注目したのが笠井氏であった。二つの事例をあげよう。

[事例A(9)]

売渡シ申杉檜木山之事

大瀧村領ニ有之

一、字上にふと申杉檜木山　壱ヶ所

四方境目（略）

右之山林我等持分一円不残此度御年貢御未進銀ニ差詰リ代銀五貫八百目ニ売渡則直銀ニ請取御上納申所実正也、然上ハ何拾年成共立木一代御立置可被成候、右之山御年貢之儀ハ右立木皆伐リ之節売代銀壱貫目ニ付五拾匁宛地主方へ請取申約束也、材木出シ道之儀ハ其元御勝手宜敷方へ御出可被成候、右山林ニ付御未進無之他ゟ妨申者無御座候、万一少シニても滞儀出来候ハハ売主ハ不及申ニ印形之者共罷出急度埒明其元へ少も御難儀掛ケ申間敷候、為後日山林売券證文依而如件

安永二年

巳十一月

吉野郡大瀧村売主

治右衛門㊞

同村一家惣代　与兵衛㊞

同村年寄　与市郎㊞

同村庄屋　源三郎㊞

鳥屋　弥助殿

[事例B(10)]

売渡申山地之事

小村領字中つこ釜ヶ谷と申処

一、山地　壱ヶ所　　際目諸木一円不残

四方際目（略）

右之山地我所持場ニ御座候処此度御年貢未進銀要用ニ差詰リ当亥年ゟ来ル午年迄八拾年限代銀三百匁ニ売渡則銀子不残請取申処実正也、然ル上ハ右地所江其元ゟ杉檜苗木御植付被成而年季之間御心儘ニ御支配可被成候、此山御年貢之義ハ成木之上御伐取被成候度毎ニ売銀高百匁ニ付八匁宛地主我等江御渡可被下候、木御伐取候節出し道木の置場等御勝手能方江御出し可被成候、跡地ハ明次第此方江御戻シ可被下候、此山ニ付我等義ハ不及申他之妨ケ毛頭無御座候、万一外ゟ違乱妨申者出来候ハハ左之加判人立会埒明貴殿江少しも御難懸ケ申間敷候、為後日山地売券證文依而如件

享和三年

亥ノ十月

山地売主小村
七左衛門 ㊞

證人五人組
庄右衛門 ㊞

同断年寄
藤　七 ㊞

同断庄屋
助右衛門 ㊞

鷲家口村

米屋　庄兵衛殿

事例Aが立木の年季売りであり、事例Bが土地の年季売りであり、いずれも立木所有と土地所有が分離している。笠井氏のいう「字義どおりの借地林業」とは事例Bである。笠井氏の理解に従うと、借地者が自ら（他人を雇用することは当然）植地や跡地に植林しなければ、借地林業といえないことになる。たしかに、『概要』には借地林業制度の説明として、「甲（仮に立木所有者としよう）は乙（仮に土地所有者）の土地を立木一代間若しくは一定の長期間借地し、それに植林し」とある。[11] 笠井氏の「字義どおりの借地林業」は、このようなことにもとづくのであろう。だが、『概要』の記述はそれほど正確とは思えない。『概要』がそう言いながら実際にとりあげている売買証文は、立木の年季売りの事例である。この点について、半田良一氏が『概要』を引用しながら、借地林業に対する観念が立木の年季売買から「立木一代間土地を借り受け殖（ママ）林をなす」ということに変化したと「窺知できたのではなかろうか」と述べているが、[12] 両氏とも字義にとらわれすぎではなかろうか。筆者は土地の年季売りだけでなく立木の年季売りも（事例AとBとも）借地林業と考えている。

たとえば、明治三六年（一九〇三）発行の『大日本山林会報』二四三号に掲載されている市嶋直治の「吉野、北山、十津川三林業の状況及歴史一斑（続）」は、「未植山林なる場合及已植山林なる場合」ということで、植林山も含めている。[13] また明治三二年、奈良県が各道府県に借地林業制度について照会した時も、「山林立木と土地の所有主を異にする慣習」ということで照会している。[14] 以上のことから、借地林業概念は成立当初から立木の年季売りも含んでいたと理解すべきであろう。

他人が植林した山林であろうが、自ら植林した山林であろうが、借地にかわりはなく、立木の年限所有にちがいはない。なお、吉野林業地帯で杉檜山というのは立木のことであり、土地の場合には土地・跡地・植地などと表現される。

立木や土地の年限所有

事例Aでは立木一代限り、事例Bでは八〇年間が年限（年季）である。年限はしだいに長くなり、やがて立木一代に収斂する。立木や土地の年季売りといっても、実態は立木所有のための土地の貸借である。土地の永代売りは、所有権の移転だけでなく、歩口金の取得権が失われるのである。それだけに村方では、土地の村外流出（永代売り）をきびしく規制していた。次は天保二年（一八三一）の川上郷井戸村の山林売買証文に記載された文言である。

［事例C(15)］

村中仕格之事

一、土地之儀村内売買勝手ニ可仕事、従先規他郷他村へ永売永譲一切不仕候、万一此手形添證杯仕他村へ相洩候ハ此手形反古ニ而候、猶又従親譲請主他村へ持参仕住居仕候ハ、立木一代限立置土地ハ本家へ差戻可申田畑ハ直様差戻可申者也

井戸村役人中

但シ他所之仁右仕格乍存役人無之土地買取候へハ、其者之丸太村方ゟ差押置出シ方為致不申候、已上

明治初期の売買証文には同文が木版で押されている。このような規制は他村でもみられた。しかし商品経済の浸透によって一八世紀には崩壊したところが多い。

村外者による立木所有

村外者による立木所有については、従来それほど注目されなかったが、筆者は借地林業概念の重要な内容であるととらえている。同一村内での山林売買と村外との山林売買とではその意味合いが異なる。商品経済の発展に対応して林業資本が内生すれば、林業制度は村内で完結したのであろうが、劣悪な農林業生産力の下では、ごく

少数の例を除いて村内にはその力はなかった。村民は私有地や共有地に植林しては、せっせと村外資本に販売していた。こうして、村境を越えたところで借地林業は成立したのであった。

立木所有者がその山林所在地の住民でない場合には、かならず山守がおかれる。また、歩口銀の徴収は村内では免除されることがあった。これは同一村内での山林所有と村外者の山林所有とが意味合いを異にすることの例証である。

村民が村外の商人と山林を介して社会的な関係を結ぶ契機はなにであったろうか。「他に生活資料の少ない林地所有者の側から、云わば懇願的に村外資本家の側へ行われて行った」ものなのか、それとも村外資本の「有利な商機」[16]すなわち有利な投資先としてなのか。おそらく両方であったろう。村外資本の一方的な恩恵も侵略もありえない。かならず経済的合理性が作用しているはずである。両者の関係は、立木所有者の方が経済的に優位にあった。

具体例を示しておこう。竹永三男氏は奈良盆地（国中地方）の地主経営構造の分析を通して、それが、奈良盆地の高度に発展した農業生産力と日本屈指の育成林業地帯である吉野林業とを背景にして、地主的土地所有＝小作料収取・販売、山林所有、有価証券投資の三部門が銀行を媒介にして緊密に連関し鼎立していることを明らかにした。このような経営構造は奈良盆地では「三徳式」経営といわれてきたのである。[17] このように国中地方の地主・商業・高利貸資本にとって、吉野山林は有利な投資先であった。

一方、地元の側では、地元資本の不足を村外資本の導入によって補うとともに、商圏の拡大を村外に求めたのである。時代の進展につれて、山林がさかんに村外に売りだされ、土地の流出もみられた。これが経済的合理性である。

歩口金

歩口金（銀）は借地林業制度を内実たらしめる重要な契機である。歩口金というのは、抜伐りあるいは皆伐り時に、立木所有者から土地所有者に支払われる後払い地代である。山年貢・山役銀・歩一銀等々の別称がある。先の事例A・Bの「山御年貢」である。

歩口金は村や山林によってその割合はさまざまであるが、普通は二〜一〇％の範囲内である。土地所有に対して支払われるものであるから、個人が受け取る場合もあれば、村方が受け取る場合もあった。土地所有と切り離されて歩口金だけが売買されるようになると、土地を所有せずに歩口金を受け取る場合もあった。個人が受け取る場合でも、一定額を村方に納めさせる村もあった。これに対して、立木や跡地を年季契約で売買する時に支払われるのが前払い地代に相当する。ただ、検地帳に記載された名請地が山林に変わっている場合には、毎年、銀数分から数匁の年貢を村方に納入する義務があったが、それ以外に中間の地代はなかった。

歩口金は村方の管理下にあった。次の事例は天保四年（一八三三）、小川郷小村（現東吉野村小）が定めた歩口銀についての村取極（むらとりきめ）である。

［事例D］[18]

山林歩口取極メ置証文之事

一先年より山林歩口銀相究御年貢御上納之助力銀ニ致来候処、（中略）近年ハ不埒ニ相成、他所山林之抑銀入替抔と申立相応直打有之候山林不実之売買致風聞ニ付、大切成御上納之助力銀手当ニ致来候歩口銀候得者格別下直之売買相成候てハ自然村方衰微之基候間、就夫此度村役人中会談之上取極書相改、此今後歩口之儀ハ売買致候雖も山林と惣見歩口致約定、尤山林歩口及見之儀者於村方ニ材木商人江差図致役人之内より同道ニ而歩口及見可申候、入札山林之儀ハ先年之通り落札高ニ付壱割ニて請取可申候（後略）

表1　売買形態　　（上段：件数、下段：%）

	立木			土地			立木・土地			その他	計	うち借地林業
	年季	永代	不明	年季	永代	不明	年季	永代	不明	不明		
1716-1750	5	—	1	—	2	1	1	3	—	—	13	6
1751-1800	155	7	33	27	11	17	3	4	10	2	269	168
1801-1853	530	20	103	79	42	71	6	39	20	17	927	466
1854-1867	181	—	68	19	8	8	2	1	2	25	314	132
1868-1880	172	5	25	27	6	4	2	1	—	20	262	176
計	1043	32	230	152	69	101	14	48	32	64	1785	948
1716-1750	38.4	—	7.7	—	15.4	7.7	7.7	23.1	—	—	100.0	46.2
1751-1800	57.6	2.6	12.3	10.1	4.1	6.3	1.1	1.5	3.7	0.7	100.0	62.5
1801-1853	57.2	2.2	11.1	8.5	4.5	7.7	0.6	4.2	2.2	1.8	100.0	50.3
1854-1867	57.6	—	21.6	6.1	2.6	2.6	0.6	0.3	0.6	8.0	100.0	42.0
1868-1880	65.6	1.9	9.5	10.3	2.3	1.6	0.8	0.4	—	7.6	100.0	67.2
計	58.4	1.8	12.9	8.5	3.9	5.6	0.8	2.7	1.8	3.6	100.0	53.1

注1：本表は土倉家文書に関する別稿（本書補論2「土倉家山林関係文書の実証的研究」）のさい作成したものを転用した。
2：不明は、証文に無記入であったり、「古證文通り」とあって判定できないもの。
3：その他・不明には歩口銀と年季延長を含む。

このように歩口金（銀）は村方経済の存続にとって重大事であった。借地林業とは土地が戻るだけではなく、歩口金が村方と住民に入ることである。

しかし、歩口金の意義は、住民・村方と山林所有者とで異なっている。後払い地代である歩口金は、伐採時の価格が高いほど土地所有者（個人と村方）の受取額も多くなるので、山林所有者は、山林に対する住民の愛護意識を高めるために歩口金の役割を強調した。だから『概要』も「借地林業に於ては（中略）特に山役金に依り地元住民を経済的な観念から森林を愛護せしめるような方法を採った」と述べているのである。[19]

数量的把握

以上で借地林業制度の四つの内容を検討した。それを数量的に見てみよう。表1は、筆者が土倉家文書のなかの山林売買証文を集計したものであるが、このうち借地林業の事例として抽出したのは平均すると五三％である。[20] 松尾容孝氏が精緻な作業で整理した川上村大滝の冨田家の売買証文を同じ方法で集計すると、約二五%になった[21]。

笠井氏のいう「字義どおりの借地林業」は土地の年季売りであるから、土倉家文書では平均して八・五%、冨田家文書では一・〇%、これでは藤田氏が「虚構[22]」と断定するのも当然であろう。借地林業制度を笠井氏らのいうように「字義どおりの借地林業」と考えるならば、この概念は虚構ということになる。虚構の概念が多大な役割を果たすのだろうか。そういうことは可能であろうか。筆者は不可能と考える。借地林業概念は虚構の概念ではない。

第二節　保護制度

借地林業制度と一体の関係にあるのが保護制度である。これについてもまず『概要』の説明をみよう。

我吉野林業に於ては遠隔の地に在る殖(ママ)林家は勿論のこと、仮令、遠隔ならずとも山林所有者の住居地と所有地と其の大字を異にする時は必ず山林所在の地元大字に於ける住民の中最も信用且徳望のある者を選んで山林看守（即ち山守）とし、自己の山林を之に嘱託するのを慣行としている。山守の職務は山林所有者の為めに其の山林の保護に対し常に全責任を帯びて看守することに在る。而して平時は山林を巡視し植栽、手入、間伐、皆伐等の際には林主に代って人夫を指揮監督し、非常変災等のある際には所有主のために臨機応変の処置をするなど、皆其の職掌に属するものである。而して其の看守料は林木皆伐又は山林売却の時に伐採価格若くは売却価額の幾分を以て看守料は尚又歩口金（山役金）と同じく、恰も部分林に等しい利益の分配に相当するから、之を受ける看守は山林を自己の財産の如く思ってその保護の任に当たるものである（六八～六九頁）。

ここに保護制度の根幹と大山林所有者側の意図が明瞭に述べられている。借地林業制度は保護制度と結合して十全なものになる。山林所有者は山守に対し山林の保護を求めている。そのなかには立木の手入れだけではなく、盗木の監視や火災等の防護も含まれる。その代償として、立木伐採時に彼らにいくばくかの利益（山守賃）を分配する。山守は山林保護の役務を提供するかわりに、それを受け取る。これは経済的合理性にもとづく行為であるのに、「自己の財産の如く思って」と、心情にまで高められている。

村によっては村方で山守を勤めることがあった（中庄郷喜佐谷村の例）。その場合は、山林保護はすべての住民の任務となる。

第三節　借地林業概念の形成

日本近代の法体制の形成過程は、吉野林業地帯の立木所有者＝林業者にとっては苦難の時期であった。明治政府の考え方は、土地所有を優先させ、立木は土地に帰属すべきものとの方針であった。普通は土地所有者（地主）が土地利用者（たとえば立木所有者や小作人）に対して優位にあるが、吉野地方にあっては、立木所有者の方が経済的にはるかに優越していた。そのため、吉野地方の立木所有者とりわけ村外の大山林所有者は「土地所有者による不法や政府ならびに県当局による立木保護の軽視に対抗して、長期にわたり強力に自らの主張を繰りかえした」[23]。

立木所有者は立木所有権の保護を求めて再三請願をおこなった。彼らの作成した『請願書』の中心点は、立木のみの公証力の弱さに不安を表明し、土地所有と分離した立木所有権の保護を求めるものであるが、しだいに、吉野林業の特質である土地所有と立木所有との分離が吉野林業発展の一大要因であり、地元の繁栄と国利民福にもつながるとの理論を構築していった。

現在、利用できる『請願書』は明治二三年（一八九〇）のものと、三二年中におこされた四通の『請願書』である[24]。

明治三二年八月一〇日付の、司法大臣清浦奎吾に宛てた『請願書』を検討しよう。これには大和山林会会員四二三名が名前を連ね、代表して同会幹事土倉庄三郎・中野利右衛門・北村宗四郎・栗山藤作・岡橋清三の五名が連署した。ちなみにこの五名は当時奈良県内の最大の山林所有者であった。北村又左衛門の名前がないのは、まだ若年であったので、分家の宗四郎が後見しているのである。土倉家以外は現在でもまだその位置を保っている。

第一項は「請願ノ起因」、第二項は「請願ノ目的」を縷述している。筆者がとりあげたいのは第三項・第四項と第五項である。煩をいとわず引用しよう。

第三項　吉野森林地上権ニ関スル慣習ノ大要

㈠　吉野森林ノ土地ト地上ノ立木ト其所有者ヲ異ニスルノ素因タルヤ地元住民ハ杉檜造林スルニ最モ適切最モ善良ナル土地ヲ所有スルモ資本ニ乏シク林業上充分熱心ナルモ著シキ発達ヲ期スルコト難ク故ニ郡ノ内外ヲ問ハス広ク吾県下有数ノ資本家ヲ奨励シ出資セシメ以テ地上権ヲ得セシムルト同時ニ杉檜樹ヲ造林セシメ又土地所有者ニシテ多少貯蓄ノアルモノハ自ラ杉檜樹苗ヲ栽植シ殆ント修理ノ終ランﾄスルヲ待テ地上権ト地上ノ物件トヲ併セ資本家ニ売買シ其収入金ヲ以テ直ニ他ノ原野ヲ開拓造林シ漸々年ヲ追ヒ吉野林業ヲ隆盛ニ趣カシメタルモノニシテ敢テ偶然ノ所業ニアラス（中略）実ニ良好ノ慣習ト言ハサル可ラス

ここではまず、土地と立木の所有が分離していること、そして土地はあるが資本がない地元住民が、資本をもつ郡内外の「資本家」に出資を求めて造林させ、吉野林業を発展させてきたことを述べている。なお、造林させるだけでなく、地元住民が栽植した杉檜山林の売買をも含めていることが注目される。

㈡　吉野森林ノ地上権ヲ設定スルニ存続期間ハ立木一代限ト称シ地上権設定后栽植シタル杉檜樹木ノ皆伐スル時ヲ期限トセシモノアリ又何拾十年何百年ト年限ヲ定ムルモノアリト雖トモ（中略）最モ利便ナル立木一代限ノ契約盛ニ行ハレ当時ハ十中ノ九迄此存続期間ナラサルハナシ（中略）存続期間ト山役金ノ課率トヲ確

定シ合意上相当ノ地代ヲ定メ土地所有者ト地上権者ノ間ニ之レヲ授受シ初テ杉檜樹木ヲ造林セシメ其樹木ノ成長スルニ従ヒ時々間伐シ発育ノ見込ミナキニ至リ始テ皆伐スルヲ常法トセリ故ニ山役金ナルモノハ皆伐一回ノ契約ナレハ地上ノ立木皆伐ノ時間伐皆伐共ノ契約ナルモノハ立木伐採毎ニ地上権者ヨリ土地所有者へ山役金ヲ払渡セリ之レ吉野森林ノ特別慣習ヲ維持シ斯業ノ発達ヲ助長セシ要素ノ一ナリトス

ここでは、地上権設定の期間（借地期間）は大半が立木一代限であること、売買契約成立時に支払われる地代（前払い地代）だけでなく立木の間伐あるいは皆伐時に、立木所有者から土地所有者に対して山役金（後払い地代）が支払われる慣習が江戸時代から続いてきたこと、そしてこの慣習が吉野林業を発展させた要因であったということが、経済的な行為として述べられている。

㈢　吉野森林ハ（中略）十中ノ九以上ハ他郡村住民ノ所有ニ帰シ地元村落ノ所有ニ属スルモノ実ニ尠少ナリトス於玆杉檜立木所有者ハ其地元住民ニシテ最モ信用アルモノヲ撰抜シ所有ノ森林ヲ常時保護セシメ立木皆伐ノ時ニ限リ特別ノ契約アルモノノ外普通ハ其売代金百分ノ五ノ割合ヲ以テ監守料ヲ払渡シ来レリ（中略）之レカ為メ地元住民ハ競テ忠実ヲ旨トシ大切ニ森林ヲ保護シ無上ノ所得トナスニ至レリ

ここでは、立木所有者の大半は他郡の住民であること、そのために立木所有者は地元に山守を置いて山林の保護にあたらせ、皆伐のさいに五％の監守料（山守賃）を支払う契約であることが述べられている。監守料を支払うことによって、山守のみならず地元住民は忠実に山林を保護しているというのである。

㈣　山役金又ハ監守料等ヲ地元住民カ所得スルヲ以テ部分木ヲ所有スルノ観念常ニ離ルヽコトナク為メニ緩急相救吉凶相倶ニシ親愛ノ交憘益々深ク一朝天災地変アルカ若シクハ火災等アルアラハ地元住民ハ必死ノ労ヲ執リ充分森林ノ保護ヲナシ為メニ立木所有者ト森林ノ所在ト遠ク隔絶スルト雖トモ火災等ノ如キ災害ヲ蒙ルコトナク他府県ノ林業家ヲシテ驚胆感服為サシメ実ニ良好ナル慣習トシテ県民ノ自誇スル所ナリトス

ここでは、山役金や監守料を所得するので、地元住民は部分木を所有する観念を常にいだき、地元住民と立木所有者とは相互救助の関係にあるという。両者の親愛の交誼がいっそう深まり、山林の保護が万全であると述べている。これが林業者のいちばん言いたかったことであろう。ここでは保護制度が金銭的なシステムであるとともに、それを基盤とした心情的な行動として述べられている。

地元の土地所有者と立木所有者とのあいだの親密な関係がなければ、遠隔の地にある山林をよく維持できないことを、立木所有者は知悉しているのである。山役金等を得ることをもって地元住民が森林愛護に努めるという論理は、すでに明治二三年に盛口平治の『吉野林業法』(25)や北村らの『請願書』のなかでも展開されていた。なぜこのような論理がたてられたのであろうか。

保護制度が単なる金銭的なシステムとしてではなく、醇風美俗として主張されるのは、資本の原始的蓄積の過程で、全国的に入会山（いりあいやま）や秣場（まぐさば）などが官有地や豪農地主の土地に囲いこまれ、これに反発した農民たちの大規模な騒擾事件が生じたことを念頭に置いているのである。(26)林業者たちが、これと対置することによって、吉野林業の慣習を認めさせようとしたと考えることは十分根拠のあることである。明治一六年（一八八三）の春から秋にかけて、吉野郡に隣接する高市郡では、近傍住民が高取（たかとり）官林の所有権回復を要求していた。埒が開かないとみた住民たちは実力で「官林」に押し入り、材木を伐り出した。この行動は官憲の弾圧をうけ、二〇〇名を超える住民が「盗木」の故をもって公訴されたのであった。(27)それに比べると、吉野地方では親和してやってきたと言いたいのであろう。はたしてそのようにいえるのだろうか。

彼らの主張には一定の根拠がある。慶応二年（一八六六）から翌年にかけて米をはじめ諸物価が高騰したので、困窮の村方では村内に山林を所有する者に対して施銀を求めた。この時、土倉家では居村の大滝村をはじめ川上郷内の西河・東川・寺尾・迫・高原・白川渡村、小川郷の日裏村に対して助施をおこなった。これは史料で確認できる範囲であるから、実際はもっと広範囲におよんでいたであろう。(28) このような行為は一長者の個別的なものではなく、大山林所有者全体に求められた行為であった。もちろん、これは一時的な恩恵であって、村方の抜本的な立直し策ではないし、これをもって山林所有者と地元住民の間の矛盾が解決されるなどというのではない。彼らの主張の根元にあるものを示しただけである。

明治三二年八月の『請願書』は続けて次のように述べる。

第四項　地元住民即土地所有者ガ不当ノ要求ト不穏ノ行為

吉野森林ノ特別慣習ニ拠リ地上権ヲ既得スルモノ壱千有余名アルモ早ク民法施行法第三拾七条ノ規定アルヲ知ルモノ僅々数名ニ過キス其ノ数名ノ者カ不動産登記法ノ実施セラル、ヲ待テ地上権設定ノ登記申請セント欲シ土地所有者ニ署名捺印ヲ求メタルモ素ヨリ山間僻邑ニ住居スル地元住民ハ尚更了知セス為メニ地上権者ノ要求ヲ容レス談判中遂ニ全体ノ地上権者及土地所有者モ倶ニ前条文ノ規定ヲ知ル所トナリ周章狼狽咄嗟ノ間ニ登記申請セントシ一時ニ土地所有者ノ署名捺印ヲ請求セリ於茲土地所有者ハ既往ノ厚情ヲ顧ミス徳義ノ如何ナルヲモ用捨ナク此機ニ乗シ山役金及監守料等ノ率ヲ高メ之レニ応スレハ承諾シ若シ応セサレハ承諾スルヲ得スト答エ（中略）一大紛擾ヲ惹起シタルヲ以テ登記申請シタルモノ実ニ少数ナリトス

巳ニ吉野郡川上村ノ如キハ客月二十日区長及有志者集会シ別紙参考書ノ如キ決議ヲ為シ而シテ内部ノ締盟シタルヲ聞クニ既往ニ契約シタル山役金及監守料共該議決ノ如ク立木間伐皆伐共売代金百分ノ五ノ割合ニ引上ケサレハ絶対的ニ署名捺印ヲ拒絶シ居レリ如斯不当ノ要求ト不穏ノ行為ハ各地元村落ニ伝播シ至ル所署名捺印ヲ肯セサルコトトナレリ

土地所有者と立木所有者との間の牧歌的な関係は、明治民法によって打ち壊された。両者の関係が経済的合理性のみで律せられるならば、山役金や監守料の引き上げ要求が出されるのは必然の流れである。そのような要求

を、立木所有者は不当な要求と断じているが、地元住民の側からすれば当然のことであり、相手のウィークポイントを攻めて交渉を有利に運ぶことそれ自体は正当な経済行為である。立木所有者の側からすれば、徳義のなんたるかを知らぬ不当な行為というが、それこそ経済的あるいは階級的立場のちがいというべきであろう。しかも個人的な行為だけではなく、地域的な行動に発展しようとしていた。やはり吉野地方にも、なにほどか騒擾の影響がおよんでいたのであろうか、立木所有者は「一時心ヲ安ンスルコト能ハサリシナリ(29)」という恐慌状態に陥った。

> 第五項　地上権者ノ困難
>
> 前項ノ如ク不当ノ要求ト不穏ノ行為アリ到底本登記申請ナスヲ得ス（中略）偶々聴許セラル、アラハ民事訴訟法第六百四拾四条第三項ノ規定ニ従ヒ仮処分ノ命令書ヲ土地所有者ニ送達セシメ其送達ヲ受ケタル土地所有者ハ同法第七百四拾九条ノ規定ニ由リ十四日以内ニ異義ノ申立ヲ為サ、ルヲ得ス故ニ土地所有者ハ自分ノ行為如何ヲ顧ミス地上権者ハ苛酷ノ処断ニ出テタルナリトシ益悪感情ヲ抱キ進テ奸計ヲ逞クスルハ言ヲ俟サル所ナリ今茲ニ競テ仮登記ヲ申請セン歟一時ニ数万ノ訴件提起スルニ至ルヘシ其弊害茲ニ止マラス第参項ノ（四）ニ掲記スル森林保護ノ上ニ於テ杞懼スル所ナリ加之地元村民ト地上権者ノ円滑ヲ欠キ言フ可ラサル困難ヲ醸生スルニ至ラン幸ヒ地上権ヲ保全シ得ルモ地元村民ハ一致団結必ス復仇的行為ヲ以テ対抗シ来ルヘシ此妨害ノ為メ終リニハ吉野森林ヲシテ濫伐スルハ勢ノ免カレサルコトナラン若一歩ヲ譲リ仮登記ノ申請ヲ停止セン歟陸続トシテ第三者ヲ現ハシ既得ノ地上権ヲ消滅セシメ吉野森林数年ヲ出スシテ往古ノ原野ニ変スルノ悲境ニ陥ルハ必然ナラント確信ス実ニ地上権者ノ危急ト吉野森林ノ衰退ハ国家ノ保安ト経済トニ一大関係ヲ為シ云フ可カラサル惨状ヲ呈スルニ至ル可シ

ここでは、地元住民と地上権者（山林所有者）とが相対立するのは、ひとり地上権者の危急にとどまらず、吉野

林業の衰退と、国家の保安と経済に一大惨状をまねくと指摘している。そこには「緩急相救吉凶相倶ニシ親愛ノ交愃益々深ク」といった牧歌的な関係はかなぐり捨てられ、自己の利益に国家的利益のヴェールをかぶせた主張があるだけである。

山林所有者にとって、登記や歩口金、監守料をめぐる対立や紛争は山林保護の上から絶対に避けたいことである。彼らにとって、遠隔の地にある山林が適切な手入れがなされ、盗木や山林火災から防護されることが最も重大なことである。材木の生産過程が安全・確実に進行することが、彼の投下した資本が確実に利益をともなって回収される最大の保障である。だから、自己の利益が脅かされる決定的な局面では、「親愛の交愃」などとはいっていられない。なお、これにつづく材木の販売過程は、山林所有者よりもむしろ材木商人の受け持ち範囲であった。

以上『請願書』を検討してきたが、完全に、近世以来（この『請願書』の起草者は天正以来とするが、これは検討を要する）の吉野地方の林業システムが概念化されているといえる。

半田氏が、「立木年季売買の実質をもつ取引が借地林業なる名称に包括されるようになったのは、明治民法および不動産登記法の施行にさいして立木それじたいを不動産として登記することが認められず、他人の土地の一般的な使用収益権を意味する『地上権』として登記せられたためにほかならない」と述べ[30]、藤田氏は、「この問題は（吉野固有の慣行――筆者）そののち立木権の認定の形で決着をみるが、最大の林業家となった北村にとっては財産にかかわる問題であり、それゆえ、それを『借地林業制度』として主張することが自らの財産保持にもつながることになったのである」と述べている[31]。それでは、なぜ彼らがその主張を借地林業に概念化したのかが問われなければならない。

大和山林会が明治三二年四月八日付で奈良県知事寺原長輝宛に提出した『請願書』を検討しよう[32]。この『請願書』は、杉檜立木の年限売買が天正時代からつづく吉野森林の良慣習であることを主張したものである。そこでは次のように述べられている。

土地ヲ売渡シ資本家ヲシテ造林セシメ又ハ土地ト立木ヲ併セテ売却スルトキハ資本家ハ総テノ利益ヲ吸収シ以テ郡民ノ生産力ヲ枯渇スル而已ナラス地方人民ノ森林ニ対スル愛護ノ念ヲ薄クシ従テ一朝不時ノ災害アランカ之レカ救護ノ力モ自ラ薄弱トナリ林業ノ衰頽ヲ来スヲ免レス

つまり、立木所有者が森林の利益を独占すれば、地元の生産力を枯渇させるだけでなく、森林愛護の念を希薄にし、結局は林業の衰退をきたすというのである。同じ吉野地方でも、土地と立木とを他郡村住民にあわせて売った西奥郷や黒滝郷では住民と森林との関係を薄くしているが、川上・小川・中庄の三郷では立木や地上権の売買に止めたので、「天下ニ冠タル名声ヲ轟カシ斯業ノ模範ト認定セラル丶ノ栄誉ヲ博シ延テ国家経済ヲ保全スル良好ノ慣習」となっていると主張している。地元住民と森林愛護の関係については、農民を入会山から閉め出した結果、騒擾事件を招来したことも当然念頭にあったろう。

山林所有者たちは、自己の利益だけを主張するのではなく、近世以来の林業制度を立木所有者と土地所有者とが利益を分収するシステムであると説くことによって、借地林業概念に普遍性をもたせたのである。借地林業概念が普遍性を獲得したことによって、彼らの主張の正当性が確保され、目的の達成が展望されたのである。そして、借地林業制度と保護制度とが合体することによって、借地林業概念は、対象を表す概念からイデオロギーに転化するのである。

借地林業概念はこのようにして、山林所有者＝林業者が明治政府に対して、土地とは離れて立木所有権の保護ならびに先取特権・質権・抵当権等の登記を可能ならしめるための立法制定要求運動の過程で形成されたものであった。あとは、この概念に最も適切な名称を与えることである。それは明治三二年、大日本山林会幹事川瀬善太郎（東京帝国大学教授）によって借地林業と命名された。[33]

借地をする大山林所有者の側から命名されたのである。「借地」という字義にこだわる必要はない。

第四節　イデオロギーとしての借地林業

大山林地主の形成と借地林業イデオロギー

借地林業概念が形成される時期は、大山林地主制が形成される時期でもあった。大山林地主制の形成の時期は、明治二〇年代から明治末期であることは通説である。地上権についての不安感が土地の集積に拍車をかけたであろうことは考えられることである。[34]大山林地主制の拡大は、借地林業制の後退である。林地が村外の山林地主の所有になると、歩口金の授受は消滅し、山守賃だけとなる。山林地主と地元住民の関係は山守を介在した一種の雇用関係となる。山守が不正を働いたり、山林労働をめぐって山守を含めて住民全体が山林地主に対抗するようなことがあると、山林地主の利益が大きく損なわれる。事実、高原区では、中野家と住民との間で紛糾が生じていた。中野家が官憲を擁して力ずくで住民をおさえ、最終的に明治三五年（一九〇二）一〇月、高原区が「区規約」を改正して一件は一応の解決をみた。改正「区規約」の第四条は、「高原区民は一致共同して殖林事業に精励し山林監守に拘はらず保護に務むること」となっている。

笠井氏は、「要するに借地林業の美点とされる内容は、山林所有者が自己の利益の一部を山守に与えることによってこれを従属させ、さらに地元民一般をも安全に掌握する手段にほかならなかった」とみている。[35]しかし、笠井氏や藤田氏のように借地林業をせまく理解すると、実態のない概念となり、そのような概念が住民を長年にわたって「掌握」できるのだろうかという疑問が生じる。借地林業の美点とは、前述の『請願書』を通してみてきたことである。山林所有者が地元住民に与える利益の一部とは、もちろん山守賃もあろうが、筆者は歩口金のほうを重視したい。

　大山林地主制が形成されても、すべての山林がこれら大山林地主の所有になったのではなく、零細な土地所有者もいたし、多かれ少なかれ区有林を残していたから、借地林業イデオロギーの基盤は存在していた。歩口金や山守賃の支払いを純然たる経済行為とするならば、山林地主は山林保護に多くの力を必要とするであろう。しかし、彼らは借地林業概念に山林保護のイデオロギーをもりこむことで、地元住民に部分木を所有するがごとき観念を持たせ、パイを大きくすれば住民の取り分も大きくなるという幻想を抱かせることに成功していた。一人一人の住民の取り分の大きさは幻想であるが、歩口金や山守賃が支払われることは現実であるから、このイデオロギーはけっして虚構の上に構築されたものではない。このイデオロギーによって山林保護は安泰である。

借地林業イデオロギーの効果

　イデオロギーの効果は早くも表れた。明治三四（一九〇一）年、川上村大字人知で山火事が発生した。住民は森林を焼いては事重大と考え、自分の家が焼けるのも顧みず山火事の消火に努めた。その結果、人家は三六戸中三〇戸を焼失したが、山林の被害はきわめて少なかったという。[36] これは稀有な例にすぎないけれども、イデオロギーの果たす役割がよく表れている話である。第二次世界大戦までの「滅私奉公」をおもわせるものがある。

　もうひとつ、「吾吉野郡の如きは大人は固より児童に至るまで自ら森林愛護の念を感染し一幹一枝だも之れを害せさるのみならす若し樹木を害すへき藤葛等の纏糾するかの如きあるを見れば之れを断切又山上に危ふき岩石あれは之れを地に埋み総て人造林に有害の物を見当る時は及ふ限り排除に注意す」るとある。[37] この二話はよく引き合いに出される事例である。

　最大の効果は、以後、歩口金や監守料の引き上げをめぐって、地元住民や山守と大山林所有者との間で紛糾が生じた事例を寡聞にして耳にしたことがないということである。山守も住民も完全に大山林所有者に制圧された。そして、あの農地改革の時でも山林解放の運動は不発であった。(38)

借地林業イデオロギーの広がりと受容

大山林所有者（のちには大山林地主）の作りだしたイデオロギーがどのように地元住民の間に受容されたのであろうか。受容される状況とイデオロギーの伝播者を考えなければならない。

まず一般的な状況としては、「明治三三年に立木の地上権登記が可能になってからは一般に地上権設定として借地林業がさかんになった。そしてこれが共有地を対象にしておこなわれた(39)」といわれる状況があった。三三年（一九〇〇）の「殖(ママ)林ノ為設定シタル地上権登記ニ関スル法律」の制定によって、立木所有者はひとまず目的を達した。その後、立木の地上権登記という作業を通して住民は否応無しに借地制を意識させられていった。(40)そのような状況のなかで、藤田氏のいう通り、「郡役所の啓蒙書や村外の大山林所有者の啓蒙書を通して流布され、定着した(41)」のであった。その中心的な役割を果たしたのはやはり大和山林会であった。同会は機関誌『大和山林会報』（一九〇三年創刊）を発行して活動を活発化した。

明治三六年（一九〇三）には、谷島彦四郎の『吉野林業の栞』、中野利三郎・中野利右衛門の『伐木方法附リ標本杉材造林法実歴』、大和山林会編の『吉野森林の造林と保護』などが相次いで出版された。とくに、谷島の『栞』は吉野林業制度の特質を借地制度・山林保護制度・組合制度の三制度としている点で、のちの吉野林業論の基本となったといわれる。(42)

また、紡績業以外に鉱工業にみるべきもののない奈良県では、国中地方の米と吉野地方の材木は全国に冠たる産物であったから、(43)官の側も積極的に吉野林業を押し出した。農商務省山林局は明治四〇年の『山林公報』三六号と三七号で吉野林業（実際は吉野郡の林業）を詳しく紹介した。明治三六年には、吉野郡役所内に設置された吉野郡農会が機関誌として月刊雑誌『吉野之実業』(44)を発行した。その他、吉野郡役所が発行したものは大正年間の『奈良県吉野郡史料』三巻、同一〇年の『吉野林業案内』などがある。こうして吉野林業の先進性が喧伝され、地元住民に受容される基盤がつくられた。

さらに決定的な要因として、林業の利益が、大山林所有者から地元住民へトリクルダウンしたことがあげられる。大山林所有者→地元土地所有者（個人あるいは大字＝区）→地元住民、大山林所有者→山守→山林労働者という線で、大山林所有者の利益がこぼれ落ちたのである。たとえば大字が土地所有者である場合は、大字に歩口金が渡るが、それは大字の協議費や小学校費、道路の建設費用の足しになった。おりしも明治四三年（一九一〇）三月「立木ノ先取特権ニ関スル法律」が成立し、立木法とともに同年五月から施行された。これによって立木が第三者につぎつぎに転売されても、立木の伐採時には、土地所有者は歩口金をうけとる権利が保護されたのである。これは林業者たちがこれまで繰り返し述べた公約の実行であった。

借地林業イデオロギーの受容には山守を無視できない。山守は山元における大山林所有者の代理人であり、その意向を忠実に実行する立場にあった。山守は、監守料の他に山林が伐採された時、市価以下で材木を譲り受けることができた。彼らは伐出業者でもあったから、このことは大きな利点であった。そのうえ山守は小規模ながら山地の所有者でもあったから、山林伐採時には歩口金を受け取ることができた。最大のトリクルダウンは彼らが受けたともいえよう。

明治三二年の『請願書』に連署した五百数十名のうち地元の署名者はそのような者であった。彼らは大字と村の指導層でもあり、彼らこそ吉野林業の担い手であったから、彼らを通して借地林業イデオロギーが地域の隅々までおよんだことは想像にかたくない。このように借地林業制度と保護制度の上に形成されたイデオロギーは地一九一四年、初版発行）は、完成した借地林業イデオロギーの「バイブル」となった。

大山林地主制が完成したその時、奈良県最大の山林地主である北村又左衛門の著わした『吉野林業概要』（一九

元住民の間に伝播していったのである。

（1）北村又左衛門『吉野林業概要』七七頁（北村林業）。本書の初版は、一九一四年八月に発行されている。以後版を重ね、最も新しい版は一九五四年一〇月に発行された六版の改訂版である。なお、又左衛門は代々の襲名である。以下『概要』と略称する。

（2）桝源助『わが吉野川上林業』一七～一八頁（本書は一九七〇年に私家版として発行された）。

（3）東京大学社会科学研究所編『林業経営と林業労働』一三二頁（農林統計協会、一九五四年）。

（4）京都大学人文科学研究所林業問題研究会編『林業地帯』一〇二頁（高陽書院、一九五六年）。

（5）この他に、佐藤彌太郎『スギの研究』（養賢堂、一九五〇年）、福本和夫『新・旧山林大地主の実態』（東洋経済新報社、一九五五年）、古島敏雄『日本林野制度の研究』（東京大学出版会、一九五五年）、三橋時雄『吉野林業発達史』（林業発達史調査会、一九五六年）などがある。

（6）潮見俊隆『日本林業と山村社会』三四三頁（東京大学出版会、一九六二年）。

（7）笠井恭悦「吉野林業の発展構造」（『宇都宮大学農学部学術報告』特輯第一五号、一九六二年）、同『林野制度の発展と山村経済』（御茶の水書房、一九六四年）。笠井氏の業績評価については、半田良一「吉野林業論をめぐる諸問題」（『林業経済』一八三号、一九六四年）、山田達夫「林業構造論と吉野林業論」、泉英二「吉野林業の展開」（いずれも『日本の林業問題』所収、ミネルヴァ書房、一九七九年）。また加藤衛拡「『吉野林業全書』の研究」（『徳川林政史研究所研究紀要』昭和五八年度、一九八四年）がある。

（8）藤田佳久「吉野林業史における借地林業の再検討」（『徳川林政史研究所研究紀要』昭和五六年度、一九八二年）、「吉野林業論の成立とその地域的拡散および受容」（『人文地理』四五巻六号、一九九三年）これらの論文は『日本・育成林業地域形成論』（古今書院、一九九五年）に収められている。

（9）土倉家文書（売買）（天理図書館蔵、以下、土倉家文書はすべて同館蔵）。
（10）奈良県東吉野村小・谷家文書。
（11）『概要』五五頁。
（12）注（7）半田前掲論文、二九頁。
（13）『大日本山林会報』二四三号、三一頁。
（14）奈良県立図書館蔵『奈良県行政文書　殖林地上権書類』所収。
（15）土倉家文書（売買）。
（16）注（5）佐藤前掲書、六九六頁。
（17）竹永三男「奈良盆地における一在村地主経営の構造とその展開」（『島根大学法文学部紀要・文学科編』五号―Ⅰ、一九八二年）。この論文は『近代日本の地域社会と部落問題』（部落問題研究所、一九九八年）に所収されている。
（18）『東吉野村史』史料編・上巻、九四六頁。
（19）『概要』六九頁。
（20）本表は筆者が土倉家文書の調査によって作成したものである。土倉家文書の調査結果は、「土倉家山林関係文書の実証的研究（一）」として、『ビブリア』一〇六号に発表している。詳しくは、これを参照されたい。本書に補論２として収録している。
（21）松尾容孝「吉野林業地帯における近世後期から近代初期にかけての杉檜林野売買関連文書（資料整理）――川上郷大瀧村冨田利右衛門家文書――」（『鳥取大学教養部紀要』二三号、一九八九年）。
（22）注（8）藤田前掲書、二一八・二五〇頁。
（23）笠井恭悦『林野制度の発展と山村経済』二〇三頁。以下の叙述は、同書の第三章第一節「立木法制の確立過程」と船越昭治「立木売買と森林抵当金融に関する歴史的研究」第一・二章（『岩手大学農学部演習林報告』一号、一九五七年）を参考にしている。
（24）明治二三年の請願書内容は、注（23）笠井前掲書二一五～二一八頁にある。笠井氏が利用した当時は奈良県庁に保管されていたが、現在は県立図書館にもなく、原史料をみることはできなかった。四種類の『請願書』はいずれも奈良県立図書館（現在は奈良県立図書情報館と改称）の『奈良県行政文書　殖林地上権書類』に収められている。
(25) 盛口平治の『吉野林業法』は静岡県から発行された。一九七七年、盛口家と筆者の手で復刻した。
(26) 平野義太郎『日本資本主義社会の機構』一三一〜一三二頁（岩波書店、一九五二年）。
(27)「日本立憲政党新聞」掲載の記事（奈良県近代史研究会編『大和の自由民権運動』四六頁、奈良県近代史研究会、一九八一年）。
(28) 土倉家文書（災害・救恤）。
(29) 戸水寛人「吉野山林」一一二頁（『吉野林業史料集成（五）』、筑波大学農林学系、一九八九年）。
(30) 注(7)半田前掲論文、一八頁。
(31) 注(8)藤田前掲書、一五〇頁。
(32)『奈良県行政文書　殖林地上権書類』所収。
(33)『大日本山林会報』二〇四号、一八九九年。
(34) 注(4)前掲『林業地帯』、注(23)笠井前掲書、野村勇編『資本主義的林業経営の成立過程』（日本林業調査会、一九六六年）、『川上村史』通史編など参照。
(35) 注(23)笠井前掲書、二七二頁。高原区の紛糾も同書による。
(36) この話は諸書に引用されている。初出は大和山林会編『吉野森林ノ造林ト保護』（一九〇三年、『吉野林業史料集成（五）』二六一頁所収）と思われる。なお、これは大和山林会幹事中野利右衛門と坂本仙次の二人が起草し幹事会の審議査閲を得たうえで公刊されたものである。また、同年一月発行の谷島彦四郎『吉野林業の栞』（三〇〜三一頁）にも出ている。
(37) 森庄一郎『挿画吉野林全書』一一九〜一二〇頁（伊藤盛林堂、一八九八年）。
(38) 一九五〇年代に山林解放の動きがあったが、それらは区有林に対するものであった。たとえば、旧中荘村（現吉野町）の動きについては、『林野入会慣行実態調査報告書』第一号（林野庁、一九五七年）、加藤正男・井ケ田良治・君村昌「林野入会に関する若干の問題」（『同志社法学』四一・四二号、一九五七年）、大藪輝雄「部落有林野解体の一局面」（『立命館経済学』六巻三号、一九五七年）を参照。

(39)　注(23)笠井前掲書、二五五頁。

(40)　明治三二年八月の『請願書』に連署した谷寅吉（小川村、現東吉野村）は、明治三三年のことを「同年、杉檜立木地上権設定登記始メテ起リ、重坂（へいさか）（現御所市重坂——筆者）西尾清一郎、阪本仙次（現吉野町——筆者）此他山主ノ代理トナリ、小川村、四郷村、高見村ニ出張シ、実ニ多忙ヲ究メタリ」と記している（谷家刊行『谷寅吉翁遺文』、一九七七年）。

(41)　注(8)藤田前掲書、二〇〇頁。

(42)　明治三〇年代以降の吉野林業に関する諸論考については、『吉野林業史料集成(五)』の「解題」および注(8)藤田前掲書・第四章第一節などがとりあげている。

(43)　鈴木良編『奈良県の百年』七〇〜七八頁（山川出版社、一九八五年）。

(44)　大阪市立大学図書館蔵。

（初出、『経済学雑誌』九七巻四号、大阪市立大学経済学会、一九九六年）

第一部　吉野林業発展史

第一章　吉野地方における育成林業の開始

本章の課題

吉野地方で植林が始まるのは一六世紀末である。吉野林業という固有名詞をもった林業は一七世紀に成立するが、育林・伐採・搬出・輸送・大坂市場との接触等の技法や機構はほとんど一六世紀に用意されていた。本章では、吉野川流域で育成林業が発達した諸要因を明らかにする。

吉野材が一五世紀にはすでに優れた材木として畿内に知られていたことは、本願寺の蓮如が山科本願寺や大坂本願寺の造営にあたって、主要な用材をわざわざ吉野から取り寄せていることからもうかがえる。

一六世紀は大坂本願寺を中心に畿内に多くの寺内町が建設された。都市の建設は家屋の建設でもある。家を建てた材木がどこからきたかは探求されるべき課題であるのに、一向にとりあげられて来なかった。近くの山の木とともに森林資源に恵まれた紀伊山地の材木なしには、需要に応えられなかったのではなかろうか。住宅需要の増加によって天然林材が伐採されて枯渇し、植林が始まる。

都市での住宅需要に先立って、吉野山の材木需要があった。吉野山は修験道の根本道場である金峯山寺を中心に多くの堂宇が立ち並び、また中世最強の山城でもあった。こうした材木需要が林業発展の原動力になる。そのような意味で、この期の材木生産を明らかにしなければならない。

この時期は太閤検地以前であり、いわゆる小農自立の前段階である。村落構造を示す史料がほとんど見あたらない吉野地方の惣村構造を明らかにするのは困難であるが、数少ない史料から林業生産の主体を解明したい。

材木生産地吉野と畿内消費地はどのように結びつけられたのだろうか。その鍵は浄土真宗にある。大和は興福寺の勢力下にあり、新興仏教は周辺部から教線を広げざるを得なかった。一五世紀の後半、吉野川中流域の上市や下市は吉野山中と国中地方（奈良盆地）の物資の中継地として発展していた。蓮如はこの地方を巡錫して、上市の対岸飯貝に本善寺を、下流の下市に願行寺を創建した。これによってこの地方の商人は浄土真宗に帰依した。この二つの寺はその名の通り寺格が高く、大坂本願寺との間で繁多な往来があった。人の往来は物・金・情報をもたらす。上市や下市の商人は寺院を通して畿内とのネットワークを構築していた。吉野材は彼らのネットワークに乗せられて運ばれたのである。流通機構の解明は林業の不可欠の課題である。

第一節　材木の生産

吉野山の用材

吉野は古代から修験の道場であった。修験道は中世以降隆盛を極めた。吉野山から大峰山にいたる山並みは金峯山（きんぷせん）と呼ばれ、山上詣での修験者や顕官で賑わった。大峰山上と山下吉野山には多くの堂宇が軒を並べ、最盛期には山上に三六坊、山下吉野山には一二〇余坊の堂宇を数えた(1)。また、吉野山には鎌倉千軒・岩倉千軒・丈六千軒・広野千軒・御園千軒といった地名が残されており、大規模な住居施設があったことをうかがわせる。もちろん一〇〇〇軒といった数字にこだわる必要はないし、同時期であったわけでもなかろうが、そのために大量の材木が伐り出されたことは間違いない。吉野山は大峰山脈の北端に位置しており、用材はこの山脈の両側から伐り出されたのであろう。尾根伝いに修験者の往来する道があって、材木の搬出に最も便利なルートである。

これは金峯山寺や鎌倉千軒などの居住者が金峯山寺の支配下の森林から伐り出した自家用材とでもいうべきものである。これを商品材とみるかどうかは見解の分かれるところであるが[2]、筆者は商品材とも、これによって局地的な市場が形成されたとも見ない。しかし、吉野山が建築用材や薪炭の大消費地であったことは確かである。そして建築用材としての吉野材の盛名が各地から参集する修験者によって広められたことは想像に難くない。そのことが吉野材の畿内進出の道を開いたのである。

室町時代後期の成立と目される『三十二番職人歌合』[3]では、材木売りと竹売りとが左右に分かれて歌合せをしているが、材木売りが、「吉野木の　材木なれば　あたひをも　はなにおほせて　花たかるなり」と詠んでいる。吉野材の価格を吉野の桜と結びつけて、つりあげようというのである。判者である高野聖が、「まことに此判者、先年、あるわれ鐘を鋳なをすに、鐘楼をもたてんとて、材木尋るに吉野山に入りし事思出られて、興ある心ちし侍り」と述べている。これなども吉野材の声価が広がっていたことを示すものである。

本願寺の用材

蓮如は、文明一一年（一四七九）山科本願寺の造営に着手し、同一二年に御影堂、同一三年に阿弥陀堂を完成させた。

いかにしても御影堂を余が存命之内に建立せしめんと思企る処に、其志ある事を門下中しりて、既に南方河内国門下中より和州吉野之奥えそま入りをして、やがて十二月仲旬比かとよ、柱五十余本其外断取の材木上せけり。（中略）棟上已後はなげし敷居なんどは和州吉野之材木をあつらゑ、其外天井立物なんどは人々之志にまかせて請取りこれを沙汰す。（「蓮如上人遺文」、『真宗史料集成』三一五～三一六頁、法蔵館、一九三七年）

あはれとてものことならば、余が生存之内に阿弥陀堂一宇を、せめて如形柱立ばかりなりとも、建立せばや、とおもふなり、（中略）まず和州吉野郡に人をくだし、大柱を二十余本あつらへをき侍べりぬ。

（同書、三二六頁）

いずれの建物にも吉野材が使われている。最も重要な用材をわざわざ吉野から取り寄せたことに注目したい。蓮如はこれ以前に吉野地方を巡錫して吉野材の知識は得ていただろうし、河内国の門徒によって寄進されたということは、吉野材の声価が畿内に広く知れ渡っていたことを物語るものである。

山科本願寺を建築史から考察した櫻井敏雄氏によれば、御影堂は一〇〇人から三〇〇人くらいはかるく収容できる大規模なものであったという。(4) だとすれば、柱材も相当な大木でなければならない。阿弥陀堂の柱については蓮如自身が大柱と述べている。このような大木が吉野から山科までどのようなルートを通り、どのように輸送されたかは知り得べくもないが、大勢の門徒の奉仕労働によって運ばれたにちがいない。

蓮如は明応五年（一四九六）大坂に石山別院を創建した。この時も材木を吉野から取り寄せた。

終ニ明応五年九月ヨリ。彼ノ山ヲ開キ給フ。（中略）材木等ハ。吉野山家ヨリ求メ給フニ。モトヨリ船路自由ナレハ。毎日堺ノ津ヨリマハリテ。ホドナク御堂成就シ給ヒケリ。

（「蓮如尊師行状記」、『新編真宗全書』史伝編七、一六九頁、思文閣出版、一九七六年）

「船路自由ナレハ。毎日堺ノ津ヨリマハリテ」とあることから見ると、材木は吉野川・紀ノ川を流し、和歌山から海路堺を経由して石山へ運ばれたのであろうか。その当時、大和川は現在の柏原市から大阪平野の東部を北上し、京橋で大川に合流していたから、吉野から奈良盆地南部を経由し、国境の山を越せば、そのまま石山へ持っていけなくはないと思うが、堺経由となれば、和歌山廻りのコースを想定するのが自然であろう。

天文元年（一五三二）山科本願寺が戦災にあったので、證如は石山別院に移り、ここを浄土真宗の本寺とし、以後、寺域を拡張した。

吉野将監ニ梅染弐端、又三貫以右京亮遣之。今度寝殿之用ニ吉野材誂之。為其劬労此梅染先々如此遣之。又三結者(緡カ)杣方手付遣之処、彼杣方喧嘩ニ令討死之条、致失墜之由、令物語之遣之也。

（「證如上人日記」、『石山本願寺日記』上巻、四八八頁、大阪府立図書館長今井貫一君在職二十五年記念会、一九三〇年）

この寝殿建設は天文一三年（一五四四）のことである。吉野材の手配をする吉野将監に梅染二端が遣わされ、銭三貫目が杣人方へ手付けとして渡されている。これは通常の商行為ではなく、教団への寄進と見るべきものである。銭三貫目は伐り出しの経費であろう。吉野から大坂までの輸送経路は分からないが、もちろん門徒の奉仕労働もあったにちがいない。

このように吉野材が浄土真宗と関係が深かったことは注目されるべきことで、畿内の寺内町の建設にも材木を供給したと考えられる。

大乗院と一乗院の用材

大乗院と一乗院は興福寺の門跡であり、摂関家の子弟が入室して両門跡として重きをなした。両門跡とも大和守護職となり、大和をはじめ全国に多くの荘園を有した(5)。

①長享三年（一四八九）

吉野河ツラチマタ、衛門太郎参申、才木事仰付了、

（『大乗院寺社雑事記』九、三一一頁、角川書店、一九六四年）

②永正二年（一五〇五）

一乗院殿吉野進物此間無沙汰之間被止路次、御問答之間、先以四百貫只今可進上、猶残分次第〱ニ請申間、大略可有落居歟云々、珍重、然間曽木・才木・紙風情物未到来迷惑也、無為珍重〱、

（同書一二、四二一〜四二三頁）

①は、吉野川畔のチマタ（千股）から衛門太郎なる者がやってきて、大乗院から命じられた材木の手配が完了したという報告である。チマタは吉野川の北岸、現在の上市にあった。チマタと飯貝の間に中州があって、上流から流送（おそらくは管流）されてきた材木はここで検収された。この材木は南都へ送られたのであろう。興福寺の各塔頭とチマタとの間には特別の関係があったらしく、たとえば『多聞院日記』では「チマタ彦二郎」なる者が再三やってきて曽木（そき）などを納入したり、算用を受けたりしていた（後述）。材木商人がいたのであろう。

②は、一乗院に対する吉野の進物が滞っており、ただいま四〇〇貫だけは進上することになって一応の決着をみたが、曽木と材木、紙風情物は未だ到着せず、迷惑だというのである。これだけでは細部の事情がわからないが、吉野からの進物のなかに曽木や材木、紙製品が含まれていることがわかる。曽木は本節で後述するが、屋根板に供されるものである。曽木に比べて材木に関する記事は少ないが、だからといって森林資源の豊かな吉野で材木の生産が微小であったなどということはあり得ないのである。この二つの記事は中世末期の吉野における材木生産の一端を伝えるものである。なお紙も吉野の特産物であった。

この二つの材木の性格を考えてみよう。荘園制的収取体系は、荘園領主が収取する年貢・雑公事（課役）・夫役が基礎となっている。(6) 年貢は米に限らず、布・油・紙・薪炭・材木など種々であった。吉野山中のように水田のない地域では米以外の産物で収取された。たとえば「鷲家三箇杣年貢」(7) は東吉野地方の土豪小川の請口となっていたが、これは木年貢であろう。課役は領主が実施する年間行事にもとづき各寺領に課せられた。(8)『三箇院家抄』は大乗院の正月から一二月までの「雑務年中調進」についてくわしく記している。(9)「雑務年中調進」とは年間のさまざまな行事に必要な調進物のことである。それらはすべての寺領に課せられるのである。また、公事や夫役の編成も細かに定められている。このほか臨時の用に徴発されるものもあった。明応四年（一四九五）に焼失した長谷寺再建のために、大乗院門跡が鞆田山（山辺郡鞆田庄）の杉材の伐り出しを要請したが、門跡修理用ではないとして拒否されている。[10]この山の木は都祁水分(つげみずわけ)神社の神木とされ、大乗院の要用のみに用いられることになっていたからである。これなどは明らかに臨時の用役であった。

こうして見ると、①は臨時に用命された材木であり、②は文章の運びからみて年貢であろう。

多聞院と曽木

多聞院は興福寺の一塔頭である。ここの院主であった英俊らが書いた『多聞院日記』に吉野材に関する記述が散見される。

①永禄一二年（一五六九）五月一〇日

一カルノ源三郎下市マテ六十文・七十文ニテ遣之、下市ニテソキノ座ノヤ太郎百文・飯一杯天川迄付之、ソキウリ馬遣、

（『多聞院日記』第二巻、一二七頁、角川書店、一九六七年）

②永禄一二年九月一六日

一ソキウリ与次来間、一石ノキリ紙アチマ(チマタ)左近方へ遣之、

（同書、一四八頁）

③永禄一二年一〇月二七日

一ソキウリ上市新十郎来、ソキ坊ニ一タ、屋ニ一タ、千六百四十五枚五百五十文ツヽト申、少ハセヽルヘシ、二石ノ切紙僧半へ遣之、

（同書、一五三頁）

④元亀元年（一五七〇）八月七日

一上市新十郎ソキノ代算用了、三斗マコヨリ可取之通、皆々前々悉以斉了、

（同書、二〇二頁）

これは南都の多聞院が吉野からソキを購入したことを示す文書である。ソキは曽木とも書き、屋根板に供するものである。室町末期に描かれた「洛中洛外図屏風」を見ると、町屋の屋根は板葺きである。寺社でも中心的な

建物は檜皮葺であったが、それ以外は板葺きであった。多聞院でもソキで屋根葺きをしていることが記録されている。この記事から、下市にはソキ座があり、ヤ太郎やチマタ（千股）の与次、上市の新十郎といったソキ売りがいたことがわかる。これを商品材とみるか、臨時役としての供出材とみるか、判断に苦しむところであるが、「セル」[11]や「算用」という表現から商取引であると判断できなくはない。しかし供出材にも対価が支払われることもあるから、これだけでただちに商品材と断定しがたい。『雑事記』や『多聞院日記』には、曽木や板などの買い物や貯蔵・進物とみられる記事があり[12]、普段から購入していたとすると、商品材とも考えられる。限りなく商品材に近いとしておこう。

畿内諸町と吉野材

脇田修氏は、「一六世紀は日本における都市発展の時代であった」[13]といっている。京都や奈良・堺のほかに、大坂本願寺を中心に多くの寺内町が建設された。摂河泉では貝塚・富田林・久宝寺・八尾・吹田・富田・池田・尼崎、大和では今井を中心に上市・下市・御所があげられる。町の発展は必然的に材木需要を招来する。新たな町の建設だけでなく、戦乱によって焼き払われた町や村の復興需要もあった。『雑事記』には、「多武峯下山衆等遊佐弥六以下相語之、散郷共放火、在々所々焼之云々」（明応六年三月三〇日）、「河内大焼」（明応六年七月二四日）、「貝塚郷之内、小五月銭無沙汰在家共先日悉以焼失了」（明応八年一一月三日）といった記事が少なからず見うけられる。

膨大な住宅用材の供給源をどこに求めたのかといえば、畿内に最も近い吉野を抜きにしては考えられない。ましてや山科本願寺や大坂本願寺に吉野材が使われたのである。真宗門徒が主導する寺内町の建設に吉野材が使われないわけはないだろう。もちろん大阪平野をとりまく山々からも伐り出されたであろうし、淀川上流域や四国からも入ってきたろうが、それと同様に吉野材の参入もあり得たにちがいない。

かつて山本光氏は、室町時代の木材の生産について、「京都や奈良を主とした近畿の各都市において消費される林産物を、最も大量に供給した地方は、一、丹波、二、伊賀、三、吉野、四、阿波・土佐、五、安芸などであった」[14]と述べている。山本氏が何にもとづいてこのようなランクを付けたかわからないが、吉野が一六世紀に畿内に大量の木材を供給したことには疑いがない。史料的な裏付けは後考に俟ちたい。

明治三一年（一八九八）に発行された『挿画吉野林業全書』[15]に次のような記事がある。

大海寺材木改所は永禄年間の頃より白木口と唱へ其川上諸方産出管流し材に口銀（銀額不詳）を取立てたり蓋し此取立口銀は川上郷に専ら曽木（扮きを云う）を製造し之れを拡張せしめんが為めの費用と管流し材取締方法の費用とに充てしものならん此の当時川上郷和田村中庄郷樫尾村両村の郷士等相謀り之れを執行せしものにて即ち川上郷和田村俵本九良右衛門中庄郷樫尾村岡本茂右衛門等該所に出張して口銀取立に従事せり

（『挿画吉野林業全書』三三八頁）

この記事が示すことは次の三つである。⑴永禄年間（一五五八—一五七〇）の頃から、大海寺材木改所は川上諸方産出の管流し材から白木口と称する口銀を取り立てた。⑵この口銀は川上郷で曽木を製造し、拡張するための費用と管流材取り締りの費用に充てられた。⑶口銀は川上郷和田村と中庄郷樫尾村両村の郷士等が取り立てた。

永禄年間に曽木を製造していたことは前述の通りである。また川上諸方からさかんに材木が流送されたことも『雑事記』の記事から確認することができる。白木口については残念ながら確証が得られないし、傍証とすべき史料がないからなんともいえない。なお、吉野地方では、白木はブナやケヤキなど広葉樹であって、栂や樅などの針葉樹は黒木というから[16]、広葉樹の伐り出しが多かったのだろう。

大海寺は、『大和志』[17]によれば、大名持神社の境内にあったが、現在は廃寺である。大名持神社は吉野川右岸の妹山山麓に鎮座する式内社である。妹山をはさんで上手から津風呂川が、下手からは竜門川が吉野川に合流する。

ここから三〜四〇〇メートル下流に上市と飯貝がある。もし、ここで白木口を徴収したとすれば、この辺りが山元（生産地）と商業地との「結界」であり、ここで材木が生産者から商人の手に渡されたと考えられる。

口銀の取り立てに従事したという郷士については、第三節で詳説するが、ここでは樫尾左馬允についてとりあげておく。永正年間（一五〇四―一五二一）から永禄年間の頃、樫尾（現吉野町樫尾）に居住していた左馬允は伊勢の北畠から人夫役や野伏役などを沙汰されていた。[18] おそらく彼はこの地方の地侍であって、配下に多くの郷士を抱えていたのであろう。樫尾村の郷士が吉野川中流域を仕切る力を持っていたとしても不思議ではない。また、近世になって口役銀の川上郷分が川上郷和田村の延宝検地帳に記載されていることは、和田村も山元にあって材木流通を仕切っていたことを物語るものである。

このように見ていくと、『挿画吉野林業全書』の記事が細部はどうであれ、基本において信憑性を帯びてくるのである。

この頃は吉野川の浚渫工事は行われず、中流域の上市辺までは管流しであり、その後は陸送で奈良盆地へ送られたらしい。摂河泉へも奈良盆地南部経由の陸送材の方が多かったようである。[19] 吉野山中と奈良盆地を隔てる竜門山地は西に行くほど低くなり、芦原峠や車坂・風の森峠などはそれほど険しくはない。これを越えて奈良盆地南部へ出て、二上山の南側の竹之内峠や北側の逢坂越・関屋越を抜けると河内である。これらも険しくはない。車に乗せて人や牛馬で引けば、大径木でない限り、大量の労働力を必要としない。

鎌倉時代成立の『石山寺縁起絵巻』の第一巻に、材木を車に乗せて牛に引かせている様子が描かれているし、『雑事記』には、木津に材木運搬用の車があったことを示す記事もある。[20] さらに、近世の町屋（橿原市今井町の事例など）の構造をみると、それほど太い柱を使っていないから、垂木なども入れると中小径木で十分間に合った。伐り出しと運材に大径木ほどの労働力を必要としなかったから、商品として十分コストが合ったにちがいない。

寺社材や領主材は臨時的なものであったから、中世末期に商品材が継続的に生産されるようになると、商品材の占める比重が高くなるのは当然である。

本節後半では、吉野地方の林業の発展を畿内における小都市（寺内町）の発展との関連で考察した。ここでの議論は同時代の史料によるものではないが、経済的・社会的・地理的な状況にもとづく判断である。今後、日本史と林業経済史との相互浸透によって、本論を裏付ける史料の出現を俟ちたい。

伏見城の用材

文禄三年（一五九四）豊臣秀吉が伏見城を築城したさい、北山郷へ檜材の納入を命じたという。

秀吉公伏見之御城初而御普請之節北山へ檜御材木御注文を以被仰付候、柳之御殿北山木一色を以御作事被遊其節之材木は檜長三間四間木八寸角之割木無節ニ而御座候

（「和州吉野郡北山組百人御杣役由緒并来歴覚書」、『上北山村の歴史』一一七頁、上北山村役場、一九六四年）

これは宝永五年（一七〇八）の史料である。長さが三間と四間、口径八寸の角材、しかも無節というから特上の品物である。この覚書によると、慶長元年（一五九六）の大地震で伏見城は倒壊したが、北山材を使った柳の御殿は倒壊しなかったので、秀吉がこれを賞して北山を御材木所とし、百挺の斧役が定められたという。北山は熊野川上流域であって、吉野林業地帯ではない。吉野林業地帯ではこの時、北山郷とともに川上・黒滝両郷からも大木を貢納したという伝承を有している。(21) 材木の搬出経路は、熊野川と吉野川の分水嶺である伯母峯（おばみね）峠を越して吉野川に下し、檜垣本村（現大淀町檜垣本）で陸揚げし、芦原峠を越えて、奈良盆地を経て木津に達し、木津川を下り宇治川を遡上して伏見に着けたという。(22) 熊野川が未整備で筏流しができなかったからである。輸送経路がこの伝承通りだとすれば、川上郷や黒滝郷が無為に見送ることはないだろう。

豊臣政権が豊臣秀長を大和に入れ、宇陀郡に直臣を配置するなど大和を重視したのは、もちろん政治的・軍事的な意味が大きいが、宇陀郡が良質の材木を産出したからであるという説がある。[23] 宇陀郡よりも川上・小川など東吉野地方の材木が狙いではなかったろうか。小川地方は中世には宇陀郡と目されていたし、宇陀は東吉野地方の入り口にも当たる。優良で豊富な吉野材にたいする要求が強かったからであると見ておきたい。

なお、大坂城の築城にも吉野材が納入され、その残余の材木を市中で販売させたのが立売堀（いたちぼり）の始まりであるという伝承もある。ルイス・フロイスが建設資材など多くのものが大坂に集まっていたと書いているから、[24] この伝承は一概に否定されるものではないが、それが吉野材であったという確証はない。

伏見城の築城は近世初頭の出来事であるが、貢納材ということであえて中世末でとりあげることにした。

第二節　育成林業の萌芽

杉・檜の植生

紀伊半島は南端を黒潮が洗う温暖で雨の多い地域であり、豊かな森林に覆われている。吉野林業地帯はこの半島の北部、紀ノ川の上流域に位置する。吉野川中上流域・高見川流域・丹生川流域である。こんにち吉野林業地帯の森林はそのほとんどが杉と檜一色の人工林であるが、そうなったのは近世中期以降のことであって、それ以前は針葉樹と広葉樹のさまざまな樹種が混淆した森林であった。いまでも吉野川の源流である吉野郡川上村三之公の原生林を見れば一目瞭然であるし、神社の森などにもその片鱗が残っている。植物学的にいえば、吉野林業地帯は暖帯林と温帯林の混淆地帯となっている。

一七世紀後半のものであるが、口役銀（口役制度については後章で詳説する）の徴収リストである寛文七年（一六六七）の『口役目録』[25] を見ると、口役銀徴収の対象になった口木として、檜・槙・榧（かや）（柏）・槻（つき）・真田（まいた）（とがさわら）・

香鉢(かうばち)（しおじ・あずまこばち）・松・杉・樅・栂・桜・朴(ほお)・檀(まゆみ)・栗・五葉松があげられている。ほかに板材として桐がある。多くの樹木のなかでこれらが建築用材や木製品に使用された。

そのような森林のなかに杉山や檜山と呼ばれるかたまりが見られたにちがいない。田村吉永によって報告された、大永二年（一五二二）の「ミノセミカワヘノスキヤマノコト」という杉山売買証文がある。[26]熊野川の最上流である吉野郡天川村大字坪之内で発見された文書であるが、田村は、この杉山は植林したものか、あるいは天然林かは知らないが、ともかく杉の密集した地域が存在したことは分明すると述べている。隣接する吉野林業地帯にとってもひとつの傍証となるであろう。

『万葉集』に、「斧取りて　丹生の檜山の　木折り来て　筏に作り　二楫貫き　磯榜ぎ回みつつ　島伝ひ　見れども飽かず　み吉野の　滝もとどろに　落つる白浪」（巻一三、三二三二）という長歌がある。この「丹生の檜山」とは、吉野地方の丹生川流域にある檜の植生した山のことであって、この丹生川は吉野川のことである。[27]丹生川を現在の丹生川と解して、解釈の整合性に苦慮する説明が少なくない。[28]もちろん「丹生の檜山」を現在の丹生川流域の山と解しても、同じ吉野林業地帯のことであるから解釈としては成り立たなくもないが、吉野離宮との関係を考えると吉野川でなければならない。

『今昔物語』によれば、南都薬師寺の杣(そま)が吉野にあり、この杣から南大門の天井の格子を造る材木三〇〇本余りを伐り出させたという。[29]この物語では樹種はわからないが、寺院の仏像や建築用材には檜がよく使用された[30]ことからして、杣には檜も豊富に植生していたと見てよいだろう。また、中世には下市付近に檜物座があって、その製品を田原本の坂手座が販売していたが、[31]その檜はもちろん吉野林業地帯から供給されたものである。

これらは断片的ではあるが、豊富な森林のなかに杉山や檜山が存在していたことを史料から裏付けるものである。

高野槇もよく見られたらしい。今でも吉野山に高野槇の群落がある。仏花用として残されたという。『雑事記』に、興福寺の「国民」であった小川が長禄二年（一四五八）と文明元年（一四六九）の両度、それぞれ槇三三本、二〇本を大乗院に進上したとある。[32]おそらく風呂桶や棺に使用したものであろう。寺の周辺に槇が多い所以である。

天然林の枯渇と植林の始まり

吉野地方は都のある奈良盆地に近かったが、吉野川が木津川や宇治川に比べて流筏の自然的な条件が劣っていたので、古代には乱過伐を免れたようである。しかし、中世になると、乱過伐が目に付くようになった。平安後期から鎌倉初期にかけて、吉野山の金峯山寺と高野山の金剛峰寺との間で中津川（現野迫川村中津川）をめぐって境界争いがあった。建保六年（一二一八）の「金峯山寺執行法眼春賢請文」[33]に、野川（現野迫川村野川）の杣山が近来公私の要事が多くなって伐り尽くされそうなので、制止の立札を建てさせるという文言がある。中津川や野川は高野山に隣接した地域で、金峯山寺の所在する吉野山からは遠く離れている。公私の要事とはなんであるか詳らかではないが、この時期に杣山が「尽失」現象を呈したことに注目したい。時代が下がるとともに著名な寺院の周辺で竹木伐採の禁制が出されているのは、「尽山」現象が生じていたことをうかがわせる。[34]材木の大消費地であった金峯山寺の周辺はもっと深刻だったかも知れない。これに加えて、一六世紀の畿内における寺内町の発展は旺盛な材木需要を喚起し、森林資源はいっそう枯渇した。しかし、吉野林業地帯で「尽山」現象が起きていたとする史料は今のところない。

植林は天然林の枯渇のあとに始まるが、植林によらずに天然更新にまかせるところもある。木曽や東北地方をはじめ多くは天然更新であった。[35]吉野においても長い間天然更新であったのだろうが、材木生産が発展するにつれて、天然更新では間に合わなくなる。大木は別として、庶民の住宅用材が三〇～四〇年生で間に合うとしても、三〇～四〇年のサイクルで更新できるとは限らない。一九九八年、吉野林業地帯に甚大な被害を及ぼした台風七号による風倒林跡地は、林業不況のせいでかなりの部分が放置されていたが、杉や檜が生立しているようには見受けられない。これだけ杉と檜に特化された山地ですら天然更新には時間がかかるから、三〇～四〇年のサイクルでは無理だったのではなかろうか。

だとするならば、山に生えている若い杉や檜の苗を移植するようになるのは自然な流れである。しかし、まだ天然林の伐り出しが支配的で、育成林業は萌芽にすぎなかった。

本願寺の顕如上人の右筆であった宇野主水が天正一一年（一五八三）二月二三日に、吉野山の桜見物をした時の日記に次のような記述がある。

此奥ニ奥ノ御前トテアリ。ソレニ又蔵王堂アリト云々。コレハ一尊ナリ不見。奥御前トモ奥院トモ云。ケヌケノ塔トテアリ。雲居ノ桜トテアリ。愛染宝塔トテアリ。コレガ奥ノハテノ心也。是ヨリ上ニハ花木ナシ。槇杉檜バカリ也。又道スヅカハリテ二十川トテアリ不見。（「宇野主水日記」、『石山本願寺日記』下巻、五六二頁）

これは金峯神社から青根が峯に続く大峰・熊野への修験道に沿った景観を記述したもので、この辺りは吉野川と丹生川の分水嶺や吉野町・川上村・黒滝村三町村の境界をなしている。二十川とは現在の川上村西河のことである。杉・檜・槇林の存在が確認される。これが自然植生か植林したものかは決めがたいが、植林したものと見るのが自然であろう。

残念ながら、吉野林業地帯におけるこの時期の植林の開始時期を示す同時代の資料はないが、『挿画吉野林業全書』は各郷における植林の開始時期を次のように記している。

川上郷　　三百九十八年前　（文亀年間）

黒滝郷	三百年前	（慶安年間）
西奥郷	二百七十年前	（寛永年間）
小川郷	二百八年前	（元禄年間）
池田郷	二百十一年前	（元禄年間）
国樔郷	二百十年前	（元禄年間）
中庄郷	百九十年前	（宝永年間）
竜門郷	百二十七年前	（安永年間）

（『挿画吉野林業全書』二頁）

最初に指摘しておかねばならないことは、黒滝郷の植林開始時期を慶安年間と誤記していることである。同書の発行された明治三一年から三〇〇年逆算すると、慶安年間（一六四八―一六五一）ではなく、慶長年間（一五九六―一六一五）となる。川上郷について黒滝郷を置いているから、黒滝郷を慶長年間とするのが妥当である。(36)

第二に、川上郷の植林開始時期を文亀年間（一五〇一―一五〇三）とするが、何にもとづいてそうしたのかわからない。川上郷と黒滝郷の植林開始時期に一〇〇年の開きがあるとは思えない。両郷は大峰山脈を間にして東西に分かれている。尾根には山上ヶ岳（さんじょうがだけ）へ修験者が通う道が開けており、人跡未踏な山脈ではない。木材の大消費地である吉野山へのアクセスにも差はない。これだけで軽々しく誤記とはいい難いが、あるいは元亀年間（一五七〇―一五七二）の誤記かも知れない。これなら「宇野主水日記」とも整合するし、両郷間に二〇年程度の差があることも理解できる。

いちおう川上・黒滝両郷の植林開始時期を織豊政権の時期としておきたい。中世最末期と近世初頭の交となる。これが今のところ確実にいえることである。この両郷と小川郷以下の他郷との間に開きがあることは当然である。ただし今後の研究でさらに遡上することはありうる。

それではなぜ植林の開始時期が川上・黒滝両郷では早かったのだろうか。それはこの両郷が吉野山の奥、大峰山脈の北部の東西両側に位置していたからである。前述したように金峯山寺を中心とした吉野山の堂宇・住居施設は旺盛な材木需要を招来したが、それに対応したのがこの両郷であった。この両郷だけが山伝いに吉野山へ材木を運び込むことができたからである。小川郷は高見川・吉野川を、竜門郷は竜門川と津風呂川を上市・飯貝まで流し、そこから運び上げなければならない。国樔郷や中庄郷はごく一部は山伝いに吉野山へ運び込めるが、大半は小川郷や竜門郷と同様である。西奥郷は丹生川の下流域にあり、吉野山への運材はまず考えられない。

さらに一六世紀の畿内における寺内町の発展も吉野材に対する需要を高め、天然林材の伐り出しが激しくなったとすれば、すでに金峯山寺を中心とする吉野山の旺盛な材木需要に応じた川上・黒滝両郷では、それによって森林資源が枯渇し、天然更新の限界に直面して植林を始めたと考えられる。しかし、これを裏付ける史料はない。

両郷間の差異は運材条件の違いによるものであろう。吉野山へのアクセスには違いはないが、畿内への運材には大きな違いがあった。川上郷内を流れる吉野川に比して黒滝郷・西奥郷内（加名生・宗川・檜川・古田・丹生郷を材木方では西奥郷とした）を流れる丹生川は川幅も狭く水量も少ない。加えて下流の宇智郡（今はともに五條市）との境にジョウオトシ（錠落）という難所があって、運材にはきわめて不利であった。約二〇〇メートルにわたって両岸から岸壁がせまり、屈曲した流れは管流しでも容易でなく、筏のような長大なものを流すことは不可能であった。また当時の土木技術をもってしては、これを掘削するなどは考えられないことであった。そのため地蔵峠や広橋峠を越して吉野川へ出材しなければならず、どうしても出材量が少なくなる。その分だけ天然林材の枯渇が先延ばしになることは当然である。それが両郷の植林開始時期の差異になったといえよう。

他郷については次章でとりあげる。

第三節　材木生産の主体

惣村の成立

南北朝時代の吉野郡には、川筋ごとに川上・小川・国樔・竜門・池田・黒滝・丹生・御料・阿知賀・官上・檜川・宗川・古田・加名生・天川・十津川・北山・舟川の一八郷が成立していた。『太平記』も「吉野十八郷ノ者共」とか「吉野十八郷ノ兵」と表現している。

それぞれの地域には庄司とか公文と呼ばれる開発領主が郷士を従えて盤据しており、戦時には武装して戦闘に参加し、平時は農林業に従事した。吉野地方では竜門庄を除いて、荘園が発達しなかった。耕地が少なく、立荘するメリットがなかったからであろうといわれている。

やがてその中から惣村が成立する。畿内においては鎌倉末期にはすでに見られるというが、広がりを見せるのは南北朝以降である。川筋の小盆地や山腹の緩斜面に点在した小集落がしだいに自立する。地下と呼ばれることもある。

一五世紀後半に成立した『三箇院家抄』に、鷲賀（家）三ヶ郷の記事が散見される。

宇多郡
鷲賀三ヶ郷 木津郷　鷲賀郷　伊豆郷
末庄三ヶ所　平野　杉谷　谷尻
七貫二百文　近来地下請也　御後見方
（『三箇院家抄』第二、二二八頁）

鷲賀三ヶ郷とは木津・鷲賀（以下、鷲家と表記する）・伊豆（以下、伊豆尾と表記する）の三郷で、平野・杉谷・谷尻が末庄となっている。宇多郡（以下、宇陀郡と表記する）とあるが、この辺りは宇陀郡と吉野郡との接点になっており、中世には宇陀郡と目されていた。現在はいずれも東吉野村の大字である。

この地域では、大乗院の「国民」である小川と、同じく「国民」である宇陀三将の一人である芳野が勢力争いをしており、天文の頃は鷲家と伊豆尾・日裏は小川方、平野・杉谷・谷尻は芳野方、木津は両方の兼帯となっている。[37] おそらくたえず小競り合いが繰り返されたことであろう。鷲家の全焼もそのせいであろう。そうした戦乱から自衛することが惣村成立の重要な契機でもあった。[38]

鷲家・木津・伊豆尾の三ヶ郷で七貫二〇〇文の年貢を地下請している。地下請とは年貢を百姓の責任で上納するシステムであって、惣掟の違反者を処罰する検断権とともに村落共同体＝惣村の成立を示す重要な指標である。[39]

それでは惣村はどれくらいの大きさの集落だったのだろうか。同書には鷲家三ヶ郷に関する天文一六年（一五四七）の挿入文書[40]があるので、それを表1のように整理した。家数の多い平野と谷尻は伊勢の中南部と宇陀との交易路に位置しており、おそらく商業地であったのだろう。自然地形上でも、この地域としてはめずらしく平地が開けている。木津と杉谷と伊豆尾は高見川の渓谷にそった集落、日うら（日裏）は山腹の緩斜面に位置した林間集落である。鷲家は宇陀と東吉野地方とをつなぐ南北交通と、上市や下市など吉野川流域と伊勢とを結ぶ東西交通の十字路にあり、以前は大郷であったが、何年か前に全焼したとある。平野と谷尻・日裏は別格として、一〇数軒から三〇軒くらいが平均的な家数であったといえよう。

それぞれに下司がいる。これまでの研究から、惣村を運営するのは名主百姓であって、すべての居住者ではない。元禄～享保期に作成された

表1　鷲家三ヶ郷の家数・下司名

惣村名	家数(計)	下　　司　　名	棟数
鷲家	30	助大郎	—
平野	120	神主	8
木津	30	松山總介	8
谷尻	80	名代　宝成院	6
伊豆ノ尾(伊豆尾)	14～5	当弥三郎	7
杉谷	14～5	兵衛二郎	4
同ウラ(日裏)	4～5	チワラ(ヒウラか)次郎三郎	2

出典：家数と下司名は『三箇院家抄』第二、45～47頁。棟数は東吉野村小川・東家文書「拾八ヶ村高棟書有之」(『東吉野村史』史料編・上巻、115～118頁)。

「拾八ヶ村高棟書有之」[41]に書き上げられた棟数は、平野八軒・木津八軒・谷尻六軒・伊豆尾七軒・杉谷四軒・日裏二軒となっている。その他も二軒から八軒に分布している。鷲家は近世には紀州藩領になっていたので、この調べには上がっていない。これが書かれた元禄～享保期は小百姓の自立がさらに進み、役家の数も増えているのに、このような文書が作成された真意は、中世以来の名主百姓の由緒を再確認するためであったと思われる。この数が惣村を運営した名主百姓の数であろう。

名主百姓は年貢・公事を負担する百姓であった。近世になると公事家と呼ばれた。吉野地方で公事家の呼称が現れるのは一五世紀の中頃である。[42]公事には戦闘に参加することも含まれる。川上郷の公事屋は筋目衆と呼ばれ、由緒を今日まで伝えている。その由緒というのは後南朝に忠勤を励み、戦闘に参加し、後南朝滅亡後はその祭祀を連綿と続けてきたことである。[43]

吉野一八郷は南北朝時代から戦国時代へとたえず戦闘に参加してきた。山林労働が戦闘と結びつきやすいということは事実である。第一節の注(18)でとりあげた「澤氏古文書」に、永正八年（一五一一）と永禄一一年（一五六八）に樫尾左馬允らに宛てた人夫役等の沙汰状が数十通ある。そのうちから一通あげておこう。

今度人夫御改ニ付而　先祖人夫役仕来請状御座候へ共　近年野伏仕候一儀并無力仕候儀を以御侘言申　自今以後者野伏役可致沙汰候　自然身躰宜成候者　先規如請状　人夫役雖被仰付候　違乱不可申候　おのくなみにはつれ候て　別而御奉公可致沙汰候　仍如件

永禄十一年戊辰十一月十一日

大つ
六郎衛門（略押）

大貝殿　　平田源兵衛尉殿

檜牧与兵衛尉殿　　宇野段介殿

樫尾左馬允殿

（澤氏古文書「人夫状等六十八通　十四」十四―38、『松阪市史』第三巻・史料編、六一二頁）

「身躰宜成候者」「なみにはつれ候て」とあり、山林労働で身体を鍛えた百姓が野伏役等にもとめられていたことを示している。

大貝ら五人は在地武士で澤の被官、澤は宇陀三将の一人で伊勢の北畠に従う在地領主、六郎衛門は北畠の家臣であろう。この文書では大貝らは野伏役を沙汰されているが、同じ文書群に、をいたて（追立）・馬公事・野伏役・人夫役を担当する北畠の家臣一二名の名前とともに、「人夫十九人　馬四つ　野伏六人　追立六人」と記された文書がある。宛先は記されていないが、大貝らであろう。彼らに合計して三一人と馬四頭が催促されている。大貝ら直接沙汰を受ける者は名前が記されているが、野伏役等を勤める三一人は名前がない。両者の間には明らかに格差がある。大永七年（一五二七）の宇陀水分神社に対する役樽寄進者の中に、檜牧殿・樫尾弥一郎・大貝殿・宇野方という名前が見える[44]。朝倉弘は彼らを在地武士として紹介している[45]。

南北朝時代の畿内の戦力を考察した井上良信氏は、「畿内及び畿内周辺地域において内乱期を戦いぬいた戦力」として、「①土豪＝地域的領主層、②土豪＝代官的名主層、③名主百姓の三つ」をあげている。そして近江国菅浦の惣に対する野伏の催促状を分析して、野伏は代官級名主の下にある名主クラスと見ている[46]。井上説に従うならば、大貝や樫尾左馬允ら五人は代官級名主であり、野伏役等を負担したのが名主百姓となる。さらに井上氏は「菅浦の惣の形体、メンバーを考えると野伏の主体は惣の名主上層にあるのではなかろうか」とも述べている。

南北朝期の菅浦と戦国後期の東吉野地方とでは時期にも地域にも違いがあるが、歴史的な経過のなかで見れば、上述の「拾八ヶ村高棟書有之」に棟として書き上げられた者は、野伏役等を負担した上層クラスの名主百姓の系譜を引く者ということになる。ひら百姓から本百姓に上昇した者との出自の差異を意識して、このような書上げが作成されたと見られる。

史料の制約から軍役しかとりあげなかったが、名主百姓は年貢の負担だけではなく、軍役や寺社に対する勤仕など種々の公事を負担した。公事を負担することによって彼らは惣の運営を握ることができたのである。

山林の惣村所有と材木生産の主体

年代は不詳であるが、天文（一五三二―一五五四）の頃であろうか、鷲家のたふい山（佐倉峠付近）をめぐって事件が生じた。その様子を史料で概観しよう。

返々さわ殿さまよりをうせ出され候事御座候間　ぬす人の人数其方より御せいはい候て可給候　其儀なく候ハヽ　明日うたの市にて其方の人数へ　かゝり可申候

折かみい細はい見申候　仍わしか殿よりかい申候よし承候　かくこ（覚悟）にをよはす候　たふい山の儀さくらの山にて候間　其方の人数ぬす人に御座候を　わしか殿へとつけ候へと承候　いつかう（一向）にかくこにをよはす候子細を此物懇ニ可申候　恐々謹言

サクラ

十二月八日　　地下より

谷しり　井ナト

物庄へ　コマカリ

まいる

（澤氏古文書「北畠家諸臣等書簡七十五通　九」九―56、『松阪市史』第三巻・史料編、五七六頁）

まずこの書状の大要を見ておこう。この書状はさくら（現宇陀郡菟田野町佐倉）地下から谷しり（現東吉野村谷尻）物庄と井ナト（現菟田野町稲戸）とコマカリ（現菟田野町駒帰）に宛てたものである。用件の宛先は谷尻であって、

（裏文字）
たふい山の事　以上

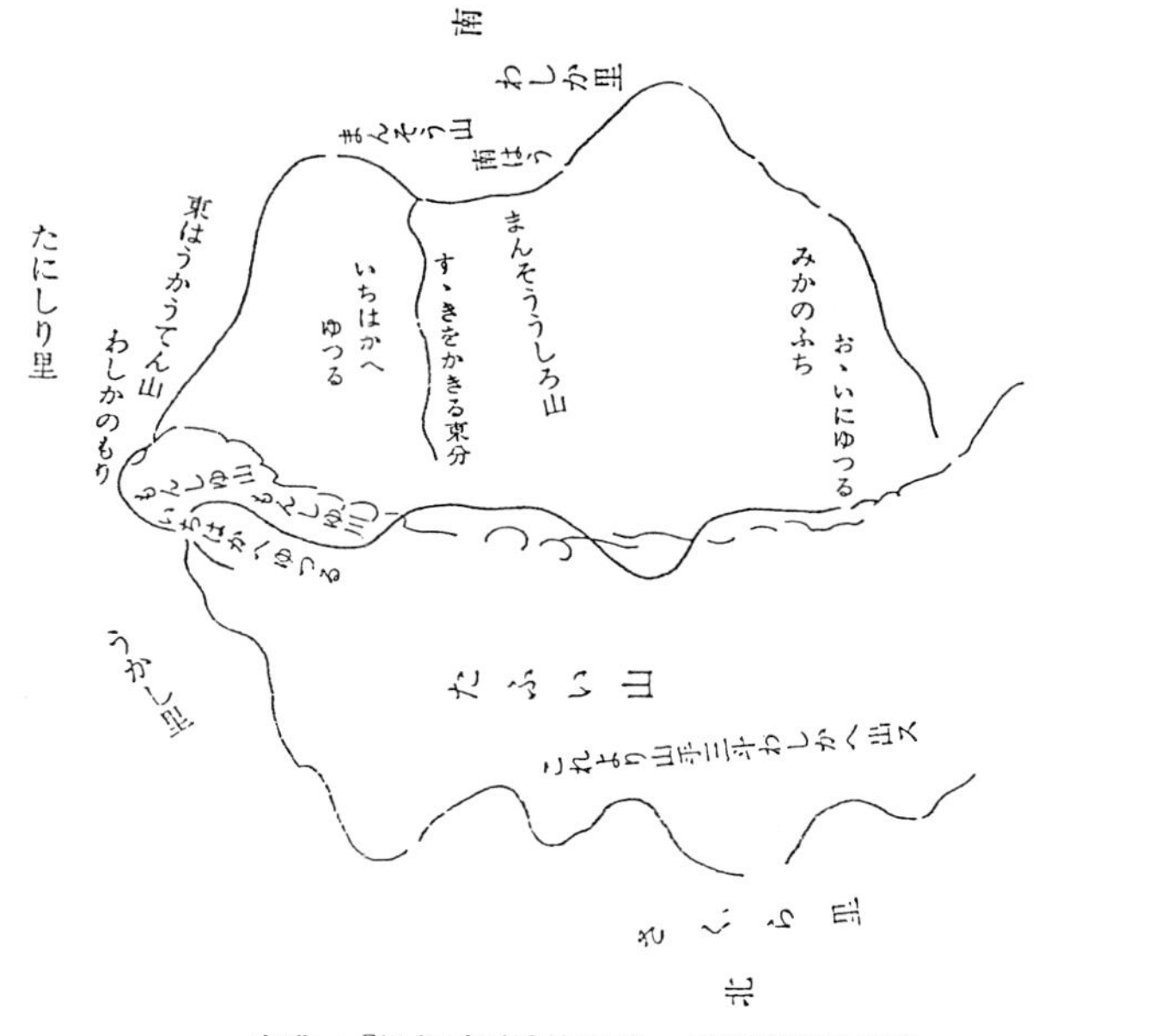

出典：『松坂市史』第三巻・史料編（605頁）

稲戸と駒帰には応援を求めるために示したものであろう。争論は惣村間でおこなわれているのであって、惣庄といっても、この場合は谷尻を指しているのであり、惣村連合ではない。

前半は、さわ殿さまより仰せられた通り、盗人を谷尻側で成敗すべきであるが、もしそうしないのならば、明日うたの市で谷尻の者を攻撃するという内容である。谷尻側に自検断権の行使を要求するとともに、もしそうしないのなら佐倉側で検断権を行使するというのである。さわ殿さまとは、前述の澤氏で、奥宇陀の在地領主であった。うたの市とは現在の宇陀市菟田野区古市場のことで、その名の通り市場が立っていたところである。

後半はその理由を述べている。谷尻はたふい山を鷲家殿から買ったと言い、盗伐を認めようとしないが、この山は佐倉の山である。山に入った谷尻の者は盗人であるのに、谷尻側は鷲家（下司）にいってくれと言い、一向にあやまちを認めようとしない。子細は使いの者が慇ろ(ねんご)に申す、というのである。

この文書とおそらく同時期のものと思われる、たふい山の絵地図[47]がある（前頁参照）。たふい山を囲んで南側にわしか里、北側にさくら里、東側にたにしり里とうかし里（現菟田野町宇賀志）が記入されている。佐倉に隣接したたふい山のところに「これより山手三斗わしかへ出ス」と記されている。山手米を受け取るのは鷲家で、出すのは佐倉である。鷲家が米を受け取るのは、この山が鷲家の山であるからで、佐倉が山手米三斗を鷲家に支払ってたふい山の利用権を譲り受けているのである。用益の内容は何も書かれていないが、住宅用材や薪炭・山菜等包括的な利用であろう。

たふい山をめぐる争論は山林が惣村の管理下にあったことを示している。山林は再生産の基盤であるとともに、村領を確定する目印でもあるから、村の境目や立合山を確定することは惣村の重要な任務であった。

　定状之事

一カウタニ(上谷)山ニツキ、トロ河(洞川)ト出入御座ソロ(候)ヲアツカキ(曖)ソロ(候)テサダメ(定)申シサカイメ(境目)ノコト、ヤナキタニノ大谷カキリ(限)ヒカシ(東)ハ上谷村之山西ハトロ河山ト申ソロ(候)ヱトモウラムカヰヲ立合ニサタメヲキ申候、モシ此旨ヲソムキ(背)違乱申人ソロ(候)ハヽ、コノシヤウモン(証文)ヲモツテ(以)可致沙汰也、依之証文如件

天正六年

六月廿八日

下タコ(多古)

シヤウ(証)人　ケン左衛門

同　兵衛二郎

同　左衛門五郎

上谷村へ

マキル

（川上村上谷・中谷家文書、『川上村史』史料編・上巻、一一一～一一二頁）

この文書は、大峰山脈をはさんで東西に位置する上谷村と洞川村が境界を画定したことを隣村の下多古村の役人が公証したものである。このようにして山の領域が確定されると、山林は惣村の共同財産になり、惣村の管理下に置かれる。

惣村の山林管理に関する直接の史料がないので、隣接する天川郷坪内村の下谷山・入谷山の例をあげておこう。

一、下谷山入谷山ツホノ内モチフンヱ小原村ヨリソマ(杣)壱人ナリトモヌスミ(盗)入ヒワダ(檜皮)マキカワソノホカナニテモヤマニテヰタシソロハヽ、コハラ(小原)地下中トシテヰカヤウニナリトモ、ソノハウシタヰニウケタマハルヘクソロ、ソノタメ一筆ツカマツリソロ、仍後日証如事(件カ)

承応四年ヒツチノトシ二月廿二日

庄屋□□　サウヱモン（花押）

トシヨリ(年寄)　半左衛門　㊞

同　助右衛門　㊞

（杣衆等五名略）

ツホノ内

地下中サマ

マイル

（奈良県教育委員会編『天川村民俗資料緊急調査報告書　第二』九四頁、一九七六年）

天川郷下谷山・入谷山の坪内村持分へ、小原村から杣人が一人でも入って檜皮や槇皮その他を盗み取れば、小原地下からどのような処分も受けるという一札である。坪内村持分とあるから惣村山というより村々入会山かも知れないが、いずれにせよ村方が管理している。だから小原村の庄屋年寄が署名し、坪内地下中に宛てられているのである。承応四年（一六五五）の文書であるが、中世の惣村山の仕置きをうかがわせる。

このような山林に対する惣村の厳しい管理は、近江国の今掘惣や奥嶋庄の掟からもいえることであり、惣村に共通したものであった。[48]

全ての住民が惣村山に依存して生活を維持せざるを得ない状況下では、各自の自由な利用は許されるはずはなかった。住宅用材一本伐るにしても、飼料や肥草を一束苅るにしても、開墾するにしても全て村方の承認なしにはできなかった。材木の商品価値が高まり、集落近くの私有地に杉檜を植えようとしても村方の承認が必要であった（日照や土砂災害が心配されるので、ところによってこれは現在でも生きている）。だからこの時代は個人が惣村山から伐り出したり、育林することはできなかった。中世的な支配構造が残る段階では、村方に依拠しなければ林業労働も輸送も組織できなかった。

残念ながら、惣村の山林経営を示す同時期の史料がないので、近世の文書であるが、惣の山林経営をうかがわせる地元文書として、寛保三年（一七四三）小川郷中黒村（現東吉野村中黒）の村持ち杉山の仕置証文をあげておく。

村杉山仕置証文之事

一字鍋谷之内（境目など略）

右之杉山ハ村中高持之分永々村林ニ植置申、村方ニ不叶銀子入用節村中立会相談之上売申筈也、若祓(抜)伐り壱本ニ而も相談之上にて伐り申筈也、枝葉等ニ而も無訳ケ伐り候者有之候ハヽ、村中寄合之上詮議仕り、過怠之義ハ其節之咎種々可申付候事

一第一杉山修理下刈等銘々無如才可仕候事

若他村より野火焼越し来候ハ村中無洩出合申候、若其場江不出候者有之候ハヽ、役目ニ詮議仕候、若此山

銀子入用ニ付他村江売申候仁堅ク無用ニ候事、縦売被申候共当村より加判加へ申間敷候、村之内ニ而も此以後ハ売買無用候事、自今以後ハ村中互ニ吟味仕り永々為村ニ植置申杉山連判一札仍而如件、

吉野郡中黒村

善兵衛

（他五四名略）

寛保三亥年九月日

（東吉野村中黒・西岡家文書、『東吉野村史』史料編・上巻、八一二〜八一三頁）

これは近世中期のことであるが、村持山の仕置きが具体的に示されている。まず山地が村有地であって、立木が高持百姓五五名の総有である。高持百姓とは他村の例から明らかなように本百姓であり、公事家である。総有であるから立木に応分の権利と義務は有しているが、公事家といえども枝葉一本勝手に伐ることは許されない。この時期に支配的になっていた私有林とは性質を異にしている。山林の売買・間伐は「村中立会相談之上」、枝葉等もわけなく伐った者があれば「村中寄会之上詮議」「咎種々可申付」、山火事が発生した時は村中総出と申し合わせている。これは公事家の申し合わせである。

とにいえ、個人の所有山やその売買が広く見られたことも事実である。前掲のたふい山の絵地図の中にも、「いちはかへゆつる」とか「おゝいにゆつる」「まんそううしろ山」といった個人所有を示唆する記載がある。家・屋敷・畑地等の私有がある以上、名主クラスの百姓間で山地の私有があり、その売買があるのは当然である。黒滝郷西谷（さいたに）（現下市町才谷）の事例をあげておこう。

売渡申山地之事

字西谷之同（内）ウシヰワ

合壱所者、サイメ　東地ルイ、西カワヲカキル、

南地ルイ、北地ルイカキル、

右件之山地者、サイタニサコノ二郎・エモン五郎ヨリ同ヤ二郎方ヘハイトク（買得）サウテンノチキヤウニテソロ、シカルヲイマヨウ〳〵アルニヨッテ、直銭四百文ニサイタニ助二郎殿ヘ永代ウリワタシ申コト実正明白也、縦天下一同ノ地ヲコシソノホカフシキノ子細出来アリトユフトモ、此山地ニヲイテワ一言ノイランサマタケアルヘカ□（ラサル）モノナリ、後日ニオイテイラン申モノ□（アラ）ハ、盗人之沙汰タルヘキモノナリ、仍後日支証之状如件

天文五年 □

（『大和下市史』資料編、七九頁、一九七四年）

これは天文五年（一五三六）の黒滝郷西谷字ウシヰワ山地の売買証文である。この山地は、西谷のヤ二郎方が西谷のサコノ二郎とエモン五郎から買得して相伝してきたものであるが、要用があって西谷の助二郎へ銭四〇〇文で永代に売り渡した。この山地にどんな上木があるのか何もわからないが、山地の売買であって、上木を目的とした売買ではない。

もう一つ永正二年（一五〇五）の天川郷坪内村の東ノ兵衛山の売買例をあげておこう。

四至際目（略）

右クタン（件）ノ山ワ東ノ兵衛トノ（殿）永代相伝山ナリトヰヱトモ、要用アルニヨッテ、マヱクホヒヤウヘ大郎ヘウヘ米四斗九升ノカタニウリワタシ申事実ナリ、仍文書如件

永正二秀（季）壬戊（戌）二月十六日

ウリヌシ

ヒヤウヘ（略押）

見所人者

与五郎

中西 シンヒヤウヘトノ　タンウ三郎トノ二人
（奈良県教育委員会『天川村民俗資料緊急調査報告書』第二、八三頁、一九七六年）

この他にも、西谷に隣接する立石（現下市町立石）の天文二一年（一五五二）の字サクラタウケノヲリツキ山地の売買[49]、明応九年（一五〇〇）の天川郷入谷山、天正一二年（一五八四）の松本兵衛山等の売買も同様である[50]。この時期に個人持山が存在し、売買されていたが、取得の目的は山地であって立木ではなかった。

藤田佳久氏は天川郷の山売券について、「恐らくは屋敷地を囲み、屋敷地につながった山の例であろう。のちにみられる植分けによって成立した持山ではなさそうである」[51]と述べている。妥当な見方である。

ここでとりあげた売買はすべて山地＝下地の売買であって、立木の売買ではない。近世のような杉檜山とは考えられない。もちろん畿内の旺盛な材木需要に応じて杉や檜の用材生産はあったが、それはまだ惣村の主導下に置かれていた。

このように中世末の林業は、山林の惣村有を基礎にして、惣村が山林を管理し経営する林業であった。惣村主導の林業の支配的な地位は、一七世紀になると小農型林業にとって変わられるが、消滅することなく、今でも部落有林野（区有林）として現在にいたっている。

第四節　大坂市場との接触

吉野川筋の在郷町である上市と下市は一五世紀末に成立した。上市は吉野川中流域の中洲に、下市は秋野川が吉野川に合流するあたりに位置していた。その名の通り上市も下市も吉野山中を後背地にした市を立てていた[52]。

上市は現在吉野川の北岸に展開しているが、もとは中州にあった。貞享三年（一六八六）の記録[53]によると、往古は中州の戎社前に数百軒の住居があった。その当時の吉野川は中州の南側、飯貝との間が本流であったが[54]、延宝二年（一六七四）の大洪水で中州の北側に本流が変わった[55]。それとともに吉野川が年々増水して中州の浸水が始まり、端々の人家が流出するようになったので、おいおい川の北岸へ引き移り、ついに人家がなくなったという。延宝七年の検地帳では中州は古市場と呼ばれ、人家はなく、畑地になっている。

上市は吉野川上流域を主な商圏としていた。上流から材木や紙・漆などが運ばれ、上市からは米や油などの生活物資が送られた。上市は吉野山中と国中との中継地でもあった。

上の市（上市）がまだ立つ前は北岸はちまた（現吉野町千股、以下、千股という）と呼ばれていたらしい。南岸の本善寺に蓮如の歌碑があるが、それには「名も知るく浪音たかき吉野川ちまたの里をむかふにぞ見る」とある。本善寺の対岸は、北から流れてきた千股川が吉野川に合流する地点であり、その奥に現在の千股がある。本善寺からそこまでは見えない。千股川にそって合流点あたりまでが千股であったと見るのが妥当であろう。

その頃は千股が吉野川中上流域と国中との中継地であったのだろうか、千股の商人が再三多聞院を訪れていることが『多聞院日記』に頻出する[56]。また大乗院から天川弁財天への参詣の途中、千股に立ち寄ったという記述を見ると[57]、千股は興福寺から特別の保護を受けていたのであろうか。上市が本善寺の庇護下に発展するにつれて、上市に押され後退を余儀なくさせられたものと考えられる。

一方、秋野川の下流域に成立した下の市（下市）は、丹生川上流域の黒滝や丹生、熊野川最上流域の天川などを主な商圏としていた。秋野川は短く、水量も少ないうえ、主な商圏が川筋の異なる地域であるため、丸太の取り引きよりも漆器や檜の曲物などの原料が主となっていた。川上郷高原の戦国期と目される文書に[58]、漆器などの生地を下市の塗師屋へ持ち売りするべからずとあり、また寛文七年（一六六七）の『口役目録』（第二章第二節参照）に、塗役は下市町の折敷または曲物塗師屋より出すと書かれており、下市が漆器や曲物の産地であったことがわかる。

ここで生産された檜物が国中へ、米や油などの生活用品が下市を経由して奥地へそれぞれ送られた。取り引きの勘定に、鋳貨を持ち運ぶ困難と危険を避けるために手形が用いられるようになったのは、下市が最初であった。(59)

商業の発展にともない、商人が生まれ富が蓄積される。上市や下市の商人が活躍する姿を本願寺関係の史料から追ってみよう。

蓮如が吉野地方を巡錫したのは一五世紀の中葉である。応仁二年（一四六八）秋野川沿いの地に願行寺を建て、第一八女の妙勝を配し、さらに文明八年（一四七六）吉野川南岸の飯貝に本善寺を創建して、第二五子の兼継（法名実孝）を第二代従持とした。この二寺はその寺号が示すように、格式の高い寺である。蓮如上人の巡錫によって、上市や下市の商人は浄土真宗に帰依した。(60)上市と下市は本善寺と願行寺の庇護の下に発展したともいえる。なお、上市と飯貝は吉野川をはさんで相対しており、経済的社会的に一体であった。

(1)天文六年（一五三七）一〇月九日

○木澤方へ、吉野両寺還住事、被申付候へ、と以藤井申遣候。又為音信、菱喰一、鮭三尺、鯛廿枚、以愚状遣候。○此次ニ吉野郷中門徒中并飯貝与力中へも上野折紙遣候て、還住候間、可有馳走之由申て、と被申間、遣させ候。

（「証如上人日記」、『石山本願寺日記』上巻、一八八頁）

天文元年の一揆の余波を受けて、本善寺や願行寺の連枝は一時吉野から脱出を余儀なくされた。ようやく天文五年になり、木澤の斡旋によって吉野還住の交渉が進み、同六年一〇月無事還住が実現した。これはその直前の状況を伝えている。吉野郷中の門徒中や飯貝与力中は両寺を支える重要な存在であろう。とくに飯貝与力中は門徒の中でも有力商人の集まりではないかと思われる。

(2)天文二二年（一五五三）正月

中陰之間斎非時之事

閏正月

廿三日　斎　浄専（式部）門徒中　　非時　彦ヱ門尉（上市）門徒衆

廿八日　斎　孫八郎後家、善七郎、孫七郎、　非時　サヤタニ助次郎同行衆

廿九日　斎　上市藤右ヱ門尉門徒衆、　非時　同油屋弥四郎

二月

朔日　斎（略）　非時　上市藤右ヱ門尉門徒衆

二日　斎（略）　非時　助次郎、治郎衛門、彦ヱ門（上市）、新九郎、孫七郎、治三郎

（龍谷大学所蔵「本善寺実孝葬中陰之記」筆写本）

天文二二年正月二二日、大坂本願寺で本善寺実孝が急死した。遺体は末弟の順興寺実従に付き添われて吉野に帰り、翌閏正月一九日吉野川原で荼毘に付された。この書はその間のことを詳しく記録したものである。中陰の間の斎（とき）や非時（ひじ）（いずれも食事のこと）に関係寺院や各地の門徒衆が招待されている。上市の彦ヱ門・藤右ヱ門尉・弥四郎らは門徒の中でも指導的な位置にある商人であろう。ここでは弥四郎だけが屋号を付記されている。油商人であろうか。

(3)天文二二年二月二二日

△ソレヨリ上市油屋彌四郎所へヨビ候。ユヅケ、汁三菜三茶湯シテ茶立候。呑候テ、六時程ニ帰候。侍・清同藤同道。

（「私心記」、『石山本願寺日記』下巻、三六二頁）

油屋彌四郎は実従を招待して接待している。返礼であろうか。茶を立てたというから富裕な商人であると思われる。

(4)天文二三年四月二七日

本善寺證祐跡事申付候様にと、先日従与力衆申来候間、各存念可申上之通令返事処、今日自惣中長者九人令祇(伺カ)候、惣中之以連署可為此方次第之由候。但内證者実孝子とてハあか丶計也。然者あか丶へ申付候様にと申候。

（「証如上人日記」、『石山本願寺日記』上巻、七二〇頁）

本善寺実孝の跡を嗣いだ證祐は翌年死亡した。後任の件で飯貝与力衆が申し入れたことに対して、後任を実孝唯一の実子あか丶へ申し付けるという重要な決定を下した記事である。惣中の連署を持って長者九人が証如上人の前に伺候したとある。惣中というのは飯貝与力衆や上市与力衆らを結集した門徒全体の組織で、長者というのはその中の指導者層であって、財力を持った連中であろう。なお、この決定については、与力衆の意中と合致したことが二八日付の記事に出ている。

(5)永禄三年（一五六〇）一〇月五日

朝、油屋へ上市へヨブ。茶湯也。余・飯・少同道。上市衆四五人相伴、汁三菜四、茶呑也。道具ミセ候。

（「私心記」、『石山本願寺日記』下巻、四四八頁）

永禄三年九月、飯貝を訪れた実従が吉野に滞在中、頻々と門徒衆を本善寺に招待したり、招待を受けたりしている。油屋とは先の弥四郎であろうか。教団の最高幹部を招待して茶の湯で接遇し、道具を見せるというのは相当に富裕な商人でなければできない。

(6)永禄三年一〇月一八日

朝早々上候。今井兵部所ニテ中食、ウドン振舞候。△其後百済へ行候也。飯貝・栢(カヤ)ノ杜マデ送候。馬ニテ予ニナヒ物也。少将馬也。善七郎・今井マデ送候。五郎兵衛・彦衛門、栢杜マデ来候。

（同前書、四四九頁）

九月上旬から飯貝に滞在していた実従が大坂に帰る日である。早朝吉野を出立し、昼に今井（現橿原市今井町）に到着、ここで昼食を振る舞われ、その後百済（現広陵町百済）に向かい、ここで夕食という日程である。飯貝（あか、ではなく、あかゝの婿か息子であろうか）は栢杜（現明日香村栢杜）まで送っている。少将は大坂から実従に同道している者である。善七郎は栢杜まで、五郎兵衛と彦衛門は今井まで送っている。この三人は門徒の中でも裕福な商人らしく、滞在中の実従を招待している。善七郎は天文二二年の葬儀の後に招待された記録がある（前掲(2)参照）。

これらの史料からいえることは、上市や下市には相当に富裕な商人がいたことである。ただしどのような商いを営んでいたかは、油屋くらいしか分からない。おそらく単一の商品を扱う専門店ではなく、複数の商品を扱っていたと思われる。材木だけを扱う専門的な材木屋がまだなかったと見ておきたい。

もうひとつは上市や下市の商人が浄土真宗に帰依していたことであり、彼らの精神的な紐帯である本善寺や願行寺と大坂本願寺との間で繁多な往来があったことである。寺門の往来は在家の往来をも活発にする。人が交流すれば、物・金・情報が随伴する。上市や下市の商人はこういう機会を通じて大坂と接触を持ち、吉野と大坂を経済的に結びつけていった。吉野材はこのネットワークに乗せられたのである。

残念なことに、これらの史料は大阪平野の寺内町と吉野の商人との関わりあいをなにも伝えないし、寺内町の建設に吉野材を使ったかどうかも語らない。しかし、これだけの往来があるのに、町の建設に吉野材を使わない法はない。今のところこれしかいえない。

（1）『奈良県吉野郡史料』第三巻、九九～一〇一頁（吉野郡役所、一九二三年）。
（2）泉英二氏は商品材とみて山元において木材市場が成立していたと評価している（「吉野林業の展開過程」三三四～三三五頁、『愛媛大学農学部紀要』三六巻二号、一九九二年）。
（3）『新校群書類従』第二二巻、四三頁（内外書籍、一九三二年）。
（4）櫻井敏雄「山科本願寺と真宗の本堂」一一〇頁（『掘る・読む・あるく　本願寺と山科二千年』、法藏館、二〇〇三年）。

(5)『角川日本史辞典』六〇・五一九頁（角川書店、一九六六年）。

(6)永原慶二「荘園領主経済の構造」（『日本経済史体系』2、東京大学出版会、一九六五年）。

(7)『大乗院雑事記』一一、三七二頁（角川書店、一九六四年）。以下、『雑事記』と略記。

(8)注(6)永原前掲書、六四頁。

(9)『三箇院家抄』第一、一九～四二頁（続群書類従完成会、一九八一年）。

(10)『雑事記』一〇、四七七・四八〇・四八一・四八二・四八七頁。

(11)『時代別用語辞典　室町時代編』三（三省堂、二〇〇〇年）は、この箇所を引いて「あれこれ細かくけちをつける。またそうして細かく値切る」（七六九頁）と説明している。

(12)『雑事記』文明一八年一〇月晦日「曽木三百二枚於浄土寺借用、南築地用」（九、二三頁）、『多聞院日記』永禄一〇年七月一二日「ソキ十四束三千七百六十枚在之、松屋へ預ケ了、此内四束八月八日、取了」（第一巻、一二頁）、同天文一九年五月三日「槙板八枚　七百文ニ買了」（第一巻、三九五頁）。

(13)脇田修「織豊政権から幕藩体制へ」一二頁（岡光夫・山崎隆三編著『日本経済史』、ミネルヴァ書房、一九九二年）。

(14)山本光「室町時代の林業」三二頁（『林業経済』一二〇号、一九六七年）。

(15)『挿画吉野林業全書』（伊藤盛林堂、一八九八年）。

(16)中野荘二「吉野山林語彙」七五頁（復刻版『大和志』九、一一巻三号、吉川弘文館、一九八三年）。

(17)「域内ニ有大海寺社前有潮生ノ淵毎歳六月晦潮水涌湧故ニ名ク」一九九頁（並河永校訂『大和志』（享保二一年）復刻版、臨川書店、一九八七年）。

(18)澤氏古文書「人夫状等六十八通　十四」十四―38（『松阪市史』第三巻・史料編、勁草書房、一九八〇年）の中に、樫尾左馬允らに宛てた沙汰状が数十通ある（本文一一八～一一九頁で紹介している）。

(19)注(2)泉前掲論文、三四六頁。

(20)『雑事記』長享二年一一月二〇日「自奈良至木津以車可引」（九、二六七頁）、延徳四年六月一六日「越智方より才木京上、木津車事申」（一〇、一七三頁）、明応二年七月二四日「木津御童子沙召之、車不所持之由申」（一〇、三〇七頁）。

(21)慶応四年正月「御口役歎願取締書」（「口役銀に関する資料綴」、奈良県立図書館蔵）。

(22) この話は『奈良県吉野郡史料』第壱巻（吉野郡役所、一九一九年）に「北山村別記」として掲載されたもので、これを傍証する史料はない。

(23) 小竹文生「豊臣政権と筒井氏」（『地方史研究』二七九号、一九九九年）。

(24) 『フロイス日本史』一・豊臣秀吉編一、一九四頁（中央公論社、一九七七年）。

(25) 『口役目録』は、吉野町飯貝・林家、吉野町柳・法雲寺、川上村中奥・春増家、東吉野村小・谷家に伝来しているものが知られている。

(26) 田村吉永「新資料の紹介」一三頁（『地方史研究』五号、一九五二年）。

(27) 丹生川上神社の研究に精力的に取り組んだ神官の森口奈良吉は、丹生川は吉野川であると力説している。（『丹生川上と鳥見霊畤・吉野離宮』一〇四頁、私家版、一九六六年）。

(28) 泉英二氏は通説に従い、丹生川を現在の丹生川とみて、「丹生で伐採した檜を筏にして、吉野の宮滝へ滝見のために実際に回送したわけではない。そのようなことを想像しながら、滝の素晴らしさを誉めたたえたものであろう」（注2前掲論文、三三三頁）と解釈に苦慮しているが、丹生川が吉野川であるとすれば、無理なく解することができる。

(29) 『今昔物語』巻第一一、二六〇頁（岩波書店、一九九三年）。

(30) 小原二郎『日本人と木の文化』（朝日新聞社、一九九二年）。

(31) 『雑事記』文明三年二月六日の条（五、六三～六四頁）に次のような記事がある。

当国檜物座事同相語之、近日相論事出来、サカテ座ハ檜物ヲ十方ニ持売座、号箸尾座歟、一乗院方寄人也、年始以下替物等進之云々、大略経算之被官人云々、
田原本座ハ檜物ヲ作座也、サカテ座以下ニ売之主也、大乗院座也、大略十市被官人也、大乗院方年貢六百文余也、犇舜奉行之、近来無沙汰云々、
今度両座相論ハ、吉野ノ檜物ヲ、直ニサカテ座ニ買之テ売也、此条田原本座ノ為難義之間、可停止之由令申之、猶以無承引間、サカテ座者ヲ自田原本方一両人打死了、自学侶色々及問答云々、
所詮作手与売手相論也、

(32) 同右書一、三五九頁、同四、三三九頁。

（33）『大日本古文書』高野山文書之二、二～三頁（東京帝国大学、一九〇四年）。
（34）鳥羽正雄『日本林業史』一七二～一八〇頁（雄山閣、一九五一年）。
（35）所三男『近世林業史の研究』六三三頁（吉川弘文館、一九八〇年）、徳川宗敬『江戸時代に於ける造林技術の史的研究』第四章第二節「天然の取立」（西ヶ原刊行会、一九四一年）。
（36）筆者は長い間『挿画吉野林業全書』の記述を無批判にそのまま引用してきた。一九九九年に発行された吉野木材協同組合連合会の記念誌『年輪』では、「三百年前」を訂正し「慶安年間」をとったが、これは間違いであった。「三百年前慶長年間」とするべきである。事実『挿画吉野林業全書』の発行された翌年春、紀伊半島を視察した戸水寛人は、報告書『吉野山林』（『吉野林業史料集成（五）』二〇二～二二八頁、筑波大学農林学系、一九八九年）で同書のこの箇所を引いているが、「三百年前　慶長年間」としている。『挿画吉野林業全書』の著者や戸水に説明した土倉らはすでに誤植に気づいていたのであろう。
（37）『三箇院家抄』第二、四五～四七頁。
（38）豊田武「中世末期に於ける大和の村落」五一六頁（復刻版『大和志』一、二巻一二号、吉川弘文館、一九八二年）。
（39）石田善人「郷村制の形成」四〇頁（『岩波講座　日本歴史』八・中世四、岩波書店、一九六三年）。
（40）注(37)と同じ。
（41）『東吉野村史』史料編・上巻、一一五～一一八頁。
（42）永島福太郎「公事屋考」三三頁（『史学雑誌』六三編三号、一九五四年）。
（43）「南帝王関係参考史料編」（『川上村史』史料編・下巻）。
（44）澤氏古文書「若子様之水分御とうの時の樽引付」（宇陀水分）（頭）（「雑十八通外地図二枚　十三」十三―5、『松阪市史』第三巻・史料編、六〇一頁）、『菟田野町史』五六頁。
（45）朝倉弘「中世」（『菟田野町史』五六頁）。
（46）井上良信「太平記と領主層――南北朝時代における畿内の戦力について――」（『史林』四〇巻一号、一九五七年）。
（47）澤氏古文書「たふい山の事」「雑十八通外地図二枚十三―12の裏文字」（『松阪市史』第三巻・史料編、六〇五頁、『東吉野村史』史料編・上巻、三九頁）。

(48)『今堀日吉神社文書集成』(雄山閣、一九八一年)、『大嶋神社奥津嶋神社文書』(滋賀大学経済学部附属史料館、一九八六年)。

(49)『大和下市史』資料編、一三四〜一三五頁。

(50)『天川村民俗資料緊急調査報告書』第二、八一・八五〜八六頁(奈良県教育委員会、一九七六年)。

(51)藤田佳久『日本・育成林業地帯形成論』一二七頁(古今書院、一九九五年)。

(52)永島福太郎「§3　上市・下市」二三三〜二四一頁(藤岡謙二郎編『河谷の歴史地理』、蘭書房、一九五八年)。

(53)吉野町上市・島田家文書(『吉野町史』上巻、一九〇頁)。『町史』が引用する史料には「往古は古市場戒社前ニ数百年之住居有之処」とあるが数百戸の誤植であろう。

(54)寛文一一年に刊行された『吉野山独案内』には、本善寺と飯貝・上市を描いたものがあるが、そこには上市と飯貝の間の川に渡し舟や花筏が描かれており、ここが本流であることがわかる。この頃は上市は中州にあったから中州の南側が本流であった。

(55)『吉野山独案内』の刊行された寛文一一年と「上市村検地帳」が作成された延宝七年の間に流れが変わったのである。木村博一編『奈良市災害編年史』(奈良市、一九七八年)によると、この間、畿内で大洪水が発生したのは延宝二年と四年である。とくに延宝二年の大洪水が大和の各地に大きな災害を与えたことは、いくつかの地方文書によっても伝えられている。

(56)本章第一節(一〇五頁)のほかに次のような記述がある。天正九年六月六日「チマタ彦二郎来、算用了」。同八月一七日「チマタ彦二郎来、サン用了」。同九月二六日「チマタ彦二郎ヨリ替米五石切符持来了」。同一二月二三日「チマタ与次替米、常光院・東ノ成福院ニテ請取了」。天正一〇年正月二一日「チマタ彦二郎来了、クルミ一斗持了」。同二月二日「チマタヒコ二郎来テ、旧冬買置ソキ千四百卅九枚借用之間、則カシ了」。同二月五日「チマタ与次上、アツキ一石上五合入ト申」。同四月二一日「チマタ彦二郎借米之事申、重テ可馳走通申了」。同五月一日「チマタヒコ二郎来、サン用了、十九石四斗五升二合コノ本利ヲ合テ預リ状ニサセテ借遣之」。同六月一三日「チマタ彦二郎上、去年ヨリ成身院替米今日可渡之由被申由、則切符遣之、十五日済了」。同八月二八日「ちまた彦二郎来、算用了」。(『多聞院日記』第三巻)。

(57)寛正三年(一四六二)六月、大乗院門跡(?)が天川弁財天からの帰途、一五日吉野に到着し同地で宿泊(吉野のどこかは不明)、一八日吉野を出立、その途中「チマタニテ御酒」と記録されている(『雑事記』一二、一五七頁)。

(58)『川上村史』史料編・上巻、一四頁。

(59) 横井時冬『日本商業史』(原書房、一九八二年復刻版)に「手形流通の行はれたるは大和国吉野の下市を以て其始とすべし」(一八六頁)とある。

(60)『大和下市史』一七二〜一七七頁、『吉野町史』上巻、一七八〜一八七頁。

第二章　小農型林業の生成

本章の課題

小農型林業が成立するのは一七世紀である。一七世紀は大開墾と人口爆発の世紀だといわれる。[1] 戦国期以来の耕地の拡大と農業の改良とによって、農業生産が大幅に増加した。それによって人口が爆発的に増加し、折から進行中の小農自立とあいまって、小農家族が分出され、新しい村が建設された。また豊臣政権とそれにつづく徳川政権によって近世城下町が建設され、手工業者や商人が城下町に集められた。その結果、大量の材木需要を惹起した。畿内市場に近接する吉野が材木の供給地になるのは、自然な成り行きである。残念ながら確たる史料がなく、断定的なことはいえないが、吉野材が商品材として大坂市場へ登場するは、大坂の陣以降であった。畿内の旺盛な材木需要を背影にして小農型林業は生成した。

本章では、まず吉野林業地帯の成立に焦点を当てる。単なる材木の産地ということではなく、固有名詞を持った産地がどのようにして形成されるかを、これまでの産地形成論に学びながら考えたい。そのためには材木生産の質と量を明らかにしなければならない。吉野から市場に移出された材木の主力が中小径木であったことは、その後の吉野林業のありかたを決めることになった。

ついで流筏を中心とした流通機構の整備をとりあげる。この時期に吉野川の浚渫が進められた。材木のような重量の大きなものを安定的に輸送するには、河川の改修と溜堰のような施設（ハード）が必要である。さらにそれを円滑に動かす機構（ソフト）も不可欠である。これは吉野林業史研究の中で比較的研究の遅れた分野である。

一七世紀になると、旺盛な材木需要に刺激されて百姓による植林が始まった。最初はおとな百姓が自己の所有する山畑に植え始め、やがてひら百姓から自立した百姓も植林に参加した。これは中世の惣村が主導した林業とは異なるものである。この時期は吉野川の浚渫が上流域まで達し、川上郷の奥地から流筏が可能になったことも彼らを後押しした。おとな百姓も含めて零細な百姓であったから、彼らの植林した山地は狭かった。これを小農型林業と呼ぶ。この時期は、惣村が主導する林業から小農型林業に移行する時期である。同時期の史料を欠くが、可能な限りその過程を追求したい。

第一節　吉野林業地帯の成立

産地形成論

わが国は国土の約三分の二が森林であり、亜熱帯に属する沖縄県や亜寒帯の北海道を除けば、全国至るところに杉・檜・松が植生している。とりわけ高度経済成長期に拡大造林が進められたので、杉・檜の人工造林が増えて、用材の生産にことかかない。しかし、吉野林業・木曽林業・秋田林業といった固有名詞で呼ばれる林業地はごく少数である。固有名詞で呼ばれる林業地（産地）とはどういう地域であろうか。かつて大内幸雄氏は、林業経済学はまだ産地概念について定説をもっていないとし、「特化した銘柄性の強い商品を産出する地域、あるいは大量に同質材を供給する点で他の追随を許さぬような地域を産地と呼んできたように思われる(2)」と述べている。大内氏に従えば、産地とは銘柄性をもった木材か大量の同質材を供給する地域である。

森田学氏は、第二次世界大戦前における林業の産地構造とその特質を次のようにあげている(3)。

イ、地域としての範囲は、ほぼ一流域の広がりを包括する。

ロ、天然林用材資源の地域賦存量が大きく、これに対する採取生産がおこなわれた後、人工林への転換が進んだ。

ハ、素材生産は問屋制生産としておこなわれ、同時に林地の村外所有の拡大を伴うことによって人工林の転換も山村農民の焼畑小作造林の形でおこなわれている。

ニ、産地はいずれも東京・大阪等の中央都市を消費地市場とすることで成立している。

ホ、問屋資本が素材生産と育林生産および加工生産を結合し、また消費地市場を結合する基軸となることで産地の統合主体となっている。

ヘ、各産地はいずれも固有の主産物をもっている。

ト、主産物は、地域の自然条件と市場の要請により形成された固有の育林生産技術体系に規定されている。

チ、消費地市場においてもそれぞれの専門販売機構（専門問屋）をもち、特産品として販売・消費された。

これは「戦前型産地」の構造の特徴を定式化したものである。

さらに森田氏は、「各産地の生産する木材商品が質的（使用価値）に異なるものであったこと」（九頁）から、各産地は「固有の使用目的に対して、もっとも適合する木材を生産する産地として、それぞれがあった」（九頁）とし、「戦前型産地は特産地としての性格をもつものであった」（九頁）と述べている。戦後のような同質材による品質や価格における差別化の結果としての産地ではなく、吉野—樽丸材、北山—磨丸太、尾鷲—檜柱材といったそれぞれに使用価値の異なる木材商品の産地としてあったというのである。つまり産地とは特産物の生産地ということになる。

森田氏があげた項目のうちハとホを除けば、いちおう吉野林業にもあてはまるだろう。しかし同氏が想定している吉野の産地化とは、樽丸生産が一般化した一八世紀中葉以降を対象とした議論である。ここではもうすこし時代をさかのぼって考えたい。

それでは産地はどのようにして形成されるのであろうか。

林進氏は、J・S・ベインの『産業組織論』[4]を理論的な下敷きにして、銘柄材産地の形成を論じた。[5]以下、しばらく林説を聞いてみよう。林氏は銘柄材を「戦前型」産地のもった銘柄製品と「戦後型」産地のもつ銘柄製品とに分け、その違いは市場構造の本質的な相違によるという。

「戦前型」産地のもった銘柄材は、それぞれの産地の独自性を具現する異種製品―特産品である。その存立の基盤は、①固有の製品生産技術の存在、②育林過程と一体化した独自の林業構造の形成、③産地間競争の微弱性にともなう製品間代替性の欠如の三点にある。すなわち木材市場の構造は「特産地型産地構造」であって、「その結果諸種銘柄製品は、相互に代替性を欠如せる製品集団として、木材消費市場における位置をそれぞれ確保していたのである[6]」。

その否定が「戦後型」産地のもつ銘柄製品である。「戦後型」産地のもつ銘柄製品は、①製品生産技術の平準化、②素材段階での産地間互換性を一般化させる木材市場の均質化、③売手（産地）間競争の激化、という市場構造を前提にして形成されているのである。まず展開されるのは、国産材製品とその代替製品や外材との間で展開される激しい市場競争である。ここでいう代替製品とは鉄・プラスチック・セメント・新建材などである。これらとの激しい競争に当たっては、供給コストの節減が基本になるが、製品の均質・均等性や価格競争において、国産材は太刀打ちできない。そこで国産材供給者は非価格競争を展開する。すなわち地域内産出材を他地域の製品とは質を異にする良質材＝銘柄品として市場に出そうとするのである。産地化運動である。それは同時に「国産材製品間の製品差別化」という現象をも随伴するのである。代替製品や外材との異質性の強調による製品差別化と、銘柄品を供給し得る産地とそうでない産地の選別という、「両過程が同時に進行するところに国産材製品の銘柄形成が行なわれるのである」[7]。

これが林理論の大要である。林氏が銘柄化は生産過程ではなく流通過程において達成されるというのは、銘柄の評価は市場がおこなうということである。

森田氏や林氏の議論を踏まえて産地（林業地）を定義すれば、相対的に代替性の疎遠な「戦前型」製品、すなわち特産材の産地と、激しい競争の中で代替製品や外材、他産地の製品とは差別化された「戦後型」製品、すなわち銘柄材の産地ということになる。ここでいう「戦前型」「戦後型」とは、かならずしも時代区分にこだわる必要はなく、産地間競争が微弱で相対的に未発達な市場と、均質化した産地間競争が熾烈な、発達した市場との違いを表すと受けとめてよいだろう。

この議論は近代資本主義経済下での産地形成論であるが、それを近世にも適用することはできるだろうか。ここで近世に目を向けてみよう。

寛永年間（一六二四—一六四四）の成立と目される俳書『毛吹草』[8]には、全国六八国から一八〇〇種を超える名産品が記載されている。特殊な技術を要する手工業品を除けば、大方の農林水産物は全国どこでも生産できるものである。たとえば、山城の山城米・鳥羽瓜・賀茂川鮠（はや）、大和の山辺米・国栖魚（くずうお）・御所柿、紀伊の雑賀塩（さいがしお）・日高松茸・紀伊川鯉等にしても、どこでも採れるものであり、製品の代替性はきわめて高い。それが名産品として市場で評価を得るには、産地の努力とともに偶然の要素も入ってくる。国栖魚は朝廷への献上品としてすでに『日本書紀』に記載されている[9]。これらの産物は、余剰生産物が交換されるようになり、やがて市場向けにも生産され、他地域の産物と差別化されて、名産品になったと考えられる。その意味では、「戦後型」製品といえなくもない。

材木（丸太・角・板類）については、生産地は畿内近国四（大和・丹波・播磨・紀伊）、東山二（飛騨・信濃）、北陸一（若狭）、山陰二（石見・隠岐）、四国二（阿波・土佐）、九州三（日向・大隅・薩摩）となっている。これらの国以外で材木が生産されなかったということではなく、市場に供給するだけの材木を産出しなかったということであろう。この時期の材木はほとんどが天然林材であって、その品質や分布は自然条件に左右されていた。しかも、材木生産は伐出技術や輸送路の良し悪しが大いに関係するから、そのような条件が整った地域は限られていたであろう。林氏のいう代替性の低さとはそういうことである。必ずしも品質が勝れていたというわけではない。

綿作を論じた大蔵永常の『綿圃要務』(10)は、さまざまな品種の綿を紹介し、栽培の努力を説いている。そして、大和と河内の綿の用途を比べて、大和の綿は他国では布団や衣類の中入れに用い、糸取りには河内や摂津の綿を使うと述べている。河内綿の方が強いからである。だから河内の綿は河内国の名産品となっているという。明らかに競争の中で他国産の綿とは差別化された綿であることがわかる。

こうしてみると、特産物とは他地域の産物とは差別化された固有の産物であり、その評価は市場においてなされる。そして、それを継続して市場に供給することによって産地が形成される。換言すれば、産地とは差別化された特産品を継続して市場に供給できる生産地であるということができる。

しかし、そのような特産品がなくても、大内氏が大量の同質材を供給する地域と言い、西川善介氏が「材木を恒常的に出材する地域(11)」というように、同質材を大量にあるいは恒常的に市場に供給できる地域も産地である。

林業は天然林の伐出し（採取林業）が先行し、その枯渇に直面して植林（育成林業）が始められたので、天然林材の市場における評価がまず先行した。一六世紀に吉野材が畿内で評価されたことは、産地形成の前提となった。『毛吹草』が大和の名産品としてあげたなかに、松角と椙（杉）丸太がある。吉野産であろう。「書院木ニ用」と注釈がついている。『毛吹草』にあげられた名産品のなかには、すでに前世紀から名産品として知られていたものもあるから、[12]そのように判断してもよいだろう。

吉野材の市場評価

蓮如の山科本願寺や大坂本願寺の創建に吉野材が使用されたことは前章で述べた。そのことから、一六世紀に大阪平野の寺内町の建設に吉野材が使われたと推測したが、同時代の史料を欠くので、断定はできなかった。同様に豊臣秀吉の大坂城や伏見城の築城に吉野材が使われたという伝承も後考を俟つとしかいえなかった。

大坂における材木市場の創設は大坂の陣が終わった元和年間（一六一五—一六二四）である。元和以後の慣習を宝暦年間（一七五一—一七六四）に成文化した「諸材木買方発端市札定法之事」[13]を引いておこう。

一、往古は入着材木、土州材木重ニ着致附買致候処、追々御国方より御仕出シニ而御屋敷へ向ケ夥敷入着致、付買ニ而は売捌不行届ニ付、江戸表へ御屋敷より元和年中之頃材木市御願有之、当所材木市御免ニ相成、尤茂銀談取引ハ附買同様、正（柾）之払問屋方へ二分口銭ニ相極候、前件之訳ヲ以御材木と唱、市売之節壱番ニ買方可致候事

但シ御材木之外、土州材木は都而（すべて）正之買弐分口銭、尤挽板壱寸弐分以下壱割三分口銭

一、阿州材木其後入着致、（略）

一、九州材木其後多く入着仕候処、（略）

一、吉野丸太類入着致、市売ニ而買方致呉候様頼出候処、小前之衆勝手宜敷任頼に市買承知致遣候事、市引之義ハ阿州同様五分引三分口銭、尤杉・檜之外ハ壱割引、是又杉・檜たりとも押或ハ列（別カ）付分ハ是又壱割引、其外駄物類、杉・檜小丸太壱丈より二間半末四寸迄は建売物ニ付壱割引、三間よりはひり海部たりとも五分引ニ相成候事

一、新宮奥仙丈より諸材木入着致市売願出候処、（略）
一、其後諸国より当表へ追々諸材木入着有之、（略）
一、新宮諸材木其後入着致候ニ付、市引壱割又々引合候処、丸太之類ハ壱割引ニ致、角物ハ八分ニ壱割と之折合を以九歩ニ相定候事

（後略）

（「諸材木買方発端市札定法之事」、『大阪経済史料集成』六巻、五三〇～五三一頁）

この文書は材木市の開設された元和年間から約一三〇年後に作成されたものであるが、それまでに伝来した由緒書のようなものにもとづいて作成されたと想定され、その間の歴史と合わせ考えると、信憑性が高いと判断してよいだろう。

大坂の材木市場が、慶長・元和の大坂の陣の後、土佐藩のイニシアティブで開設されたことは各種の由緒書に共通している[14]。その後、阿波・九州・吉野・新宮以下各国からも材木が入着した。ここで注目すべきは、吉野材だけが杉・檜丸太、同小丸太・駄物・海部丸太というように詳しくとりあげられていることである。これは吉野材が明らかに他国産材から差別化された商品であることを示している。これ以上のことはわからないが、明治期の著作である『挿画吉野林業全書』[15]から類推してみよう。

杉・檜丸太は樽丸生産以前であるから、大径木ではなく中丸太であろう。杉・檜小丸太は末口が四寸までというから、四寸丸太の胴廻りは約一尺三寸になる。同書によれば、植林後一五年目の初伐りの優良木で胴回りは一尺五寸、一七年目の二番間伐の優良木で一尺七寸という（一四六頁）。小丸太というのは二〇年生ぐらいまでの小径木である。そのくらいの若木でも有用材であるという例証にはなる。最も小径木は垂木や天井子、軽便な格子等に用いられた（二一一頁）。ひり海部（かいふ）は海布丸太のことであろう。海布丸太は直径がほとんど銭の大きさ位であることから銭丸太ともいう。

『挿画吉野林業全書』は冒頭で、「慶長年間畏くも後水尾天皇御宇京都桂離宮御造営の際多く吉野杉檜材を用ひられしと聞伝ふ」（一頁）と述べている。桂離宮が造営されたのは元和六年から寛永元年（一六二〇—一六二四）にかけてであるが、吉野材が使用されたことは、文政四年（一八二一）に書かれたといわれる「桂御別業之事」に、「此御時代ニ者いまた北山杉丸太は出不申、風雅作り給はんニ者、吉野杉丸太を用る事也」「唯杉丸太ハ如右吉野杉よりハ無之時代なりと云々」とあって確認される。[16]『毛吹草』が大和の名産物として杉丸太をあげて、書院木に用いると書いているのはこのことであろうか。実際に調査に当たった泉英二氏によると、まだ北山材が市場に登場していない段階で、吉野材以外に使える材木がなかったからであるという。[17]書院建築に使用される丸太であるということが名産品の所以であろう。

この時期、杉檜丸太と小丸太が吉野の名産品であった。吉野はそれを恒常的に大坂市場に供給していたことがわかる。産地化の条件を満たしていたことになる。これをもって産地化＝吉野林業地帯成立の指標としておきたい。

吉野がなぜ林業の産地となったのか。通説では次のような条件があげられている。

(1)紀伊山地が温暖多雨な気候に恵まれ、杉檜を含めて森林資源が豊富であった。

(2)大坂・堺・京都・奈良など畿内諸都市を中心とした大きな市場に近接していた。

(3)吉野川・紀ノ川という輸送路に恵まれていた。

これに付け加えておきたい。

(4)北山杣（そま）といわれたような林業技術者集団が存在した。杣人は北山地方だけにいたのではなく、広く吉野地方に分布していたと考えるべきである。第一章でふれたように、南北朝時代や戦国時代に戦った野伏たちは平時には農林業に従事し、すぐれた技術者集団でもあった。

(5)大坂と緊密なネットワークを持つ真宗門徒の商人がいた。

以上のような客観的な条件と主体的な努力が合わさって、吉野川流域に吉野林業という固有名詞を持った産地が形成されたのである。

第二節　材木生産の発展

本節では、一六世紀の材木生産の質と量を考察する。この時期の材木生産を明らかにする史料は欠くが、寛文七年（一六六七）の『口役目録』[18]を見ることにしよう。近世の吉野には口役銀という独特の流通税があった。口役銀とは、吉野地方から移出される材木価格の一〇分の一を徴収し、そのうち金一〇〇両（銀五貫四四〇目）を幕府に上納させ、もし余剰があれば川上・黒滝両郷へ百姓助成として下付したものである。徴収は両郷百姓が請けおっていた。その徴税リストが『口役目録』である。この目録からでは、なにが吉野林業の主力商品であり銘柄材であるかはわからないが、材木生産の範囲がわかるし、口役銀額から生産量を推し量ることができる。

材木生産の質

表1は寛文七年の『口役目録』を一覧表にまとめたものである。ここからわかることを列挙しておこう。

(1)口木とは口役銀徴収の対象となる材木である。目録に出ているのは、檜・槇・榧（栢）・槻・真多（とがさわら）・かうばち（香鉢＝しおじ、あずまこばち）・松・杉・樅・栂・桜・朴・檀・栗・五葉松の一五樹種、この他に口木ではないが、桐板があがっている。口木は檜・槇・榧と槻・真多・香鉢と松・杉・樅・栂・桜・朴・檀・栗・五葉松の三グループにランクされている。松などのグループを浅木という。上木というランクもあるが、檜・槇・榧だけを指すのか、槻・真多・香鉢をも含めるのかは分からない。後年の目録では、この三つは上木・中

表1　寛文口役目録

口木の樹種	形態・価格
檜・槇・椢	長2間×　5寸角　1本3匁
槻・真多・かうばち	長2間×　5寸角　1本2匁3分
浅木　松・杉・樅・栂・桜・朴・檀・栗・五葉松	長2間×　5寸角　1本1匁3分
檜・槻・槇・栢・かうばち	長1丈×　4寸角　1本1匁　4.5寸角も同じ 長1丈×2～3寸角　1本5分
浅木　松・杉・樅・栂・桜・朴・檀・栗・五葉松	長1丈×　4寸角　1本6分　4.5寸角も同じ 長1丈×2～3寸角　1本3分
檜・槇・栢	戸多　長1間　1枚3匁
槻・真多・かうばち	戸多　長1間　1枚2匁3分
浅木　松・杉・樅・栂・桜・朴・檀・栗・五葉松	戸多　幅1尺～1尺4寸　長2間×5寸角1本に換算 幅1尺5寸～1尺9寸　長2間×5寸角1本半に換算
口木角材の形態と価格換算　長2間～3間　口径5寸～1尺　2間×5寸角に各々換算	

樹種・材種	形態	口銀額
桐	板に見積	口銀　1床・1駄　3匁～10匁
雑丸太(諸木)	1丈～5間	口銀　1床　6分～4匁5分
槻	丸物・平物　長1丈 丸物　長2間～5間　末口1尺～2尺	口銀　1本　6分 口銀　1本　8分～10匁
舟板　松・杉・樅・栂	長2間～9尋	口銀　1枚3分3厘～5匁5分
帆柱　檜	長7尋～15尋	口銀　1本3匁5分～100目
杉・松・樅・栂	長7尋～15尋(松は11尋まで)	口銀　1本2匁5分～30目
木製品(口銀究候品々)	槇皮・月役・槫・鴨居(1間・1丈・2間)・ねり木・戸・檜皮・油磨・同けぬき・戸板・坪板・敷板・雑丸太・杉丸太包木・居風呂　(口銀は別に定める)	
灰役…口銀600目　毎年川上谷(郷)より出す。毎年灰座仲間より飯貝番所へ上納。		
塗役…下市町の折敷または曲物塗師屋より出す。銀額は毎年口役番所と相対にて決定。		

出典：吉野町飯貝・林家文書「口役目録」。
注：口木…口役銀が課税される樹種材。床…筏に組んだもので、単位を表す。

木・下木にランクされている。

(2)これらの多くは天然林材と思われ、角材と戸多に加工されている。角材は、長さは一丈、二間から三間、口径は二〜三寸から一尺までとなっている。戸多とは平角ではないだろうか。ここでは枚という単位が使われているが、明和の『口役目録』では挺が使われているからである。

(3)雑丸太は一般にいう雑木とは限らず、杉や檜も含まれていると考えられる。長さは一丈・二間・二間半・三間・三間半・四軒・五間で、口銀の単位は床である。目録には「床と云ハ筏に組をいふなり」とあり、筏に組まれたものである。

(4)槻は口木であがっているが、それとは別に「口銀定之事」として出ている。丸物と平物とがある。丸物は丸太、平物とは板であろう。丸物は長さが一丈から五間まで、末口が一尺から二尺まで、口銀額が雑丸太よりも高く、したがって価格も高かったのであろう。

(5)船板や帆柱には檜・杉・松・栂・樅が使われ、船板の長さは二間から九尋まで、帆柱は長さが七尋から一五尋まで、相当の大材が植生していたことがうかがえる。

(6)木製品は一四種類とそれほど豊富でない。ここで注目すべきは杉丸太包木である。おそらく杉の皮で包んだ磨丸太であろう。輸送中にきずがつかないように杉皮で包んだのである[19]。

(7)木製品であがっている雑丸太は駄単位になっているが、これは小丸太で、陸送品である。

(8)年に六〇〇目の灰役が川上谷(郷)に課せられている。木灰を採取するための山林(灰山)があり、山菜・肥草・飼草・焼畑などと並んで山林の用益の一つであった。

(9)塗役は下市町の塗師屋より上納した。漆は吉野郡の村々の重要物産で、延宝検地帳に漆畑の記載が見られる。『毛吹草』にも吉野漆が名産品として出ている。下市は中世以来、塗り物の生産地であった。

ここから一七世紀中後期の材木生産の姿を探ってみよう。『寛文目録』を見る限りでは、天然林材と角材が主力であるかのように見え、杉檜の丸太や杉の磨丸太などははるか後景でしかない。口役銀に関する享保一〇年（一七二五）の訴訟文書に[20]「右出口入口之義（口役銀のこと――筆者）は元来権現様之御朱印ニハ、まき・まいた・とが・檜木・もみ・けやきメ六木より外ハ取不申やニ承り伝候」とあり、また『口役目録』の末尾には「檜栢槙真多樅栂、御制札、吉野郡之内山かせき材木其外品々口役先季より御運上ニて百姓請負畢、若口役不出へり道をいたし荷物出スもの有之は押置キ可申来者也」という貼紙がある。けやきと栢の違いはあるが、口木の種類としてはほぼ変わりはない。このような伝承や文書がある以上、やはり天然林材、しかも今でいう雑木類の伐出が多く、また山元で角材や板・帆柱などに加工して移出したことも認めねばならない。

しかし、しだいに杉檜に特化しつつあった。川上村下多古にある村有林「歴史の証人――下多古の森」には、樹齢三八〇年の杉三本をはじめとして、樹齢二八〇年の杉が七本、檜が五二本ある。いずれも人工林である。樹齢三八〇年というと、寛永年間の植林である。また次のような記録も残されている。

> 一寛永十年之比より七ヶ年之間世上一統困窮ニ而諸代物不景気ニ罷成殊ニ材木不はやりニて口銀以之外無数御運上致不足候故、両郷百姓甚難渋仕候而仲間も洩レニ罷成是非もなき事と相嘆申候、然共何辛致相続候(等カ)者御公儀様江之恐も有之、猶また杉檜も段々植込申事候ハヽ、御口役御免之砌よりハ一倍ニも成申候間、（後略）
>
> （川上村井光・伊藤家文書「御口役記録」、『川上村史』史料編・上巻、六四〜六五頁）

この文書は、古記録にもとづいて後年に作成された口役記録であるから、信憑性に欠けるといえなくもないが、杉檜に特化しつつあった時期の様子を伝えるものといえよう。

材木生産の量

一七世紀は大開墾と人口爆発の時代であった。速水融氏は、一六〇〇年当時の人口を一二〇〇万人、一七二〇年の人口を幕府調査にもとづいて三一二八万人と推計した。実に二・六倍という驚異的な増加である。また耕地についても、同期の面積を約二〇六万五〇〇〇町歩から二九七万一〇〇〇町歩に拡大したとした。一・四倍増である。[21]耕地の増加は戦国期以来の開墾と農業改良の成果であり、人口増加は農業生産力の発展（食料増産）と前世紀から進行していた小農自立がもたらしたものである。人口増加と小農自立の結果、新しい村落が族生し、一六四五年から一六九七年の間に西日本では二〇二九村が誕生した。[22]

人口の増加をともなった経済発展は住宅と建設資材の需要を惹起し、材木生産は激増した。一七世紀の中後期に活躍した陽明学者熊澤蕃山は、「近年五六十年このかた（中略）天下の山林をきりあらしたれハ、郡国のあさ山ハたちまちつきて[23]」と書き記し、吉野・熊野・木曽・土佐をあげている。蕃山は一時吉野に潜居していたこともあり、また延宝の頃、大和郡山藩主松下信之に従って郡山近郊の矢田山に居住したこともあるから、吉野に関する情報を持っていたと思うが、はたして吉野で「尽山」現象が生じていたかどうか、史料の上で確認することはできない。

また所三男氏は、「江戸城の造営に着手する慶長十一年（一六〇六）前後から、明暦の大火（一六五七）によって焼亡した江戸の復興を見る寛文初年頃迄の、その約六〇年間での木材消費量は、正に歴史あって以来のものと言うを妨げない[24]」と述べている。このような経済的背景のもとに、一七世紀の吉野でも材木生産は著しい発展をみた。

もちろん、この時期の吉野材の生産量に関する直接的な史料などないが、材木に課税された口役銀の額を通して推計することは可能である。毎年の口役銀高が分かれば、それを一〇倍すると、材木の生産額が割り出される

表2　年代別口役銀額と推計材木移出量

年　　代	口役銀額	推計材木移出量
寛永12—14年	少々不足	—
寛永17年	2貫目不足	15,260床
正保2—5年	過不足なし	24,130
慶安4年	150匁過銀	24,790
明暦3年	175匁過銀	24,900
万治2年	1貫846匁過銀	32,310
寛文元年	238匁	25,180

出典：『川上村史』史料編・上巻
注：推計材木移出量は筆者の計算による。

のである。

表2は一七世紀の両郷に対する下付銀高と不足銀高である。この数字に五貫四四〇目を加減した額が徴収された口役銀高である。なお推計した材木の生産量を付け加えてある。

寛文七年の『口役目録』を使って、寛永一七年（一六四〇）・正保五年（一六四八）・慶安四年（一六五一）・明暦三年（一六五七）・万治二年（一六五九）・寛文元年（一六六一）の生産高を推計してみよう。[25]まず初めに条件を設定する。

①杉二間角一本が一匁三分、檜二間角一本が三匁、檜は杉の二・三倍である。

②杉丸太一駄が六分、雑丸太一駄が三分、杉丸太は雑丸太の二倍である。

③雑丸太二間一床が一匁であるから、杉丸太二間一床が二匁、檜丸太二間一床は四匁六分となる。

◎寛永一七年

④この年、口役銀の徴収額に二貫目の不足が生じたから、徴収額は三貫四四〇目となる。

⑤これを杉丸太二間筏に換算する。三貫四四〇目を二匁で除すると一七二〇、杉丸太二間筏で一七二〇床となる。

⑥杉と檜の割合を八対二とすると、単純計算で杉二間筏一三七六床、檜二間筏三四四床となる。檜の価格が杉の二・三倍であるから、それで修正すると檜は一五〇床、合計して一五二六床となる。

⑦口役銀は材価の一〇分の一徴収であるから、一五二六床を一〇倍すると一五、二六〇床となる。

移出高は、杉檜丸太二間筏に換算して約一五、二六〇床となる。

◎正保五年

この年、口役銀は過不足なしであるから、徴収額は五貫四四〇目である。以下、同様の計算式を適用すると、移出高は、杉檜丸太二間筏に換算して約二四、一三〇床となる。

◎慶安四年

この年、口役銀に一五〇匁の剰余があったから、徴収額は五貫五九〇目である。以下、同様の計算式を適用すると、移出高は、杉檜丸太二間筏に換算して約二四、七九〇床となる。

◎明暦三年

この年、口役銀に一七五匁の剰余があったから、徴収額は五貫六一五匁である。以下、同様の計算式を適用すると、移出高は、杉檜丸太二間筏に換算して約二四、九〇〇床となる。

◎万治二年

この年、口役銀に一貫八四六匁の剰余があったから、徴収額は七貫二八六匁となる。以下、同様の計算式を適用すると、移出高は、杉檜丸太二間筏に換算して約三二、三一〇床となる。

◎寛文元年

この年、口役銀に二三八匁の剰余があったから、徴収額は五貫六七八匁である。以下、同様の計算式を適用すると、移出高は、杉檜丸太二間筏に換算して約二五、一八〇床となる。

移出量を生産高と見なすと、一五、〇〇〇床から三二、〇〇〇床まで増減があるが、材木の生産高は一七世紀の前期から後期にかけて着実に増加していることが見てとれる。これはあくまでも傾向であって、正確な生産量ではない。

第三節　流通機構の整備

材木のような体積が大きくて重いものは河川を利用して輸送するのが最も有効である。材木を市場に輸送するうえで、河川の果たす役割は大きい。しかし、自然のままでは輸送路として十全でないから、川中の岩石を除去したり、浅瀬を浚渫したり、ところによっては溜堰を設置したり、種々の工事を施工しなければならない。そのような工事があってはじめて輸送路としての役割を果たすことができるのである。吉野川も、近世まではそのような工事が施工されず、自然に近い状態で利用されていたと思われる。したがって、上流では筏ではなく、一本ずつばらで流す管流であった。流筏は、川幅が広く水流も豊かになる中流からであったろう。

吉野川の浚渫と整備

吉野川浚渫に関する直接の史料を欠くので、『挿画吉野林業全書』をもとに経過をたどってみよう。

(1)吉野川の浚渫工事は、慶長（一五九六―一六一五）以前にはおこなわれず、慶長以降工事を始め、下市を経て、寛永年間に飯貝・上市まで進んだ。

(2)寛文年間（一六六一―一六七三）に、川上郷東川村滑（なめり）まで進んだ。ここは川上郷の出口に当たる。

(3)延宝八年（一六八〇）には、和田村大島に達した。川上郷二三村のうち本流筋からへだたった七村を別として、一二村で流筏が可能となった。

(4)この間、万治三年（一六六〇）から寛文三年までの四年間に、大滝村にある岩石の開削工事をおこなった。

(5)元文年間（一七三六―一七四一）には、伯母谷川との合流点である字長殿まで進んだ。

(6)宝暦三年（一七五三）に、ようやく入之波村に達した。入之波村は川上郷最奥の村である。浚渫工事を始めて一五〇年、東川村からここまで進むのに九〇年かかった。

(7)川上郷内の支流や高見川・丹生川の工事はいずれも一八・一九世紀である。

（『挿画吉野林業全書』三〇二～三〇七頁）

これは後年の記事であるが、その中心部分は、川上郷内では一七世紀に吉野川の浚渫工事がほぼ完了したということである。同郷の材木生産の発展を考えると、間違いないと判断してよいだろう。川上郷と同じく早くに林業が発展した黒滝郷で、郷内を貫流する丹生川の浚渫が遅れたのは、下流の字ジョウオトシに難所があって、当時の土木技術では開削不可能であったからである。高見川の遅れは林業の発展段階の違いによるものである。

初めこれらの工事は村方が主になって進めたと思われる。この時期は自立した農民がようやく植林を始めた時期であり、まだ山元の材木商人にはそれだけの力はなかった。たとえば、万治三年から寛文三年までの四年間に行われた大滝村の工事は難工事であったというが、宝暦年間にも再度工事が行われている。その時は、大滝より奥の二〇ヶ村が申し合わせて工事を進めた。申し合わせの内容は、奥村にある杉檜山に対する掛銀及びわり滝仮堰を通行する筏に対する掛銀を徴収すること、わり滝仮堰へ人足を出すことであった[26]。白屋村でも文政五年（一八二二）、大破した材木の出し道である平岩ぬけを修復するために、同村の材木商人等はそれまでに備蓄していた八〇目を村へ拠出し、村方で修復すると決めている[27]。一七世紀の吉野川の浚渫工事も、おそらくこのようなかたちで進められたことであろう。材木商人だけでは、幅広く人足を徴発したり、費用を徴収する力はなかった。

河川の浚渫と並ぶ重要な施設は溜堰（鉄砲堰）である。溜堰とは、川を堰きとめて水を溜め、満水したところで堰門を開いて水を流し、増加した水量・水勢を利用して筏を流す施設である。また一ヶ所へ水流を集める脇堰もあった。

『挿画吉野林業全書』によると、鉄砲堰は宝暦年間（一七五一―一七六四）に小川郷麦谷村（現東吉野村麦谷）の池田五郎兵衛が発明したというが、[28]これにはどうも疑問が残る。堰はもっと早くから作られていたのではなかろうか。文化一〇年（一八一三）小川郷材木方が作成した「材木商人取締一札書」によると、「寛永拾七午歳郡山本田平八郎様御役所之節、御江戸表より麦谷大俣おくより雑木角尺廻しニ而三千本杉丸太三千本御仕出し被成候砌は、則新子村迄堰流しニ被成、其時澤筋村々江御通事有之小河谷は堰川之請書キ有之ル申伝江[29]」とある。これは一〇〇年後の文書であるが、川上郷で作成された「御口役記録」に、「十一（寛永）年本田内記様郡山御在城御知行所小川郷大又山より御用木三千本御出し被成[30]」とあり、年代にすこし違いがあるが、おそらく同一の事柄をいっているものと思われる。性格の違う文書に同じことが出ているところをみると、大又山から吉野川との合流点である新子村まで、堰を作って流したという記事を信頼してもよかろう。堰流しというから管流用の小さい堰であるが、川全体を堰き止める溜堰に直結するはずである。

河川の浚渫がおこなわれ、堰が設置されるようになって、初めて流筏が可能となった。

輸送組織

輸送組織についても史料を欠くので、断片的な史料をもとに考察するしかない。所詮それは仮説の域を出ない。惣村山で伐採された丸太は、地元の材木商人によって、吉野川や高見川・秋野川を利用して上市や下市まで運ばれた。丹生川を管流した丸太は吉野川との合流点である霊安寺村（現五條市霊安寺町）に着けられた。一本一本ばらで流す管流は流域に多くの人間を配置しなければならず、[31]おそらく村継ぎのようなかたちで輸送されたに違いない。小丸太や木製品は川沿いの道を人馬や車を利用して運んだ。

上市や下市に到着した丸太や木製品は、そこの商人に引き継がれた。彼らは中継問屋として、丸太は筏に編成し直して吉野川を流下させ、小丸太や木製品は人馬や車で国中方面（奈良盆地）に送り出した。吉野川を流下した筏の上荷は、紀州との国境に位置する五條の業者（伝馬所）に引き継がれた。竜門山地の低い峠を越えた丸太や木製品は御所や今井の中継問屋に引き継がれ、そこでまた国中方面で販売されるものと、大坂へ送られるものとに分けられた。

吉野川は紀州に入ると紀ノ川と名を変える。紀ノ川を経て和歌山に到着した筏は、その地の業者によって船に積み替えられ、大坂へ送られた。

一方、大坂行きの陸荷物は、南大和から二上山の南北の低い峠を越えて河内へ運ばれ、河内の中継問屋に渡された。そこから大坂までは河内の問屋が受けもった。

このシナリオが成り立つかどうか、以下、断片的ではあるが史料をもとに検討しよう。

①山元から上市・下市まで

前述のように、吉野川の浚渫が行われるのは慶長以降で、川上郷の入り口である東川村に達するのは寛文年間（一六六一―一六七三）であった。上市より上流は浚渫し、溜堰を設置しないことには、流筏はとうてい不可能であった。寛永一七年（一六四〇）、小川郷麦谷村の大俣山から雑木三〇〇〇本・杉丸太三〇〇〇本の用材を伐り出した時、吉野川の合流点である新子村まで、高見川を堰流しにしたというのは、小さい堰を設置して管流させたということであろう。しかも小川谷の村々は堰に関する請け書を差し出している。材木が村継ぎで輸送されたからである。まだ流筏を請け負うだけの力を持った業者が山元には育っていなかったと見なければならない。この時点では、新子村より下流はすでに浚渫が終わっていたと思われる。

黒滝郷産の丸太は、丹生川を流下するより、広橋峠や地蔵峠を越え、秋野川を管流して下市に出た。吉野川を利用するにはこれが最短コースだったからで、そのように判断する根拠は、先にとりあげた寛文の『口役目録』に見られる、口役銀を徴収する口役番所が飯貝と下市にあり、川上・黒滝両郷から二人宛詰めていたという記録である。[32] 飯貝から六キロあまり下流の下市に番所があるのは、黒滝郷産材と陸荷物を対象にしたからである。もちろん丹生川や川沿いの道を利用して五條の対岸の霊安寺村に出るコースもあったことは、同『口役目録』に賀名生（あのう）（現五條市西吉野町向加名生）番所の存在が見えることから判明する。

浚渫工事の進行にともなって筏流はより上流から可能になった。寛文の『口役目録』には、筏の存在を示す床という単位が出ており、この頃にはもう流筏は一般化していた。

小丸太や木製品には駄という単位があるから人馬で運んだことがわかる。

②上市・下市から和歌山へ

上市や下市にはすでに有力な商人がいて、中継問屋を営んでいた。彼らが真宗門徒として国中・大坂方面と緊密なネットワークを持っていたことは前章で述べたところである。上市・下市に到着した丸太や木製品は彼らのネットワークに乗って流下した。これを下口という。寛文の『口役目録』に「下口といふは舟筏ニ而下市村番所より下もへ下し申木」とある。下市番所は陸荷物の番所でもあって、陸荷物はこの対岸の下淵から峠を越えて国中方面へ運ばれた。下市にこだわる必要はなく、上市から流下する丸太や上荷も含まれる。

五條村に伝馬所設置が許可されたのは、寛永一六年（一六三九）である。『五條市史』によれば当初、伝馬所は五條村によって管理されていたが、一八世紀になると、須恵・新町両村も加わり、三村の共同管理となった。[33] 伝馬所が取り扱った輸送商品は農産物・林産物・それらの加工品・肥料などで、筏に編成する丸太類は対象外であったようである。享保一九年（一七三四）、筏の上荷の件で、上流の吉野郡の村々との間で訴訟沙汰になったが、争点は上荷であって、筏は問題ではなかった。[34] 筏は自由に航行していたのである。なお、この訴訟は五條村等の敗訴になった。五條から橋本・国中方面へ陸送される材木等は伝馬所の扱いであった。

③和歌山から大坂へ

和歌山から大坂へは、地元の業者によって舟で輸送されたのであろう。残念ながら、この期の状況を伝えてくれる手がかりはない。『和歌山県史』や『和歌山市史』、『和歌山木材史』等は一八世紀以降のことしかとりあげていないし、それも吉野の史料にもとづくものであって、肝心の和歌山の史料がない。後考に俟つしかない。

④上市・下市から国中・大坂へ

近世初頭は、後年に比べて陸送材が多かったようである。[35]陸送材を上口という。寛文の『口役目録』に、「上口といふは大和地へ人馬ニ而送り申木」とある。吉野から国中地方へは竜門山地を越える。天明元年（一八八一）に、口役銀をめぐって竜門・池田両郷と川上・黒滝両郷との間で訴訟が起きたが、その訴状に、「私共持山之財木国中江売払候節ハ芦原峠芋ヶ峠栗野峠細峠車坂峠と中五ヶ所之峠を罷通り口役番所ハ不罷通陸荷ニ而運送仕候[36]」とある。栗野峠は松山（現宇陀市大宇陀区松山）へ、細峠は桜井・三輪（現桜井市桜井・三輪）へ、芋ヶ峠は岡・八木（現高市郡明日香村岡・橿原市八木町）へ、芦原峠は今井・八木（現橿原市今井町・八木町）へ、車坂峠は御所（現御所市御所）へ通じる峠である。このうち一番の難所は細峠で、次が芋ヶ峠、その他は大した峠ではない。五條村からは風の森峠を越えて御所方面に運ばれた。

峠を越えた材木や木製品は今井町や御所町の問屋を経て国中各地に送られた。また、大坂へも送られた。今井も御所も真宗門徒の多い在郷町である。大和絣（かすり）の創始者である浅田松堂の生家は、御所町で中継問屋を営んでいた。上市や下市と河内の古市を結んで、広く南大和と河内方面の物資、主として木材・米・塩・油などの中継をおこなっていた。松堂の残した『家用遺言集[37]』には、吉野材を取り扱っていたと見られる記事がある。

杉・ひのきの事

一杉・ひの木ハ吉野郡ニ往古より自然と生したる木はかりにて、なゑをうへる事ハ慶長近年之事、寺戸村ぜ

んきう先祖、北国より初而なゑをとり得てう(帰カ)へたりとなり、其後一山所々ニ有之也
一戸板ハ初ハ五尺の板ニて出たり、間数も不定とい屋と申事もなく、此節吉野郡より下市へ出ルやうニして
京・大坂へ出多ク、後六尺三寸ニてに分十二間馬荷壱文と定りたり、其頃ハ山ノ売買もかたかなの証文也、
川渡村助左衛門殿なと古証文あり
一杉皮先年皆々長皮なり、後ニ切皮ニて三間半四束ヲ馬荷壱夕とす、後々六束くらひになりたり

（木村博一『近世大和地方史研究』三七一頁）

『家用遺言集』が書かれたのは宝暦一二年（一七六二）からで、この記事は松堂が先祖から伝聞したことを記したものである。文中の地名から黒滝方面との取り引きが多かったようである。南大和から大坂へは二上山をはさんで、竹之内越え・逢坂越え・関屋越えの三ルートがあった。いずれも難所ではない。河内側は古市村や駒ケ谷村等に中継問屋があった[38]。『大阪市史』に、京都御所の普請用檜皮の通行に関する寛政元年（一七八九）五月の「口達覚」が出ている。

一京都御普請御用之檜皮、御所御普請御用と有之差札ニ而、和州吉野山より、河州古市郡駒ケ谷村古市村へ
差出、船積致、石川并大和川筋、大坂表相廻し、淀川筋を伏見迄積登候間、牛馬口附之者麁抹ニ不致、宿々
村々定之賃銭取之、無滞積送り可申候、川々筋ニ而不時出水等有之節、押流シ散乱いたし候ハヽ、川附
村々早束(速)罷出、流失無之様大切ニ致シ、流レ寄候ハヽ、其所ニ留置、早束(速)京都町奉行池田筑後守御役所へ注
進可致候

（『大阪市史』第四、二一一頁）

この荷物は駄物であるから、上市から下市の対岸の下淵までの間で陸揚げし、牛馬で車坂を越えて奈良盆地南部の御所へ出るか、あるいは芦原峠を越えて今井へ出て、そこから竹之内か逢坂越えで駒ヶ谷村へ下り、古市村で船積みしたと思われる。これは一八世紀終期のことであるが、それ以前からこのルートは吉野と大坂を往来す

る荷物の最も合理的な経路である。禁裏御用達の檜皮であるから、不時のさいには川筋の村々に支援するよう命令しているが、輸送機構が確立するまでは、商品材でも沿道の村から手伝いに出たのであろう。

第四節　小農型林業の始まり

小農による植林

この期の吉野林業を特徴づけるものは、産地形成と小農型林業の始まりである。産地形成については本章第一節で論じた。本節では小農型林業の始まりについて考察する。小農型林業には、それを担う小農の存在と彼らを林業に駆り立てるインセンティブが必要である。小農が始めた林業とは自分持ちの山畑への植林である。だから小農型林業は育成林業と深く関わっている。

前章で、育成林業はまず大峰山脈の東西の斜面から始まったと述べた。そしてその時期を東側は元亀年間（一五七〇―一五七三）、西側を慶長年間（一五九六―一六一五）とした。東側は、吉野山の最奥にある青根ヶ峯から四寸岩山を経て大天井ヶ岳にいたる間に山林を持つ高原・大滝・西河村の山地を念頭に置いてのことで、ここが吉野山へのアクセスに恵まれているからである。吉野山の膨大な材木需要に対応して材木の伐り出しがあり、その跡地に植林したのが吉野林業地帯における育成林業の始まりとした。

川上郷高原村（現川上村高原）は、大峰山脈の東側、標高五〇〇メートルから六〇〇メートルの緩斜面に位置し、木地屋が定住した村という伝承を持つ。木地屋とは、「ろくろを用いてわん・盆・しゃくしなど木材による日用器物をつくる工人」(39)である。木地屋は原木を求めて漂泊生活を送っていたが、何時の頃からか定着するようになった。同村の文禄検地帳には一二五人の百姓が名請けしており、うち屋敷持ちは七二人である。これは検地帳の残る井戸村（屋敷持二九人）・碇村（同二三人）の二倍以上で、水田の開けた吉野川中流域の六田村の一二四人よりも多い。検地帳に名請けされた百姓のうち、少なくとも屋敷持ちの七二人は自立した百姓といえるであろう。残る六三人のうちには、屋敷持ち百姓の家族も含まれているから、[40]それを差し引いても一〇〇軒前後の百姓がいたことになる。耕地二〇町歩余のうち上畠は二七%、水田は皆無である。農業環境に恵まれているとはいえない村がこのように多くの百姓を抱えているのは、林業に依存できたからである。林業が小農の自立をサポートしたのである。

中世末から近世初頭にかけて、小農自立がどのように進行したかを示す文献は今のところ見あたらないので、他分野の研究に依存せざるを得ない。林宏氏の『吉野の民俗誌』[41]が伯母谷を中心にして川上村の民俗をとりあげている。これをもとに考察を進めよう。

川上村伯母谷は大峰山脈から東北に伸びる支稜の東側の中腹に位置している。集落の中央を六〇〇メートルの等高線が走る。この集落の歴史は、高原と同じく木地屋の定着に始まるという。上田家がこの集落の草分けと伝えられ、「オモヤ」という屋号の他に、「キジヤ」とも呼ばれてきたという。同家の過去帳に「木地屋伊左衛門」「木地屋伊兵衛」という名前が繰り返し出てくるというのも、その伝承を裏付ける。その後、中平（インキョ）・水本（シンタク）が分家し、さらに他所から移住してきた者もあって、集落は広がり、享保一四年（一七二九）には一三軒を数えた。[42]この辺りでは、「大迫、伯母谷は柏木の出在所」という伝承がある。分家創出と他所からの移住者とによって、伯母谷が形成されたことは間違いないだろう。

移住者たちはなにを求めてここに移住してきたのだろうか。ここに来れば、開拓する土地があり、それをもとにして自立できたからではないだろうか。深い伯母谷川（吉野川の支流）をはさんで対岸の日当たりの良い緩斜面にはおびただしい焼畑が開かれていた。焼畑はハナシと呼ばれ、〇〇ハナシとか□□平という地名を残している。今でこそこの集落は山間の僻村にすぎないが、かつては吉野と北山・熊野を結ぶ東熊野街道が通り、難所といわれた伯母峰峠の登り口を扼していた。街道は古びているが今でも通行可能で、ところどころに明治時代に築かれた石垣が残る。

吉野川の浚渫は一七世紀になって進められ、川上郷の上流域の和田村に達するのは延宝八年（一六八〇）で、伯母谷川出合に達するのは元文年間（一七三六―一七四一）である。林業にとって輸送路である川の整備は不可欠の条件である。だが伯母谷川出合まで浚渫されなくとも、筏組が可能なところまで、肩上出しや堰出し（小谷を堰いで水勢を利用して木をすべらせて出す方法）[43]で出材した。大径木は無理だが、中小径木はこれで出材した。おとな百姓に従属していたひら百姓たちは焼畑作りと林業労働（伐り出し）に従事することによって、生活を高め、本百姓の仲間入りを果たしたと考えられる。豊臣・徳川政権の小農自立政策も彼らを後押ししたに違いない。

それでは、小農らを植え出しに駆り立てたインセンティブはなんであったか。それは、のちに尽山現象[44]を招来したほどの材木需要の増大による、材木の商品価値の高まりである。焼畑で細々と食料や少量の工芸作物を栽培するよりも、杉や檜を植林して育てた方がはるかに有利であった。しかも二〇年足らずの小径木でも商品になるとわかれば、そちらにシフトするのは当然の成り行きである。実際、大坂市場に出荷された吉野材の主力が中小径木であったことは本章第一節で述べたところである。

残念ながら、一七世紀に百姓が所有する山畑へ植林を始めたことを明らかにする史料がないので、後年の文書から間接的に考察するしかない。まず掲出するのは、小川郷麦谷村の事例である。

相極申杉山口銀之事

一面々持畑并ニ山畑買地之分ハ誰ニ不限銀子百目ニ付八匁ツヽ出シ申筈、但シ八厘也、

一村野山江植申ハ百目ニ付弐拾匁ツヽ出シ申筈、但シ弐割也、杉口銀之儀小植出来致シ売候時代銀之内ニ而村江出シ申極也、

一(略)
一、野山江杉植申物壱万ヲ可限極并持畑有之者も植申筈也、
右ハひのとの巳ノ十二月廿一日ニ村中末々迄不残立合吟味相談之上如此相極申候、然上ハ此証文之通り違背之者於有之ニ村中吟味之上壱万之外ハ村江出シ可申極、為後日杉山口銀杉林立可申事極仍而如件、

正徳三年癸巳ノ十二月廿一日

麦谷村
庄屋　嘉右衛門 ㊞
年寄　太右衛門 ㊞
(他四六名略)

(東吉野村大又・区有文書、『東吉野村史』史料編・上巻、八一一～一二頁)

この文書の大意は次の通りである。

(1)各百姓の持畑や山畑・買地に植林した場合は八%の口銀を出すこと。
(2)村山に杉を植林した場合は二〇%の口銀を出すこと。口銀は立木を売却した時、売代銀から村へ出すこと。
(3)村山へ杉を植林した場合は一〇、〇〇〇本以内とする。持畑のある者は杉を植えること。
(4)一〇、〇〇〇本以上植えた場合は、超えた分を村へ出すこと。

この文書では、自分持ちの畑や山畑に植林した場合と、村山へ植林した場合とがはっきりと区別されている。ここでいう口銀とはのちに歩口銀と呼ばれるものである。(45) また村山への植林は一〇、〇〇〇本までと制限され、それを超えた場合は村へ出すと申し合わせている。杉の植林は奨励されているが、村方の規制下にあるのは、中世的な惣村管理の名残りであろうか。

自分の持ち畑や山畑を対象にした植林が、村山を対象にした植林に先行する。それは多くの山論文書が証明し

ている。私有地から村山への植え出しが拡大した時に、村方との間で山論が発生し、文書が残される。私有地に植林している限りこのような文書を作成する必要はない。村山へ植え出してきたから、規制しなければならなくなったのである。私有地を対象にした植林は、この文書が作成されるはるか以前からおこなわれていたといえる。

次に、川上郷井戸村が寛永一一年（一六三四）から幕末まで書き留めてきた覚帳に次のような記事がある。寛永一一年の記事である。

一同村領何方ニ有之候入作山畑杉作十分一年貢請取記覚之事
一同村領之内何方ヲ他村之者諸木出ニ付挊（かせぎ）賃請取記覚之事

（川上村井戸・区有文書「覚」、『川上村史』史料編・上巻、四六二頁）

井戸村の山畑に他村者が杉を植林した時は一〇分の一の年貢を受け取ることや、他村者が同村内から木を出すさいの日用賃（ひようちん）の受け取りが明記されている。山畑に他村者が杉の植林をするというのは、村民も植林していることであり、木を出すというのは杉の出材であることはいうまでもない。

もう一つ川上郷の迫村と高原村との間で交わされた延宝二年（一六七四）の山論取替状をあげておこう。これは両村の境目争いを解決した文書である。

一（前略）高原より出し候材木先年之通海道（街カ）之道石ニ置筏ニからミ可申候、此材木下し場地主へ毎年米壱斗つゝ高原村より出し、迫村茂左衛門被来候間、向後も壱斗つゝ之米茂左衛門へ高原村より遣し可申候、其外銘々持山并先送り畠茶漆楮有之分先年之通所持可仕候、（後略）

（川上村高原・区有文書「取替申済状之事」、『川上村史』史料編・上巻、二九四頁）

迫村は吉野川沿いの村であるが、高原村は山腹の緩斜面にあり、高原村からの出材は迫村を通過しなければならない。また川端まで出した材木を筏に組むのも迫村領を借用しなければならない。ここでいう材木が杉檜であることは論をまたない。また迫村内に高原村の者の持山があると記されているが、杉檜山であることは間違いない。

もう一つあげておこう。迫村の対岸に白屋村がある。白屋村と隣接して武木村があり、その中間に尾山（登尾山ともいう）がある。ここに白屋村の山畑があった。山畑とは、「白屋村より廿年ヶ間葛わらびをほり炭を焼加屋をかり家ニふき替ニ仕身命を送り申候場所ニ而御座候、弐十年目ニ三年ヶ間切畑ニ仕作セ申候」[46]という場所である。武木村に近いので、切畑は一年に米五斗で武木村の百姓に委ねていた。材木需要の高まりの中で、武木村の百姓よりここに杉を植林したいとの要望が再三出された。正徳五年（一七一五）の訴状によると、寛文九年（一六六九）と元禄九年（一九九六）にも申し出があり、いずれも拒絶したという[47]。それだけ植林への経済的引力が強かったのである。また、杉を植林して二〇年目には二間から四間くらいに生長し、銀子になるとも述べている。小径木が商品になったことも植林にインパクトを与えた。この時、白屋村は武木村百姓の申し出を拒絶したが、周辺ではさかんに杉檜の植林が進行していたことがうかがえる。

これらは残片的な記録であるが、一七世紀に百姓による杉檜の植林が始まっていたことを示すものである。初めは私有地の内にとどまっていたが、やがて材木需要の高まりに刺激されて村山へ植え出すようになった時、村方や村間で山論が生じ、その解決文書が作成されるのが一七世紀の終わり頃から一八世紀の初頭である。これは次章で詳説する。

延宝検地帳から見た林業

吉野地方の天領は延宝七年（一六七九）にも検地を受けた。文禄検地を古検と言い、延宝検地を新検という。検地を受けた時期は、すでに百姓による植林が広がっていた時期である。

延宝検地帳を通して村と林業の姿を探ってみよう。

表3は延宝検地帳による所有石高の規模別百姓数である。高原村・井戸村ともに文禄検地帳よりも名請百姓数は大幅に減少しているが、屋敷持ち百姓数はすこしではあるが増加している。小川郷小村は文禄検地帳を欠くので、前二村のような比較はできない。三村に共通していることは屋敷持ち百姓の比重が高いことである。逆にいえば屋敷を持たない名請百姓が減少したのである。それは小農自立とともに小農淘汰も進んだことを表している。延宝検地帳は小規模ながら屋敷を持つ百姓を中心とした近世村が成立していることをはっきりと示している。

つぎに小農型林業の基盤である村の農・林業を考察する。延宝検地帳の末尾にある耕地の種別ごとの寄せを集計したのが表4である。御吉野村は黒滝郷に属し、黒滝川の右岸に立地する。

同表から判明する一七世紀後半の農業の実態を列挙すると、

(1)耕地の絶対的な狭さが指摘される。農業における他村に対する僅かな優位性は耕地の絶対的な狭さによってうち消される。

(2)上畑・上楮畑等上等にランクされる耕地は上谷村の五六％を最高とする。小村では一〇％未満で、下・下々・下々山畑等下等ランクの耕地が半分を超える。全体的に土地の生産力は劣悪といわざるを得ない。奈良盆地の村々の上々田畑・上田畑にランクされる耕地の割合は、盆地の真ん中の十市郡下之

表3　延宝検地所有石高規模別百姓数

	高原村	井戸村	小　村
10石～			1（1）
9～10			
8～9			
7～8			1（1）
6～7	1（1）		3（3）
5～6	2（2）		8（8）
4～5	3（3）	2（2）	5（5）
3～4	7（2）	2（2）	8（8）
2～3	28(28)	7（7）	12(11)
1～2	26(23)	14(14)	11（9）
0.5～1	7（6）	4（4）	3（3）
0.0～0.5	24(11)	2（1）	4（1）
合　計	99(75)	31(30)	56(50)

出典：高原と井戸村は半田良一編著『日本の林業問題』所収の泉英二論文「吉野林業の展開」。小村は筆者の計算。

注：(　)内は屋敷持百姓数。高原村は計算が合わないが引用通り。ただし、泉英二「吉野林業の展開過程」で一部修正。

表4　延宝検地帳の耕地種別・等級別面積比　（%）

	高原村	井戸村	上谷村	小村	御吉野村
耕地屋敷面積	14町80.12	5町87.14	2町39.24	18町41.13	5町49.04
下々田				0.2	
上　畑	46.1	43.7	53.8	9.2	36.4
中　畑	12.4	9.8	29.0	26.7	8.3
下　畑	4.6	0.1	2.5	15.9	2.4
下々畑	4.0	11.4	2.3	2.6	0.6
下々山畑	0.6			2.2	
上楮畑	0.3	7.6	2.5	0.2	0.5
中楮畑	0.2	4.0		1.2	1.2
下楮畑	0.0	0.2	0.0	1.8	2.5
下々楮畑		9.1		0.5	
上漆畑		0.3		0.2	
中漆畑				2.6	
下漆畑		2.7		2.0	
下々漆畑				3.3	
上茶畑	0.7	0.1		0.2	1.2
中茶畑	0.9	0.4	0.8	1.7	10.6
下茶畑	2.1	4.3	0.5	11.5	15.9
下々茶畑	4.0		0.4	13.7	10.8
下々山茶畑	1.5				3.5
切　畑	14.4				
屋　敷	8.2	6.3	8.2	4.3	6.1
合　　計	100.0	100.0	100.0	100.0	100.0

出典：高原・井戸・上谷村は『川上村史』史料編・上巻、小村は原本、御吉野村は『吉野林業史料集成(二)』(筑波大学農林学系、1988年)から作成した。

庄村（現田原本町三笠）が九二・四％、盆地の東部の山辺郡田村（現天理市田町）が八二・六％、盆地東南部山沿いの式上郡辻村（現桜井市辻）が七五・四％、その差は歴然としている。

(3)水田のある村はほとんどなく、あっても村方経済に裨益するほどのものではない。したがって米を他から移入しなければならない。

(4)商品作物として、楮の他に漆や茶が検地帳にとりあげられた。

(3)と(4)から吉野山中の村々がいっそう貨幣経済に組み込まれていることがわかる。商品作物の中心は楮である。文禄検地帳でも唯一具体的に書かれた作物が「かうそ（楮）」であった。この地方は国栖紙（宇陀紙）の産地であり、宇陀郡の紙商人によって販売された。彼らはのちに山林所有者として林業地帯に姿を現すようになる。このような生産力のもとでは、農業によって資本を蓄積することは不可能に近かった。

次に延宝検地帳に記載された山林関係の事項をとりあげる。記載事項はわずかである。

Ⓐ小村山

中連
一 小松山 雑木山　六百間 百五拾間　三拾町歩　御留山
　但七八寸廻りより　弐尺廻り迄ノ木員数難記

小村山
一 小松山 雑木山　嶮岨場広故検地不仕　惣村分
　此山手銀　七拾弐匁

一 藪　五段四畝弐拾九歩
　此竹役銀　五匁五分三厘

一栢　　弐拾本
　　　　此栢役銀　八匁弐分　　　　　百姓持

（「大和国吉野郡小村検地帳」、『東吉野村史』史料編・上巻、五七八頁）

Ⓑ上谷山

上谷山
一杉檜
雑木山　高山嶮岨故検地不仕候　　　惣村分
　　　　此山手銀　四拾六匁

一藪　　四畝弐拾四歩
　　　　此竹役銀　五分

（「大和国吉野郡上谷村検地帳」、『川上村史』史料編・上巻、五七九頁）

Ⓒ白川渡山

かけまた山
一杉
雑木山　嶮岨場広故検地不仕　　兵右衛門　和田村伝左衛門
　　　　此山手銀　百五拾目　　弥　伝　次　同　八右衛門
　　　　　　　　　　　　　　　九郎兵衛　同　弥　五　郎

白河渡山
一草山　嶮岨故検地不仕　　　　惣村分
　　　　此山手銀　拾三匁

一藪　　壱反弐拾弐歩
　　　　此竹役銀　壱匁壱歩

一栢木　四拾六本　　　　　　　百姓持
　　　　此栢役銀　拾三匁

（「大和国吉野郡白河渡村検地帳」、『川上村史』史料編・上巻、五四五頁）

小村の御留山は蟻通明神（現丹生川上神社）の宮山であろう。吉野林業地帯に領主山として伐採を禁止された山はない。各村の延宝検地帳を見ると、Ⓐの小村山やⓒの白河渡山のように、小松・雑木・草山という記載が圧倒的に多く、Ⓑの上谷山やⓒのかけまた山のように杉檜の記載のある山はごくまれで、他は管見の限りでは大滝村と黒滝郷寺戸村の他に知らない。山は全て惣村分とされ、かけまた山のように個別百姓の所有（この場合は仲間持ち）とされたのはこの一件だけである。

この時期にはかなり杉檜山があるはずなのに、なぜその記載がないのだろうか。まず考えられることは、雑木山に杉檜も入っているのではないかということである。寛文の『口役目録』でも雑丸太の中に杉檜丸太も入っていると見た（本章第二節）。つまり雑木山を諸木山と解するのである。延宝検地帳に杉山の記載がないわけではない。よほど杉檜に特化した山だけが杉山とされたのであろうか。

二つ目は、検地役人が最初から検地を断念して、雑木山として入会的用益に対して若干の山手銀を課して事済みにしたのではないかということである。検地に先立って示された延宝六年（一六七八）の「検地条目[48]」によれば、「百姓林之儀ハ少分之所ハ其通ニ候、大分之処ハかるき年貢可申付事」「野手山手并ニ有之所致検地委細可注之雖然或ハ高山或ハ嶮岨又ハ地広高山ニテも境目不分明成所ハ不及検地事」と指図している。だからほとんど実測せずに山手銀が決められた。山の面積を記入しているのはごく稀である。

三つ目は、山林の用益がさまざまであって特定しがたく、代表的な用益をもって表記したのではないかということである。すでに焼畑造林や個人山も存在していたが、山全体からすればまだ小さかった。また下々畑が杉や檜の植林地ではないかということである。下々畑は「古検反畝なし」となっている。おそらく古検以降に開発された焼畑であろうが、初期の植林地と考えられるのではないか。川上郷では、元禄期から「切畑」や「山畑」の名で杉檜山が売買されている[49]ことを考えると、この解釈が一番当たっているかも知れない。

すでに個々の百姓による植林がおこなわれていたこの時期に、山林がごく一部を除いて惣村山とされたことをどう考えるべきか。植林が自己の所有地にとどまっており、村山への植え出しがなかったか、あったとしてもそれはきわめて部分的・萌芽的なものでしかなかったからではないだろうか。

一方、検地奉行の側も、本途物成の対象でない山林については、「嶮岨場広故検地不仕」とあるように、短期間に検地するのは物理的に不可能で、山林の包括的な用益に対して山役銀を課しただけですませたと考えられる。したがって、山林の利用や所有の実態は公文書ではなく、地方文書にしか表れない。だが、この期の地方文書がほとんど発掘されていない現状では実証は困難である。

次章でとりあげるが、小川郷小村の元禄名寄帳に「中つこ割」が散見される。中つことというのは同村の奥山である。そこに約半数の百姓が分割地を持っている。土地の種別は記載されていないが、高は付けられている。これは検地帳には記載されていない。後筆で山高が記入されている。これは明らかに植林地である。延宝から元禄の間に分割地になったのか、それ以前にすでに分割され、植林されていたと考えるのか、軽々には決められない。延宝検地帳に記載されていないことをもって、杉檜山の存在を否定することはできない。

(1) 速水融・宮本又郎「概説一七—一八世紀」四七~五二頁(『日本経済史1 経済社会の成立』岩波書店、一九八八年)。
(2) 大内幸雄「戦後における林業の産地形成」一二頁(『林業経済』三八八号、一九八一年)。
(3) 森田学「林業における産地形成と森林組合の役割」九頁(『農林金融』三〇巻一一号、一九七七年)。
(4) J・S・ベイン著/宮沢健一監訳『産業組織論』上・下(丸善、一九七〇年)。
(5) 林進「銘柄材産地形成の理論」(『林業経済』三九八号、一九八一年)。
(6) 同右、二一頁。
(7) 同右、二四頁。

(8) 岩波文庫『毛吹草』一五七～一八七頁（岩波書店、一九四三年）。
(9) 『日本書紀』上、三七三頁（岩波書店、一九六七年）。
(10) 大蔵永常『綿圃要務』（『日本農書全集』一五巻、農山漁村文化協会、一九七七年）。
(11) 西川善介「林業経済史論(5)」一頁（『林業経済』一四八号、一九六一年）。
(12) 新保博・長谷川彰「商品生産・流通のダイナミック」二二三頁（『日本経済史1　経済社会の成立』、岩波書店、一九九四年）。
(13) 大阪経済史料集成刊行委員会編『大阪経済史料集成』六巻（大阪商工会議所、一九七四年）。
(14) 永島福太郎氏が紹介した「材木屋発端手続仕来并条目」もその一つである。関西学院大学『人文論究』六巻五号、一九五六年）。
(15) 森庄一郎『挿画吉野林業全書』伊藤盛林堂、一八九八年。
(16) 嗣永芳照「高松宮家本『桂御別業記』」一一五頁（『建築史学』六号、一九八六年）。
(17) 泉英二「吉野林業の展開過程」三四三頁（『愛媛大学農学部紀要』三六巻二号、一九九二年）。
(18) 『口役目録』は、吉野町飯貝・林家、同柳・法雲寺、川上村中奥・春増家、東吉野村小・谷家に伝来している。本章では林家の目録を使用した。
(19) 注(8)『毛吹草』一六三頁。
(20) 吉野町柳・法雲寺文書、享保一〇年「乍恐奉願口上書」。
(21) 注(1)速水・宮本前掲論文、四三～四五頁。
(22) 同右、四六頁。
(23) 熊澤蕃山「宇佐問答(上)」一一七頁（『神道大系　論説編二十一』、神道大系編纂会、一九九二年）。
(24) 所三男『近世林業史の研究』九三頁（吉川弘文館、一九八〇年）。
(25) 川上村井光・伊藤家文書、「両郷御口役記録」（『川上村史』史料編・上巻、六二～七六頁）。この記録は明治二七年材木移出特別税請願のために編集されたものであるが、収録された史料は各時期に作成された文書である。
(26) 『川上村史』史料編・上巻、一〇九～一一〇頁。

(27) 川上村白屋・横谷家文書。表題欠であるが、文政五年の初寄合における白屋村の三七人の材木商人による申し合わせ事項。
(28) 注(15)『挿画吉野林業全書』三一三頁。
(29) 東吉野村小川・小川郷木材林産協同組合文書、文化一〇年「材木商人取締一札書」、『吉野林業史料集成(七)』六八頁(筑波大学農林学系、一九九〇年)。
(30) 注(25)明治二七年「両郷御口役記録」(『川上村史』史料編・上巻、六九頁)。
(31) 「御材木川狩之図」(『徳川林政史研究所研究紀要』三三号(平成一〇年度)、一九九九年)。
(32) 注(18)『口役目録』。
(33) 『五條市史』上巻、四九八～五〇四頁。
(34) 黒滝村寺戸・田野家文書(岸田日出男編『吉野・黒瀧郷林業史』一二九～一三五頁、林業発達史調査会・徳川林政史研究所、一九五七年)。
(35) 注(17)泉前掲論文、三四六頁。泉氏は「大和国中ルートが主力であった」と断定的に述べているが、そこまで言い切れるか疑問が残る。
(36) 吉野町柳・法雲寺文書、天明元年「乍恐口上書」。
(37) 浅田松堂の『家用遺言集』は、木村博一『近世大和地方史研究』(和泉書院、二〇〇〇年)に所収。
(38) 『家用遺言集』の中に、駒ヶ谷の問屋庄兵衛に関する記事(三七九～三八〇頁)や御所町から河内古市までの駄賃に関する記事(三八八頁)がある。
(39) 『角川日本史辞典』一二二六頁(角川書店、一九六六年)。
(40) 古島敏雄『日本農業史』一六八頁(岩波書店、一九六〇年)。
(41) 林宏『吉野の民俗誌』(文化出版局、一九八〇年)。
(42) 植村政勝「諸州採薬記原稿　残欠」一四一頁(浅見恵・安田健訳編『近世歴史資料集成　第Ⅱ期第Ⅵ巻　採薬志(1)』科学書院、一九九四年)。
(43) 中野荘次「吉野山林語彙」九四頁(復刻版『大和志』九、一一巻三号、吉川弘文館、一九八三年)。

(44) 注(23)熊澤蕃山「宇佐問答(下)」、一四五頁。

(45) 『東吉野村史』史料編・上巻、八一一頁。同書は歩口銀と口役銀を同一であると解説する致命的な間違いを犯している。歩口銀は地代であり、口役銀は流通税である。

(46) 川上村白屋村・区有文書「乍恐謹而奉願口上書」(『吉野林業史料集成(一〇)』一九頁、筑波大学農林学系、一九九二年)。

(47) 同右「乍恐追而奉言上候」(同右、二〇～二一頁)。

(48) 東吉野村小・谷家文書。この文書は前欠であるが、『橿原市史』史料集に掲載された延宝五年の「従江戸申来検地執行条々控」と比べるとほとんど変わらない(『橿原市史』史料集、一一～一五頁)。

(49) 大阪市立大学所蔵「大和国吉野郡川上郷井戸村文書」には、「山畑」で杉檜山が売買されている文書が散見される。元禄一四年一二月、井戸村治兵衛は同村善兵衛から字くぼ山畑を、同じく伊兵衛から字井之むかい山畑をそれぞれ買得した。「売渡シ申山畑之事」と柱書きされた二枚の証文の端裏にそれぞれ「善兵衛くぼ杉山あと買手形」「伊兵衛いのむかい杉山あと買手形」と記入されており、杉山跡地であることが分かる。

第三章　小農型林業の発展

本章の課題

小農型林業は、近世中期の農民的商品経済の展開をうけてさらに発展する。ようやく自立を遂げた百姓は所持する山畑への植林に満足せず、惣村山へ植え出した。その基底にあるのは畿内市場の旺盛な材木需要に刺激された材木生産の発展である。小農型林業の成立・発展はそのような歴史のなかに位置づけられる。

本章では、まず材木生産の質と量とを考察し、材木生産の発展の程度を概観する。ついで植林の広がりを郷ごとに明らかにする。形成された百姓持山はきわめて小区画であった。小農型林業という所以である。小農型林業が成立した時期の施業体系は小区画で密植、短伐期であった。伐期が長くなるのは享保以降に酒樽の原料である樽丸が生産されるようになってからで、小区画・密植・多間伐・長伐期の施業体系が確立する。この施業体系は零細な土地所有を基盤とする百姓の身の丈に合ったものである。

本章では、主として小川郷小村（現東吉野村小）をフィールドにして、小農型林業の確立過程を見る。育成林業の始まりについては、小川郷は川上郷に遅れるが、小村をフィールドにするのは比較的史料が残っているからである。かつて笠井恭悦氏は、百姓が惣村山へ植え出すことによって惣村山が分解し、百姓持の杉檜山林が形成されるとしたが、史料がほとんど存在しないので、実証することには困難がともなうと述べた(1)。しかし本章では史料にもとづいて実証的に明らかにする。

材木商人の同業組合である材木方が姿を見せるのはこの時期である。実際はもっと前に組織されていたと思われるが、史料上で確認できるのはこの時期になってからである。材木方は流通機構、なかんずく流筏機構の確立と維持に大きな役割を果たした。享保期までは、吉野川中下流域の商人や業者に依存して材木を輸送していたが、享保以降は山元の商人が主導するようになった。その背景には材木生産の発展による奥郷材木商人の輩出、有力材木商人の台頭があった。

第一節　材木生産の発展

材木生産の質

まず享保二一年（一七三六）に改訂された『口役目録』[2]（以下『享保目録』という）を手がかりにする。改訂の目的を前文から見ておこう。宝永から正徳にかけて四宝銀が通用したが（正しくは正徳以降）、『口役目録』はそのままであった。ところが、享保二一年（元文元年）に金銀の吹き替えがおこなわれ、黒滝郷は新銀で従来通りの徴収と言い、川上郷は半分通りの徴収を主張したので両郷で出入りになった。結局、新銀にて二割半引き（従来の七割半徴収）という斡旋案を受け入れて、二一年から新目録で徴収することになった。なぜ出入りになったのか。それは、口役銀の下付銀が両郷折半であること、村数は川上郷が二三村で黒滝郷が一三村であること、材木の移出量は川上郷の方が圧倒的に多いという状況の下で、黒滝郷は徴収額に比して配分額が多く、川上郷は配分額に比して徴収額が多いからではないかと考えられる。つまり配分額を確保したい黒滝郷と徴収額の減額を有利とする川上郷との利害の衝突である。

結局、徴収額を先の目録の額より二割半減額しただけで、ほとんど変更はなかった。そのために、先の目録を再確認するために作成されたのであろう。この時期は吉野林業の新たな発展期であって、当然その変化が目録に現れるはずと思われるが、そういう出入りがあったためか、ごく小さい変更しか出ていない。表1は『享保目録』をまとめたもので、前章の『寛文目録』との相違をあげておこう。

(1)口木が上木・中木・下木にランクされている。上木は槇・栢・檜で、中木はまいた(真多)とかうばち(香鉢)、下木は松・杉・樅(もみ)・栂(とが)・朴(ほお)・栗・五葉、全部で一二樹種である。槻・桜・檀がはずれた。榧(かや)が栢(かしわ)に変わっているが、同じ木である。栢は柏の俗字で、吉野地方の村々では小物成として柏役が課せられていた。

(2)口木の価格は『寛文目録』と同じであるが、新たに一丈角と二間角の口銀額を定めている。

(3)槻は口木からはずれたが、目録には角物・平物・丸物であがっている。角物は新たに目録にでたものである。平物と丸物の口銀は『寛文目録』と同じである。

(4)船板・帆柱から松・樅・栂が消え、杉と檜に特化していることが注目される。前者には船板や帆柱に使えるような大木がなくなり、代わりに杉や檜が成長したのであろう。

(5)もうひとつ注目すべきは、『寛文目録』で雑丸太となっていたものが、『享保目録』ではひそ諸丸太となっていることである。ひそは檜曾とも書き、所与の大きさに小切(こぎ)った材木のことで、実際は杉や檜の丸太であろう。口銀額に若干の変化がある。単位が床となっているのは筏に組まれたからである。おそらくこれが主力商品であろう。

(6)板材の内容が豊富になっている。

(7)木製品の品目は二一で、『寛文目録』に比してやや増えている。杉丸太京木とは杉の磨丸太のことである。

『享保目録』で注目すべきは、(4)と(5)で、杉や檜に特化されていた実態をある程度反映しているといえる。繰りかえすようだが、目録は徴税リストであるから課税対象を幅広くとりあげており、実態を正確に反映したもので

表1　享保口役目録

口木の種類	形態と価格
上木　槙・栢・檜	2間×5寸角　1本3匁　1丈×4寸角　1本1匁
中木　まいた・かうばち	2間×5寸角　1本2匁3分　1丈角　1本1匁
下木　松・杉・樅・栂・朴・栗・五葉	2間×5寸角　1本1匁3分　1丈角　1本6分
口木角材の形態と価格換算　長　1丈～3間　口径　4.5寸～1尺　2間×5寸角に換算 長　1間　広　1尺　厚　5寸　同	
口木　2間×4.5寸角　口銀　上木1本2分9厘　中木1本1分8厘　下木1本1分 1丈×3.5寸角　口銀　上木1本9厘 1丈×3寸角　口銀　上木1本7厘　下木1本4厘 1丈×2,3寸角　口銀　上木1本5厘　下木1本3厘 1間戸多　口銀　上木1挺3分　中木1挺2分3厘　割正1挺5分	
樹種・材種	形態・口銀額
繭	2間×5寸角　口銀　1本5分
桑	口銀　末口5寸　1本5分　末口1尺　1本2匁　6寸以上見合
月役	口銀　1丈にても2間にても　100本3分5厘
槻	角物　長1間～1丈　口径5寸～9寸　口銀　1本3分～2匁5分 丸物平物　長1丈　口銀　1本6分 丸物　長2間～5間　口径1尺～2尺　口銀　1本8分～10匁 けぬき　口銀　1挺6分　油臼　口銀　1つ5匁
船板　杉・栂	長2尋～9尋　口銀　1枚6分3厘～4匁
帆柱　檜 杉	長5尋～14尋　口銀　1本1匁～45匁 同　口銀　1本5分～15匁
ひそ(諸丸太)	長1丈～5間　口銀　1床6分～4匁5分
桐丸太	口銀　1駄2匁　1床4匁
板	杉戸板、天井板、栢6歩掛、松・杉・樅・栂敷板床板、桐6歩掛、同4歩掛の 1間板　口銀　1分～5分 1丈×5寸板　口銀　上木　上口2分7厘　下口　1分8厘 同　口銀　中木　上口2分7厘　下口　1分3厘 同　口銀　下木　上口1分1厘7毛　下口　7厘8毛
木製品	柏板水棚・諸木風呂・宮道具・雑丸太・杉丸太京木・諸槇・鴨居(2間・1丈・1間)・ねり・檜皮・槙皮・戸・障子・碁盤・よりかかり・車長持・櫃・長櫃・挟箱・すりうす・なへふた　口銀は各別に定める
灰役…石灰・木灰　1ヶ年分　銀600目　敷役・塗役　1ヶ年分　銀100目	

出典：吉野町飯貝・林家文書。

注：上口＝奈良盆地へ人馬で送る材木／下口＝紀州・大坂へ筏や船で下す材木

はない。

次に樽丸生産について考察しよう。

上方の清酒が大量に江戸へ進出するのは元禄期からである。酒の輸送に四斗樽が使われるようになり、船足の速い樽廻船で江戸へ運ばれた。この樽に吉野杉が使用された。杉には抗菌性があり、また杉の木香が酒に移って芳醇な味わいを醸し出し、江戸町民にもてはやされたという。(3) これで吉野材の声価は大いに広まった。

『挿画吉野林業全書』(4)は樽丸の生産について次のように書いている。

吉野樽丸製造の発端は今を距る百八十年即ち享保年間和泉国堺港の商人某芸州より職人を連れ吉野郡黒瀧郷鳥住村に来りて初めて樽丸を製造せり爰に於て同村の人此の製造法の教授を受け盛んに之れを行ふに至る尋ひて川上郷高原村に鳥住村の人来りて樽丸の製造を初め(百八十年前)爾来吉野全郡何れも之れを製造し現今の盛大を見るに至れり

(『挿画吉野林業全書』二一九頁)

これまで吉野における樽丸生産の始まりは、この記述を唯一の典拠としてきた。これは明治期の記述で、同時代のものではない。いまのところ最も時期の近接した史料は元文六年(一七四一)の「商人仲間定目録」である。これは現存する最古の材木方の寄合記録であるが、この中に丸太類の出荷調整に関して次のような記事がある。

当年春伐相止候儀、棒木檜木細板樽之類ハ伐下シ勝手次第ニ致申筈也

(東吉野村小・谷家文書「商人仲間定目録」)

元文六年の記録に樽が出ていることは、それ以前に樽生産が始まっていたことを意味する。これは同時代の文献にもとづいて確実にいえることである。元文の前は享保であるから、先の『挿画吉野林業全書』の記述にも一定の信憑性があるということになる。

次の記録は『明和目録』である。同目録には、「杉樽榑　壱駄　壱匁六分」「三駄丸ハ一丸三分　四駄丸ハ一丸四分」「但し伊丹榑樽壱ツニ五厘宛」とある。これは杉の樽丸に関する記述である。樽丸は、その名の通り側板や底板・蓋板を竹の輪で巻いて出荷する。ふつう一丸に樽六個分が巻かれる。これを馬や筏の上荷で輸送した。目録はその口銀額を記入したものである。四斗樽や仕込み桶など完成品を輸送することもあったらしく、「伊丹榑樽壱ツ」と見える。なお『明和目録』については次章でとりあげる。

それでは、なぜ享保二一年改訂の『享保目録』に何も記載されていないのだろうか。まだ始まっていなかったか、もしくはまだ製造が安定軌道に乗らなかったかのどちらかであろう。いずれにせよ、吉野における樽丸の生産が享保以降であるということには変わりはない。柚木学氏は、伊丹酒は享保以前から吉野杉の樽を用いていたと思われると述べているが[5]、柚木氏が引いている『伊丹市史』は吉野郡北山地方の史料にもとづいており、北山地方は熊野川上流域であって、吉野林業地帯ではない。

「樽丸は酒榑（さかくれ）と共に吉野に於ける有利な加工生産物であった」[6]のに、不思議と史料が残っていない。材木方も樽丸についてほとんど言及することはなかった。それどころか樽丸を筏の上荷にすることを禁止するか、乗せるにしても数量制限をしていた。なぜそうしたのかはわからない。

樽丸は樹齢が八〇年から一〇〇年の杉で製造するのが最良とされたので、伐期が延長された。施業体系がそれまでの短伐期から長伐期に変わったのである。のちになって長伐期施業は小農型林業経営に深刻な影響を与えずにはおかなかった。これは後述する。

材木の生産量

本項でも材木の生産量を推計する手がかりは口役銀関係の史料である。口役銀は近世の吉野林業地帯に施行された流通税であって、材木生産の実相を知らせてくれる直接的な史料が皆無に近い現状では、貴重な手がかりである。

明治二七年に川上村が木材移出特別税の制定を出願したさいに添付したと目される「御口役前々書上控目録」[7]には、近世の各時期に提出された歎願書の写しが収録されている。収録された文書が近世の各時期に作成されたものであると判断しうるのは、川上・黒滝両郷なみに口役銀から村方への下付銀を求めて、天明八年（一七八八）から二八年間請願運動を行った小川郷で作成された『成功集』[8]に、同じ文書が収録されているからである。

その中に、元禄一五年（一七〇二）に江戸や大坂の商人が運上銀を増銀して口役銀を請け負いたいと出願したことが記録されている。当時は徴収した口役銀から金一〇〇両（銀五貫四四〇目）を幕府に上納し、剰余は川上・黒滝両郷に百姓助成として下付された。ところが商人等は四〇〇両以上の上納額を提示して出願した。いずれも両郷の激しい反対で却下されている。

泉英二氏はこの数字をもとに、吉野川流域の木材産出額は年間五〇〇〇両をくだらなかったと見ている。[9]これは口役銀が材木価格の一〇分の一徴収であったことから逆に一〇倍した推計である。商人等が四〇〇両を超える上納を申し出たとしても、これは大きすぎる。

五〇〇〇両を第二章第二節でおこなった方法——杉二間筏一床銀二匁、檜二間筏一床四・六匁とし、価格に占める杉と檜の割合を八対二とする——で推計すると、二間筏に換算して約一二万床となる。口役銀額の判明する寛文元年（一六六一）の推計で二五、〇〇〇床であったから、それから四〇年間とはいえ四・八倍はちょっと理解し難い。木製品や駄物も含めたとしても、これは大きすぎる。筆者は泉氏の推計の半分以下の二〇〇〇両程度ではないかと考えている。木製品や駄物を含めて筏に換算して四八、〇〇〇床程度になり、前後と整合する。正確な数量は後考に俟つ。

第二節　植林の広がり

畿内市場の圧倒的な材木需要に対応して、一七世紀の最後の四半世紀から一八世紀の最初の四半世紀までに、川上・黒滝両郷以外の地域でも地元百姓による植林が始まった。

江戸前期の陽明学者である熊澤蕃山は、『宇佐問答』で近年五〜六〇年このかた山林を乱伐したので、今や「天下の山林十か八つき」[10]と尽山現象を憂えた。その中に吉野・熊野・木曽があげられている。蕃山は延宝七年（一六七九）、大和郡山城主松下信之に招聘されて治世にあたったので、吉野の実態をよく知っていたはずであるが、吉野でも尽山現象が生じていたとは、史料上では確認できない。

貞享元年（一六八四）、幕府は山城・大和・摂津・河内・近江の御料・私領に、川筋の山において開畑や山畑を禁止し、造林を命じた[11]。山林の乱伐や開墾によって土砂が流出し、流域で洪水の危険が高まったからである。近世初頭からの旺盛な経済発展と材木需要が惹起したものである。この通達は淀川・大和川の流域が対象で、吉野川流域は除外されているが、京・大坂・奈良などの近郊山林の尽山現象が、吉野林業地帯の材木生産に拍車をかけたことは明らかである。

『挿画吉野林業全書』によると、吉野川中流域から支流高見川の流域では元禄年間（一六八八—一七〇四）に植林が始まったという。各地域について考察しよう。

◎中庄郷◎

中庄郷（現吉野町）は吉野川中流域にあり、川をはさんで七村が点在する（右岸の矢治村は竜門郷に所属するが、地理的には中庄郷の一部といってよい）。全体に山は浅く、とくに右岸の山は竜門郷との境をなして浅い。左岸には川上郷に隣接する山林がある。

延宝八年（一六八〇）から元禄四年（一六九一）にかけて、菜摘村が喜佐谷村のくもん（公文）山をめぐる訴訟を起こした。くもん山は、喜佐谷・菜摘・宮滝・樫尾四村（いずれも中庄郷）の入会山であった。喜佐谷村と樫尾村は吉野川の左岸にあり、川上郷と隣接している。菜摘村は吉野川をはさんで位置し、宮滝村は喜佐谷村の対岸にある。今でも喜佐谷と樫尾は他村に比して豊富な杉檜の山林を有するが、菜摘と宮滝は奥山がなく、たいした山林を持たない。

菜摘村の言い分は次の通りであった(12)。延宝検地のさい検地奉行に境目を示す杭木を打ってもらい、それより西南は喜佐谷村領としたが、道山はこれまで通り立会いとなった。本年（延宝八年）三月まで、なんの不義もなく山に入れたが、喜佐谷村が急に、検地帳に立会いと書いていないから、今後この山へは入れないと言い出した。菜摘村は、昔からこの山で田地の肥、薪、家の葺き茅、山菜などを採取して暮らしてきたのに、この山を失なっては村は亡所になるということであった。

さらにその後、菜摘村と宮滝村との間でも、にの峯定谷（みねじょうだに）をめぐって山論があった。宮滝村がこの山を自村の山であると言い出し、山中の杉木を大部分切り捨ててしまうなどの実力行使を行った。ここでも菜摘村の一貫した言い分は、山に対して自給生活や農業補完用益を求めることであった(13)。伐り捨てられた杉は自然植生か植林したものかはわからない。喜佐谷村や宮滝村の言い分がわからないので、これ以上のことはいえない。

この時期入会山をめぐって争いが生じるのは、山林の利用や所有に変化があったからである。その変化とは、おそらく入会山＝惣村山への植林であろう。川上郷に隣接し、同郷の大滝村や西河村との入会山もある喜佐谷村の百姓が、植林に乗り出すのは自然な成り行きである。その動きは当然菜摘村にもおよんでくる。元禄九年に菜摘村の徳右衛門が、所有するのき山を売り渡したさいの証文を掲出しよう。

売渡申山之事

合壱ヶ所也　但字我等のき山也

此際目（略）

右之山我等先祖より雖相伝たり年々御年貢御未進大分重り申故、弐拾年切ニ相定銀子三百七拾目ニ上毛共年寄中へ売渡申事実正也、弐拾年めニ上毛其方へ御切被成跡之地計本銀ニ而請可申候、右ノ年相延候ハ永代其方御支配ニ可被成候、但山下ニ丸り七と相持之水口有之候ハ永々此方ニ水取申候、但水口より上へ長三間はゞ五尺之内ハ我等支配之筈に相極申候、但右之山ニ而木御きり被成候時通ひ道ハ勝手次第ニ御とおし可被成候、為後日御売文状如件

元禄九年子十二月廿五日

なつみ村売主

徳右衛門 ㊞

（証人四人略）

同村

年寄御中間中

まいる

（吉野町菜摘・大谷家文書）

徳右衛門が所有するのき山を二〇年季で村の年寄仲間に売り渡し、二〇年目に上毛を伐り取り跡地を本銀で返してもらうという約定である。のき山の上毛とは何か。雑木山ともいえなくはないが、杉か檜と考えるのが自然である。杉檜なら二〇年後の利益を予想できるが、雑木ならせいぜい自家用の薪炭にしかならない。この時期は短伐期施業であったことを考えると、ここは杉山か檜山の売買であるとみたい。

翌一〇年、年寄仲間は三ヶ所の年寄山の立木と下草の盗み取りを禁止し、違反者は除名すると申し合わせた。(14) この立木も杉か檜であるとみたい。なお、この申し合わせに連印した百姓は二二名、徳右衛門も入っている。

『挿画吉野林業全書』が中庄郷における植林開始時期を宝永年間（一七〇四―一七一一）としているが、この訴訟

や売買証文から判断すると、植林開始は元禄以前になる。

◎国栖(くず)郷◎

国栖郷は吉野川と高見川の合流点に位置する。川上郷や小川郷の下流、中庄郷の上流にある。川上郷に隣接する南国栖村（現吉野町南国栖）を除いてあまり山地に恵まれない。南国栖村の文化一二年（一八一五）作成の「栢小物成山役改帳」の末尾に「元禄五年申改ニハ栢役山役藪役右三段ニ致割方銀納仕来り候処」(15)とあり、元禄期に改めをしなければならない状況があったことを物語っている。栢役や藪役・山役はすでに延宝検地のさい小物成として確定され、帳付けされたものであるが、この時期に改めなければならなかったのは、利用や所有に乱れが生じて、年貢の納入に障害が出たからである。乱れの原因は、ここでも惣村山への植え出しであろう。南国栖村は川上郷に隣接し、比較的豊かな山林を持っているから、同郷の植林をこの時点で確認することができる。『挿画吉野林業全書』は植林の時期を元禄年間とするが、それ以前に個人持ちの山畑等に植林していたと思われる。残念ながら史料での確認はできない。この帳面については次節で検討する。

◎竜門郷◎

竜門郷は竜門川流域と津風呂川流域に広がる。竜門山地をはさんで奈良盆地や宇陀郡に隣接している。荘園の発達しなかった吉野地方では珍しく荘園の形成が見られた。中心地は近世では旗本中坊領であった。竜門川流域に水田が開け、全体として山地は深くない。農業が主であって、山地は肥草や飼草などの農業補完的な用益が優先したから、杉檜の植林が行われるようになるのは、他地域に比べて遅れた。

津風呂川流域は、竜門川流域に比して平地に乏しいので、その分村方経済において林業の比重が高まるのは当然である。津風呂村は津風呂川の下流にあったが、第二次世界大戦後、ダム建設によって水没した。この村の大田山の売買等に関する証文が残っているので(16)、これを分析して、杉檜植林の経過を考えてみよう。大田山（小田山ともいう）は、津風呂・平尾・山口・香束村の接点にある丘陵で、ここもダムで水没した。

寛永六年（一六二九）、七右衛門らが村方より米一一石三斗九升の質物として、永代大田山の土地と上毛を受け取った。

慶安二年（一六四九）、郡山藩主が山内に二ヶ所御留山（おとめやま）を設定したので、境目を定めた。

寛文六年（一六六六）、村中総百姓が七兵衛（七右衛門の子孫であろう）ら四人に宛てて、境目を再確認し、以後この山林内に踏み入り、下草・松茸・しめじなどを取らないと誓約している。この時点で、大田山はふかわらひと中大田の二ヶ所に分かれている。この頃の大田山の用益は食料や農業補完的なものであった。

宝永六年（一七〇九）、七右衛門ら五名は大田山を平尾村の池田五兵衛に銀三貫一〇〇目で永代に売り渡した。その時点ですでに、ふかわらひ山は銘々売り払っていた。ふかわらひ山は林山だが、大田山は総草山であった。売買証文の末尾に、「永代売渡シ申上者如何様ニ御林シ被成候共其段者不及申切畑ニ被成候共御勝手次第ニ被成御支配可被成候」と付記されている。「御林シ」にするか、それとも「切畑」にするか勝手次第ということである。「御林シ」を何かを生やすと考えても、あるいは林にすると考えても同じことである。問題は、大田山を雑木林にするのかそれとも杉檜の植林山にするのかということであって、両方の解釈ができる。池田家は酒造屋を営んでおり、農業補完的な用益を求めるより、すでに吉野川流域で一般化していた杉檜を植林するために買得したと考えられないことはない。

宝暦七年（一七五七）、大田山あしか谷の立木と柴木・下草が売りに出され、津風呂村の好右衛門ら六人がこれを買い取った。材木は平尾村側へ搬出しなければならないので、六人は平尾村との間で、出し道の確保と万一田畑や井堰・作物等に損害を与えた時は元通りに修復するという一札を交わした。これまで小川を修羅（しゅら）に使ったり、材木を流したりするような例格はなかったと証文にある。そのような出し方をするのは、杭木や柴木ではなく、相当量の丸太であるに違いない。まず考えられるのは松である。この地方は松林も多かった。ついで杉檜であるが、まだ判断はつきかねる。

寛政六年（一八九四）、大田山をめぐって津風呂村と平尾村との間で山論が生じた。この山（大田山といっても何筆にも分かれている）は、これ以前に津風呂村が平尾村に売却していたが、同年平尾村が松立木を売り払った。この時、津風呂村は境目に間違いがあったと主張し、平尾村は間違いがないと反論して、奈良奉行所に持ち込まれた。山論は隣村庄屋の斡旋で解決した。解決条件は、津風呂村は平尾村のいう通りに境目を認め、かわりに平尾村は津風呂村に、論山の立木の売り払い代金から銀一貫目を渡すことであった。この時取り交した一札の中に「松立木平尾村より売払此節買人より伐採材木等仕出し候」とある。松立木とは、松の立木なのか松と杉檜の立木なのか、ここでも両方の解釈が成り立つ。後者を取りたい。松と雑木ではとても銀一貫目を支払えるほどの売上はあるまい。この時点で売り物になる伐採材は少なくとも二〇年生以上でなければならない。だとすれば明和か安永期の植林ということになる。

文政三年（一八二〇）、平尾村の又兵衛は四人で共有している大田山の自己分（五分）を竜門郷柳村（現吉野町柳）の半蔵と庄次郎に銀二貫二〇〇目で売却した。文政元年に竜門一揆が発生し[17]、又兵衛宅（酒屋）も一揆勢の襲撃をうけたことがあったからだろう。さらに同四年、五年と他の者も半蔵と庄次郎に売却した。四年の売買証文には、「松雑木山杉檜山　壱ヶ所」とある。やっと明確に杉檜山がでた。残念ながらこの杉檜山が何年生か分からないが、安定した杉檜山になっていることがうかがえる。

文久元年（一八六一）、大田山にある平尾村と山口村の共有林を半蔵と庄次郎に銀二貫六〇目で売却した。この証文には「杉檜松雑木山　壱ヶ所」とあり、商品価値の順に書かれている。

以上の経過から考えると、竜門郷における杉檜の植林開始は宝永から安永の間となる。

もう一つ大田山に関する享保年間の山論文書がある。(18)ここでは山論を追求するのではなく、山論を通して竜門郷における植林の広がりを探ることが目的である。

山口村の訴状によると、同村領内の大田山は往古より白炭役米六升を上納してきた場所で、他村との立会場ではない。享保一一年（一七二六）夏、隣村平尾村と香束村から大田山へ大規模な侵入があり、見張り番を打擲するなどの乱暴を働いた。山口村が奈良奉行所へ訴えたので、吟味になった。平尾村と香束村は立会山であると主張して譲らなかった。多くの訴状が作成されているが、注目すべきものをあげておく。

Ⓐ山口村享保一一年九月の訴状

一、此度山論相絵図被為　仰付候ニ付、双方立会ニ而絵図を書かけ可申と存山を見廻り候処、論所之内香東村領平尾村領之新林伐荒シ申ニ付絵図も相違可仕候間、伐荒シ不申様ニ相手村へ申遣し候得共承引不仕

Ⓑ同村享保一二年二月の訴状

一、右之小物成場所ハ往古より白炭鍛冶炭役上納申ニ付他村より一円ニ立入申候儀無御座候所ニ平尾村香束村より妨を申迷惑ニ奉存候、山口村之儀ハ右之小物成場にて材木鍛冶炭等を仕出シ御年貢之助成ニ仕、柴薪畑之肥シ等ニ苅取候所ニ山論ニ付山江立入申事不成申候ニ付

Ⓒ同村享保一二年三月の訴状

一、御料之内田原村川原屋村東千股村佐々羅村、万五郎殿下ニ而平尾村立野村峯寺村矢治村ハ山役小物成一円無之村方ニ而御座候得共、山領ハ村方相応ニ御座候所ニ近年新林大分ニ仕立会場をせはめ我儘を仕、他村之御年貢山江妨申儀迷惑ニ奉存候

筆者は、史料Ⓐとⓒの「新林」を杉檜の植林山と見て、史料Ⓑの「材木」を松や雑木と見る。大田山はもともと草山と雑木山であった。松や雑木は自然更新であるから、新林に仕立てるとはいわないだろう。この時期、周

辺地域では杉檜の植林が盛んにおこなわれており、「新林」を杉檜の植林山と見るのが妥当ではなかろうか。山の浅い平尾村としては、なんとしても植林地を確保したいという要求が噴出するのは至極当然である。だから執拗に山論を続けたのであろう。「新林」を杉檜の植林山と見れば、竜門郷の植林の開始は享保年間となる。筆者は竜門郷の植林の開始を享保年間としておくが、さらなる研究を俟つ。

◎池田郷◎

池田郷は吉野川をはさんで上市・飯貝・吉野山を含む数村からなる。上市のように小さい里山しかない村、吉野山のように奥山を有する村、あまり深くはないが山を持つ村など森林形態は多様である。中増村（現大淀町中増）は上市村の北側、竜門山地の南麓に位置している。

享保一〇年（一七二五）、川上・黒滝両郷の口役惣代が中増村の善十郎・与治兵衛・吉郎兵衛を相手取って訴訟を起こした。この三人が相当量の木材を川下ししながら口役銀を出さなかったからである。これに対して三人は、紀州領三村（土田・越部・鷲家）、中坊美作守領一五村、御料のうち檜垣本組一七村、合計三五村は古来より口役銀は請けてこなかったが、川上・黒滝両郷から買い受けた材木等については口役銀を出してきたと反論した。小川郷鷲家以外は吉野川北岸にあって、ほとんど杉檜山林を持たなかった。そして「去年私共三人銘々之持山之材木伐出シ大坂表江川下シ仕」とも述べている[19]。ここでは訴訟内容をとりあげないが、銘々の持山から材木を伐り出し、筏に組んで大坂に送ったという文言に注目したい。この材木が杉檜であることは疑いの余地がない。各自の持山は居住村にあると見なければならない。この時点では天然林材であるまい。

大坂に送る杉檜となれば、この時期は短伐期施業であったから、樹齢は二〇年から三〇年前後であろう。享保一〇年から三〇年さかのぼれば元禄期である。池田郷の植林開始時期を元禄年間とする『挿画吉野林業全書』の記述は妥当であるといえる。中増村は池田郷の林業の中心地ではないから、一般化できないかも知れないが、史料の裏付けをもっていえば、そのように判断できるのである。

◎黒滝郷◎

黒滝郷における植林の始まりは、第一章で考察したように、慶長年間（一五九六—一六一五）とされる。同郷寺戸村の延宝検地帳[20]に「小松杉雑木檜山」とあることは、郷内に杉檜山が広く存在していることをうかがわせる。この山の他に、もう一ヶ所字ふか谷川分谷草山が寺戸村と中戸村の「立会」と記載されている。この山は中戸村領で字深谷平谷まな滝山と言い、この立会山をめぐって、両村の山論が勃発するのは延宝二年（一六七二）である。山論は明治一一年に和解するまで、連綿と繰り返されてきた。ここで山論に立ち入る余裕はないが、山論の中で作成された膨大な訴答文書[21]から、一七世紀後半〜一八世紀前半の林業の姿を探ることにする。

(1)元禄一六年（一七〇三）に南都代官辻弥五左衛門が下した裁定

此度絵図墨引の内草山の端々にこれある杉立木の儀は中戸村より立て置き、寺戸村よりも相障る儀これなき由に候間、有り来りの通り中戸村持主支配仕るべく候

（『吉野・黒瀧郷林業史』二七七頁）

(2)享和三年（一八〇三）の寺戸村の返答書

御裁許絵図面御書記被下候通旁端々ニ有之候立木丈之儀ハ及出入已前無何心中戸村ニ植付支配仕候儀ニ付、其節差緩メ置候得共伐払候跡地ハ墨引之内一面不残立会山之儀ニ付、中戸村斗へ矢張已前之通我侭ニ為植付可申筈之約束ハ不仕候得共、当時ニ而も百五拾年ニもおよび其節ハ立木其侭立木ト古来之分ハ差構不申、其余百年前後以来之立木悉ク立会持之客(ママ)ニ候間、何分半通当村江請取可申筋合ニ御座候、

（『吉野林業史料集成（一〇）』四一頁）

(3)享和三年の寺戸村の訴状

中戸村之もの共右山林ニ而板榑材木等之仕出し相止可申之処、無其儀未諸代物追々仕出し、

（同右、三六〜三七頁）

(1)の元禄の時点では、杉山に関して特段の苦情はついていない。(2)の文書でも、享和三年（一八〇三）より一五〇年前のことは差し構わないと言い、一〇〇年前後以来の立木を問題にしている。元禄から享保の時代の植林である。(3)の榑材は八〇年生から一〇〇年生の杉から製造するから、享保期（一七一六―一七三五）の植林である。(2)と(3)の文書から、元禄から享保にかけて、所有地から村山への植林が広がっていったことがわかる。

ここにあげた諸事例は惣村山への植林であって、それをもって植林の始まりと見るわけにはいかない。それ以前に個人持ちの山畑等への植林がおこなわれていたからである。史料で直接証明することはできないが、各種の山論文書等から傍証することができる。零細な百姓による植林なしに、一七世紀の材木需要に応じることはできなかった。

なお、小川郷については第四節で詳説するが、そこでこの問題についても考察する。

第三節　小区画・密植・多間伐・長伐期施業体系の成立

小区画施業

吉野林業が小区画施業となった原因は、前節でみたように零細な百姓が各自の所有する山畑（焼畑）を植林地に変えていったことと、勝手に惣村山に植え出したことにある。零細な百姓らは資材と労力を持ち寄って一筆か二、三筆の土地に植林し、提供した資材や労力の程度に応じて持分を決めていたが、その後、売買や交換分合がおこなわれて、ある程度の面積にまとまっていった。そうした経緯は次節で詳説する。実際、今でも源流域の奥山は別にして、集落に近い山林の施業面積は狭い。序章でふれたように川上村白屋の土地台帳からも確認することができる。生育程度が異なる施業地がモザイク状に分布しているのは、そのような歴史によるのである。

小さな区画に共同して植林する、それが零細な百姓にも可能な経営形態であった。経営というよりも生業という方がより適切であろう。このような零細な百姓による小規模な山林所有に基礎をおいた林業を小農型林業と呼ぶのである。

密植

一ヘクタールに一〇、〇〇〇本前後植林するという施業は、今でも吉野林業の最大の特徴である。各林業地帯で聞いても、吉野ほど多く植えるところはない。焼畑造林が始まった時は、密植であったのか、それとも疎植であったのかを教えてくれる現地史料はない。有木純善氏は徳島県木頭地方の焼畑造林の実態から、疎植であったと想定している。[22] 有木説は、現在の姿から想定しただけに説得力がある。しかし、筆者は逆に焼畑造林は密植ではなかったかと想定する。その根拠を聞かれても史料で確答することはできないが、ある程度の推測は可能である。

まず考えられることは、施業地が狭いことである。労働力多投型の林業であるから、多く植えなければ採算が合わない。元禄一〇年（一六九七）に刊行された、宮崎安貞の『農業全書』[23]は、杉について、「凡能たねの出る所、上野、丹波、吉野、是皆他所に勝れたり」と述べ、吉野に注目している。彼は、「杉ハ大小ともにしげくうゆるほど、早くさかゆる物にて、うすければ却て盛長をそし」「山にさし付にする時ハ、間を四五尺をきてさしたるよし」「海河近き、山谷の肥地ある所にハ、いか程も多くうへをくべし」（『日本農書全集』第一三巻、一九一～一九二頁）と密植を奨励している。安貞は畿内を巡っているから、吉野の密植を念頭において書いたといってよいだろう。[24]

次に、密植では木は太らないが、真っ直ぐ成長する。後から間伐すれば、適宜に太くなっていく。大蔵永常は『広益国産考』[25]で「吉野郡にてハ繁くうゑ、三四年ニて間引ゆゑ木にいがミなく生立なり」（『日本農書全集』第一四巻、八三頁）と述べている。一〇数年すれば、小径木ならじゅうぶん収穫できる。

三つ目は、そのような小径木の市場があったことである。一六世紀末から一七世紀の初頭の交に、吉野材が大坂市場に登場した時、海布丸太（銭丸太ともいう）が名産品であった。[26] これは間伐材の中では最も小径木で、直径がその名の通り銭型大の小丸太である。茶室などの垂木のほかに、一般家屋の天井子や庇の垂木に使用された。『挿画吉野林業全書』は、杉の垂木は寛文年間（一六六一―一六七三）に始まったという（二一一頁）。同書がなににもとづいてそのように書いたのか知らないが、『寛文目録』に木製品として杉丸太包木があげられているから、それ以前から生産されていたことは間違いない。

短伐期

密植と関連して、育成林業が成立した当初の伐期は短かった。このことについては、すでに泉英二氏によって紹介された山論文書の中に、「杉植付（中略）立山ニ仕、廿年目ニハ杉丸太長弐間弐間半三間四間迄ニ生長仕者ニ御座候得は、銀子ニも成申候」[27] とあるように、伐期は二五年ないし三〇年程度であった。筆者も別史料から同様の結論を得ている。

Ⓐ川上郷井戸村の例

売渡申杉山地之事

一字ひや水谷と申所　壱ヶ所不残井戸村ニ有之

此の年貢壱ヶ年ニ三分宛上納可被成、年数之儀ハ三拾年ニ相極め申候

（中略）

宝永三丙戌極月三日　　　　和州吉野郡川上井戸村売主

伊兵衛　㊞
（村役人四人略）

白屋村　俵助殿

（大阪市立大学所蔵、大和国吉野郡川上郷井戸村文書）

Ⓑ小川郷小村の例

売渡し申杉山之事

一字相見佐之下我等持分也、際目（略）御高本帳次第代銀新銀五拾目売渡則銀子不残請取御年貢御味進分江上納仕候処実正也、然上ハ此杉山廿年めニハ御切取可被成候、切明ノ地ハ此方江御返可被成候、廿年内ハ其方御支配可被成候（中略）

享保八年
卯ノ二月廿八日

売主小村
新兵衛　㊞
（他百姓四人略）

同村　林助殿

（東吉野村小・谷家文書）

この二例はこの当時短伐期であったことを示すものである。密植林の樹齢二〇年や三〇年の木は末口が平均して三寸（九・九センチ）程度の小丸太である。庶民の家なら十分に柱になった。寛政三年（一七九一）刊行の『大和名所図会』[28]に描かれている庶民の家の柱は現在のような角材ではなく、丸太のままである。丸太を角にするにはコストがかかるから丸いものは丸いままで使っているのである。またこの絵では、女性が床柱用の洗丸太を三〜五本頭にのせて運んでいる。木の太さを推して知ることができる。今でも戦前に建てられた家に丸太のもや（母屋）が見られることがある。中小丸太にも商品価値があったから、このような短伐期で皆伐できたのである。

二〇〜三〇年で皆伐しなければならいとしたら、密植するのか、それとも疎植にして成長を早めようとするの

表2　年　　季　　　（カッコ内は%）

	70年未満	70年以上	立木一代	永　代	不　明	計
1716—1750	6(46.2)	—	—	3(23.1)	4(30.7)	13(100.0)
1751—1800	56(20.8)	16(5.9)	115(42.8)	21(7.8)	61(22.7)	269(100.0)
1801—1853	39(4.2)	79(8.5)	507(54.7)	101(10.9)	201(21.7)	927(100.0)
1854—1867	8(2.5)	34(10.8)	176(56.1)	11(3.5)	85(27.1)	314(100.0)
1868—1880	1(0.4)	15(5.7)	193(73.7)	11(4.2)	42(16.0)	262(100.0)
計	110(6.1)	144(8.1)	991(55.5)	147(8.3)	393(22.0)	1785(100.0)

出典：天理図書館蔵・土倉家文書(『ビブリア』106号、11頁)
注：「不明」は無記入と「古證文通り」とあって確認できないもの

か。いずれかに決定する確たる史料はない。上述のように末口三寸程度の小丸太でも商品価値があるとすれば、密植して生産量を増やそうとするのは自然の成り行きではないだろうか。

長伐期と多間伐

杉は樽丸（酒樽の用材）を製造するようになって伐期が長くなった。樽丸は樹齢八〇～一〇〇年の杉で生産するのが最良とされた。密植で伐期が長くなれば、間伐の回数が増えるのは、生態学的にみても経営からいっても当然である。序章でとりあげた大蔵永常や興野隆雄の観察は長伐期・多間伐の有利さを余すところなく伝えている。残念ながら、これを直接示す史料を欠くが、他の史料で傍証しておこう。

表2は、山林売買証文の年季を分類したものである。明らかに一八世紀の後半には年季は長くなっている。年季の延長は伐期の延長が前提である。享保以降に始まった樽丸製造が伐期を延長し、伐期の延長が年季を延長したのである。

密植は間伐を随伴する。野菜の間引きと同じことである。少し時代が後になるが、明和元年（一七六四）から天明八年（一七八八）までの仕切状二三通によると、杉と檜の小丸太六二%、小中丸太三%、中丸太二九%、これらを合計すると九四%にも達する（第四章の表2を参照されたい）。この大半が間伐材であるといってよいだろう。

小農型林業とともに、まず小区画・密植・短伐期の施業体系が成立し、やがて樽丸生産の導入による伐期の延長があって、小区画・密植・多間伐・長伐期の施業体系が一般化した。

第四節　小農型林業の確立過程

植林がすでに一六世紀の後半から始まっていたことは第一章で述べた。しかしその植林は惣村主導による植林であって、自立した百姓による植林が始まるのは一七世紀からである。それについては第二章で考察した。ここでは、その確立過程を、①個人持ち山畑等への植え付け、②村山への植え出し、③村山の分割、④村山の植え分けの四つのパターンを通して具体的に明らかにしたい。主たる地域は小川郷小村である。なお、この過程は近世全期にわたっているが、小農型林業の確立過程としてここでまとめて考察する。

植え付け(29)

筆者はこれまで植え付けと植え出しを一つとして理解してきたが、ここで初めて植え付けを植え出しに先行する形態として定立する。その根拠は本節で順次述べる。

(1)元禄七年（一六九四）の「小村名寄帳」

検地帳と名寄帳との間で記載された百姓に乖離があることはつとに指摘されているが、ここではそういうことにふれず、土地の記載形式に注目する。例えば延宝検地帳では一筆であった土地が、元禄七年の名寄帳では数人から一〇数人に分割され、土地所有と利用に質的な変化が生じている。この名寄帳には三つの書式がある。

〔A型〕

一、屋敷　　壱畝廿五歩　弐斗三升八合　　九十番

一、中畑（家の前）　　七畝弐歩　七斗七升七合　　九十一番

〔B型〕

一、五百卅七八之内（大谷ひら）　　拾四歩　　五升

一、五百廿六七（ばばち）　　弐拾三歩　　七升

〔C型〕

一、中つこ割（大とひこへ）　　三歩　　八合

一、同　割（口がせこ）　　七歩　　弐升三合

（東吉野村小・谷家文書「吉野郡飯貝組小村名寄帳」）

A型は検地帳をそのまま記載したもので、九〇番・九一番というのは検地帳にうたれた番地であり、検地帳と合致している。字名は若干詳しくなっている。

問題はB型とC型である。まずB型から検討しよう。五三七、八と五二六、七はいずれも検地帳の番地であるが、検地帳にあった土地の種別が示されていない。検地帳では、五三七番地は下漆畑三畝一〇歩、分米三斗七升三合、五三八番地は下茶畑五畝一〇歩、分米五斗八升七合であって、いずれも五兵衛の請所である。ところが名寄帳では、二ヶ所合せて一一人に分割され、いずれも土地の種別が書かれていない。どんな基準にもとづいて分割されたのか名寄帳はなにも示さない。分割された場合すべてこのようになるのでもない。A型でも分割されているし、同じ地所でもA型とB型とに分かれていることもある。

表3　537・538番地の変化

検地帳	537番地	下漆畑	3畝10歩	3斗7升3合	五兵衛	
	538番地	下茶畑	5畝10歩	5斗8升7合	五兵衛	
名寄帳	12歩	4升4合	七郎兵衛	19歩	7升	二郎左衛門
	3歩	1升	清兵衛	1畝23歩	1斗9升6合	源兵衛
	8歩	3升	平助	1畝	1斗1升	善太郎
	5歩	2升	孫八郎	1畝02歩	1斗2升	清右衛門
	5歩	2升	喜三郎	2畝19歩	2斗9升	五兵衛
	14歩	5升	?			
山方御年貢地改帳	2升	孫八郎	3升	源兵衛	5升6合	源兵衛
	3斗1升	源兵衛	7升	太兵衛	4升4合	七郎兵衛
	1升	清兵衛	3升	清九郎	5升	杢右衛門
	5升	杢右衛門	1升	杢右衛門	1斗2升	清三郎
	2升	喜三郎	1升	五兵衛	7升	五兵衛
	?	五兵衛	5升	五兵衛	1升	七郎兵衛
	3升	七郎兵衛	1升	彦九郎		

出典：小村「検地帳」「名寄帳」「山方御年貢地改帳」

検地帳六九六筆のうち三七筆がこのようなB型の分割地になり、それら全部が数人から一〇数人に分割され、同一人の名寄の中でも二、三回に分けて記入されることもある。そのために面積が三歩で、分米が八合というようなきわめて零細な土地に分割されているものも多い。表3は五三七・五三八番地の分割を表したものである。

A型とB型の両方にまたがるものが七筆あるので、B型を合計すると、面積にして一町五反六畝一〇歩、分米にして一五石六斗二升九合になる。このB型の土地はほとんどが「下」か「下々」級の畑である。

次にC型の「中つこ割」を検討しよう。この「中つこ割」は検地帳にはなく、名寄帳に初めて出てくるのであるが、B型と同じく土地の種別が示されていない。番地が付いていないのは、検地帳に登載されていないからである。「中つこ」とは小村の東方にある奥山であって、当村の最も中心的な山林地である。「中つこ」は惣名字で、その下に多くの字を含んでいる。大川より小さく、谷川よりは大きい川（日裏川）をはさんで、ところどころに小さい耕地が開けていた。新検地以前に耕地の開発が見られたことは、「田」「田ノ上」「ごぼうがさこ」「まめづくり」「源内屋敷」などという字名から察することができる。

「中つこ割」とは、惣村の共有地であった「中つこ」を分割したものである。「中つこ割」は潰れ地と相殺されて、新たに高に入れられている。このことから、土地は私有地であると考えられる。名寄帳の帳付百姓四九人中二三人が参加しているだけで、各自の持高も平等ではない。「中つこ割」を集計すると、五反四畝二歩、四石九斗三升三合となり、一一六ヶ所に分割されているから、平均一四歩の極めて零細な地所である。

それでは土地の種別が示されていないB型とC型の土地はなにに利用されているのであろうか。七左衛門の名寄の末尾を見てみよう。

一、六百卅二内（谷おく） 壱畝歩 壱斗壱升弐合

一、五百卅九八内（おみざ谷ヒラ） 拾九歩 七升

一、中つこ割（みたみがひら） 六歩 弐升

一、同 割（平石平） 五歩 壱升五合

一、同 割（くちがせこ） 拾歩 三升壱合

「山高（後筆） 弐斗四升八合」

（同前「吉野郡飯貝組小村名寄帳」）

後筆の「山高弐斗四升壱合」は天保四年（一八三三）の朱筆である。その時点では山林になっていることは確実

であるが、元禄の時点ですでに山林であったと断定するにはもうすこし検討を加えなければならない。確実にいえることは、検地帳と名寄帳との間には書式の相違があり、しかもこの違いは単なる所有者の変動という単純なものではなく、土地利用に質的な変化が生じたということである。

なお、延宝検地帳と元禄名寄帳との乖離についていえば、検地帳は検地奉行が領主の意向に従って作成した理想型であるが、名寄帳は村方の便宜のために作成されたものであるから、村の実態をより正確に反映している。

(2)宝永七年（一七一〇）の「山方御年貢地改帳」

元禄名寄帳の新しい方向をさらに明確にしめしたのが宝永七年の「山方御年貢地改帳」である。まず書式から見よう。

一、大みざから谷おく 五百四拾八九　弐升　彦九郎
　名寄には大みざ谷ひら

一、みたみが平道ノ上 中つこ割　壱斗　杢兵衛
　名寄にはみたみが平

和田平先送り畠之高三斗四升四合ノ割
　内

一、和田平大道ノ上新八郎畠ノ并清三郎地迄 五升六合　但シ正味高　善兵衛
　和田平先送り畠　彦九郎
　四郎兵衛

豊五良

「四郎兵衛（貼紙）豊五良弐人分一升四合合せて二升八合　わしか口新三郎持」

（東吉野村小・区有文書「山方御年貢地改帳」）

このように番地を付したものと、「中つこ割」や「先送り畠」のように番地のつかないものの二つの書式からなっている。つまり「山方御年貢地改帳」に記載された土地は、元禄名寄帳のB型とC型のものばかりである。ちなみに「名寄には」とあるのは元禄名寄帳の字名のことである。

B型の土地は、名寄帳の四四筆、一五石六斗二升九合から、一二七筆、三九石一斗四升四合に増加している。これらの地所も先の名寄帳と同じく山地にある「下」「下々」級の土地である。一二七筆の土地が二八三ヶ所に細分化されている。たとえば五三七、八番地は二〇ヶ所に（表3を参照のこと）、五四八、九番地は二三ヶ所に細分化されている。それぞれ一石三斗五升と一石四斗六升六合の土地であるから、細分化された程度が知られる。

C型の「中つこ割」は、名寄帳の一一六ヶ所、四石九斗三升三合から、一一二ヶ所、四石八斗九合とやや減少しているが、有意差ではない。両者合せると、四三石九斗五升三合となり、村高の約二三％であって、元禄期の二倍以上となっている。

次に「山方御年貢地改帳」作成のねらいをその前文から検討しよう。

村中相定之事

一村中山方新御検地之外少々先送り畠仕近年竹木ヲはやし及後々御年貢地之うかれ等に差構ひ候得者、四分六分之御年貢等も不調ニ罷成候而ハ惣百姓之ために悪敷御年貢大切ニ奉存候ニ付、此度村中大小之百姓不残寄合相談致し相定候様ハ少々の先送り畑以後御年貢地ニまぎらかし猥りニ致し候者後々ニ至互ニ申分致し村之費多候ニ付、新御検地之節支配仕候通りヲ村中立会見分いたし境目石ヲ植へ、石より内ハ竹木ニよらず植付可申定ニ相談致し相極メ申候、（中略）先送り畠之儀ハ竹木植申事堅不仕極也、作人支配不致候ハヽ、村中之こゑ草かり場ニ可仕候、勿論売券ハ不及申質入預ケ地ニ致し候事堅不仕極ニ而御座候（中略）

宝永七載七月　日　　庄屋　喜兵衛　㊞

（年寄二名・組頭八名略）

（東吉野村小・区有文書、『東吉野村史』史料編・上巻、一〇四六〜一〇四七頁）

新検地を請けた御年貢地のほかに先送り畠（焼畑）を開き、竹木を植え出したので、後々になって御年貢地が紛らわしくなり、御年貢に差支えが生じ、惣百姓のために良くない。そこで村中見分のうえ新検地の境に境目石を立て、石より内側（高請地）へは竹木によらずなにを植えてもよいが、新たに開いた先送り畠には竹木を植えることは堅く禁止するというのである。番地の付いた土地は御年貢地であり、和田平の先送り畠や中つこ割は番地こそ付いていないが、高が付いているから、御年貢地になるので、ここには植林してもよいということである。

なお、この帳面には「大谷浦戸割」というのもあり、「中つこ割」と同じものであろう。B型地とC型地は何人かで共同して植林した土地と見て間違いない。そう考えるのは、山中に三歩とか五歩といった極小植林地を想定することは不可能であるからである。共同して植林した山を、提供した資材や労力に応じて、歩分けしていると考えるのが合理的な判断である。

また、中つこ割や和田の平が名寄帳や改帳に登載されていることは、この時点で私有地になっていることを表している。その始点は元禄以前であるが、いかんせん史料で確認することができない。延宝検地帳で惣村分とされた村山の用益には、食料・生活補完的な用益だけではなく、こうした小規模な植林地も含まれていたはずである。そうでなければ、一七世紀の畿内市場の旺盛な材木需要に対応できない。

この帳面作成のねらいは、個人持ち山畑等の植林地を確定し、公認するかわりに、惣村山への無秩序な植え出しを規制することであった。

小農型林業は、零細な百姓が自己の所有する山畑や村方公認の開墾地に、個人あるいは何人かで共同して植林することから始まった。その始期をいちおう元禄期とするが、さらに時期をさかのぼる可能性があることを指摘しておきたい。

個人持ちのせまい山畑や開墾地を植林地にすることは吉野林業地帯で一般的に見られたことであって、元禄―享保の頃、川上郷内でも切畑（焼畑）売買の名目で杉山が売買されている証文が散見される。一例をあげておく。

預ケ申切畑之事

一字いのむかい畑壱枚　際目（略）

右之畑銀子四拾五匁ニ究亥ノ年より弐拾五年切ニ預ケ則銀子請取御年貢味進ニ相済シ申所実証也、此畑へ杉ヲうえ可被申候、弐拾五年ニ当ル年ハ右之杉山切取畑者伊兵衛方へ返シ可被申候、為後日證文仍如件

元禄八年

亥ノ二月十一日

預ケ主井戸村

伊兵衛　㊞

（他判人略）

次兵衛殿

井戸

（大阪市立大学所蔵、大和国吉野郡川上郷井戸村文書）

国栖郷南国栖村（現吉野町南国栖）でも、延宝検地帳と文化二年（一八〇五）に作成された「栢小物成山役改帳」との間で表4のような関連が見られる。同村では「栢木失株ニ相成リ且又藪抔も地所替リ杉檜山ニ相成リ候場所も御座候ニ付此度相改」めた。この時作成されたのが「栢小物成山役改帳」である。この変化はもっと早くから

表4　検地帳と栢小物成山役改帳の対比表

番地	検　地　帳	栢小物成役山改帳
295	延宝４辰新開　　道の上 下々山茶畑　　１畝歩　　三郎助 分米　６升	井戸ノ奥南向キ　　亀屋・酒本出 一、銀　３厘　　轟　藤田屋喜兵衛 旧高６升
296	延宝４辰新開　　□□ 下々山茶畑　　１畝10歩　　九郎兵衛 分米　８升	久兵衛・惣右衛門出 東浦道の間　杉山 一、銀３厘　　辰巳屋孫兵衛 旧高５升
410	古検　28歩　　峠 上漆畑　　１畝９歩　　弥太良 分米　１斗８升５合 古検　　１畝16歩　峠 中畑　　２畝５歩　　弥太良 分米　２斗３升８合 古検　　１畝16歩　峠 中楮畑　　２畝□□　　弥太良 分米　３斗２升５合	漆峠　　喜八郎・平五郎割 一、□□□　　酒本又兵衛 旧高１斗８升５合

出典：吉野町南国栖・山本家文書「栢小物成山役改帳」（『吉野町史』上巻、782頁）

始まっていたのであって、栢・小物成・山役の見直しは元禄期におこなわれていたことは前章で述べた。

植え出し

(1)享保の訴訟

小村では、宝永七年（一七一〇）の村取極めによっても、無秩序な植え出しを規制することはできなかった。材木需要のさらなる高まりは植林のインセンティブを強めずには措かなかったからである。享保六年（一七二一）、事もあろうに、新旧村役人が村山へ植え出し、勝手に新林を作り出したので、小百姓から訴訟が起こされた。訴状を検討しよう。

乍恐以書付御訴訟奉申上候

吉野郡飯貝組小村小百姓共

一当村之儀ハ高百九拾五石弐斗四升九合、高辻内四反拾八歩下々山畑分米壱石八斗壱升九合者字無極村山中有之投畑と御見

取場高惣百性(姓)請、并米壱石七升七合鍛冶炭役右同断、外ニ銀七拾弐匁小松山草山惣村山手銀、右三口之御年貢古来より大小之百姓壱厘も無高下家割符上納仕来候、依之水呑ハ不及申小高百性ハ投畑ニ而粟・稗等を作り、山ニ而葛わらひを堀妻子等を養渡世のいとなミを仕来候、左候へハ惣百姓大切之山地ニ而御座候、然上ハ所持の山畑古林之外村山植出シ切開猥りニ可被致子細曽以無御座候処ニ、先庄屋八左衛門、年寄五平次、今庄屋源兵衛、其外（五名略）〆八人之者共猥り村山領江植出シ新林を立所持之山畑江投畑領を切添我儘成仕方被致候ニ付則出入ニ及可申処を、拾ヶ年以前庄屋五右衛門、年寄、組頭共立会右之者共ニ申渡和談之上埒明、則庄屋、年寄手引ニ而七郎兵衛、彦八郎と申組頭境目早植事済植出之諸木切開之投畑惣百性之助力ニ可致筈之極ニ而御座候、(然カ)至処先庄屋五右衛門病死被致候以後又候哉右八人之者共違返仕右之境目石(石カ)ぬき散シ近年段々植出夥敷新林籠罷在候、大小之百性御年貢無高下上納仕候上ハ植出シ諸木売払惣百性へ割符被致候哉と相尋申候へハ彼者共中々承引不仕驚入、ケ様ニ八人之者共分取致シ候而ハ我々下々百性ハ渡世之いとなミ可仕所も無之様ニ罷成歎ケ敷奉存候御事（中略）御水帳之面名寄帳面を以所持之山畑を改切開の投畑悉ク植出之諸木不残村江渡し被申候様ニ被為仰付被下候者惣百性共偏ニ難有可奉存候、以上

享保六年丑十月

吉野郡飯貝組小村
李右衛門
李平次

会田伊右衛門様

（東吉野村小・天照寺文書、『東吉野村史』史料編・上巻、一〇五三〜一〇五五頁）

この訴状からわかることは次の六点である。

①下々山畑の分米一石八斗一升九合、鍛冶炭役米一石七升七合、山手銀七二匁の三口の年貢は大小の百姓が高

下なく家割りで上納してきた。

②村山は、投畑（焼畑）を開いて粟や稗を作ったり、葛やわらびなどを採取する惣百姓にとって大切な山である。勝手に杉檜を植え出したり、切開いたりすることはかつてなかった。

③ところが先年、新旧庄屋ら八人が勝手に村山へ植え出して新林を作り、自分の山畑へくっ付けたので、出入りになり、村役人によって和談がなされた。

④しかし再びこの八人の者が境目石を抜いて植え出し、おびただしい新林を作ったので、これでは小百姓は渡世ができなくなる。

⑤彼らが植え出した諸木は全て村へ渡すよう仰せ付けてほしい。

⑥「所持の山畑古林之外村山植出シ」という文言から、「所持の山畑古林」すなわち所有する山畑に植林することや過去に植林した山林と、「村山植出シ」すなわち新たに村持ち山へ植林することとは明らかに対立的にとらえられている。歴史的には、所有する山畑に植林することが先行し、その後に村持ち山への植え出し（浸食）が続くのである。このことは、植え出しの後から個人持ちの山畑へ植林することを否定するものではない。この文言に注目したのは、ここに植え付け（宝永七年の村中相定）と植え出しという形態の違いが端的に示されているからである。植え付けが植え出しに先行する形態であることが明確である。

この訴状は、植林を推進したい村役人層と、生活・農業補完的な用益を求める小百姓（ともに公事家）との間できびしい対立があり、村山の植林化が必ずしも真っ直ぐに進んだのではないことを示している。植え出しをめぐっては、川上郷の白屋村と武木村、黒滝郷の寺戸村と中戸村のように村間でも対立があり、その場合も、植林に反対する口実は小百姓の生活維持であった。

この訴訟が翌年決着した後、享保八年全村民（本百姓）に村山の分配がおこなわれた。そして同一六年に惣百姓（公事家）によって以下のような「相定」が交わされた。

相定

一先年享保七寸年杢平次、杢右衛門此両人村方相手取争論及、取噯ニ而和談仕取替シ一札相定候得共段々村方困窮仕候ニ付、

一此度南都御代官原新六郎様御願申上候而御聞届ヶ被成下候ニ付、当村之儀ハ爾来杉檜等植付作出シ百姓相続致し御年貢御上納等無遅滞相納候様被仰渡候、自今ハ御高場領之儀者側並見付ニ杉檜植付支配可仕定也、

一林領之儀者御高場江預、差構有之候場所ハ互ニ相談仕村山内ニ而取替ニ可致候、尤境目取ハ相応之見付ニ支配可仕筈ニ相定双方連印仍而如件、

享保十六亥年

四月　日

連判

庄左衛門　㊞

（外五三名略）

（東吉野村小・区有文書、『東吉野村史』史料編・上巻、一〇六〇頁）

ここにいたって村はついに杉檜の植林を公認したのである。村方争論を享保七年としているのは、六年から七年にかけてのことであるからだろう。後年寛政元年（一七八九）に作成された歎願書に、「当郷より材木伐出川下仕候始メハ享保九年之頃、会田伊右衛門様南都御代官所之節大坂出火ニ付、山ニ自然と生立有之候松、杉、檜等を伐出し川下仕、夫より次第ニ杉檜を植付候と老年之もの共申伝ニ御座候得者」[30]とあるのは、このことを示している。本格的な育林化は享保期にあるとしても、その始期が元禄期にあったことは上述から明らかである。

(2)天明二年（一七八二）の「山林歩口帳」

しかし植え出しはその後も続いた。明和から天明にいたる時期は、小川郷の材木生産が激増した時期であった

から、村山への植え出しが強まるのは当然の帰結であった。

明和五年（一七六八）、二一人が一七人を相手取って芝村役所（当時吉野郡の天領を預っていた織田家役所）に訴え出た。訴えの内容はわからないが、この出入りは長引いたらしく、ようやく天明元年になって済証文が作成され、各自の歩口場を記した「山林歩口帳」が作成されたのは同二年である。済証文は次のように述べている。

一当村御高地藪林其外村惣作之場所江杉檜植出し候義と申立、村方肥草等苅取候場所無之抔と申立、去ル拾四年以前子年廿壱人より拾七人ヲ相手取芝村御役所様江出訴致候ニ付出入ニ相成有之候所、此度相改村中一統熟談之上相済極メ候訳ケ左之通、

一村帳面ニ是迄付候分ハ支配可致筈、縦令歩口銀出し候共此以後藪林立替抔と名付村惣作場ニ而支配ハ致間敷筈、（中略）

天明元年

丑ノ九月　日

小村百姓

吉兵衛 ㊞

（他五二名・年寄二名略）

庄屋　杢兵衛 ㊞

（東吉野村小・区有文書「済証文之事」、『東吉野村史』史料編・上巻、八一七〜八一九頁）

申し合わせの具体的な内容を天明二年の「山林歩口帳」から見てみよう。

一御高場御年貢藪村方配分藪林弐千坪之外村山内へ植出し有之候分ハ、杉檜松雑木共立木伐り取之度毎ニ抜伐り惣伐り共売り銀高百目ニ付八匁宛此帳面之通り村方江出シ支配可仕究メ（中略）

一高場より村山内へ植出し候処境目相分かたく故此帳面ニ銘々ケ条左之かた書ニ場所何分歩通りと有之候、就ハ其歩ニ応し歩口之儀百目付八匁宛高として銘々ケ条左之かた書歩割之通り売銀高百目ニ付八匁宛村方

へ出し可申究也

一歩口銀之儀山伐り候ハヽ本人より其組之組頭へ相届ケ組頭より庄屋年寄之受差図得と見及相応之直談ニテ歩口銀請取庄屋方へ可相渡究也

一歩口銀割符之儀年々庄屋方へ請取銀高、高四歩通り高割ニ致し、残り六歩通り公事屋へ配分割ニ致シ、年々庄屋方より割渡し御年貢方助力ニ仕り百姓相続可致究也

（記載例）

一、字大さこぬたの尾一ヶ所　五拾坪　六郎兵衛

此場歩口場

一、字中つこ釜ヶ谷大谷びら一ヶ所　高場　同人

此場四歩通り歩口場

（東吉野村小・区有文書「山林歩口帳」）

①検地で高の付けられた場所、年貢藪、享保八年に村方から配分された二〇〇〇坪以外に村山へ植え出した分は、杉・檜・松・雑木ともに間伐・皆伐のさい、歩口銀として材木の売銀高百目に付き八匁宛村方へ出すこと。

②高場から村山へ植え出したところは境目が分かりにくいから、帳面に何歩通りとかた書きしているので、それに応じて売銀高百目に付き八匁宛村方へ出すこと。

③伐採した時は、組頭へ届け、庄屋・年寄の指図を受け、相応の売銀高にもとづいて歩口銀を庄屋へ渡すこと。

④年々の歩口銀高の四割を高割り、六割を公事家割りで配分するから、年貢の足しにすること。

記載例の前は①に相当し、後は②に相当する。村方は、植え出しを公認する代わりに、伐採のさい歩口銀を村

へ納めよというのである。

小村において考察した植え出しのケースは吉野林業地帯で一般的に見られた。しかし、笠井恭悦氏がいっているように、売買証文に残るようなかたちで史料が存在するわけではない[31]。

前節でとりあげた黒滝郷の寺戸村と中戸村の山論でも、立会場への植え出しが争われた。享和二年（一八〇二）一二月の寺戸村の訴状をあげておこう。

一中戸山之内ニ有之字深谷平谷まな滝と申大領草山之儀ハ、往古より寺戸村中戸村立会山惣百姓持ニ而則御検地帳ニ御記被下（中略）、中戸村より右場所へ段々杉檜木等猥ニ植出候ニ付、（後略）

（『吉野林業史料集成（一〇）』三三〜三四頁）

大領とは村や字の範囲をいう。中戸村領である立会草山への植え出しは一八世紀の早い時期から行われたようである。寺戸村の訴えに対して、中戸村は元禄度、南都代官辻弥五左衛門が作成した裁判書付絵図の場所にあった立木の跡地に杉檜木等を植え付け、昔から連綿と支配してきたのであって、新規に猥り(みだ)に植え出したことはないと反論した。山論は明治まで続き明治九年、大阪上等裁判所は元禄度裁許図面立木の外へ中戸村より植え出したと裁決した。

村山への植え出しは、村方・百姓間・隣村等々との摩擦を踏み超えて進行していった。材木生産の爆発的な発展があり、百姓にとって材木生産は生活を高めるためには最も魅力的な産業であったからである。

分　割

植え出しにつぐのは惣村山の分割である。笠井氏は惣村山の分解コースとして「植えだし」と「植分」をあげているが、分割にはあまり注目していない。「植分」に含めているように思われる[32]。

小村では享保年間、新旧村役人による村山への植え出しが訴訟になり、一応の解決をみた後、同八年（一七二三）村民に藪・林が二〇〇〇坪宛配分された。この時作成された「藪林字寄帳」の後書をあげておこう。

右之通村中相談之上持林四拾間四方藪弐拾間四方、御年貢藪御水帳ニ御座候間数之通村持柴山御年貢領ニ而割符致、銘々小前字場所間数帳面ニ記判形致置申候、自今以後林領藪領共永代売不申ニ及地共売買堅仕間敷究也

一、帳面ニ記置申間数ニ相違有之候場所ハ村役人共組中立会帳面ヲ以間数改、相違於有之ハ持分間数之外ハ立毛共村江出し可申候、為後日之奥書如件

享保八癸酉年

八月二日

庄屋　源　兵　衛　㊞

年寄　重　郎　兵　衛　㊞

年寄　八郎右衛門　㊞

（組頭八名・百姓四〇名略）

（東吉野村小・区有文書）

これは村中で相談して、林領として四〇間四方、年貢藪として二〇間四方、合計二〇〇〇坪ずつ配分したのである。後年の文書で「村方配分藪林弐千坪」といわれる土地で、林領と呼ばれる。村持柴山御年貢領とは山手銀七二匁を課せられた惣村山のことである。「藪林字寄帳」を一覧表にしたのが表5である。

これに連署した百姓は村役人以下五一名であるが、配当を受けた百姓は五〇名しかなく、一名不明である。署名と配当表を照合したところ、名前に若干の齟齬が見られる。また五株の支配株のうち、「新子や分」は「新子や」と署名しているが、他は名前を特定できない。しかし、史料価値を大きく毀損するものではない。

二〇〇〇坪に足りないものや六〇〇〇坪の配当を受けた林助についてもこれ以上のことは不分明である。年貢

表5　小村藪林字寄表

番号	百姓名(株名)	配当面積(坪)	割賦外面積(坪)			
			年貢藪	買得藪林	他株支配	備考
1	七郎兵衛(山本)	1220	56			
2	新五郎(富永)	2000				
3	甚兵衛(井ノ上)	2000				
4	久右衛門(小林)	1645				
5	彦八郎(富ノ内)	2040		1960		4の久右衛門より　組頭
6	佐助(小林隠居)	2000				
7	源兵衛(小あぜ)	2000				庄屋
8	清兵衛(久保)	2000				
9	武兵衛(久保隠居)	2000				
10	杢右衛門(戊亥)	2000	37			組頭
11	佐五兵衛(和田隠居)	2000				
12	善助(和田)	2000				
13	太次兵衛(亀屋)	2000				
14	清三郎(今西)	2000	14			
15	与左衛門(福本)	2000	32			
16	五兵衛(久保田)	2000	137			
17	善六(和田林)	2000	101			
18	又六(わき谷)	2000			2000	組頭
19	林助(富田)	6000				
20	新兵衛(西辻)	2000				
21	四郎兵衛(西)	2000				
22	松本分	記入なし				五右衛門支配
23	甚右衛門分	2000				五右衛門支配
24	重郎兵衛(仲西)	2000	81			年寄
25	勘右衛門(辻本)	2000	66			組頭
26	新子や分	2000				又六支配
27	平三郎(大工屋)	2000	42			
28	長次兵衛(大福や)	2000				
29	甚六(東平)	2000				
30	孫七郎(仲屋)	2000	9			
31	九郎右衛門(中野)	2000				
32	孫三郎(井ノ本)	2000				

33	小八郎(東平本家)	2000	3			
34	文四郎(東平隠居)	2000				
35	杢平次(谷口)	2000				
36	谷分	2000				五右衛門支配
37	源四郎(谷ノ上)	2000				
38	八郎右衛門(一原)	2000				年寄
39	藤七(一原隠居)	2000				組頭
40	池之迫分	2000				五右衛門支配
41	又助(森本)	2000				
42	平兵衛(森口)	2000	35			
43	五右衛門(五味)	2000	149	2800	6000	支配株の松本分は面積不詳
44	小太郎(南隠居)	2000				
45	孫兵衛(南)	2000	62			組頭
46	清五郎(西垣内)	2000	47			
47	佐兵衛(清水)	2000	30			
48	八左衛門(上平)	2000	247	4000		4000坪は割符藪買い付け
49	亀之助(下上平)	2000				
50	与右衛門(相見佐)	2000				
合計		96865	1148	8760	8000	

出典：享保8年「藪林字寄帳」(東吉野村小・区有文書)

藪とは延宝検地をうけた竹藪のことで、検地当時五反四畝二九歩、竹役銀五匁五分三厘と決定されていた。買得藪林のうち八左衛門の四〇〇〇坪だけは割符藪領買い付けとあり、二人分に相当する。林助の六〇〇〇坪のうち自己分二〇〇〇坪を差し引いた残り四〇〇〇坪も二人分に当たる。八左衛門と林助は逐電した百姓の株を引き継いだのかも知れない。享保二年から同七年までの間に、二三人もの百姓が潰れたり逐電したりしているから(33)、このなかには本百姓も入っていよう。

こうしてみると藪林の配分は、五一名ないしは五〇名に四株をプラスして五四ないし五五名を対象にしたと見られる。

二〇〇〇坪の配分といっても、必ずしも一ヶ所でとは限らなかった。表6に示すように数ヶ所に分かれているのが一般的で、なかには一〇ヶ所を超える百姓もいた。数坪計算の合わない者も数人いた。また割り当てられた箇所から、地形に応じて植え出してもよかった。

これは植林のための土地利用権の配分ではなく、土地所有権の配分である。寛延四年（一七五一）、庄七と九兵衛が字谷奥の林領を同村九平次に売り渡したさいの証文には、「我等先祖村方より配分の林領分之内今要用之依有之右代銀子弐拾六匁ニ売渡し(34)」とあるように、私有地となっていたことは明らかである。

表6　山林小分割の例

百姓名	字　名	坪数	合計(坪)
新五郎	柿木ざこ	1050	
	滝のかた	950	2000
清三郎	森か谷	204	
	母地	124	
	相見ざうゐ	80	
	同断	800	
	井戸向	396	
	高瀬谷飛渡り上	396	2000
杢平次	一向か尾	1000	
	同所	1000	2000
藤　七	おしばかさこ	418	
	同所	480	
	牛房迫尻田ノ向	56	
	口かせこ二ノ渡りせ向	105	
	口かせこ杉山平	300	
	同所	641	2000
亀之助	田ノカミ	444	
	牛房か迫	214	
	ミやま谷	220	
	ごとの木	139	
	同所	27	
	同所	169	
	向殿尾	416	
	同所西むき	108	
	ごとの木	47.5	
	むば作	105	
	ミやま谷おく三ツ合権兵衛林ノ合	109.5	1999

出典：東吉野村小・区有文書「藪林字寄帳」
注：同帳からアトランダムに掲出した。亀之助の合計が１坪不足している。

小村では、文化六年（一八〇九）にも、字伯父び処を五六軒の公事屋相続のために分割して配当した[35]。天保三年（一八三二）に作成された「字伯父び処歩口帳」を掲出しよう。

一当村領字中つこ谷之内伯父びところと申処、去文化六巳ノ三月村公事屋百姓株為相続之一統相談之上五拾六軒を八組ニ割、壱組ニ七人宛之読詰ニいたし、杉檜植附夫々所持仕来候、又者他ニ売買致来人も有之候エ共、右年号之節諸事相定置年数は其節より六拾ヶ年限り并小物成山役銀絵図面之通此般改之左之通り

（絵図面略）

一前書絵図面之通組分ケニ致し杉檜植附成木之上、右分ケ歩ハ一之歩弐之歩ハ売銀高百匁ニ付三拾五匁宛村方江出し可申候、又三四此弐歩ハ百匁ニ付三拾弐匁五分之割合村方江出し、又五之歩ハ百匁ニ付三拾匁づつ之割合、又六七八此三歩ハ売銀高百匁ニ付弐拾五匁宛之割合村方江出し可申候、右何連茂下夕伐三度迄ハ伐賃入用相応ニ銀引いたし其余銀高ニテ右之通り村方江出銀いたし可申候、尤四度目よりハ伐賃入用引ハ不致候、山ニテ売銀高ニ応し右之通り歩銀村方江出し、公事屋平等割ニ致公事屋百姓御年貢之助情ニ仕リ、其余銀銘々之助情可仕候、若又自分所持得不致分は可成丈組合又ハ村内江売買可仕候、其上無拠他江売買仕候ハ組合一統得心之上印形相添村方ニ茂得心ニテ売買致可申事（中略）

天保三壬辰年

九月吉日

吉野郡小村

（組頭八名略）

（庄屋他役人略）

（東吉野村小・区有文書「字伯父び処歩口帳」）

字伯父び処は小村の最東端にある奥山である。五六軒を八組に分けて一組を七軒とし（この村は宝永期にはすでに八組編成であった）、伯父び処を一ノ歩から八ノ歩まで八つにわけて各組に割り当てた。組の中では歩分けされ、

各自に植林させた。土地は村が所有しており、立木を売却したさい歩口銀を村に納めるという条件がついている。すなわち歩口山である。歩口山にしたのは、山地の村外流出を危惧したからであろう。歩口銀の差は大川からの距離による。大川に近い場所ほど歩口銀が高く設定されている。村に納められた歩口銀は公事家に平等配当して年貢の足しにするのである。一見して仲間山の囲い込みのようであるが、文政七年（一八二四）の売買証文に、「右山地之儀ハ村地ニ而公事屋配当之壱歩向キ我等支配ニ御座候処、我等より杉苗植付支配仕り来候処」[36]とあり、個別分割していることが分かる。

川上郷井戸村でも明和六年（一七六九）、村山を二六軒の公事家で分割した。

村山割賦證文之事

一井戸村領字志、やすミと申処同村九右衛門とうゑわけ不残、字同所村植壱ヶ所、字やと村うゑ壱ヶ所合三ヶ所也

右之杉山ハ村固窮（困カ）ニ付村中得心之上庄屋帳箱ニ有之候立帳ニ村中連印之極書ヲ以公事屋弐拾六軒へ同文意ノ手形弐拾六本銘々江相渡シ置申候、然ル上ハ銀子入用ニ付勝手ヲ以売払度人有之候ハヽ、村公事屋之内江売買致候筈也、猶又他村又ハ水呑等へ売渡シ人有之候ハヽ、此割賦手形可為反古堅極メ也、為後日村山割賦證文仍而如件

明和六年　　　　　　　　　　　　　井戸村庄屋　治兵衛　㊞

丑極月廿一日　　　　　　　　　　　（年寄一名、組頭四名略）

（大阪市立大学所蔵「大和国吉野郡川上郷井戸村文書」）

村山三ヶ所のうち二ヶ所は村方が植林し、一ヶ所は九右衛門が植林した杉山である。公事家に割賦したのは立木だけなのか、土地共なのかはわからない。また年季があるのか、永代なのかもわからない。じつはこの少し前

の宝暦一一年（一七六一）に、九右衛門は五〇対五〇の比率でもって村方と分収契約を結んで字志、やすミに杉を植林した（後述）。この時、九右衛門は村方に対して、自分も村に渡す銀高から公事家への配当分を受け取る権利があることを認めさせている。公事家が村山に対して持つ権利とは、村山の利用や収益を優先的に受けることであって、公事家仲間が支配する山といってもよい。しかし村山である以上、公事家といえども個人が自由に売買できるものではない。このケースは仲間山として囲い込んだのではなく、個別分割である。だからこそ条件付きながら売買を認めている。村方困窮というのに、金銭の授受がない。困窮は村方ではなく公事家ではないのか。困窮した公事家を救済するために、村山を各公事家に割賦したと考えるのが合理的である。

もうひとつ小村の隣村である小川郷木津川村の例をあげておこう。

売渡し申杉檜山證文之事

木津川村領字中津河大向イと申所

一、杉檜山　壱ヶ所　四方際目（略）

右同村領字同右同所

一、杉檜山　壱ヶ所　四方際目（略）

右之杉檜山弐ヶ所共地所ハ村方惣持地ニ御座候処、去ル文化十三年子ノ年より来ル巳年迄年数九拾年限ニ相究村方廿五軒ニ割符銘々持植付心儘支配ニ御座有之候、尤立木伐リ植下タ伐皆伐共売銀高之内ニ而諸懸物引残リ銀高百目ニ付三拾匁宛歩口として村方江相渡し可申候約速ニ致置候、右之地所年季明キ立木伐り取候跡地ハ村方へ差戻し可申候極メニ御座有之候、然ル所此度村方無拠銀子要用ニ差詰村方一同寄合評定之上右山分（歩）口売払代銀ヲ以要用相立可申候ニ相極メ候、右杉檜山下タ伐皆伐とも弐ヶ所歩口代銀六拾匁ニ売渡し則直銀ニ不残慥受取申所実正也（後略）

文政八酉年

十二月日

杉檜山売主　木津川村

庄屋　嘉兵衛　㊞

（年寄・百姓代略）

同村

平兵衛殿

（天理図書館所蔵・土倉家文書）

木津川村では文化一三年（一八一六）から九〇年季で村内百姓二五軒に杉檜植地を配分し、銘々植林させることにした。したがって、村方は間伐・皆伐のさい三割の歩口銀を受け取る権利を持っている。だからこれは土地所有権の配分ではなく、年季のついた歩口山である。九〇年後には村へ返却しなければならない。村は、文政八年（一八二五）になって要用ありということで、歩口銀を同村の平兵衛に六〇匁で売却している。九〇年という期間限定であるが、ここでも村山を分割したのである。

次にとりあげるのは、まず公事家が仲間山に囲い込み、ついで歩分けし、最終的に個人持ち山に収斂されていく事例である。

中庄郷樫尾村（現吉野町樫尾）の字奥山ふか谷・字三連か谷・字その垣内・字ほてい平・字春滝は、いずれも一四軒の公事家が支配する仲間山であった。天明四年（一七八四）から天保一二年（一八四一）にかけて、植地もしくは立木が年季売りされた(37)。買得者には同じ公事家仲間も含まれている。売買証文で見る限りでは、歩分けされていない。また年季売りであるから、これをもって直ちに公事家山の崩壊とはいえないが、安政三年（一八五六）に字三連か谷山が一四軒二八部に歩分け（分地）されたことは(38)、公事家山解体の一歩である。

仲間山は村山の分解の萌芽である。仲間山の古い事例は、川上郷白川渡村の延宝検地帳に出てくる字かけまた山である。この山は白川渡村と和田村の百姓六人が所有していた。仲間山にはまだ入会的利用の枠組みがのこっているが、歩分けされることによって、入会山の解体が始まる。[39]

小村・井戸・木津川・樫尾各村の村山分割の様相を見てきたが、村山分割にも土地の分割と土地利用権の分割（歩口山）があり、永代所有と年季占有の違いがある。分割の目的は窮迫する公事家（本百姓）を救済することである。

ここで原田敏丸氏の割山に関する論考にふれ、吉野との対比をしておこう。原田氏は『近世入会制度解体過程の研究[40]』で、割山制度について詳細な考察を加えている。

まず、割山を「一般に惣山とか村中持山と称せられる山の利用形態の一つである。これは村が所持する山を単なる入会関係によって利用するのではなく村内各戸に割当て、割受人各戸に対し一定の慣習的条件の下にその割当地の用益なかんずく毛上の収益を認めるという制度であり、その割当てられた山を通常割山（分け山ともいう）と称する」（二二頁）と定義する。吉野地方には割山という言葉はないが、内容に違いはない。

発生の年代については、近世初期から明治初頭まで分布しているが、慶安から元禄にいたる時期（一七世紀後半）が一般的な成立期と推定する（七七頁）。発生動機については、古島敏雄説を前提条件にして、より直接な動機を、村内各戸の相続維持ないし零落防止と入会山の立毛の保護育成の二つとしている（七九～八〇頁）。吉野では前者のみで、後者の例は知らない。割地権の性格を、村中持山利用の一形態としての割山と、村中持山が個人持山に移行する過渡期としての割山の二つに分類して、前者から後者への移行を重視し、これを山割制度の変質と捉える。本節で考察した村山の分割も、当初こそ村中持山利用の側面があったが、結局は個人持山に移行する過渡的役割になってしまった。不平等割か平等割かというのは、持ち高によるのか家別平均に割るのかということであるが、近世を通して平等割が広がったという。吉野では分割に参加できたのは公事家だけであったから、全構成員からすれば不平等だが、公事家内部では平等割であった。吉野郡川合村の事例がとりあげられているが、これは北山地方のことであって、吉野林業地帯のことではない。年季割と永代割については、年季が漸次その期間を延長してついには永代割化するという。吉野では二つの形態が見られたが、年季から永代への移行は確認していない。いずれにしても、村山分割が村山の分解の一形態になってしまったことは否定できない。

植え分け

植え分けは山地の所有者である村方と植林を希望する村民との間で、分収歩合を定めて植林するシステムである。仲間どうしで持分を決めて植林するものとは区別される。現在でいう分収林業である。残る史料から見て、始期は植え出しや分割より幾分か時代が下がるようである。小村には適当な史料がないので、他村の事例をあげておこう。

相極申杉植わけ證文之事

一字志々休と申村中持之畑此度作り地ニ致シ、右白畑江我等方より杉植付年々中かり其外ゑだうち迄志ゆり（修理）不残念入我等方より致し可申候、右杉山丸太ニ相成候へハ売代銀百目ニ付五拾目ハ村中江相渡可申候、且又五拾目ハ我等分ニ致し可申筈也、右村中江相渡候銀高之内ニ而も公事屋家別割壱歩ハ此方江御割符可被成候筈也、右杉山志ゆり其外植方等随分念入仕立可申候、為後日杉山植わけ證文仍如件

宝暦十一年　　　　　　　　　杉植わけ主井戸村

巳ノ極月四日　　　　　　　　九右衛門㊞

同村組頭　権右衛門殿　　　　證人組頭

（他組頭二名略）　　　　　　庄右衛門㊞

年寄　惣右衛門殿

庄屋　次右衛門殿

（大阪市立大学所蔵・大和国吉野郡川上郷井戸村文書）

井戸村と同村九右衛門との間で、村持ちの畑字志々休に杉を植林する契約が成立した。契約の内容は、①九右衛門が杉を植林し、②下草刈り・枝打ち等山の修理を怠らず、③伐採した時には、売代銀を折半して村中へ渡す、④村へ納めた銀高から公事家へ家別に配当する時は、九右衛門にも配当することの四点である。九右衛門が公事家であることは明らかで、だからこそ村山に植林することも配当銀の受け取りもできるのである。

半々という分収歩合は、後年の地主（村方）二割ないし三割、植主八割ないし七割に比べると、村方の取り分が多い。これは分収林業である。塩谷勉氏は分収林業を、「造林者が土地所有者と、一定歩合の収益分収を約束して営む林業」[41]と定義している。塩谷氏は、部分林を国有林とその前身にあたる林野の上に成立したものを指し、民有林における同様の関係を分収林と区別しているが[42]、ここではそんな厳密な規定を考えているのではない。土地所有者と造林者とが別で、収益は両者の間で予め定めた分収歩合で分配するという程度の理解である。

これは後年の借地林業ではない。それは、土地所有者である村方が同時に立木所有者でもあるからである。その他に、契約時に借地料の支払いがないこと、契約が村方と村民との間であることなどによる。

植え出しや分割は村方が後追いしたが、植え分けは村方が村民に植林のインセンティブを与えたのである。雑木の自然林をそのままにしておいたり、生産力の劣悪な焼畑で農産物を栽培するよりも、商品価値の高い木材の生産に切り替えることによって、村経済を活性化させ、村入用を賄おうというのである。この時期における拡大造林である。植林する方も山林所有者になるだけでなく、初期の手入れがすんだ段階で他に転売することを視野に入れていたことは否定できない。しかし第一章で論じたが、藤田氏のように若木山の転売を吉野林業の基本方式とすることは事実に反する。

次に寺尾村の事例をとりあげる。

売渡申杉檜木山三歩二歩之事

寺尾村領

一字間谷口ト申処　但シ壱ヶ所　四方際目（略）

右檜木杉山村地へ村方弐歩善八孫兵衛八歩之筈ニ而植分弐歩分也

寺尾村領

一字かけはしと申処　但シ壱ヶ所　四方際目（略）

右之杉檜木山村地へ村方弐歩喜助善八八歩之筈ニ而植分申但し弐歩也

寺尾村領

一字かけはしと申処　但シ壱ヶ所　四方際目（略）

右之杉檜木山村地へ村方弐歩平吉善八八歩之筈ニ而植分申弐歩也

寺尾村領

一字柳か瀬ト申処　但シ壱ヶ所也　「(貼紙)此山伐取無御座候」　四方際目（略）

右之杉檜木山村地へ村方弐歩善八八歩之筈ニ而植付申村弐歩也

寺尾村領

一字笠松いか谷と申所　但シ壱ヶ所　「(貼紙)此山先年其元へ売渡申候」

四方際目（略）

右之杉檜木山村地へ村方三歩善八七歩之筈ニ而植付申三歩也

〆五ヶ所

右之杉檜山三歩分弐歩分此度要用之義依有之代銀壱貫八百匁ニ相極メ売渡シ申処実正也、然上ハ向後其元御勝手御支配被成候、但し年数之義ハ杉檜木一代之筈也、伐り跡地寺尾村へ御戻し可被成候、右山御伐被成候節売代銀壱貫目ニ付銀五拾匁づつ之割合歩銀其元分ニ寺尾村へ御渡可被成候（中略）

安永七戊十一月

売主　寺尾村

村代庄屋　嘉右衛門　㊞

（他村役人四名略）

上市　源右衛門殿

参

（天理図書館所蔵・土倉家文書）

この文書から分かる経過を確認しておこう。

(1)安永七年（一七七八）以前に、寺尾村（現川上村寺尾）は村山を村民との間で植え分けした。分収歩合は村方が二歩ないし三歩、植主が八歩ないし七歩であった。

(2)その後安永七年一一月に、寺尾村は村方持分を代銀一貫八〇〇目で上市村鎰屋源右衛門に売却した。年季は立木一代限り、歩口銀は五％である。村方は立木の所有権を手放したのである。

当初、寺尾村と村民との間の植え分けとしてスタートしたが、寺尾村が立木の分収権を売却したので、村は単なる土地所有者になった。借地者が村民と村外者である上市村鎰屋源右衛門である。この時点で部分的な借地林業になった。部分的というのは、借地者の中に村民が入っているからである。

これと同時に、寺尾村は字のまの水という植地を立木一代限りで源右衛門に売却しており、この場合は村民を経由せず、直接村外者に売却した。借地林業制がそれだけ浸透してきたものと考えられる。なお、善八らも自分の持ち分を源右衛門に売却し、植え分けでスタートしたこれらの山林は借地林業制に収斂されたのである。惣村山は植え分けを経由して村外者に流出していく。

植え付け・植え出し・分割・植え分けの四タイプを通して、惣村山を分解させながら、小農型林業が形成される過程を明らかにした。惣村山の分解には、元禄から享保の時期は小農自立のダイナミズムを感じさせるが、後期になると経済的に窮迫する百姓救済的なトレンドがあるように思える。

なお、惣村山の分解の形態として、前述の寺尾村字のまの水のように村山の売り渡しがあるが、この多くは小農型林業の確立というより、村方が財政的な必要に応じて売り渡したものである。

第五節　惣村山分解と村方構造

公事家と非公事家

近世の村は高持百姓（本百姓）と水呑百姓からなっている。吉野川流域では、中世以来の系譜を引く役家体制が残り、公事家と非公事家に分かれていた。まず二つの文書を掲出しておこう。

Ⓐ小川郷小村の事例（天保六年＝一八三五）

当寺旦那公事屋ハ年斎米三升六合ホヒト麦三升ツヽ先々ヨリ納来ル、但シ非屋ノ分ハ先ニ斉米ホヒト一向ニナシ（中略）非屋人ニモ篤ト申シ聞ケ年一升二合寺納致ス者也

（東吉野村小・天照寺文書）

Ⓑ黒滝郷西谷村の事例（慶安四年＝一六五一「覚」）

一、西谷村御とうの米、何かと出入有之ニ付、今度下市権左衛門殿御嗳被成、毎年米弐升ツヽ、くじ屋（公事）より出し、へや（部屋）ハくじやの半分壱升ツヽ出し筈ニ相済申候

（下市町才谷・楠山家文書、『大和下市史』史料編、一一二三頁）

小川郷小村では公事屋（家）と非屋（家）とに分かれ、黒滝郷西谷村（現下市町才谷）でも公事屋（家）とへや

表7　木津組18村高棟表

村　名	高	棟
杉谷村	118.625	4軒
平野村	350.500	8
滝　村	12.338	2
谷尻村	300.080	6
中黒村	222.767	7
小栗栖村	185.750	7
鷲家口村	177.800	8
三尾村	208.542	8
狭戸村	106.082	4
大豆生村	83.425	8
麦谷村	46.094	7
木津川村	59.169	5
萩原村	42.085	3
伊豆尾村	105.175	7
日裏村	35.625	2
木津村	287.500	8

出典：東吉野村小川・東家文書
注1：高は延宝検地の村高(単位は石)。
　2：現在宇陀市に属している大熊村と平尾村は除く。
　3：小村は当時国栖郷に属していたので表に入っていない。

（部屋）とに分かれている。

公事家は、中世の名主百姓の系譜を引く者と近世になって本百姓に自立した者とから成っていた。延宝から享保の間に作成されたと目される文書「拾八ヶ村高棟書有之」[43]を表にしたのが表7である。これは木津組（東吉野村と宇陀市大宇陀区の一部）の村高と棟数を書きあげたものである。棟数は家の実数ではなく、戦国期から近世初期にかけて公事家役を勤めた家の数であると思われる。おそらくこれが近世初期の名主百姓であろう。なぜこの時期にこのようなものが作成されたのであろうか。この時期が公事家の拡大・再編成の時期であり、新旧の由緒をことさらに誇示するためではないかと考えられる。それでは公事家はどの位いたのであろうか。村方文書から見ておこう。

小川郷小村では、寛保三年（一七四三）の明細帳によると、公事家は五六軒、水呑百姓は一二軒であった[44]。文化一三年（一八一六）には家数は九五軒に増えたが、公事家数は変わらなかったので、非家が三九軒、約三倍に増加したことになる[45]。

小川郷小栗栖村（現東吉野村小栗栖）では、古来より公事家は二二軒半であったが、寛延三年（一七五〇）に新公事家を二三軒取り立てた。[46]ほぼ半々である。

川上郷井戸村では、明和六年（一七六九）に公事家二六軒で村山を分割したが、同三年の惣村中連判状に連署した百姓は三一名であったから、[47]もし総戸数に変わりがないとすれば非公事家は五軒である。

竜門郷柳村（現吉野町柳）では、上役家・中役家・下役家・無役に分かれており、元禄四年（一六九一）の調査では、上役家五四軒・中役家二三軒・下役家一九軒・無役六軒となっていた。[48]

同じく竜門郷西谷村（現吉野町西谷）では、宝永三年（一七〇六）には、役家が五〇軒、無役と水呑がそれぞれ一六軒であった。[49]

近世初頭では公事家の方が多かったが、人口（家数）が増加するにともなって非公事家が多くなった。公事家株が固定していたからである。

公事家株が固定すると、非公事家から公事家に上昇する途は、潰公事家株を相続する以外にはきわめて限られていた。次の史料はそのような事例の一端を示すものである。

仕渡申譲證文之事

一、当村富永源三郎公事屋株家屋敷雪隠田畑并売残之山林竹木後地戻リ所家財等当時支配有姿通一円残らず

御高庄屋帳面通御年貢諸役御上納公事屋諸役村並之筈

一、同村前喜助株小屋雪隠并売残山林木後地戻リ所共一円不残

御高庄屋帳面通　右同断

右弐株弐所共先ニ源三郎支配仕居候処近年死去いたし男女子供四人有之候処、若年ニ而百姓渡世難取続候故、此度親類一統申談其許ヲ養子聟ニ貰い請則源三郎娘とめと娶合家督相続為致申処実正也、然ニ同居姉娘なみ義ハ向後勝手ニ縁付等可為致、男子源三郎義ハ同居ニ而随分実情を励ミ相稼往々別家致度節ハ、年

廿五才以後穏ニ熟談ニおよび右喜助株屋敷地江其節分限相応之居宅執補理ひ（ママ）右公事屋株一式譲遣可申筈、末男竜蔵義ハ同居仕候共往々他家江養子ニ出し候共奉公為致候共心儘可致筈
但し喜助株小屋畑地之義ハ今卯年より来子年迄拾ヶ年同村斎助方江預ケ有之候故、御年貢諸役公事屋役小屋修覆等右年限中ハ同人より相務可申筈、右前条通譲渡候間自今以後いつ迄も無限随分家内睦敷相稼篤実ニ御百姓相続可被致候、為後證前文通譲状仍而如件

文政十三寅年十一月

吉野郡小村
源三郎死跡躮
なみ印
とめ印
源三郎印
竜蔵印
証人親類同村
七左衛門印
（組頭・年寄・庄屋略）

同村　彦四郎殿

（東吉野村小・谷家文書）

富永源三郎は自分の株の他に前喜助株（潰株）を支配していたが、男女四人の子供を残して死去した。親類一統の相談によって、①妹娘に養子をとって富永株を相続させる、②姉娘は勝手に縁付けさせる、③長子源三郎は同居し、別家しようというなら二五歳になった時、喜助屋敷に分限相応の家を建てて、喜助株を相続させる、④

それまでの一〇年間は斎助方へ預け、同人が年貢諸役、公事家役、小屋の修復等を勤める、⑤末男竜蔵は同居するもよし、他家へ養子に行くもよし、奉公するもよしと決定された。長子源三郎はさいわい親が支配していた前喜助株を相続することができたが、末男竜蔵は公事家に養子に行けなかったら、非公事家にならざるを得ない。

公事家と非公事家では石高所持に明らかに差があった。小村の天明四年（一八八四）の「辰年御年貢請取帳」[50]を整理したのが表8である。年貢の高は所有石高によって規定されるから、年貢高の差は所有石高の違いを表している。非公事家は基本的に公事家に隷属して生活を維持していた。

表8　階層別年貢負担額表　（軒）

年貢額	公事家	水呑役を含む	水呑口役無高
100匁～	9		
90　～100	3		
80　～ 90	4		
70　～ 80	4	1	
60　～ 70	4		
50　～ 60	9		
40　～ 50	4		
30　～ 40	12	2	
20　～ 30	6	2	
10　～ 20		2	
～ 10		9	15
計	55	16	15

出典：東吉野村小・谷家文書「辰年御年貢請取帳」
注：公事家数は天明二年の「山林歩口帳」から推定した。

山林に対する公事家の権利と義務

公事家は村内では非公事家に優越した権利をもっており、同時に義務も負っていた。最大の特権は、村山への植え出し・分割・植え分けに参加する権利である。前節でとりあげた村山の植え出し・分割・植え分けはすべて公事家を対象にしたものであった。

非公事家は植林や山林分割に参加できず、山林所有から完全に締め出されていた。前節でとりあげた川上郷井戸村字ししやすみ杉山の分割にあたっては、売買する場合は村内の公事家間にとどめ、他村者や水呑には売り渡してはならないと申し合わせていた。

また村方が収得した歩口銀等の分配にも、明らかに差があった。

Ⓐ小村の例（天明二年「山林歩口帳」）

一、歩口銀割符之儀年々庄屋方へ請取、銀高四歩通リ高割ニ致シ、残リ六歩通リ公事屋へ配分割ニ致シ、年々庄屋方より割渡シ御年貢方助力ニ仕リ百姓相続可致究也

（東吉野村小・区有文書）

Ⓑ中庄郷喜佐谷村の例（年代不詳「永代村方取締掟」）

一、吉野山より出越材木道せんの儀ハ材木山代銀壱貫目ニ付銀三拾目材木主より受取、道銭高百目ニ付弐匁之積ヲ以取引之セ話料として庄屋へ引取、残銀高五歩銀高割、銀高五歩銀村公事家割

一、大谷植出し山下伐り皆伐り代銀之内諸造用差引、残銀高三歩通り喜佐谷村西河村大滝村此三ヶ村割り、右（残欠カ）銀高四歩銀高割、三歩銀公事家割、三歩銀村総棟割

（吉野町喜佐谷・区有文書）

小村では、歩口銀の配分について、総額の四割を非公事家も含めて高割りとし、残る六割を公事家だけで配分する。

喜佐谷村では、吉野山から同村内を通って吉野川に搬出する材木の道銭として、山代銀の三％を材木主から受け取り、その二％を世話料として庄屋へ引き取り、残りの半分を高割り、半分を公事家割りにする。また同村領大谷山（入会山）の歩口銀は、まず三割を喜佐谷・西河・大滝村で三分し、残り銀の四割を高割り、三割を公事家割り、三割を惣棟割りにする。

いずれも公事家と非公事家の間に大きな差があった。耕地にほとんど依存できない山村にあってはこの差は大きかった。

公事家は特権を持つかわりに義務も負っていた。正確にいえば、義務を負うかわりに特権を有したのである。公事家役とはなにか。小村には史料がないので、中庄郷樫尾村（現吉野町樫尾）の事例をあげておこう。同村では、

村に対する貢租夫役のうち、村山役・村弁・棟掛りは公事家の負担であった[51]。その他に本節冒頭の二つの史料でも（二二五頁）、寺院の年斎米やホヒト麦、祭礼のお頭米の拠出については公事家に多くの負担がかかっていた。特権と義務は一体化しているのである。

非家の再生産の基盤は林業労働にあった。林業労働は、植林・保育・伐採・搬出・加工・流筏にいたるまでの専門的な労働であった。彼らは農業からも山林所有からも切り離された日雇いとして、公事家に従属していた。事実上の賃労働者である。彼らが増加し得たのは材木生産の絶えざる発展があったからにほかならない。

歩口銀等の分配に参加できたとしても、彼らの受取額は少なく、山林の分配に参加し得ないことは致命的であり、彼らが上昇する可能性は皆無に近かった。

公事家とてごく一部の上層部を除けば、非公事家とそれほど違わなかった。平均して数石の所有石高では、林業経営はきわめて不安定で、零細なものにならざるを得なかった。

公事家と非公事家の対抗の一例

宝暦一二年（一七六二）、小川郷三尾村の部屋分（非公事家）一三人が村方を相手取って津藩古市役所に出訴した。出入りの内容は分からないが、内済文から見ると、村役勤めが主な論点である。内済文をあげておこう。

村中出入済証文敷定之事

一此度願方拾三人之儀ハ以後村諸役勤方之儀本屋役同様ニ可仕候、扨又小入用弁米、炭役、道札役等之儀者半役割、尚又歩人足五日歩三日歩半役並ニ相勤申、杉歩口之儀も右之者共半屋割符ニ可仕筈ニ相究申候事

（東吉野村三尾・区有文書、『東吉野村史』史料編・上巻、一〇七二頁）

決着の内容は、これら一三人は以後村役の勤方は本屋役と同様とし、小入用弁米・炭役・道札役等は半役負担、

歩人足は半役勤め、杉歩口銀の配分は半役割りにするということである。これだけでは、現状維持に終わったのか、なにほどか前進したのかもう一つはっきりしないが、非公事家が現状に甘んじてはいなかったことがうかがえる。

同じ宝暦一二年、隣りの小村では、公事家入りする場合の足洗料などについての規則を改定している。(52)従来の仕来りでは収まらない状況が生じたからであろう。

また前述のように、それより少し前の寛延三年（一七五〇）、小栗栖村では二三軒の新公事家を立てている。近世後期の冒頭という時期に、公事家体制の動揺があって、その再編成が行われたのではなかろうか。材木生産の発展にともなう小農型林業の変化と関連していることは明らかである。次章で考察する。

第六節　材木方の成立

材木方がいつ頃できたかを伝える確たる史料を欠く。したがって傍証に頼らざるを得ない。三橋時雄は、徳川幕府が飯貝で口役銀を徴収し始めたことに材木組合の起源を求めている。(53)筆者もこれに同意する。まず大和国の村々に建てられていたという二つの高札文言を手がかりに考察することにしよう。ひとつは口役銀に関するもので、もうひとつは流木に関するものである。

一吉野郡之内、山かせき材木其外品々口役、先規より御運上にて百姓請負之畢、若口役不出之へり道をいたし荷物出候もの有之は、押置可申来事、

一川上ニて為商売杣取いたす材木、大水之時分取なかし、川筋之在々ニて取揚は、先規のことく木主と立会極印ヲ改、拾本之内七本木主へもとし、三本ハ留賃ニ取へし、大水も不出自然に取流す材木は、拾本之内八本木主へ返し、弐本ハ留賃に可取之事、

附、極印無之材木たりとも、木主紛於無之は、右同前たるへき事、

右之条々於令違背は可為曲事者也、

これは元禄一三年（一七〇〇）の「御定書」[54]から引いたものであるが、実はこの高札はすでに寛永年間（一六二四—四四）に吉野郡中に建てられていたという。[55]

口役銀については、これまで何度かとりあげているので、詳しくはいわないが、吉野川流域から移出する材木に課税された流通税である。課税額は材木価格の一〇分の一といわれた。徴収額から金一〇〇両を幕府に上納し、残りは川上・黒滝両郷に百姓助成として下付された。両郷は飯貝・下市・加名生村に番所を設置し、番人を派遣して徴収に当たったが、事務は上市や飯貝の商人に委任したようである。[56]

材木等の荷物を出す者、あるいは刻（極）印の所有者は材木商人である。流木の所有者を刻印によって判別するには、刻印を第三者機関に登録しておかなければならない。その機関が当初は飯貝などに設置された番所ではなかったろうか。個別の村方には吉野川流域をカバーする力はない。また代官所のような役所はこの当時この地方になかった。

それでは口役銀制度と材木方とはどのような相互関係にあったのだろうか。高率の口役銀は流通コストを引き上げるので、一面では材木商人にはデメリットであるが、他面ではメリットもあった。材木商人にとって、材木の円滑な輸送は死活にかかわる事項である。とりわけ溜堰をめぐる紛糾、洪水時の流木の回収は難事であった。彼らは自らの材木を口役銀上納の御材木と位置づけることによって、安全で自由な通行を確保したのである。

乍恐書付ヲ以御願奉申上候

織田丹後守殿御預り所

吉野郡材木商人惣代

川上郷和田村
安兵衛
黒滝郷西谷村
平次郎

一先年より私共郷々之儀は百姓計りニ而渡世難相成候ニ付作間ニ山抔材木商売仕候処、右材木之儀ハ吉野川筋江筏組下し紀州和歌山大坂表江相廻候儀ニ御座候、古来より吉野大川差下し筏壱床ニ付口役銀七分五厘宛為　御運上相納川陸共無滞通路仕来り候、然ル所御代官久下藤重郎様南都御在役砌り、川筋村々ニ而相滞候儀御座候ニ付、川筋村々江相滞不申様ニ御廻文御願奉申上候処、御聞届被為　成下、御廻文ヲ以材木無滞様被為　仰触候ニ付、夫より以来小谷川々之儀ハ格別大川筋ニ而相障候儀無御座候、難有仕合ニ御座候、尚又　紀州様へは和歌山表材木相場ヲ以壱割御口銀御上納仕候ニ付右材木相障無御座候、万一水難等ニ而相障儀有之候節ハ岩出口役番所へ御願奉申上候得は、早速御廻文ヲ以無滞様被為　御触候故紀州御領分ニ而ハ可滞儀も無之通路仕候、別紙御廻文之写奉御高覧ニ候（中略）

吉野郡材木商人惣代
川上郷和田村　安兵衛
黒滝郷西谷村　平次郎

明和四年亥十一月十七日

南都
御番所様（小川郷木材林産協同組合所蔵・明和四年「大川筋御廻文願書写」、『吉野林業史料集成（七）』二頁）

この願書は、川上・黒滝両郷の材木商人惣代が、川筋の漁撈者によって流筏が妨げられているので、この排除を南都番所へ歎願したものである。彼らは、幕府に口役銀を、紀州藩に口銀を上納することを前面に掲げて、筏の安全通行を求めている。口役銀や口銀は筏の安全通行を担保していたのである。この時添付されたのは、元文二年（一七三七）の流木回収に関する触書及び享保一七年（一七三二）一月、紀ノ川筋に出された流木回収とさやもとりせき（川箕藻取塞＝魚梁）に関する回文である。(57)

この歎願は「材木屋一統ニ連印ニ而差出し候様(58)」とのことで一旦却下されたが、翌五年五月、三〇ヶ村三六人の連名で再願した。同年六月二八日付で、「材木之儀ハ口役銀も致公納候事ニ候条向後材木筏之通路之節指支無之様可致候(59)」との触書が大川筋に出された。口役銀を公納する材木ということが前面に出されている。丹生川筋については別途裁許書の写しが示された。(60)

この歎願で注目されることは、川上・小川・黒滝・中庄・池田・国栖郷村々の商人が連署していることである。明らかにこれは材木方の組織的な行動である。もちろんこの時期には材木方は存在していた。このような歎願は集団的な行動でなければならず、そこに同業組合が成立する必然性がある。船越昭治氏は木材商業における株仲間結成の動機を、「外部に対する自己の保障と、営業の内部規律(61)」に求めているが、吉野においても、材木筏の安全で自由な通行という「外部に対する自己の保障」が材木方の結成動機であったに違いない。

さらに一七世紀を通して吉野川の浚渫工事が進み、奥地から和歌山への流筏が可能になると、その維持管理が重要事項になる。それは村を超えた事項であるから、村方では十分に対応できない。そこにも材木方の存在意義が見いだせる。

口役番所は口役銀の徴収が本務であり、筏の安全通行を確保することや筏通路の維持管理等は直接の業務ではない。材木商人が成長すれば、筏の安全通行に関する業務はそちらに委任するのが自然の成り行きであろう。口役銀の徴収組織である両郷口役仲間から、材木商人の成長にともなって材木方が独立したと見るのが合理的な推察である。

それではその時期はいつ頃であるか。現時点では史料を欠くので、推察するしかない。管見では元文六年（一七四一）の「商人仲間定目録」[62]が一番古い記録であるが、この時を始まりとするわけにはいかない。享保一七年（一七三二）の御廻文に、「急度吟味可有之旨木主ども江右役人申聞候処」[63]とか「此度之儀ハ右木主共申出品も有之候ニ付」とあり、歎願したのは「木主共」すなわち材木商人の集団である。

さらに本節の冒頭に掲出した流木に関する高札文言中の極印（刻印）を持った木主は材木商人であるが（二三二頁）、それを照合する組織は元禄の頃にはすでに材木方ではなかったかと考えられる。そうだとすれば、ここまでは材木方の存在を確認することができる。筆者はさらに遡行できると考えているが、寛文七年（一六六七）作成の『口役目録』には、残念ながら材木方の存在を示すものがない。正確な材木方の成立時期については後考に俟ちたい。

第七節　山元主導の流通機構の確立

寛永一六年（一六三九）、五條伝馬所（五條馬借所）が設立された。それまで五條―和歌山間を川舟で相互に自由に往来していたが、寛永八年、紀州藩によって紀州橋本（現和歌山県橋本市）で差し継ぎするように改められたことに対応して、五條商人等が公儀に出願して許可されたものである。[64]五條伝馬所は川筋だけでなく、奈良盆地や吉野郡奥地への人馬の継ぎ立てもおこなった。のち須恵村・新町村も加わって三ヶ村で運営された。

享保一九年（一七三四）三月、吉野川を下る筏の上荷の松板三二束が五條村の者によって差し押さえられ、以後、上荷を積む筏の通行が差し止められる事態が発生した。当然、上流村々の「山川稼物代」として、東川村弥七郎・上市村源右衛門・西谷村次郎右衛門・堂原村九右衛門・立野村権兵衛・中奥村平助の六人が奈良奉行所に訴訟を起こした。東川村弥七郎・上市村源右衛門・立野村権兵衛の三人が材木商人であることはわかっており、川上郷・黒滝郷・中庄郷各二人という顔ぶれから見ても、この六人は全て材木商人であると考えられる。この出入りは奈良奉行所では埒が明かず、京都奉行所に持ち込まれた(65)。

五條村など三ヶ村の言い分は次の通りであった。

(1)寛永一六年以来御伝馬御用を勤めてきた。万一抜け通りをする荷物があれば、差し押さえることになっている。

(2)近年、吉野山中より紀州へ下る荷物が減少したので不審に思っていたら、筏の上荷にしていることが判明した。

(3)昔から筏に上積みして通行することはなかった。このようなことをされたら、五條村の馬借所は成り立たないので、筏の上積みを差し止めてほしい。

これに対して吉野郡一一八ヶ村の惣代は次のように反論した。

(1)板・杉皮・包丸太(66)の類は筏の上荷だけで輸送しているのではなく、吉野川の満水・渇水または急用時には五條村へ馬で出し、五條から川舟で橋本に送っている。

(2)天之川辺りの村々は歩行荷であるので、五條へ直送し、川舟で橋本に送っている。

(3)黒滝郷やその他川上の村々から下す分は筏に上積みしている。

なお反論の中で、「延宝年中下市問屋利兵衛より橋本町花屋吉兵衛を頼杉包丸太并杉板口前銀減少之儀ニ紀州表江相頼其通相済候」という文言は、杉包丸太に関する『寛文目録』(第一章第二節参照)の内容を証明するものである。

京都奉行所からさらに所司代に伺いが立てられ、同二〇年九月、所司代において次のように裁許された。

吉野郡中より紀州表江差下シ候包杉丸太杉樅板杉皮類山方より五条村江出し五条村より紀州橋本江船ニ而下

シ候共、又ハ川上より筏上積ニ而下シ候共、其村々先年より仕来り候通山出し勝手よろしき方ニ可致候、去寅三月五条村へ取置候板三十弐束差返し、向後五条村須恵村新町村之者共吉野川筋筏上積之儀相妨ケ申間敷候、且又五条村問屋場ハ往来之諸荷物運送之助力を以御馬借御用相勤候事ニ候間、自今ハ五条村へ陸出シ之荷物相増候様ニ吉野郡中之者共も可相心得候、此度及争論ニ候憤を以積はかりにて差下候ハヽ、可相咎者也

(黒滝村寺戸・田野家文書「和州吉野郡川上黒瀧両郷と同国同郡宗川檜川加名生古田四郷陸荷材木口銀出入遂糺明候上令裁許之条々」より)

吉野郡中一一八ヶ村の完勝である。五条や橋本で中継することなく、山元から和歌山まで流筏ルートを利用して筏上荷を直送することが公儀によって認められたのである。時間と費用を要する小刻みな中継から脱却することは材木商人にとって大きな利益である。彼らが自前の材木流通機構を確立したのである。もちろん、丹生川筋の材木商人のために置かれていた五条や野原の中継問屋はこの出入りの埒外である。

この訴訟で注目されるのは材木商人が前面に出ていることである。木製品の上積みのことであるから当然とはいえ、これだけ大がかりな訴訟をたたかう力量を彼らは持っていたのである。材木商人とか材木方という言葉は出てこないが、「山川稼」というのは材木商人のことである。六人が材木商人の惣代として訴訟を提起したことは、この時期に材木方が存在していたことを示している。(67) なお上荷の中に樽丸が入っていないのは、この時期たまたま積んでいなかったか、馬で運んでいたからであろう。樽丸は山から道端までは女性に背負われて運ばれたほどであるから、馬の背で運ぶことができる。

この訴訟の後の寛保二年(一七四二)、飯貝・上市・立野・六田の四ヶ村の筏乗りが東川村の筏乗りと同村弥七郎を相手取って京都奉行所へ訴え出た。(68) この弥七郎は五條馬借所との裁判で材木商人の惣代として出ていた人物である。四ヶ村の筏乗りの言い分は以下の通りであった。

(1)幅八尺、長さ二間の筏は一五たけというのが筏の定法であるが、近年は幅や長さを大きくして乗り下る者がいて、紀州橋本より下流で川舟ともみあいになることがある。
(2)私どもの村々は筏の乗り継ぎ場であるのに、近年、私ども村方にも飯貝・上市の問屋へも断りなく和歌山へ直乗りする者がいる。これでは私どもは渡世の途を失う。
(3)筏の古格を守って、川舟の妨げにならないようにし、山元から和歌山へ直乗りを差し止めてほしい。
飯貝など四ヶ村が東川村の筏乗りを相手取ったのは、東川村に中継問屋があり、筏乗りを抱えていたからであると思われる。一見して、口郷（四ヶ村）の筏乗り対奥郷（川上郷）の筏乗りという対立の構図が浮かびあがる。

東川村の弥七郎らは次のように反論した。
(1)川上・黒滝両郷から伐り出す材木は、筏の継ぎ場など決まっていない。筏の継ぎ場に関しては、奥郷の荷主の送り状に任せており、東川村に下ってきた筏はそれに従って四ヶ村その他へ送り出している。四ヶ村で継ぎ立てねばならない定法などはない。
(2)筏の定法は四、五年前に申し渡されている。いまさら申し立てるほどのことはない。
京都奉行所で取り調べの結果、次の通り「申渡」があった。

右令吟味候処、上郷より和哥山江直乗リ之筏并東川村商人共仕立和哥山へ乗リ下リ候筏ハ構不申、川上郷より乗来東川村ニ継候分之筏を飯貝、上市ニ而継申度旨申候得共、右四ヶ村ニ而決而可継事ニ候ハヽ、廿年斗以前より直乗致候筏を見遁ニ致置可申道理無之候、従公儀申渡候定法も無之、其外右両村ニ而決而継立候筈と申証拠之書物等無之故ハ半四郎源六申分難相立候、弥七郎申候通上郷より好来候可為贈リ状之通候、併渡世互之儀ニ候間、飯貝、上市、立野、六田四ヶ村之筏乗共渡世も有之様ニ相心得掛ケ可遣候、筏幅長相増候儀ハ五年已前来相守候由、弥以川船ニ不相障、吉野川筋川幅広狭ニ随ひ、筏幅長ケ作略いたし乗通候様ニ

末々迄可申聞候、向後紀州役所より其沙汰於有之ハ吟味之上急度可申付候事

戌十一月

(川上村高原・区有文書、『川上村史』史料編・上巻、二二七頁)

(1)奥郷より和歌山へ直乗りするのも、東川村の商人が仕立てて和歌山へ乗り下るのも、いずれでも構わない。
(2)四ヶ村で継ぐべしとの定法もなければ、その証拠もない。弥七郎のいう通り送り状に任せたらよい。
(3)四ヶ村の筏乗りも渡世ができるように心得よ。
(4)筏の定法は前々通り守ること。

弥七郎らの完勝であった。訴状に連判した一〇人の筏師から「材木丸太商人旦那衆」宛に、なんのわきまえもなく連判したが、私どもは今日まで旦那衆中の筏に乗せてもらって渡世してきたのに、連判するのは不調法である、訴訟を起こした仲間から脱退する、以後も会合には出ないという詫び状が出された。さらに連判には加わっていない一四人の筏師もこの詫び状に連署している。(69)

それだけではなく、上市村又左衛門ら口郷の材木商人一二名も川上・黒滝郷衆中宛に、奥郷の筏乗りの言い分を支持するとの文書を出した。それには「表材木商人共不残両郷之御商人衆中問屋御同前ニ御座候」(70)とある。表材木商人とは口郷の材木問屋ないしは中継問屋であり、その立場からこの文書を出したのである。一見、口郷の筏乗りと奥郷の筏乗りとの対立と見えたこの訴訟の背後には、中間の継ぎ立てや積み替えなどの時間と費用を軽減し、流通過程を合理化したいとする山元の材木商人と中継ぎによって利益を確保したい口郷の材木商人との対立があった。この訴訟に勝利したことで山元の材木商人は自らが主導する流通機構を確立した。逆に口郷の材木商人は中世末以来掌握していた中継地としての主導権をこの時失なった。

享保—寛保期の二つの訴訟に勝利することによって、山元主導の流通機構が確立されたのである。(71)流通機構の主導権を失なったとはいえ、口郷の材木商人は全てを失なったのではない。その後も材木の仕入・中継・金融な

どで役割を果たした。とくに金融面で山元の材木商人に大きな圧力をかけたのである。

（1）笠井恭悦「吉野林業の発展構造」二五頁（『宇都宮大学農学部学術報告』特輯第一五号、一九六二年）。
（2）『口役目録』は、吉野町飯貝・林家、同柳・法雲寺、川上村中奥・春増家、東吉野村小・谷家に伝来している。本書では林家の目録を使用した。
（3）柚木学『酒造経済史の研究』一六三頁（有斐閣、一九九八年）。
（4）森庄一郎『挿画吉野林業全書』（伊藤盛林堂、一八九八年）。
（5）柚木学は前掲書で、吉野の樽丸生産は享保以降という『挿画吉野林業全書』の記述を批判し、伊丹酒はそれ以前から吉野杉の樽を用いていたと思われると述べている（一六八頁）。柚木は『伊丹市史』を引いているが、『伊丹市史』は吉野郡北山地方の史料にもとづいており、吉野林業地帯の史料ではない。
（6）北村又左衛門『吉野林業概要』（改訂版）、一二七頁（北村林業、一九五四年）。
（7）川上村井光・伊藤家文書。参考資料として奈良県庁に提出されたものが「口役銀に関する資料綴」として奈良県立図書情報館に保管されている。また『川上村史』史料編・上巻、六三～七六・七八～八四頁に収録されている。
（8）東吉野村小・谷家が所蔵する『成功集』全五冊には、請願運動の中で作成された歎願書などの写しや、利害の相対立する川上・黒滝郷の資料が収録されている。
（9）泉英二「吉野林業の展開過程」三四五頁（『愛媛大学農学部紀要』三六巻二号、一九九二年）。
（10）熊澤蕃山『宇佐問答』下、一四五頁（『神道大系』論説編二一、神道大系編纂会、一九九二年）。
（11）『日本林制史資料』江戸幕府法令、六一～六二頁（朝陽会、一九三〇年）。
（12）元禄期と文化期の文書は吉野町喜佐谷・区有文書、他は同町菜摘・大谷家文書。
（13）吉野町喜佐谷・区有文書。
（14）吉野町菜摘・大谷家文書。
（15）吉野町南国栖・山本家文書、文化一二年「栢小物成山役改帳」、拙稿「吉野林業の成立と展開――借地林業についての若干の問題――」（『吉野町史』上巻、七八一～七八二頁）を参照されたい。

(16) 津風呂村領大田山に関する証文綴りは、吉野町柳・中尾家の所蔵である。

(17) 木村博一の「大和の竜門騒動」は『歴史評論』四一号（一九五三年）に発表されたが、『吉野町史』上巻に転載され、さらに同氏『近世大和地方史研究』（和泉書院、二〇〇〇年）に収められた。

(18) 吉野町山口・上田家文書。

(19) 吉野町柳・法雲寺文書。

(20) 現在原本は残っていないが、明治九年の訴訟に寺戸村が提出し参考資料の中に延宝検地帳があり、『吉野・黒瀧郷林業史』（岸田日出男編、林業発達史調査会・徳川林政史研究所、一九五七年）はその表紙を掲出している（二八七頁）。また元禄一六年の南都代官辻弥五左衛門の裁許状が読み下し文で収められている（二七六〜二七八頁）。

(21) 黒滝村寺戸の家治家が所蔵する宝永五年から明治一〇年までの訴答文書は、『吉野林業史料集成（一〇）』（筑波大学農林学系、一九九二年）に収録されている。

(22) 有木純善「吉野林業技術史」一九頁（『林業技術史』第一巻、地方林業史・上、日本林業技術協会、一九七二年）。

(23) 宮崎安貞『農業全書』（『日本農書全集』一三巻、農山漁村文化協会、一九七八年）。

(24) 加藤衛拡「『吉野林業全書』の研究」一九四〜一九六頁（『徳川林政史研究所研究紀要』昭和五八年度、一九八四年）。

(25) 大蔵永常『広益国産考』（『日本農書全集』一四巻、農山漁村文化協会、一九七八年）。

(26) 「諸材木買方発端市札定法之事」五三〇頁（『大阪経済史料集成』六巻、大阪商工会議所、一九七四年）。

(27) 川上村白屋・区有文書「乍恐謹而奉願　上書」（注9泉前掲論文、四一二頁、『吉野林業史料集成（一〇）』一九頁）。

(28) 秋里籬島『大和名所図会』（復刻版）、六四八〜六四九頁（歴史図書社、一九七一年）。

(29) 「植え付け」というタームを使ったのは、近世の山論文書に、「植え出し」と対比して使われているからである。享保六年の小村小百姓の訴状に「所持の山畑古林之外村山植出シ切開猥りニ可致子細曽以無御座候」とあり、この内済状に「自今ハ御高場領之儀者側並見付ニ杉檜植付支配可仕定也」とある。また黒滝郷の寺戸村と中戸村との山論において享和二年、寺戸村が「元禄十六未年御代官辻弥五左衛門様御支配之節右大領出入ニ相成、御検分之上為後証御裁許絵図面墨引被成下、下地端々ニ中戸村支配之杉檜御座候へ共聊之儀故寺戸村よりも差構不申（中略）、中戸村より右場所へ段々杉檜木等猥ニ植出候ニ付」と訴えたところ、中戸村は「右之場所ニ在之候立木夫々持主より先繰々売木或は用木等ニ伐払、其跡地へ杉檜木等植付、従古来今ニおいて連綿と支配仕来候、外新規猥ニ杉檜木等植出し候儀ハ曽而無之候」と反論した。このように「植え付け」と「植え出し」とは対比して使用され、前者は個人持ちの土地に植林するという含意があり、後者にはそこから村山へ浸食するという含意がある。

(30) 東吉野村小川・山添家文書「乍恐書付を以奉申上候」(『東吉野村史』史料編・上巻、八二七頁)。
(31) 注(1)笠井前掲論文、二五頁。
(32) 同右、二七頁。
(33) 東吉野村小・天照寺文書、享保一二年「潰百姓逐電百姓御改帳」、同一四年「潰百姓逐電百姓牛馬改帳」(『東吉野村史』史料編・上巻、三三四〜三四一頁)。
(34) 東吉野村小・谷家文書、寛延四年「売渡し申林領分之事」。
(35) 東吉野村小・区有文書、天保三年「字伯父び処歩口帳」。
(36) 東吉野村小・区有文書、文政七年「売渡申杉山之事」。
(37) 天理図書館所蔵・土倉家文書。樫尾村を対象にした研究としては、加藤正男・井ヶ田良治・君村昌「林野入会に関する若干の問題」(『同志社法学』四〇号、一九五七年)が詳しい。この論文は「近世村落身分秩序の崩壊――奈良県吉野郡中庄村樫尾――」として、井ヶ田良治『近世村落の身分構造』(国書刊行会、一九八四年)に再録されている。
(38) 同右、一八七〜一八八頁。
(39) 同右、一八〇頁。
(40) 原田敏丸『近世入会制度解体過程の研究』(塙書房、一九六九年)。
(41) 塩谷勉『部分林制度の史的研究』五五五頁(林野共済会、一九五九年)。
(42) 同右、二頁。
(43) 東吉野村小川・東家文書「拾八ヶ村高棟書有之」(『東吉野村史』史料編・上巻、一一五〜一一八頁)。
(44) 東吉野村小・天照寺文書、寛保三年「吉野郡飯貝組小村明細帳」(『東吉野村史』史料編・上巻、二九〇頁)。
(45) 東吉野村小・谷家文書、文化一三年『当郷永昌録』(『東吉野村史』史料編・上巻、九二二頁)。
(46) 東吉野村小栗栖・区有文書、寛延三年「村中公事家究之帳」(『東吉野村史』史料編・上巻、一〇六一〜一〇六五頁)。

(47) 川上村井戸・区有文書、明和三年「惣村中連判一札之事」(『川上村史』史料編・上巻、四八九頁)。
(48) 吉野町柳・法雲寺文書、元禄四年「村中役家間数改覚帳」。
(49) 吉野町西谷・区有文書、宝永三年「村高家数人数小物成山間数改帳」。
(50) 東吉野村小・谷家文書、天明四年「辰年御年貢請取帳」。
(51) 注(37)加藤・井ヶ田・君村前掲論文、一七二頁。
(52) 宝暦一二年の小村「村方式定覚」(『東吉野村史』史料編・上巻、一〇七一~七二頁)。
(53) 三橋時雄『吉野林業発達史』七五頁(林業発達史調査会、一九五七年)。
(54) 注(11)『日本林制史史料』江戸幕府法令、八八頁。
(55) 高札文言は地方文書にも出ている。口役銀については、文化五年に黒滝郷寺戸村が黒滝郷中へ差し出した書面に、寛永二年御口役の取立が不埒にならないよう郡中七ヶ所へ制札をたてたという記述がある(『吉野・黒瀧郷林業史』五七頁)。流木については、明和五年に郡中材木方が筏の円滑な輸送を確保するために吉野川筋への廻文を願い出た文書の中に引用されており、寛政四年の同趣旨の願書にも同様の記述があって、この制札は寛永年間の代官小野宗左衛門の時建てられたもので、南都代官辻彌五左衛門によって書き換えられたとある(小川郷木材林産協同組合文書、明和四年「大川筋御廻文願書写」、『吉野林業史料集成(七)』一五・二一~二二頁、筑波大学農林学系、一九九〇年)。
(56) 「両郷御口役記録」(『川上村史』史料編・上巻、六七~六八頁)。
(57) 小川郷木材林産協同組合文書、明和四年「大川筋御廻文願書写」(『吉野林業史料集成(七)』四~五頁)。
(58) 同右、七頁。
(59) 同右、一二~一三頁。
(60) 同右、一三~一五頁。
(61) 船越昭治『大阪木材市場の歴史的発展の過程』一〇頁(大坂営林局、一九五一年)。
(62) 東吉野村小・谷家文書。
(63) 注(57)と同じ文書(同書、四頁)。
(64) 『五條市史』四九八~五〇八頁。

(65) 黒滝村寺戸・田野家文書。この文書は、「和州吉野郡川上黒瀧両郷と同国同郡宗川檜川加名生古田四郷陸荷材木口銀出入遂糾明候上裁許之条々」という延享三年の京都町奉行所の裁許状の写しの中に、「申渡」という表題で在中する(『吉野・黒瀧郷林業史』一二九～一三五頁にも収録されている)。

(66) 泉英二氏はこの時、京木(磨丸太)が登場したかのように述べているが(注9前掲論文、三六二頁)、すでに寛文年間の『口役目録』にあげられており、この訴訟文書の中でも、「延宝年中……杉包丸太云々」という文言がある。

(67) 泉氏は、東川村弥七郎ら六人が一一八村の「山川稼」を代表したことをもって、「後の郡中材木方の活動・組織の先駆けとみることもできよう」(注9前掲論文、三六一頁)と評価している。「先駆け」と見るかそれとも確立していると見るべきか、筆者は後者と見ている。

(68) 川上村高原・区有文書、寛保二年「筏出入御戴(裁カ)書之写シ」(『川上村史』史料編・上巻、二二七頁)。

(69) 川上村中奥・春増家文書、寛保二年「一札之事」(『川上村史』史料編・上巻、一〇四～一〇五頁)。

(70) 川上村中奥・春増家文書、寛保二年「口演」(注9泉前掲論文、三六二～三六三頁)。

(71) 注(9)泉前掲論文、三六三頁。

第四章　小農型林業の変質

本章の課題

小農型林業は近世後期になって変質を余儀なくされる。宝暦期（一七五一―一七六四）以降を近世後期とするが[1]、この頃になると、商品生産の発展によって農民に余剰が生まれ、それにともなって流通機構が再編成される一方で、農民層分解が激しくなり、百姓一揆が大きな高まりを見せる。大和国内でも、国中地方では綿や菜種などの商品作物の栽培が広がり、富裕な百姓や綿商人・絞油商人が輩出した[2]。宇陀地方の経済的中心地であった松山町を中心に宇陀郡や吉野郡には、宇陀紙（吉野川流域で漉かれた紙）の仲買商人が宝暦年間には四〇人もいた[3]。吉野郡の在郷町である上市は林業地帯を後背地として発展してきたが、江戸中期に最高の発展を見せた[4]。こうした経済発展を背景として、吉野川中下流域や国中地方の商業資本・地主資本・高利貸資本が新たな投資先を求めて、吉野林業地帯に進出してきた。それによって吉野林業は新たな展開を見せる。

藤田佳久氏は、一八世紀の前半を本格的な育林の開始期とし、後半以降を内的充実期としている[5]。泉英二氏は、宝永期から幕末期を近世中・後期として、この時期を吉野林業の確立期と見た[6]。中期と後期をどこで区切るのかわからないが、おそらく中期を確立期と見ているのであろう。とすれば後期は展開過程ということになるのだろうか。内的充実とか展開・発展といっても主観的な表現であって、その中にどんな内実が込められているかが問われるべきである。

京都大学人文科学研究所林業問題研究会の研究によると、川上村入之波(しおのは)における北村家の元禄一四年（一七〇一）以降の山林集積過程は、元禄一四年から寛延三年（一七五〇）までの五〇年間で永代地（所有山地）が三七ヶ所、戻地（借地）が一四ヶ所であるのに対して、宝暦元年（一七五一）から寛政一二年（一八〇〇）の五〇年間では、永代地一九二ヶ所、戻地二五八ヶ所と飛躍的に増えている。そのターニングポイントは宝暦年間にあった(7)。三橋時雄の研究によれば、川上郷におけるK家（北村家であろう）の借地林の取得状況を見ると、正徳以前が一件、享保―寛延期が〇件、宝暦―明和期が五件、安永―天明期が一四件となっている(8)。

また、筆者が調査した土倉家の山林売買証文数は、元禄から寛延までの六〇年間はわずか一三枚に過ぎないが、宝暦期一四年間だけで二九枚に増える(9)。

以上の指標は、宝暦以降吉野林業をめぐる経済活動が活発になり、新たな発展過程に入ったことを示すものである。宝暦期をもって近世後期の始まりとする所以である。

本章でもまず材木生産から考察する。享保期に酒樽の原料である樽丸の生産が始まり、吉野材の名声が広がった。一八世紀後半の材木生産の発展はめざましかった。樽丸生産は短伐期施業を長伐期施業に変え、小農型林業の分解を促進し、変質させる要因になった。

一七世紀から始まった吉野川の浚渫は一八世紀には各支流にもおよび、流筏システムが完成した。とくに加名生川（現丹生川）の流筏システムがどのように整備されたかを詳しく考察する。吉野川浚渫の史料がほとんどないので、加名生川の事例から流筏システムが確立されていく過程を明らかにすることができるからである。

生産の発展と流通機構の整備とによって、吉野林業地帯（産地）と和歌山・大坂市場はますます固く結ばれていった。産地と市場の関係は材木商人と問屋の関係であり、そのあり方を具体的に明らかにするとともに、問屋の支配によって産地が収奪されるという過去の先験的な見方を再検討したい。

この期の最大の変化は借地林業制の広がりである。かつて吉野林業の最大の特徴といわれた借地林業制については、笠井恭悦氏や藤田佳久氏等によって、その実態は立木の年季売りにすぎず、字義通りの借地林業制はきわめて少ないといわれている。笠井説の検討は別の場所に譲り（補論1参照）、ここでは小農型林業との関係を論じる。

材木商人の同業組合である材木方は流通機構を確立する一方で、市場経済機構に組み込まれていく材木商人の守り手としての役割をよく果たした。近世における吉野林業は材木方を抜きにしては語れないのに、これまでその活動がほとんどとりあげられなかった。本章では、いくつかの時期の活動をとりあげて、材木方の活動を具体的に明らかにする。

第一節　材木生産の発展

材木生産の質

ここでも最初に、明和五年（一七六八）の『口役目録』（以下『明和目録』という）を手がかりにして考察しよう。表1は『明和目録』をまとめたものである。前章の『享保目録』と比較しながら、そこから判明することを列挙しておこう。

(1)口木の樹種は『享保目録』と大差がない。下木に桂が加わり、樹種が一三種になった。

(2)口木の規定が簡略になっている。口木について「右者角類口銀定法也、古目録表割合如斯」と断り書きがあるが、わざわざこのような断り書きをするのは、実態に合わなくなったからで、杉檜以外の材木生産が減少しつつあるからではないだろうか。

表1　明和口役目録

口木の種類	形　態・口　銀　額
上木　檜・槇・榧	角類　　口銀　1本　上口3分　下口2分
中木　真田・香鉢	角類　　口銀　1本　上口2分　下口1分5毛
下木　松・杉・樅・栂・朴・栗・桂・五葉	角類　　口銀　1本　上口1分2厘　下口8厘
真田・檜	長　1丈　口径3寸～3.5寸　口銀　1本6厘 同　口径4寸～4.5寸　口銀　1本1分
上木	1間戸田　口銀　1挺2分5厘(格別大戸田は見合い) 槇戸田　口銀　1挺4分
口木角材の形態と価格換算　長1丈～3間　口径5寸～1尺　2間×5寸角に換算	
樹種・材種	形　態・口　銀　額
槻	角　長1間～1丈　口径5寸～9寸　口銀　1本2分～1匁2分 丸物・平物　長1丈　口銀　1本5分 丸物　長2間～5間　末口1尺～2尺　口銀　1本6分～8匁 毛槶　口銀　1挺4匁 油臼　口銀　1つ5匁　(格別大きな物は見合い)
船　板　杉・栂	長5尋～15尋　口銀　1枚6分～27匁5分
帆　柱　檜・杉	長5尋～18尋　口銀　檜1本8分～450目 口銀　杉1本4分～150目 口銀　槇柱は檜柱の1割半増し
檜　そ	長1間～7間　口銀　1床4分5厘～7匁
その他	桐(丸太)　口銀　1床3匁　1駄5匁 蘭　2間×5寸　口銀　1本4匁 桑　口銀　1本　末口5寸　5分　同1尺　1匁5分　同1尺5寸　4匁 月役　長1丈・2間　口銀　100本　3分
板	戸板・天井板・杉檜敷板・樅栂底板・栢檜6分板・栢板水棚(口銀は各別)
木製品 (口銀は各別)	諸木風呂・宮仏壇・杉京木・同すきや・檜皮・櫛木・雑木丸太・杉樽榑・鍬平・木履・杉榑木・枌・敷・杓柄・桑角・朴板・桑板・木地・曲木・槇榑木・おうこ木・小板・松角・木舞・諸木槶・諸木鴨居・ねり・槇皮・戸・障子・将棋盤・同四方伐・双六盤・車戸・椅掛箱・挟箱・車長持・櫃・長持・摺磨・諸木枡・鍋蓋・太鼓筒・火燵・箪笥・紙箱・葛箱・水風呂榑・大曲木・麴蓋・槇荷桶榑・櫟2間角・櫟板・とおふしのかわ・櫛台・葬礼具
灰役…石灰・木灰　年450目　川上郷高原村請負､同村より上納	
敷役・塗役　年100目　下市敷屋・塗師屋仲間より上納	

出典：吉野町飯貝・林家文書

注：上口とは奈良盆地方面へ人馬で運ぶもの。下口とは紀州・大坂へ舟や筏で下るもの。

(3)槻は角・丸太・板・毛貫等に加工されているが、これは『享保目録』とほとんど変わりがない。

(4)船板は二~九尋から五~一五尋に、帆柱は五~一四尋から五~一八尋にと両方とも長くなっている。樹種は船板が杉と栂、帆柱が杉と檜の他に槇が加わっている。槇の口銀は檜の一割半増しである。

(5)檜その長さは一間・一丈・二間、二間より先は半間刻みで七間まで細かく規定されている。これは単位が床で示されていることから、筏である。樹種が書かれていないが、他史料から見て中心は杉と檜である。これが吉野林業の主力商品である。

(6)木製品の品目が五五品目に増加している。ちなみに『享保目録』では二一品目であった。

(7)木製品の中に杉樽榑が初めて出現した。これが杉檜丸太と並んで吉野林業の主力商品となる樽丸と榑(くれ)である。酒の四斗樽に使用するものは樽丸、榑とは醸造用及び貯蔵用の桶の側板である。醤油用は醤油榑、棺桶用は早榑といった。[(10)] 杉樽榑が出現したことが『明和目録』の最も注目すべき事項である。しかし樽丸は享保期から製造が始まったのであって、第三章でとりあげたから、ここではふれない。

(8)杉京木は、『寛文目録』や『享保目録』にある杉丸太包木のことで、杉の洗丸太である。吉野林業の銘柄品であるが、第二章で詳説した。

(9)口銀額については、本章の課題と直接的に関連しないから説明を省く。

この目録も材木生産の実態との間に大きな乖離がある。目録は徴税リストであって、徴税対象を可能な限り広くしているので、吉野材の範囲は分かるが、なにが主力商品であるかはわからないし、各商品の生産量の多寡などについてはなにも情報がない。天然林材や加工材が中心であるかのように見え、杉檜丸太ははるか後景にしか見えない。だから目録から受けるイメージでもって判断してはいけない。

杉檜丸太について考察しよう。吉野林業の主力商品は杉檜丸太であったが、それも間伐材の小中径木であった。

表2　仕切状の丸太等の分類表　（単位：本数）

	小丸太	小中丸太	中丸太	大中丸太	大丸太	方木	柱角	計	その他	
杉　1丈	1,251	51	162		1		12	1,477	松角　1間・1丈・2間	160
1丈1尺			522		6			528	柏　2間方木	1
2間	3,839	93	1,602	50		604	48	6,236	朴　丈尺大丸太	1
3間	1,954	195	896					3,045	杉檜柏　2間中丸太	21
4間	65							65	杉小物	14
杉　計	7,109	339	3,182	50	7	604	60	11,351	杉末木	5
檜　1間							4	4	その他計	202
1丈			4				7	11		
1丈1尺			108		3			111		
2間						8	26	34		
3間			1					1		
檜　計			113		3	8	37	161		
合　計	7,109	339	3,295	50	10	612	97	11,512	総　計	11,714

出典：東吉野村小・谷家文書『成功集』第一
注1：分類しがたいものはその他とした。
2：杉2間丸太の中に若干の檜と柏が含まれるが、その数は165本以下。

杉の大径木は樽丸に使われた。表2は、明和元年（一七六四）から天明八年（一七八八）までの二五年間の仕切状二三通をまとめたものである(11)。二二通が和歌山問屋、一通が大坂問屋の発行で、いずれも小川郷から出荷されたものである。

杉丸太が九九％と絶対的な比重を占め、その中でも小丸太が六二％、次いで中丸太が二七％と、ほとんどが中小径木である。『挿画吉野林業全書』や『吉野山林語彙』によると、各丸太の樹齢は、小丸太が二〇～三〇年生、小中（こちゅう）丸太が三〇～四〇年生、中丸太が四〇～五〇年生、大中丸太は中丸太の二間もの、方木（ぼーぎ）は六〇年以上、大丸太はどの書にも説明はないが、五〇～六〇年生であろうか。吉野杉は密植で木目がつんでい

表３　「岩出御口銀願目録」(案)

杉			
長	形状		口銀
１間	方	８本１床	３匁２分
		６本１床	４匁８分
１丈	小	１床	１匁５分６厘
	小中	１床	１匁５分
	中	１床	２匁
２間	小	１床	３匁３分
	小中	１床	２匁７分
	中	１床	２匁６分
	方	16本１床	２匁６分
		14本１床	３匁５分
		10本１床	５匁５分
		８本１床	８匁８分
		６本１床	13匁８分
３間	小	１床	５匁
	小中	１床	４匁２分
	中	１床	５匁４分
４間	小	１床	８匁
角材			
樅	２間×５寸　１本		３分５厘
栂・真田	２間×５寸　１本		４分
檜	１間×５寸　１本		３分５厘
	１丈×５寸　１本		３分５厘
	２間×５寸　１本		３分５厘
	２間×５寸　１本		５分

檜			
長	形状		口銀
１丈	中	１床	２匁７分
	方	16本１床	１匁９分２厘
		14本１床	３匁３分６厘
		10本１床	４匁５分
２間	方	16本１床	３匁６分８厘
		14本１床	６匁５分８厘
		10本１床	10匁
		８本１床	16匁
		６本１床	24匁
小物類			
１丈束木		１駄	１分
同　包		１駄	１分５厘
１丈中		駄物	１分５厘
２間束木		１駄	１分２厘
同　包		１駄	１分８厘
３間		１駄	１分２厘
同　包		１駄	１分８厘
杉皮束物		１間	代２分５厘
同上棟挟		１間	代２分５厘

出典：小川郷木材林産協同組合所蔵・寛政５年「願書写」(『吉野林業史料集成(７)』30〜32頁)

注１：杉２間方の16本、14本、10本は記入がないが、檜に準じて判断した。檜２間方の10本については口銀しか記入がないが、前後から判断して10本とした。

２：口銀は価格の１割となっているので、記入間違いと思われるものは１割に訂正した。

３：この他に杉船板、杉檜樅の柱、檜長物、また栢、槻、桐、樫、栗、桜、雑木類があるが量は少ない。

るから、中丸太で末口が平均五寸、方木でようやく六寸以上である。大丸太以下は間伐材である。方木の中にも間伐材があろう。

もう一つ同時期の史料をあげておこう。吉野材は和歌山へ流送される途中、紀州岩出で紀州藩から口銀を徴収された。この徴収が煩雑で高直がちであったから、材木方は再三軽減と定免制を要求した。寛政五年（一七九三）の歎願書に「岩出御口銀願目録」[12]が添付されている。これは材木方が丸太と木製品の時価を判断してその一割を口銀とするよう要望したものである。この訴訟は本章第五節でとりあげる。この目録はそれまでの目録とは違い、材木方が作成した案であるから、当時の流通材の実態が正確に反映されている。ここでも杉と檜の丸太が圧倒的であることが明白である。表3はその「目録」である。

主力商品が杉の中小径木の間伐材であり、しかも小区画山林での間伐であるから、取引のロット（単位）は零細であった。これが中小の材木商人が活発に活動し得た要因である。

ちなみにこの時期に樹齢六〇年以上ということは、享保以前に植林されたということになる。『享保目録』や『明和目録』が実態を正しく反映していないことも明らかである。

丹生川筋では黒滝郷が主産地であるが、ここでも天保期になると、「近来古木切尽シ何れ共重ニ小木ニ相成候」[13]というように、間伐材の伐り出しが主流になっていた。筏に組まれた杉檜丸太は、末口一寸五～六分から四寸までで、末口六寸以上は一本流しであった。[14]ほとんどが筏組にされる中小丸太であった。

材木の生産量

この時期になると、材木の生産量が史料に現れてくる。寛政元年（一七八九）に小川郷から芝村役所へ提出した歎願書によると、[15]小川郷から移出された筏は、明和元年（一七六四）から安永二年（一七七三）までの一〇年間は年平均三〇〇〇床、安永三年から天明三年（一七八三）までの一〇年間は年平均六〇〇〇〇床、天明四年から同八年（一七八八）までの五年間は年平均一五、〇〇〇床となっている。また文政六年（一八二三）に小川郷から下った筏は、一九、八八六・五床である。[16]

文政年間（一八一八―一八三〇）に川上郷西河村で作成された「御口役銀打立高控帳」[17]は、文化六年（一八〇九）に吉野林業地帯の一五郷（天川郷・三名郷・十津川郷は除外）から取り立てられた口役銀額を記録したものである。それによると、総額は銀九八貫四六匁六厘で、うち川上郷分は銀四四貫八三〇目五分三厘（四五・七％）、小川郷分は銀二〇貫六九〇目九分一厘（二一・一％）、黒滝郷分は銀一六貫三三一匁一分五厘（一六・七％）、この三郷で八一貫八五二匁五分九厘（八三・五％）を占めている。この比率は材木の産出量に比例する。

小川郷の比重を二〇％として、吉野林業地帯全体の筏量を推計すると、天明期後半は七五、〇〇〇床、文政六年は一〇〇、〇〇〇床となる。一七世紀の中頃に比べて約三倍増と四倍増である。

天明期の後期と文政六年は筏だけの推計であって、樽丸などの駄物や木製品などは含まれていない。それらを入れて換算するともっと増える。

安政四年、五条代官所の産物調べに応じて、郡中材木方が報告したものが表4である。[18]

杉檜丸太は筏で和歌山・大坂へ移出された建築用材である。金額にして約八四％になる。和歌山売りと大坂売りの比率は三対二、意外と大坂が多い。なお筏は下床で幅八尺、上床の倍になる。吉野林業地帯から流下する筏は途中まで四尺幅で、これを上床といった。川幅が広くなる中流域で（川上郷は東川、小川郷は吉野川と高見川が合流する国樔郷大野村の河原、大正期からは上市・飯貝）横に合体させた。これを下床という。だから上床にすると一〇二、〇〇〇床になる。杉檜丸太につぐのが樽丸である。金額にして約一五％、この二つで九七％に達する。全体を筏に換算すると、約一二四、六〇〇床になる。

束という単位で計上されている杉丸太は小径木で、筏の上荷や駄物として輸送されたものである。これを掲載した『吉野・黒瀧郷林業史』の説明によると、杉丸太は垂木・杭など、杉小作丸太は杉丸太より細いもので稲足・杭・竿など、杉一間割物は四寸角を二つに割ったもので主に敷居類に、一間割物は二寸角を二つに割ったもので廻りぶち・垂木など、杉皮は屋根葺き用である。次が陸荷物である。杉小丸太は産地の近くで販売されるもので、主として杭、檜小角は大体三寸角物で下屋・風呂・便所などに用いられた。杉檜の四分板は天井板か壁板、五分板は壁板、七分・八分板は床板である。(19)

『口役目録』から見えるイメージとは違い、見事に杉檜丸太と樽丸に特化されている。これが近世における吉

表4　安政4年の吉野材の移出量

製品種類	数　量	金　額
杉檜丸太	51,000床	5,600貫
内和歌山売	(30,000床)	(3,000貫)
大坂売	(21,000床)	(2,600貫)
樽　丸	70,000丸	1,000貫
杉丸太	3,210束	136貫
木　数	(8,520本)	
1間　4本束	(650束)	
1丈　3本束	(1,280束)	
2間　2本束	(800束)	
2間半　1本で	(320束)	
3間　1本で	(160束)	
杉小作丸太	1,700束	20貫
木　数	(28,390本)	
8尺　20本束	(680束)	
1丈　15本束	(850束)	
2間　12本束	(170束)	
杉1間割物(二ツ割)	3,200挺	17貫600目
杉1間割物(四ツ割)	4,800挺	14貫400目
杉皮	1,000束	3貫250目
陸荷　杉小丸太	1,400束	2貫450目
木　数	(12,040本)	
8尺　10本束	(640束)	
1丈　8本束	(600束)	
2間　6本束	(120束)	
2間半　3本束	(40束)	
檜小角	3000本	18貫
1間	(1,200本)	
1丈	(950本)	
2間	(700本)	
2間半	(150本)	
杉檜板	3,000束	24貫
枚　数	(32,210枚)	
長　1間　4分板	(800束)	
5分板	(800束)	
7分板	(1,200束)	
8分板	(200束)	

杉皮	400束	4貫400目
	合　計	6,840貫100目

出典：黒滝村寺戸・田野家文書
注1：各数字には「凡」がついているが、本表でははずした。
2：筏は下床で計上されている。上床に換算すると2倍になる。
3：これまで『吉野・黒滝郷林業史』から引いていたが、地元の日浦義文氏のコピーされた史料に当たってみると、若干の間違いがあったので訂正しておいた。

野の材木生産の到達点である。

推計であるが、一七世紀後半から一九世紀中期の材木生産量を時系列で示しておく。

寛文 元 年　二五、〇〇〇床（木製品等を含む）
元禄一五年　四八、〇〇〇床（木製品等を含む）
天明 八 年　七五、〇〇〇床（筏のみ）
文政 六 年　一〇〇、〇〇〇床（筏のみ）
安政 四 年　一〇二、〇〇〇床（筏のみ）　一二四、六〇〇床（木製品等を含む）

第二節　流筏機構の確立

浚渫の進行

吉野川本流の浚渫は一七世紀の最後の四半期に川上郷和田村大島まで到達し、これによって本流筋は流筏が可能となった。一八世紀は、さらに奥地まで進んだ。『挿画吉野林業全書』によると、元文年間（一七三六―一八四一）には伯母谷(おばたに)川の出会いの長殿(ながとの)まで、さらに宝暦三年（一七五三）には川上郷最奥の入之波村まで工事が進んだ。

一八世紀は支流筋の浚渫もおこなわれた。川上郷内では、中奥川が宝暦四年（一七五四）に、上谷(こうだに)川は同九年に、音無川は天保八年（一八三七）に工事を起工している。その他は明治になってからである。小川郷内を流れる高見川は本流につぐ川であるが、宝暦元年の起工という。黒滝郷や西奥郷を貫流する丹生川はやっと嘉永年間（一八四八―一八五四）の竣工である。以上の記述は『挿画吉野林業全書』によるものであって、今のところこれ以外に浚渫の歴史を明らかにするものはない。

流筏にとって最大の難所は川中の岩石である。現在のように発破によって岩石を破砕することができない。長期にわたる難工事はどのようにおこなわれたのだろうか。川上村大滝には今でも川中に岩石が横たわり、わずかに右岸寄りが開削されている。『挿画吉野林業全書』は、万治三年（一六六〇）から寛文三年（一六六三）まで四年かかってここの岩を切り割ったと述べている（三〇二頁）。それだけでは十分でなかったのか、宝暦七年（一七五七）にも再び工事がおこなわれた。この時の申合事項をもとに考察しよう。

相定申証文之事

一大滝割滝入用之義、此度立合相談之上取立方左之通相極申次第

一大滝より奥之村々自分持杉檜木山保切ニ惣代罷出銀目を積り上、其上三保立会割賦仕候筈也、（中略）

一杉檜山掛り銀之義、当秋伐付之杉檜山たりとて自山之分ハ立山同前之義ニ候得ハ掛り銀山主に相掛ケ可申筈也、

一他郷持山之義ハ先達而入用相掛ケ置候得者、此度者改除申候、然れ共入用掛り候以後之杉檜山御座候ハヽ吟味之上自山同前ニ相掛ケ可申筈也、

一わり滝仮せき出来候而筏通り候ハヽ、丸太筏壱床ニ付壱分五リツヽ、且又奥山并里山より出申伐木ハ壱床ニ付弐分ツヽ取り可申筈也、

一わり滝せき之義ハ当分仮せきニいたし、尤惣代之ものより差図次第村々より当分之人足出し申筈也、

一右杉檜山見積として保々より罷出候惣代并村々より案内致候村役人右同様日役賃之義ハ中間滝勘定ニ入申筈也、

右之通左之村々立会互ニ得心相之上相極申候、然ル上ハ来ル九月十日までに村々杉檜山積り上割賦仕、

村々領内限り極月迄壱ヶ村揃ニ取立之、中間に無相違銀子出し申筈ニ御座候、為其極連判如件、

宝暦七丑年六月

寺尾村庄ヤ

重　介　㊞

（他一九村百姓名略）

（『川上村史』史料編・上巻、一〇九～一一〇頁）

申し合わせは次の諸点からなっている。

(1)大滝より上流の二〇村の共同工事である。

(2)大滝より奥にある杉檜山を保ごとに惣代が出張して山林価格を見積り、三保立会で割賦する。保とは川上郷二三村を七保（九村）・四保（五村）・六保（九村）の三つに分けたもので、保単位で行動することが多かった。

(3)杉檜山に対する掛銀は、工事を始める当秋伐りの山に対しても立山同然に掛ける。

(4)他郷の持ち主の山林は先に入用分を掛けているので、今回は除く。しかし今後他郷者が取得した杉檜山は吟味のうえ掛ける。

(5)わり滝や仮せきが完成して筏が通るようになれば、丸太筏一床につき銀一分五厘徴収する。また奥山・里山からの伐り木にも一床につき二分宛徴収する。丸太筏と奥山・里山の伐木に分けられているのはよくわからないが、後者は床積りで掛銀を徴収することではあるまいか。流筏が輸送の主流であった時代、材積を筏の床単位で計算したからである（『挿画吉野林業全書』第六章第六二参照）。

(6)わり滝仮せきに関しては惣代の指図によって村々より人足を出すこと。

(7)杉檜山の見積りに各保より出張した惣代や案内役の村役人には滝勘定から日当を支払う。

この工事は村々が主導する共同工事であり、材木方が表に出ていない。工事の財源は、ここを通行する筏に対する掛銀と、山林所有者に対する掛銀である。その他村々から人足を徴発している。これは材木方の手には負えない工事であった。

村方が主導するのは、村人の大半が伐出業や林業労働に携わり、村最大の産業だからである。また徹底した受益者負担が貫かれている。筏だけでなく、郷内・郷外の山林所有者にも拠出を求めている。今日のように公共事業の財源を公共団体が負担する仕組みがない時代では、これは当然のことである。明治になって大滝の土倉庄三郎が東熊野街道の改修工事のために、山林所有者から山林価格の二〇分の一を徴収して費用に充てたが（青山二〇分の一）[20]、これはその原型である。おそらく一七世紀の浚渫工事もこのようにしておこなわれたのであろう。

このような大工事は村方が主体となって施行されたが、それ以外は材木方がおこなった。

Ⓐ中黒村としわんが大石割り

一中黒村としわんが大石当夏中間より石屋をかけ打割可申候定ニ而割賃之儀ハ跡より相渡可申候事

（東吉野村小・谷家文書、安永五年「小河材木屋組合定書」）

Ⓑ川掘り費用徴収

一郷々ニ而川堀りせき賃之儀ハ商人衆中何方ニ不限材木筋かり流ニ仕候共、床積りいたし何程宛と其所々之商人中御定法之通右之賃銀其時々ニ相渡し材木差下し可申筈也

（東吉野村小・谷家文書、明和三年「材木商人仲間極前書」）

Ⓐの文書は、中黒村を流れる高見川のとしわんが大石は、小川郷材木方が当夏石屋を入れて割ることにしたという決定である。Ⓑの文書は、各郷で実施した川の浚渫や溜堰設置の費用は筏に掛けられるので、材木商人はかり流し（狩流し＝管流）であっても床に見積り、その地の定法に従って渡すようにという取り決めである。

筏の通行には川の浚渫とともに、川水を溜める溜堰や流れを一ヶ所に集める脇堰を設置しなければならない。溜堰は鉄砲堰とも言い、溜めた水を一挙に抜いて、その水勢を利用して筏を流下させるのである。『挿画吉野林業全書』によると、宝暦年間（一七五一―一七六四）に小川郷麦谷村の池田五郎兵衛が発明したというが（三一三頁）、もっと早くからあったのではないかという疑問が残る。しかしこれを証明する他の史料がないから、ここは同書に従っておく。この溜堰の発明をもって流筏技術が完成したということができる。

溜堰には小堰と大堰があり、小堰は水を溜めるだけであるが、大堰は水を溜めるだけでなく、上流から下ってくる長短さまざまな筏を一定の長さに（普通は三〇間）編成するのである。鉄道の操車場と同じである。川上郷の大堰は、北和田・大滝・東川の各村にあった。小川郷は小村の蟻通神社下（現丹生川上神社中社下・本書カバー参照）と鷲家口村（現小川）の宮かげにあった。高見川と吉野川の合流点より下流に溜堰はなかった。

川筋によっては、川の浚渫で村々の利害が対立する場合もあった。小川郷鷲家村（現東吉野村鷲家）は同郷の北西にあり、紀州藩領であった。北は佐倉峠によって宇陀郡と接し、南西すれば一七、八町で同郷鷲家口村（現東吉野村小川）である。この間を鷲家川が流れ、鷲家口村で高見川に合流する。鷲家川は川幅が狭く、水量も少ないので、常水ではとうてい流筏ができず、出水のさいようやく管流ができる程度の小川であった。それ故、丸太の移出はコストが高くなり、やむを得ず板や榑丸・柱材などに加工して牛馬によって国中方面に出荷していた。

天保一二年（一八四一）、鷲家村から五条代官所に対して、鷲家川を幅四尺通りに浚渫したいという歎願がなされた。[21] 浚渫すれば、鷲家川筋に出材できるようになり、鷲家村だけでなく、宇陀郡の村々でも材木の伐り出しや植林が盛んになって、村のためにもなり、お上の利益にもなると述べている。この川浚えは村方が進めようとしたものであった。これには下流の鷲家口村が反対した。この村は高見川沿いの本村と鷲家川沿いの鷲家谷（属邑）とに分かれていた。反対理由は分からないが、考えられることとして、鷲家谷は細長い谷間の集落で、鷲家川にそって人家が点在し、流筏用の鉄砲堰などが設置されると、女や子どもが不意の増水に押し流される危険が予測された。ましてや相手は他藩領である。

ところが鷲家口村の内部は複雑であった。鷲家谷には新三郎・弥八郎といった有力な商人が居住しており、なかんずく弥八郎は酒造業を営み、山林所有にも手を広げていた。彼らと庄屋新兵衛ら三五人は流筏には賛成であったから、反対派の住民に、反対すれば貸付金の利息を引き上げるとか仕事をさせないと圧力をかけた。三五人の大半は材木商人であろう。彼らにとっては流筏を可能にする川の浚渫は望ましいことである。

この争論がどのように決着したか分からないが、流筏について住民は必ずしも一枚岩ではなく、利害が複雑に絡んでいた。

加名生川の流筏工事

加名生川（現丹生川）は大峯山脈北部より西流して、黒滝郷・丹生郷を貫流し、途中で檜川と宗川を合わせ、加名生郷を経て宇智郡に入り、霊安寺村（現五條市霊安寺町）と丹原村（同丹原町）・御山村（同御山町）を東西に分かって吉野川に注ぐ。川幅は狭く、水量は多くない。そのうえ加名生郷滝村（現五條市西吉野町滝）の字錠落（じょうおとし）は約二〇〇メートルにわたって両岸から岩壁がせまり流筏はきわめて困難であった。

一八世紀までの事情は詳かでないが、延享三年（一七四六）の口役銀出入について、京都奉行所の裁許文に、「古田郷加名生郷宗川郷檜川郷三拾八ヶ村之者共川下ケ諸材木之分ハ御運上差出シ、陸荷物之内下市并飯貝村改所江通り候分者口銀差出候得共、宇知郡野原村霊安寺村五条村此三ヶ村江出シ筏上積ニ而所々江遣候陸荷物近年我侭を申口銀差出シ不申候」(22)とあるように、筏と管流を併用していた。この頃、管流材をどこで筏に組んだのか分からないが、滝村で材木改めがおこなわれたというから、滝村の下で筏に組んだのかも知れない。管流の材木は洪水のさい流出しやすいので、流木を回収するために、霊安寺村と丹原村の間にある猩々ヶ淵（しょうじょうがぶち）の岩に長木を差し渡して、留め堰を作ることになった。文政六年（一八二三）、黒滝・西奥両郷材木方惣代と丹原村地主及び役人との間で、次のような文書が交換された（読点は筆者）。

一霊安寺村地内丹原村地内間合猩々ヶ淵へ材木留塞致候者、大水之節材木留り様相助可申段申談候所弥々相談相決り、右場所江長木差込可申筈之取締左通り

一大木買調并足代呂木石細工日雇賃とかく入用銀高黒滝組西奥組出合相賄可申事

一霊安寺村御地頭江金壱歩御冥加として年々指上可申候、并地持村方等江銀拾五匁年々相渡可申事

一此度塞ぎ留め仕立銀高済込之儀御口銀壱貫目に付百目宛御口前所江滝村文右衛門殿相願書裁（載カ）、御掛所五条源兵衛殿相頼請取被置候様可致候、尚又五条御役所様江此旨御願奉申上候様可仕候、尤右御口銀壱割書添銀之儀材木土場着之節木主より相賄御掛所え相納可申候（中略）

一猩々ヶ淵普請出来候ハヾ霊安寺丹原両村ニハ壱人宛相頼留場守を付置可申候事

一右躰留場出来候後出水之砌留場手当ニ而材木請負人日雇共等下働等閑ニいたし材木取り流不申様兼而相心得可申候、万一不心得之者有之候ハヾ申談其沙汰可致事

右書留普請之儀者五条御役所様江御窺奉申上御聞済之上両御地頭様茂以御添翰御引合被為下是又無滞御聞済相成御免御普請所目録之儀ニ付普請成就致候、又々御屈（届カ）奉申上御高札御建被為下候御事、右躰相謂（調カ）候儀ニ付両組材木商人并請負人等迄本文申究め通り少茂異変仕間敷候、依之弐通相認黒滝西奥壱通宛取かはせ置申候、物代以連印取締書如斯御座候、以上

文政六年未二月

西奥組

材木惣代

大峯村金三郎　印

（他一二名略）

黒瀧組

材木惣代

赤滝　源右衛門　印

（他一二名略）

（『西吉野村史』五六七～五七〇頁）

約定の内容は次の通りである。工事費用は両郷（組）材木方の負担である。そのほか霊安寺村の地頭に年々金一分差し上げ、土地所有者や村方に年々銀一五匁渡す。そのために、御口銀一貫目に付き一〇〇目差し引き、五条村掛所の源兵衛方へ納入し預けておく。両村から一人宛出してもらい、留場守を委嘱する。材木請負人や日雇いは材木を流失させないように努め、不心得者は処分する。

これに対する丹原村の地主及び役人の請書は次の通り。

当村領字前牛と申所私所持分ニ御座候、其下ショウジョウ淵ニ而材木セキ留を向合ニ指し渡置洪水之砌流木無之様手当用意被成度、今般商人並材木請負物代より御示談の旨委細承知仕候間右地所御貸可申御勝手ニ普請可被為候、依之冥加銀として銀三拾匁宛毎年十二月十日限受負人より御渡可被下旨御引合承知仕候、尤此銀子地頭所へ半分地持へ弐分五厘村方へ弐分五厘請納可申筈ニ相定地所貸渡申候、然上ハ以来少茂申分御座無（ママ）候、右堰堤江自然流れ掛リハ勿論右場所ニ付如何様儀有之候共元（其欠カ）より埒明可被下筈ニ御座候、後日之為取替として一札依如件

文政六年

丹原村　地持　久蔵　㊞

未六月

庄屋　貞蔵　㊞

（他村役人名略）

吉野郡

黒瀧郷

西奥郷　材木商人中

（同前書、五七〇～五七一頁）

丹原村側は材木方が示した示談の内容を承知し、冥加銀として銀三〇目宛を毎年一二月一〇日限りに受け取る。この銀子の半分は地頭に納め、残り半分を地主と村方で折半するということで了承した。この後、猩々ヶ淵は流木の留め堰に利用するだけでなく、管流材をここで筏組みして和歌山へ流送した。

しかし、管流では途中岩に当たって木が折れたり、鳶口（とびぐち）を打つので疵（きず）が多くなり材木の値が下がる、洪水時に流失しやすい、和歌山・大坂市場へ着くまでに一両年かかり、仕切銀の受け取りが三年越しになり、利息による損失も大きい等が材木商人の悩みであった。[23] 同じ頃作成されたと目される、付知川や木曽川の狩川図[24]を見ると、大勢の人が両岸や川中で長い鳶口を持って立ち働き、夜も松明（たいまつ）をかざして働いている。洪水によって材木が散乱している絵図をみると、材木商人が流筏を希望するのは当然である。

天保三年（一八三二）、黒滝・西奥郷材木商人物代、滝村役人、屋那瀬村（現五條市西吉野町屋那瀬）の百姓らが連名で五條代官所へ、流筏のために滝村字錠落に堰を設置することを出願した。[25] 流筏を望む理由として、前述の悩みが解消することによって、材木商人の利益が増進するだけではなく、公儀が徴収する口役銀も増加することをあげている。これこそが流筏の公益性であり、これを強調することによって流筏を実現しようと考えたに違いない。

代官所の許可と滝村の了解が得られたので、字錠落に溜堰を設置することになり、次の条件を確認した。

一滝堰之儀は此度御役所様江麁画図を以申上候通、滝より六十間計川下北側字錠落と申場所ニ張出候岩岸有之右岩壺ニ新規堰出来候積、尤出水之節川瀬相替り候ハヽ勝手宜所江堰いたし可申筈右堰破損いたし候ハヽ前同様勝手次第可致筈

一字錠落より大滝迄之岩石等筏并管流共川下之差支ニ相成候ハヽ勝手次第切取又ハ時宜ニ寄小堰等いたしいつれにも材木川下ケ之差支相成不申様可致候

一新堰いたし永々材木勝手宜儀ニ候ハヽ是迄仕来候水堰其外之儀ハ是迄通材木商人共勝手次第宜様可致筈、尤大滝之岩切取候儀は決而不致筈

一右之通取極仕り候而も滝村田畑并小物成場所差支無之候ニ付滝村百姓一同承知得心ニ御座候、依之此度銀商人共より滝村方江毎年正月ニ相渡可申筈

一〆目滝村方江材木商人共より出銀相渡可申筈、猶又銀三百目材木商人共江集置右利銀として銀三拾目宛

一字錠落し江堰いたし候ニ付出水之節ハ右川端地所水付ニ相成候ニ付、右手当として銀弐百四拾目材木商人共より右川端地主松右衛門兵三郎弐人江此度相渡申候、依之出水之節ハ勿論向後故障不申筈

（黒滝村寺戸・田野家文書、天保三年「差上申済口證文之事」、『西吉野村史』五七四〜五七五頁）

字錠落に堰を設置することが材木商人と滝村との間で了解に達したので、材木商人より銀一貫目を渡し、さらに銀三〇〇目を集めて、その利息三〇目を毎年正月同村に渡す、出水のさいは川端の土地が水付きになるので、銀二四〇目を川端地主二人に渡す、という内容である。堰の設置場所は岩岸のある字錠落の岩壺というから、錠落の出口に堰を作るというのであろう。工事は天保七年までに竣工したらしく、同年二月に普請完了の報告書が作成されている。(26)

これによって流筏が可能になったが、全部が筏組になったのではなく、加名生川の支流筋から管流のままで霊

安寺村まで送られるものもあった。

ところが天保一四年（一八四三）九月、突然五條代官所から流筏禁止の回状が出された[27]。宗川・檜川・古田・丹生・加名生の五郷の材木商人惣代七名に川上・小川・池田・竜門・中庄・国栖の六郷材木方を代表する惣代三名も加わって、五條代官所に加名生川筋流筏反対の訴訟を起こしたからである。反対の理由は次の通りであった[28]。

(1)川上・小川・中庄・池田・竜門・北郷（国栖郷も入るはず――筆者注）など吉野川流域の郷は流筏であるが、黒滝・丹生・宗川・檜川・古田・加名生・官上・御料の八郷は全て管流が一〇〇年来の先規旧例である。和歌山・大坂問屋も含めて新規のことは決してしないと決めているのに、この度旧例を破却して流筏をしたのは容易成らざることであり、こんなことではこれまでの規定が空文になる。たとえ二、三の村が良くても、それは私欲にすぎず、郡中の患いになる。

(2)宗川・檜川郷のような小谷川筋はいたって悪場、こんなところで川作りをすると、費用が多く掛かり、かえって損失になり、年貢上納にも差し支える。

(3)鉄砲堰に水を溜めると、川端の耕地・石垣・川岸を欠損し、水を抜くと、板橋を押し流し、対岸の畑との通行を妨げる。

(4)干水の時、川で遊んでいる子どもが不意の増水で押し流され水死する恐れがある。

(5)長谷・谷両村では紙漉きで渡世しており、堰を開けた時の鉄砲水で川に浸けて置いた楮が押し流されたり、仕事中の女や子どもが逃げ遅れて水死する恐れがある。

(6)川上辺りの筏乗りが悪習を持ち込んできて、村の風儀が悪くなる。また彼らに仕事を取られて、稼ぎが減る。さらに筏乗りの賃金を見て、他の日雇いの者まで多少の賃金を渡さなくては承知しないようになり、大切な耕地が荒れ地になりかねない。

⑴は材木商人の地域的な利害の対立であり、⑵以下は住民の生活や仕事に関する不安である。川上・小川郷その他川上組（本流域の材木方）の反対理由はあからさまな利害の対立であった。西奥・黒滝両郷の方が和歌山・大坂に近いので、この両郷が奥地から流筏を始めると、川上組はコストで対抗できないというのが最大の理由である。(29)流筏差し止めの歎願書が出されて、即差し止めの通達が出されたのは、吉野材生産の多くを占める川上や小川郷などが反対側についたからであろう。そうでなかったら、その月のうちに差し止め通達など出ることはなかろう。

これに対して黒滝郷は材木方・地方とも流筏の再開を求めて訴訟に出た。材木方惣代として槇尾村宇右衛門が、地方惣代として中戸村伝兵衛の両人が五條代官所に願い出た。歎願書の趣旨は天保三年の歎願と同じ内容であるが、より具体的であるので掲げておこう。

（前略）近年山林古木伐果し重ニ若木小木ニ相成、管流ニいたし候而者川中ニ而押折損し甚々難渋仕候、去々年来より筏組流仕候処運賃等此度取締格別相減し、則管流弐間方木数百本ニ付運賃銀百七拾匁相掛り可申候処、筏流ニ仕候へ者弐間方木数百本ニ付運賃銀九拾目ニ而霊安寺村迄無難ニ着仕候、且又筏流し之材木ハ大坂表おゐて売捌直段三割以上高直ニ相捌可申候ニ付而者、自然山直段等も高価ニ相当リ、尚又其年之大坂表仕切銀等受取郷村御年貢上納銀手当之処早々融通ニも相成可申候処、不残管流ニ仕候而ハ大坂着三ヶ年越ならてハ仕切銀難受取、元方山代直段ニも相響、且ハ板樽丸末木其外極小木ニ而も山ニおゐて伐捨ニ可致分等不残筏ニ組立候得者川下ケニ相成候間、自然御口役銀等も相進ミ、尚又飯貝村御口役同様ニ御請奉(改カ)請度、左候得者御益も相進ミ可申候、万一洪水之節川端ニ繋留候間、道橋耕作等突荒し候儀ハ決而無御座候、且ハ材木流出之臨難無之霊安寺村材木寄場江無難ニ流着仕、右ニ付川稼人とも管流之儀ハ川上ニ而材木川入仕候より霊安寺村迄着仕候日数半年余も相掛リ候得者、稼賃銭勘定之儀者霊安寺着之砌ニ相成可申候、且筏乗稼人之儀ハ日々賃銭受取、左候得者日々之融通甚々宜敷奉存候、尚又黒瀧郷より霊安寺村材木寄場迄拾三里之間右村々分ハ百姓作間重ニ山稼川稼渡世之もの夥多、筏流之儀御赦免申上度旨重々相歎、勿論材木商人ともハ不及申ニ百姓一同之為方ニ相成可申候ニ付、不顧恐を罷出御歎奉申上候、何卒前件之趣被為聞召訳向後材木筏毎年八月より翌四月迄筏流し、五月より七月迄管流しニ仕候様被為仰付下置度縋而奉願上候（中略）

黒瀧郷
拾三ヶ村惣代
寺戸村庄屋
重兵衛

天保十四卯十月朔日

黒滝郷
材木商人惣代
槙尾村　宇右衛門
（他三郷惣代名省略）

小田又七郎様
御役所

（黒滝村寺戸・田野家文書、天保一四年「黒滝郷外郷々筏川下ケ願扣」）

この歎願書には、流筏は材木商人のみの利益ではなく、流域百姓や公儀にとっても利益をもたらすという主張が展開されている。材木商人の利益とは、流送コストの低減、安全かつ短期間の輸送、極小材や末木の商品化、材木の販売価格の三割増、仕切銀の早期入手ということである。流域百姓には、霊安寺村材木寄場（土場）へ材木が早く着くので仕事賃の受け取りが早くなり、特に筏乗りは毎日仕事賃が受け取れ、金の回りもよくなるという利益がある。公儀は、取引量の増大と材木価格の上昇にともない口役銀額が増加するという利益がある。これが黒滝郷の材木商人と地方の主張である。

そして、毎年八月から翌年四月までは流筏とし、四月から八月までは管流にしたいと結んでいる。夏は紀州領内の水田に水をとられて、水流が減るので流筏はおこなわないのが当時の慣行であった。

同時に丹生郷四村・古田郷五村・御料郷二村・檜川郷一村・加名生郷七村も黒滝郷に同調して流筏再開を願い出た。その理由の中に、流筏にすると筏乗りは毎日賃銭を受け取ることができ、百姓全体の利益になることがあげられている。(30) 黒滝郷の孤立した取り組みから、流域の「統一戦線」ができたのである。それで事態は急速に進展した。

同月中に城戸村庄屋善兵衛・黒淵村役人代宇兵衛らが斡旋に入り、次のような条件で内済した。(31)

(1)小木は束ねて繋ぎ合わせるが、これを筏とはいわずに川下げする。これ以外は従来通り管流にすること。

(2)黒滝郷その他川筋の者一同承知し、内済できた以上は、以後新しい鉄砲堰（溜堰）などを設置しないこと。

大木は管流、小木は事実上の筏流しということであるが、字錠落以外に新しく溜堰を設置できないということである。これでは材木商人は心底から納得できなかった。翌天保一五年二月、黒滝郷寺戸村勘兵衛が黒滝郷村々総代として五條代官所に出頭して歎願書を提出した。(32) 代官所は関東へ伺うことにして回答を保留した。しかしなかなか回答がないので、同年一一月勘兵衛は江戸に赴き、代官の江戸屋敷や勘定奉行・老中などに歎願してまわった。しかし差し越し願いということで、訴えは地元に差し戻された。

今回の歎願で材木方が特に強調したのは、堰の設置である。管流の場合は、川筋七～八里の間一村に三〇ヶ所ほど堰留めするが、一ヶ所におよそ土が一四～五荷ほど必要になる。当然、多くの土砂が流出する。流筏の場合は、堰は一村に一ヶ所でよく、木材で組み立て、水の高さは二尺ほど、堰水を二寸ずつ流すので土砂の流出もない。中小河川での流筏には溜堰が不可欠であることが分かる。その他、川筋の稼人（かせぎど）から管流ばかりでは生活が成り立ち難いので、筏稼ぎを求める声があることなども紹介している。さらに口役銀の徴収にも、筏の方が数量を把握しやすいが、管流は把握しがたく、不正を企む商人もあることを指摘し、代官所に揺さぶりをかけている。[33]

五條代官所は、葛上郡西北窪村（現御所市西北窪）庄屋助左衛門と加名生郷黒淵村（現五條市西吉野町黒渕）宇兵衛に内済するように命じた。弘化二年（一八四五）一一月二二日、五條代官小田又七郎は関係者を呼び出して、次のように説諭した。

川中の水堰設置を争うことは双方ともはなはだ心得違いである。もともと天下はすべて公儀の御地面であって、なかんずく御年貢地でもない道・川・空地等はなおさら下方において自儘に取り計らうものではない。もっとも材木は口役銀を上納するものであるから、川下しの便利をはかり、双方とも実意をもって相談すべし。別してその村々とも材木の仕出し方は百姓作間第一の稼ぎではないか。早々に解決せよ。[34]

これで内済の方向は定まった。一一月二九日、この二人に御料郷尼ヶ生村（現五條市西吉野町尼ヶ生）庄屋孫助も加わって次のように内済した。

一天保十四卯年十月済口證文面ニ小木之類管流ニ相成候而者材木折痛出来候ニ付、右之分相束繋合セ川下ケ可仕筈ニ候へ共、右ニ而ハ繋合之寸尺定り無之、此度取扱を以凡厚サ八寸計幅四尺計丈ケ者其時之材木出方ニ随ひ、筏同様繋合川下ケ可仕筈之事

一材木川下ケ之便利者難有御理解之御趣意を相守り互ニ実意を以便利能く世話いたし、無滞流着致候様可仕筈之事

（黒滝村寺戸・田野家文書、弘化二年「差上申済口證文之事」）

初めの条項は、吉野川筋の筏と同じ寸尺での流筏を認めたもので、次項は曖昧であるが、溜堰の設置を容認したものである。この済口証文には関係の村々及び材木方惣代が連署している。さらに済口証文は勘定奉行久須美佐渡守にも達せられた。[35]永年の懸案がこれで落着したのである。

その後、材木方では自主的に流筏と管流の区分を次のように設けている。[36]

⑴毎年九月一日から翌年四月三〇日の間は、すべて筏に組んで川下げすること。

⑵五月一日から八月三〇日の間は、管流にすること。

加名生川の流筏を実現するための運動は一〇数年におよんだが、その中心は黒滝郷の材木商人であった。彼らが五條代官所をとび越えて江戸まで赴き、勘定奉行や老中に歎願するという法度を犯してまでの行動をとったのは、同郷が下流の他郷よりも深く林業に依存しており、材木商人にとって材木の円滑な輸送が死活条件であったからである。彼らのねばり強い運動は、あらゆる障害を乗り越えていく商品経済の法則に突き動かされたものであった。さらに黒滝郷内の各村方がそれを支えたのは、材木の移出が多くなれば口役銀額が増え、その結果、村方に対する下付銀も増えるからである。ちなみに文政四年（一八五七）の同郷下付銀高は二二貫六二九匁余、同年の年貢高は一三貫九四七匁余、各村ともこれで年貢が賄え、残り銀が出ている(37)。

宝暦年間とされる溜堰の発明を吉野川の流筏技術の完成の指標とすれば、弘化年間の加名生川の流筏安定化は吉野林業地帯における流筏機構の完成の指標である。この間に約一世紀の開きがある。

四年におよぶ訴訟に莫大な費用を要した黒滝郷では、材木方と村方が共同して費用の調達に当たった。調達先は、流筏によって利益を受ける山林所有者である。弘化三年（一八四六）の「山掛割合銀御頼帳」を掲げよう。

口　演

一（前略）然れ共筏にて川下ゲ致候得者、川末之村方より霊安寺村迄日数三日間流着仕、五七日之間には若山表へ無疵にて流着致し直段も三割余相進み、若山売木等は十日位には仕切銀手入致、甚だ融通宜敷相成候はゞ山直段相進可申候に付、（中略）当春已来済口證文之通筏川下致罷居候。右に付四ヶ年之間出入中入費多分相重り、差当り右入用償方甚だ心痛仕、郷中一統に相談之上、当郷に有之山林一躰直段積に致し、当時山直段壱貫目に付五拾匁宛割合、山持御旦那中より出銀貰受申度旨郷中一統取極め、村々同分け、出作の輩は其村限り惣代を以右割合銀山持御旦那中へ御頼み入候。尤当村山直段五厘宛割合出銀御頼候儀は、御大儀には御座候得共、前段山直打三割余相進候所へ見競候得ば、郷之儀に御座候間何卒右割合御出銀被成下度、当村役人并山守連印を以惣代差遣し、前段願いを御頼申入候已上

一、三拾四貫五百五拾目　　村　源次郎 ㊞

（以下各銀額略）　　（他山持三三名略）

弘化三午年

六月

和州吉野郡

黒滝郷堂原村

庄屋　弥太郎 ㊞

（他村役人山守八名・御吉野村百姓三名略）

（黒滝村堂原・蓮光寺文書、『黒瀧村史』七八六〜七九一頁）

山林所有者に資金の拠出を求める根拠は、円滑な流筏により一〇日前後で、しかも無疵で材木を和歌山に送ることができるようになって材価が三割方上昇し、それにつれて山代（立木）価格も三割上昇したということである。それで山代の五％を出銀してもらいたいという要望である。かつて宝暦年間に川上郷大滝領の大岩を開削する時、それより奥地の山林所有者から山代の五％を徴収して費用に充てたのと同じやりかたである。おそらくこの方式がそれ以前にも適用されていたのではあるまいか。溜堰等の維持費や小規模な開削は筏の床掛銀を当てにできても、大規模な工事や今回のような多年にわたる訴訟には、材木方だけではとうてい賄いきれなかったのだろう。

この文書によると、堂原村では三四名の山林所有者が一一四貫余を所有している。これは見積られた山代であって、徴収額ではない。『黒瀧村史』は一一四貫余を徴収額としているが、(38)それは間違いである。徴収額はこの五%、五貫七〇〇目余である。一村で一〇〇貫を超えるとなれば、黒滝郷一三村では一〇〇〇貫を超える。いくら四年間の訴訟とはいえそんな大金を要したとは考えられない。「七百五拾匁　八川　清右衛門」と記された金額の横に「札三拾七匁五分相渡ス」と書かれている。清右衛門が所有する山林の評価額は七五〇匁で、その五%、三七匁五分を銀札で支払ったことを示すものである。記載された金額は山代の評価額であると判断するのが妥当である。

堂原村の山林所有の有り様は借地林業制のテーマであり、第四節で論じる。

この文書を作成したのは、堂原村の三人の役人と六人の山守であって、材木商人の肩書きがない。山林所有者に対する要望は、山林も含めて課税地を管理している村方からするのが当然であり、山守が連署しているのは、各山林所有者との折衝の窓口役になるからである。材木商人はすでに同年中に同じ内容の文書を山林所有者に出している。(39)

加名生川筋では流筏と管流が併用されたので、管流材は大川（吉野川）との合流点付近で筏に編成された。その場所を土場という。弘化年間には、加名生川をはさむ霊安寺村と丹原村・御山村の三ヶ所にあった。土場は材木荷主にとって不可欠な施設であり、材木方によって維持された。

霊安寺村の土場は前述の通り文政六年に黒滝・西奥両郷材木方と霊安寺村および地主との間で契約を交わして使用してきた。そのために材木方は、土場冥加として、二間丸太一本に付き銀二厘六毛、一丈丸太三本に付き銀二厘六毛を同村の地頭船越駿河守に上納してきた。村側にも、多くの百姓が管流材木の引き上げ手伝いや筏柵み（組むこと）に従事するなど利益があった。(40)ところが、弘化四年（一八四七）になって突然材木引き上げを差し留めてきた。霊安寺村および地主の言い分は、近年洪水のさい、留め堰に多くの材木が堰き止められて、川端や山林が荒れ、多くの人間が田畑を踏み荒らすということであった。これは堰を設置した所では必ずといってよいほどに持ち出される理由であった。また地主に断りもなく材木を引き上げて、筏に柵む者もいるということも、物理的抵抗をとらせた理由でもあった(41)。

数度のやりとりがあって、仲裁人が入り、以後は霊安寺村の土場へ陸揚げをしない、川端や川岸の道はこれまで通り通行するが作物に被害をもたらさないように注意する等を確認して和解した(42)。

右岸の霊安寺村土場を使わなくなり、土場は左岸の御山村と丹原村の二つになった。弘化四年の御山・丹原両土場の取り決めは次の通りであった(43)。

(1)土場銭

二間　一本に付き二厘二毛宛

一丈　三本に付き二厘二毛宛

二間　一四本以下は三本に付き二厘二毛宛

四月より八月まで囲木は

二間一床に付き六分宛

一丈一床に付き五分五厘宛

(2)土場かたげ人足賃

三匁を上としそれより見下ろしで渡す。

七つ酒は一人前に一合宛、酒の肴は野菜で賄う（七つ酒とは夕方の超過勤務手当に相当するものか——筆者注）。

(3)土場宿銭は往古の通り

(4)筏乗りによる筏柵み賃は一床に付き四匁五分、藤増しは三分、合計四匁八分。

日増しは和歌山では渡さない。どうしても掛かった時は荷主と応対して渡す。

加名生川筋の流筏が進展すると、川上組（川上・小川・中庄郷材木方）と川西組（黒滝・西奥郷材木方）との対立が深まった。安政六年（一八五九）、川上組は、材木方だけでなく村方も一緒になって、加名生川筋の流筏を容認した役員を退陣させて訴訟におよんだ。この結果、材木方は東西に分裂した。当然であろう。分裂については、第六章で詳説する。

加名生川筋の流筏を詳しくとりあげたのは、吉野川筋の流筏機構成立の経緯がほとんどわからないからである。おそらく吉野川筋でもさまざまな摩擦があり、それを克服しながら作りあげられたにちがいない。

流筏の優先利用

吉野川を利用していたのは筏だけではない。漁撈を生業とする人々も利用した。彼らは七月頃から一〇月頃まで、川魚を取るために川筋にさやもとりせき（竹簀藻取塞き）を設置した。さやもとりせきとは魚梁（やな）のことである。『毛吹草』に、大和の名産として国栖魚（くずうお）・鮎白干（あゆしらぼし）・釣瓶鮨（つるべずし）があげられている(44)。いずれも吉野川産の鮎が原料である。国栖魚とは国栖郷など吉野川中流域でとれる鮎で、『日本書紀』の応神一九年紀に国巣人（くずびと）がしばしば来朝して栗・菌（たけ）・年魚（あゆ）など土毛を献上するとある(45)ように古くからの名産品である。釣瓶鮨は下市村など七村から仙洞御所へ献上した鮎鮨である(46)。

筏が魚梁を壊したことから、漁撈者によって筏を差し止められることがあった。双方にそれぞれ言い分があった。明和四年（一七六七）、郡中材木方が筏の自由通行を求めて南都奉行所に訴え出た(47)。

翌年六月、南都奉行所から、「漁撈も渡世のことであるから差し止めないが、材木は口役銀を公納しているので、以後筏の通行に差し支えなきようにせよ」との御触書が大川筋に出された。漁撈よりも流筏の優先が認められたのである。材木のもつ経済的な比重から見て当然の裁定であろう。

吉野川中流域から高見川流域は紙漉が盛んであった。この地方で生産される紙は宇陀紙とよばれる高級品であった。宇陀紙とよばれたのは、主に宇陀郡の紙商人によって販売されたからで、財をなした紙商人の中には山林所有に進出するものが少なくなかった。刈り取った楮（こうぞ）の皮を剝いで晒したり、紙素のあく抜きなどには川を利用した。とくに寒冷期が仕事の最盛期で、流筏の時期と重なった。筏を流す鉄砲堰からの増水で川中に浸けて置いた楮が流されたり、川中で仕事をする者にも危険があった。

文化一〇年（一八一三）、小川郷の紙漉屋から材木屋惣代に対して、堰水は漉屋の差し支えになるから、もし堰水を止めないならば堰を打ち壊すと申し出があった(48)。小川郷材木方では対抗策をとった。どのように決着したかはわからないが、その後の経過を見ると、紙漉屋の要求は通らなかったと考えられる。

こうして材木業は吉野川を利用する産業の頂点に立った。生産額や従事する人間の数からいっても、当然であった。このようにして材木の流通経路と機構は整備され、安定したものになったのである。

第三節　材木諸問屋

中継問屋・仕入問屋

材木の輸送を円滑におこなうために中継問屋が川筋に置かれていた。中継問屋は下ってきた筏の本数や床数、木主名、上荷があればその種類や駄数、届け先の港や問屋名などを調べて記帳し、和歌山や大坂の市売問屋へ送った。また筏の崩れや藤切れがあれば修繕し、洪水のために流失しないように配慮した。中継問屋は大滝や東川・新子から下市までの間の村々、五条や野原などにあった。陸送の荷物を扱う中継問屋もあり、奈良盆地の御所、河内の駒ヶ谷や古市にも吉野からの荷物を扱う中継問屋があった。

文政六年（一八二三）の一年間に小川郷から川下しされた筏の問屋別取り扱い数を表したのが「文政六未年分小川床掛銀勘定帳」である。表5はそれを整理したものである。

年間約二〇、〇〇〇床の筏が下っているが、それを二二軒の中継問屋が扱っている。扱い数にかなりの異同がある。問屋の所在地は大滝村を除いてすべて中流域（口郷）である。川上郷や中庄郷・国栖郷・竜門郷・池田郷などの筏を合計すれば、三〜五倍の約七〇、〇〇〇床になるので、各問屋の扱い数も平均してほぼ三倍半と見込まれる。

文化六年（一八〇九）、口役銀の徴収方法の変更にともなって上市村庄屋から飯貝口役所に報告された「材木問屋荷主印鑑帳」[49]には、次の二〇軒の材木問屋があげられている。

木屋又左衛門	木屋宗四郎	木屋源右衛門	塩屋長右衛門	坂本屋茂右衛門
坂本屋七郎兵衛	嶌屋嘉兵衛	紙屋新四郎	魚屋清左衛門	小豆屋兵三郎
葛本屋久兵衛	魚屋清九郎	新子屋金右衛門	舛屋治郎右衛門	新子屋幸助
板屋勘兵衛	木屋重兵衛	木屋伊右衛門	魚屋儀右衛門	よこ屋佐兵衛

さらに文政一一年（一八二八）、口郷と奥郷の材木商人間で争論があったが[50]、これに名前の出ている次の口郷の材木商人は、争論の内容から材木問屋と目される。

樫尾村万平	樫尾村善右衛門	上市村惣八	上市村治兵衛	立野村伝四郎
立野村宇兵衛	立野村清兵衛	六田村六右衛門	六田村清九郎	左曽村甚兵衛
増口村与兵衛	増口村与助	増口村源右衛門	増口村重助	楢井村与兵衛
宮滝村新兵衛	宮滝村佐助	矢治村新助	飯貝村佐助	喜佐谷村九兵衛

これらの史料から、文化六年から文政一一年までの一九年間の問屋の盛衰を無視して単純計算すると（甚平と左曽村甚兵衛とを同一とみる）、五一軒の問屋があったことになる。ほかに、文政年間には中継問屋が八〇軒余もあったという記録もあり、[51] 材木生産の発展にともなって中継問屋も族生していたと考えられる。その多くは零細問屋であったろう。

上市村（木屋）又左衛門や大滝村庄右衛門は大山林所有者としても高名であり、藤助はおそらく宇智郡新町村（現五條市新町）の久宝寺屋藤助と思われる。彼もまた山林所有者として知られていた。その他も川筋では名の知れた材木商人でもあった。木屋宗四郎は木屋又左衛門の分家で、今日でも大山林所有者である。また魚屋清左衛門は山林所有者としてさかんに山元に進出していた。屋号から見て、もともとは生活物資の中継や売買に従事していたものが、材木生産の発展にともなって材木の中継をおこなうようになり、材木問屋になったものと考えら

表5　小川筏床数・床掛銀表（文政6年）

（床掛銀の単位は匁）

筏床数	床掛銀高	中次問屋
207.5	20.75	飯貝　助三郎
63.5	6.35	六田　六右衛門
399	39.9	増口　与助
267.5	26.75	上市　又左衛門
137	13.7	上市　市左衛門
145	14.5	宮滝　忠助
34	3.4	宮滝　八兵衛
91.5	9.15	樫尾　万平
1027.5	102.75	新子　佐兵衛
2324	232.4	飯貝　文兵衛
225	22.5	六田　清九郎
192	19.2	増口　重助
77	7.75	増口　源右衛門
157.5	15.75	立野　伝次郎
87	8.7	上市　宗八
78	7.8	宮滝　新兵衛
28.5	2.85	宮滝　太郎兵衛
63.5	6.35	矢治　嘉右衛門
151	15.1	大滝　庄右衛門
5756.5	575.65	合計
8492.5	849.25	甚平
5637.5	563.75	藤助
総床高　19886床半		
総床掛銀高　1988.65匁		
ほかに72.5床　矢治新助出		

出典：東吉野村小・谷家文書

注：少数の5は半床を表す。合計が半床合わないのは増口村源衛門の半床が欠落か。

れる。

中継問屋と材木問屋はどのような関係にあるのだろうか。文政年間の争論から考察しておこう。文政一一年、吉野川中流域（口郷）の材木商人二〇人と奥郷材木商人との間で争論が発生した[52]。口郷の材木商人二〇人の名前は先にあげている。

詳しい経過は次章で詳説するが、二〇人の言い分は、これまで口郷商人は郷々（山元）の商人に材木購入代銀や仕込銀を貸し付けてきたが、最近は景気が悪くなり、仕切金による返済金が不足になって、延べ勘定を断らねばならない商人が増え、われわれも難渋している、以後、材木代銀を貸し付けるさいは、銀高に応じて根質山林を取ること、いかほど身元たしかな商人であっても、身上のない商人には決して貸さないこと、身薄い商人であっても、その村内で身元引受人がある場合は別であるということであった。

これに対して奥郷の材木商人等は、国栖郷・中庄郷・池田郷の長立（重立）商人等は利欲に惑い不正をたくらみ、小前商人を取り潰そうとしている、「仕入之問屋中継問屋ニ不限口銭之儀床壱分宛は先規より究之所、右連名之内ニも仕入問屋之内ニは荷主江無相対床弐分三分も相懸ケ引取候者御座候」「向後右名前之者共材木仕込等ヲ相願候儀は勿論、立会商ひ并山林入札場所江決而附会仕間敷候」と一致して反論した。

この文書では、中継問屋と仕入問屋とは必ずしも判然と区切られていない。天明六年（一八八六）の「材木商人仲間究書一札[53]」では、上市問屋の口銭は筏一床に付き銀一分と決められていた。問屋口銭とは中継ぎの手数料である。「仕入問屋之内ニは荷主江無相対床弐分三分も相懸ケ引取候者御座候」とあるように、仕入問屋が中継問屋の業務も兼ねていた。

仕入問屋は奥郷の材木商人から材木を仕入れ、和歌山・大坂等の材木問屋へ販売する業者である。中には山林所有者から直接買い付ける者もいたことは上記の文書からわかる。彼らは市売問屋でないから市売りはしない。

仕入問屋が材木を確保するために、奥郷の小前商人に材木の購入代銀や仕込銀を前貸しすることはあり得るし、奥郷の小前商人が材木や筏を担保にして仕入問屋から資金を借りることも生じる。だから仕入問屋は金融業者でもあった。

丸太仕込銀借用證文之事

一銀三貫目也　但し利息之儀ハ銀百目ニ付壱ヶ月ニ銀壱匁五分宛相加へ可申候

右之銀子当村新兵衛殿并ニ孫兵衛殿より当春皆伐り山弐ケ所買得仕、山代仕入銀ニ別紙通リ以入用之時々慥ニ借用申所実正明白也、然ル処右銀子返済之儀ハ来ル九月晦日迄ニ筏百床其元殿之前川迄急度川着仕、右筏若山大坂問屋之儀ハ其元殿御勝手能キ問屋江送リ付売仕切ヲ以元利共御算用可被下候（後略）

嘉永五年

子ノ三月五日

銀子借用主

白屋村　利　七 ㊞

（引請人略）

大滝村

土倉庄右衛門殿参

（天理図書館所蔵「土倉家文書」）

白屋村利七は二ヶ所の春伐山の購入資金と伐出資金とを土倉庄右衛門から借用した。利七はその代わり筏一〇〇床を九月晦日までに庄右衛門の前川に着けなければならない。庄右衛門はこれを自分の責任で然るべき問屋へ送り、その仕切銀で元利を受け取るのである。「其元殿御勝手能キ問屋江送リ付」けることは、庄右衛門が単なる金融業者ではなく、またこの筏が担保以上のものであることを示している。庄右衛門は金融業者を兼ねた仕入問屋であることが分かる。おそらく口郷の仕入問屋もこのような存在であったろう。

口郷の重立商人は中継問屋であり仕入問屋でもあった。あわせて材木問屋と呼ばれたのであると考えられる。問屋であるから材木の購入資金や仕込金の前貸しをおこなったことは自然の成り行きである。彼らが財を成したのは中継ぎの口銭によってではなく、貸付金の利息であったといえるだろう。

和歌山材木問屋

吉野川・紀ノ川を流下した筏は和歌山の材木問屋に着けられた。材木問屋は、「仲買衆木場口立会筏ニ而付売商内致、仕切銀直請取ニ仕来り候事」[54]とあるように、木場で筏ごとに仲買に対して付け売りにした。付け売りとは入札売りである。[55]

和歌山問屋の成立を示す一七世紀の史料は欠くが、大坂の材木問屋や熊野材・北山材の江戸送りを担当した新宮問屋がすでに一七世紀の早い時期に存在していたし、[56]紀ノ川上流、大和国境の橋本にも問屋があったことなどを勘案すると、一七世紀には紀ノ川河口の和歌山にも吉野材を取り扱う問屋があったといえるだろう。[57]泉英二氏は、地方文書から、元文三年（一七三八）には二軒、宝暦八年（一七五八）には吉野屋・日高屋・中屋の三軒の和歌山問屋を検出している。[58]筆者は、明和元年（一七六四）から天明八年（一七八八）までの二五年間の仕切状から、吉野屋・日高屋・中屋の他に笹屋と舛屋の計五軒を検出した。[59]天明年間になっても吉野屋・日高屋・中屋の三軒は健在であり、明和元年の仕切状に笹屋が、安永元年（一七七二）に舛屋が登場する。さらに寛政五年（一七九三）の和歌山問屋が吉野郡中材木方惣代衆に宛てた「指添申一札之事」[60]では、舛屋・笹屋・中屋・岡田屋・吉野屋の五軒が連署している。日高屋が岡田屋と入れ替わっているだけである。こうしてみると、宝暦—明和の時期にはもう五軒問屋が成立していたのではないだろうか。吉野材を扱ったので五軒問屋は吉野問屋とも呼ばれた。

次に山元と和歌山材木問屋との関係を和歌山問屋が発行した安永七年（一七七八）の仕切状で考えてみよう。

仕切状之事

五月二日下り

壱分三厘かへ

一、弐百五拾壱本　杉壱丈小丸太代　三拾弐匁六分三厘

六分かへ

一、三十壱本　同丈尺中丸太代　拾八匁六分

七分かへ

一、四拾弐本　檜丈尺中丸太代　弐拾九匁四分

八分かへ

一、拾壱本　杉弐間中丸太代　八匁八分

弐分五厘かへ

一、六百四拾弐本　同弐間小丸太代　百六拾匁五分

壱分五厘かへ

一、拾本　杉弐間角代　六拾弐匁五分五厘

才　四百拾七才

〆　九百八拾七本　拾床弐分五厘

外　参百弐拾壱本　五床弐分五厘　大坂廻し

代銀　三百拾弐匁四分八厘

内

三拾壱匁五分　　口銀（紀州藩が岩出で徴収する口銀――筆者注、以下同）
九匁三分七厘　　口せん（和歌山問屋の口銭）
六分弐厘　　掛物（筏留めなど諸入用）
三拾九匁六分弐厘　　のりちん（上市から和歌山までの筏乗賃）
三拾壱匁五分　　口銀口せん床入用（飯貝で徴収する口役銀、中継問屋口銭、小川郷材木方の入用）
四匁八分　　藤代（途中で破損して取り替えた藤代）
四分五厘　　道売のりちん（途中で売り捌いた丸太のその場所までの筏乗賃）
壱匁三厘　　番賃（夜、筏を筏士宿から離れた場所に繋いだ時の筏番の賃銀）
壱匁三分　　清五郎殿造用（筏乗りが逗留中問屋でとった食事代）
三匁弐分　　若山水出入用（洪水に遭い材木を取り囲んだ入用）
五分壱厘　　仲間入用（郡中材木方の入用）

〆　百弐拾三匁九分　引
残銀　百八拾八匁五分八厘也
右之通無出入銀子丈助殿江渡し相済申候　以上
戌七月朔日　　　　日高屋
　　　　　　　　　　喜右衛門　印
三尾丈五殿
（東吉野村小・谷家文書『成功集』第一）

この仕切状は、三尾村丈助と同村五兵衛が組んで和歌山問屋日高屋へ丸太と角材を送り売却したさいの仕切状の写しである。数人の荷主が組んで筏を仕立てることはごく普通のことであった。零細な材木商人にとって一鼻の筏を仕立てることは容易なことではなかったから、共同で筏を仕立てるか、重立商人の筏に組み入れてもらったのである。ちなみに三尾村丈助は重立商人であるが、五兵衛はどの程度の商人かはわからない。

仕切状は丸太の種類と単価別に記入されている。杉と檜の丸太に特化されている。杉の二間角が一〇本あるが、おそらくこれは筏の上荷であろう。材積は才で表されている。三分の一が大坂市場へ回送される。これは本数と筏床数だけを記入している。

問屋が控除した項目は一一件で、これを分類すると次のようになる。

(1)和歌山問屋の口銭
(2)紀州岩出で紀州藩が徴収する口銀
(3)飯貝で幕府が徴収する口役銀
(4)中継問屋の口銭
(5)小川郷材木方の入用に充てる床入用
(6)郡中材木方の入用に充てる仲間入用
(7)流筏費用、これには経常的な支出と臨時的な支出がある。乗り賃などは経常的な支出で、和歌山水出入用などは臨時的な支出である。

(3)(4)(5)が一括されているのは、これらが飯貝で一括して取り扱われるからである。

仕切状によって控除の費目に多少違いがあるが、大別するとこの七種類になる。

和歌山問屋の口銭は、この仕切状では売代銀三一二匁四分八厘に対して九匁三分七厘であるから、その割合は二・九九％、約三％になる。明和元年から天明八年までの和歌山問屋の仕切状二二枚について計算した結果、問屋口銭は二・九七九〜三・〇四五％の間であった。和歌山問屋口銭が三％というのは計算に合っている。紀州藩が徴収する岩出口銀は一〇％である。飯貝口役銀も当初は見取り価格の一〇分の一といわれたが、いつの頃から『口役目録』にもとづく定額制になって、岩出口銀よりも低くなっていた。

また和歌山問屋に到着してから仕切状の発行までの日数を見ると、一ヶ月未満が九通、二ヶ月未満が五通、三ヶ月未満が五通、四ヶ月未満が一通、不明が二通であった。最も短いので二日というのもある。筏を出して遅くともほぼ三ヶ月以内には仕切銀が受け取れたことになる。

ところで、利益率もしくは損失率がどの程度であるかは最も興味のある事項であるが、山代（立木代）と仕出費用が分からないので、残念ながら算出することができない。

ここでとりあげねばならない課題は、山元と和歌山問屋との関係、すなわち山元の材木商人が和歌山問屋に従属していたかどうかという問題である。

笠井恭悦氏は、大坂の材木問屋新宮屋長兵衛の事例から、「木材問屋営業は幕藩権力によってその特権的地位が与えられていた。そして、荷主からの木材は、一度は必ず問屋をとおすことになっていた。すなわち問屋は、商品としての木材の自由なる流通を拒否し、これによって大きな利益をあげていた[61]」と述べ、大坂・和歌山・新宮の材木問屋を特権的・前期的商業資本とした。そして、「吉野川上郷を中心にした地方において、小農的林業が挫折せざるをえなかった原因として（中略）無視することができないものの一つとして、木材の流通過程における問屋・仲買制度の果たした役割が大きい。幕末期にいたるまでは特権的・前期的商業資本として存在し、明治以降におよんでも前期的商業資本としての機能を維持した木材商人の収奪のはげしさが問題になる[62]」と述べ、山元の農民が山林を手放さざるをえない状態に追いこまれた原因の一つは木材問屋の収奪の激しさにあるとした。ここでいう木材商人とは、和歌山・大坂の木材問屋のことである。

笠井氏は別のところで、「木材の流通過程においては、天然林伐出の時期よりすでに幕藩権力と結合した村外の特権商人によって制せられ、地元の伐出業者は特権的木材問屋の前貸支配のもとにおかれていたのが一般的であった」[63]とも述べている。

特権的材木問屋の収奪とはなにか。笠井氏は、問屋口銭や送荷保管の蔵敷料徴収など本来の問屋利潤の他に、山元の荷主に対する前貸し活動をあげている。

たしかに和歌山・大坂の木材問屋から前貸しを受けていた材木商人もいたし、抵当流れの山林を取得した問屋もあった。笠井氏は、問屋が自由な流通を拒否したというが、それ以外の選択肢があったのだろうか。問屋・仲買制度は、問屋にとっても荷主にとっても、それしかない唯一のシステムであった。それが時代の制約である。また流質山林を取得しても、換金性の高い立木に関心があったので、吉野で山林経営をしようということではなかった。

それどころか吉野の材木商人は和歌山市場の安定化のために積極的に介入していた。次の史料は天明（一七八一―一七八九）頃の和歌山問屋と山元の関係を示唆している。

一和歌山吉野屋善左衛門方問屋相続入用銀并中屋九右衛門問屋願之入用銀之儀、両方共此度惣郷立会相談之上、川上・黒滝・小川・中庄・川西郷々より差下シ候筏床掛リニ而右入用銀相済候迄取立可申筈ニ相究申候事

（東吉野村小・谷家文書、天明六年「材木商人仲間究書一札」）

和歌山問屋の存立にかかわる財政的な支援をするために、各郷から差し下す筏に床掛銀を掛けるというのである。

また、文化四年（一八〇七）に雑賀屋弥平次が市売問屋の開設を藩に願い出た。藩から問屋へ、山方の差し支えの有無を問い合わせるよう仰せ渡されたので、その旨の通知があった。和歌山問屋も藩も一方的に決めることができず、山元の意向を確かめてきているのである。早速、材木方で相談した結果、次のように決定した。

新規市売之儀は郡中一統不得心之由和歌山問屋より相答申候ニ付、和歌山御役所江其段御断可申筈、万一御聞済無之候節ハ、御公儀様江奉御窺上御下知受候上郡中惣代罷下り取計可申筈也、

（小川郷木材林産協同組合文書、文化四年「材木商人取締一札」、『吉野林業史料集成（七）』五七頁）

一八世紀中頃から五軒問屋に固定していた市売問屋の新規開業を認めないという決定である。弘化から嘉永に代わる頃、今度は亀屋万吉が経営難に陥り、休業した。これに対して山元は、四軒では荷物の売り捌きに差し支えるとして、新規問屋の取り立てを藩に願い出た。

乍恐奉願上口上書

一（前略）右材木是迄御当地之吉野問屋と相唱候五軒之問屋江差送り売捌方仕其余木者大坂表江も差送来り候、然ル処五軒之内亀屋万吉義難渋之由ニ而去々未年より問屋相続出来不申趣ニ付休居申候、然ル処吉野郡中より仕出し候材木多分之儀ニ付残四軒ニ而ハ荷物売捌方并大坂廻し等自然手余り手後之義ニ相成、出水之節流木等多分出来候道理ニ付商人共一同此段甚々心配仕候、尚又郡中ニ者仕切銀受取不足も多分有之難渋仕居歎ヶ敷奉存候間、何卒御威光ヲ以前段仕切不足早々相渡シ勿論問屋相続仕候様被仰付被成下候様仕度奉願上候、若仕切不足急々差出し不申其上問屋取続も難出来旨願立候ハヽ、万吉問屋株御役所様江御引上ケ被成下、御当地ニ而身元宜御見立之上右問屋株相続被仰付被成下候ハヽ、郡中材木方商人共一同難有渡世可仕候、付而者荷着之儀者最寄〳〵ニ申合セ右新問屋へ精々差下し候様可仕候、然共自然御差支之品御座候ハヽ、右問屋株壱軒郡中江御下ケ被成下候様仕度奉願上候、左候ハヽ人物見立出店之義申合問屋株相続仕らセ度奉存候間、乍恐御賢察被成下右願之趣御慈悲ヲ以宜御取計被成下候様奉願上候以上

嘉永二年

酉五月日

吉野郡中材木方惣代

小村　七左衛門

麦谷　元右衛門

二歩口
　御役所

（小川郷木材林産協同組合文書、嘉永二年「願書之下書扣」）

二歩口役所とは紀州藩の産物を取り扱う窓口である。吉野材も岩出二歩口役所で一割の口銀を徴収されたので、ここに願い出たのである。亀屋には一四貫八〇〇目の未払銀があり、同時期に作成された別文書(64)では、半分は新問屋開設のさい、残り半分は五年賦での支払いを求めている。四軒の問屋では手に余り手後れになるので、五軒問屋を維持したいこと、新問屋には精々荷物を送って協力することも申し出た。しかしどうしても和歌山で新問屋の開設が困難な場合は、吉野郡中から問屋を出してもよいというのがこの文書の核心である。山元には資金の上でもよほどの自信があると見える。

経営の不安定な材木問屋に吉野の材木商人や山林所有者を支配する力があるとは考えられない。個々の商人が非力で、問屋から前貸しを受けていたとしても、また抵当山林が流質になったとしても、山元が体制的に和歌山問屋の前期的支配を受けていたとはいえない。材木方が防波堤になって、体制的な支配を防いでいたのである。

だが、商取引上の駆け引きで和歌山問屋が優位に立つことや、山元の中小材木商人が借入金の利息の圧力を受けたことまで否定するものではない。それは合理的な経済的行為であって、特権的な支配とは異なる。吉野の材木商人が市場経済のシステムの中で劣位に立たされることは避けられなかった。

◎附　和歌山舟手方◎

和歌山から大坂・堺・兵庫方面へは舟で回送された。この回送を小廻しと言い、担当したのは舟手方であった。和歌山舟手方のことはほとんどなにもわからないが、かろうじて小川郷材木方文書の中に三点ほど文書が残っていたので、それにもとづいて考察してみよう。

吉野材の大坂方面への転送は、和歌山の吉野問屋が采配したが、転送中に不正を働く船頭がいた。寛政五年（一七九三）大坂送りの材木をすり替え、外へ転売したことが発覚し、住吉丸（二艘）・幸順丸の三艘の船頭と舟の持ち主、それに連帯して小廻頭や仲間惣代、吉野問屋らが謝罪した。[65] 仲間惣代と小廻頭が連名で出した謝罪状に、「当地船積之儀問屋并居舟頭立会相改舟積為致麁末無之様可仕候」とあり、材木の船積みには問屋も立ち会っていたことが分かる。また、五軒問屋の謝罪状には、「木場渡方之義居舟頭私共立会船積為致、極印等無間違不依何事麁末無之様取扱可仕候」とあるように、船積みのさいに刻印を打った。刻印打人は吉野材木方が現地人を雇用していた。

寛政一二年にまたもや材木のすり替えがおこなわれた。この時は大吉丸・出舟丸・住舟丸・神力丸・中吉丸・住吉丸（弥市舟と清左衛門舟）の七艘が関与していた。[66] 一旦、和歌山番所に出訴されたが、扱い人があって内済になった。この時、刻印打人住吉屋喜右衛門も謝罪状を出しているが、それによると不正防止のために、丸太や上荷物によって刻印を打つ位置や数を決めている。ちなみに打人の給与は年九〇〇目と定めている。この時も同じく五軒問屋が連帯して謝罪した。問屋謝罪状に「問屋極印紛敷義御座候へは私共より相調、尚　御上様迄も願立可申筈ニ奉存候」「私共自身ニ毎々木場罷出見廻り右体ハ勿論不依何事気を付可申候」とあることから、問屋は刻印打ちの立ち会いにとどまらず、舟手方の監督もしていた。

和歌山から大坂までの運賃は、売上高に対して、安永九年（一七七八）の大坂加嶋屋半右衛門の仕切状では一四・四％、[67] 嘉永六年（一八五三）の大坂近江屋休兵衛の仕切状では一五・五％となっており、[68] 平均すれば一五％前後である。

天保一三年（一八四二）、和歌山舟手仲間の定助と治右衛門が新舟を建造することになり、吉野材木方に金一〇〇両の融資を頼んできた。(69)三〇両の追加融資もあって合計一三〇両が融資された。この書付の中で、「和歌山小廻シ舟方之義ハ往古より吉野材木方之手先同然ニ而大坂廻り荷物積方渡世仕来ニ候」とある。「手先同然」という表現から泉英二氏は「当初は吉野山元商人に従属していた」(70)と見ているが、妥当な見方である。

従属の内容は、小廻し運賃の決定権を吉野材木方に握られているのと吉野材木に対する船の優先的供用であった。次の二つの文書から見てとることができる。

一若山小廻シより運賃増之義段々願申ニ付、年番罷下リ吟味之上船積合不申候段相知レ申ニ附、十一月朔日より当二月晦日迄下床壱床ニ付弐分宛増申筈ニ致申候　（東吉野村小・谷家文書、元文六年「商人仲間定目録」）

この文書から、小廻し運賃の決定は船手方が勝手にできるものではなく、吉野材木方に願い出るべきものであることが明白である。吉野材木方では、毎年の初寄合で和歌山小廻し運賃を細かく決定した。

一和歌山より大坂江積廻し候小廻し船先規より商人銘々借り船不致筈也、若荷主之差支ニ茂相成候ハヽ、商人方相談之上大坂支配人和歌山問屋江申渡仲間一統之借船為致、荷物順番ニ積合いたし可申筈也、身一分借り船一切為致間敷候事　（川上村白屋・小南家文書、文政四年「材木商人方究一札」）

和歌山から大坂へ材木を運ぶのに、材木商人がそれぞれに借り船していては混雑するので、材木方の借り船にして順番に運ぶようにするという決定である。吉野材木方の優先的使用の実態があってのことである。

明治一五年の吉野材木和歌山商会所事務一覧表(71)によると、当時、吉野丸・住吉丸・吉寅丸の三艘は吉野材木方の手船（所有船）であり、一四艘は吉野材を優先的に輸送する支配船であった。「右十七艘ハ木場荷ヲ積ムニ限ルベシ若木場荷無之時ハ町荷ヲ積事アルト雖モ会所ノ許諾ヲ不得シテハ勝手ノ荷物積事ナラサル取極リナリ」とあることは、近世以来の仕来りを踏襲しているといえる。

しかし天保の頃には、「近年運賃増等之義願出候事間々有之」「荷支之折柄舟手一同申合セ積止りを申立」「よしのの差支ヲ不顧自儘ニ外々之荷物積取他国行致候事も有之[72]」とあるように、吉野材木方の支配から自立する動きを見せつつあった。泉氏は「船手方は結局、従属的な立場におしとどめられたと考えられよう[73]」と見ているが、明治一五年の実態からみると、泉氏の指摘は妥当である。

大坂材木問屋

天下の台所といわれた大坂には諸国から多くの商品が集積し、また大坂から諸国へ積み出されていった。正徳四年（一七一四）に大坂へ諸国から到来した商品は一一九品目で、銀額は二八六、五六〇貫余であった。第一位が米で銀額比一四・二四二%、第二位が菜種で同九・七八八%、第三位が材木で同八・九八六%、第四位が干鰯で同六・一九七%、第五位が白木綿（白毛綿）で同五・四九五%となっている[74]。衣食住にかかわる三商品が上位五位に入っていることは当然である。第三位に入っている材木の数量は無記入であるが、かりに記載されていても、それは簡単にイメージできないであろう。

大坂へ入ってくる材木の産地は、西日本各地のほかに、秋田能代・津軽・松前・南部・会津のような北国、木曽などにも広がっていた[75]。

一方、大坂から諸国へ移出される商品の中には木材はなく、わずかに万木地指物（よろずきぢさしもの）・障子・戸棚などの木工品があげられているにすぎない。このことは大坂に到来する材木は大坂で消費されていたことを物語るもので、その大半は住宅用材であったと思われる。表通りの大店はともかく、多数の表裏長屋の柱材は三寸五分（約一一センチ）程度であったから[76]、吉野から送られた材木の大半が中小径木であったことが首肯できよう。

大坂に集積する材木を市中に捌くために多くの材木商が族生した。安永三年（一七七四）の記録によると、材木問屋は二五軒、その内訳は日向問屋五軒、北国問屋三軒、土佐問屋二軒、諸国問屋一五軒、これらが大問屋で、他に樫木問屋一〇軒、竹問屋一〇軒、小問屋一〇〇軒、合わせて一二〇軒、仲買がおよそ三三二軒で、長手・大黒講・杉屋・船手・長堀・阿波座・檜屋の七組に分かれていた。[77] また竹屋仲買がおよそ六〇軒ほどあった。これらを合計すると五三七軒ほどになる。もともと問屋と仲買の分化はそれほど厳密ではなかったようであるが、はっきりと分化したのは宝暦二年（一七五二）である。[78]

日向問屋と土佐問屋で住吉講、北国問屋は恵比寿（戎）講、諸国問屋は伊勢講を結成していた。問屋の出入りは激しく、たとえば、住吉講の場合、享保一四年（一七二九）には一六軒が営業中で、休業中の問屋は帳面から削除されている。享保二一年から新規加入した問屋は六軒であった。[79] 元文二年（一七三七）の「組合名寄帳」には、一六軒の問屋名が出ているが、八軒に「休ミ」と貼り紙している。[80] 北国問屋の場合は、享保七年には八軒、同一三年には一一軒、[81] 宝暦四年には七軒に減っている。[82] 問屋に限らず材木商人はそれほど浮沈の激しい商売であった。

浮沈の激しさは経営基盤の弱さからくるものであって、そのような材木問屋にはたして吉野林業地帯を支配する力があったのだろうか。一時期相当な山林を吉野に所有した近江屋休兵衛のようなケースはあるが、[83] それは個別的な事例にすぎず、体制的な支配はなかったといってよいのではないか。

吉野の材木商人は住吉講問屋と取り引きしていた。日向問屋や土佐問屋が吉野材を扱うのは奇異に見えるが、国別問屋はもうこの頃には内実を失なっていて、どこの材木も取り扱っていた。享保一四年（一七二九）、住吉講が作成した「永代万覚帳」に収録された「講中言合」から、伊予・美作・阿波・美濃・甲斐・新宮（紀州）・播磨・薩摩・吉野（大和）・日向などから材木が入ってきていることがわかる。吉野については、「吉野丸太類、市ニ而ハ五分引、附売ニ而ハ無引」「同棒木之類、市ニ而ハ五分引」とあり、取り引きは明確である。[84]

宝暦年間、住吉講問屋の中に吉野講問屋が結成された。[85] この時期に吉野講問屋が結成されたのは、新しい問屋が増えて、それ以前から営業してきた問屋への荷物が少なくなり、荷物を確保する必要があったことと、とりわけ酒樽によって名声を高めていた吉野材を確保したいという要求とによるものである。[86] その後、なんらかの理由があって休眠したが、寛政六年（一七九四）に再興された。

再興の理由について、問屋方は、(1)山方と相対で仕入れたはずの材木が滞って、仕入銀が心配である、(2)仲買は数回売り直しをさせるし、返木等も多い、(3)売掛銀は寄らないし、払ってくれても欠銀が多く、金子の支払いでは両替相場が正しくない、(4)浜賃は莫大な高値になっている、という理由をあげ、これでは問屋を続けられず、中には廃業に追い込まれる問屋も出ると危機感を抱いていた。折しも吉野材木方の惣代も、今のままでは問屋だけでなく山方商人も立ち行きがたいとの危機感を持っていた。危機感を共有したことで、一一軒の問屋によって吉野講問屋が再興された。一一軒の問屋名をあげておこう。

檜皮屋三右衛門・播磨屋平右衛門・加嶋屋源太兵衛・山家屋利助・吉野屋儀兵衛・和泉屋太兵衛・奈良本屋久右衛門・佃屋幸右衛門・備中屋利兵衛・平野屋清左衛門・近江屋休兵衛である。

この時作成された「吉野講再興因帳」に基づいて、吉野材木商人と大阪材木市場との関係を考察する。

一一軒の問屋が山方に差し入れた一札の主要点は次の通り。

一市枡（はえ）之儀宝暦年中ニも書付差入置候之通上中下疵木相分并材木夫々之同木を枡可申事（枡に関する事項が九項目続く――筆者注）

一仲買立会無数節市売仕間鋪事

一入津之御荷物縦令如何程諸懸リ物相懸入船候共相場下直ニ候ハヽ見合売捌可申事

一吉野講問屋仲ヶ間之内材木市売方其外不依何事ニ中買より故障申出一軒ニ而も商売差留候ハヽ、私共一統商事相留リ直ニ若山問屋江も荷物積留候様申遣置、諸々世話仕早速埒明商事相成候様可仕候、万一右相談

中江我侭申出儀定不相用市売仕候者有之候ハ、其趣御荷主方江年行司并支配人よりも可申出候間、其節右問屋入之荷物御勝手ニ御切替被成吉野講御除可被成候、其時一言之申分無御座候

一吉野問屋江致加入度旨申仁有之候而私共仲ヶ間江申出候ハヽ篤と相談之上両郷江可申上候、御聞済被下候ハヽ支配人立会先年より之仕来逸々申聞一札取置相済候上ニ而亦々其趣可申上候間、其上ニ而御荷物御送可被下候事

右ヶ条之趣逸々承知仕候、（中略）万一心得違不筋之取捌仕候問屋有之候ハヽ、縦令為替銀等差出有之候御荷物ニ而も山方御組合中より組合問屋之中何方江成とも御送替可被成候、其時一言之申分無御座候、尤先達而為替銀等差出有之候荷物之儀ハ右切替候荷物売代銀を以相済候様ニ被成可被下候、勿論過不足之儀ハ其荷主と相対を以済方可仕候（中略）

寛政六甲寅年九月　大坂吉野講問屋

（一一軒の問屋名略）

吉野郡材木方商人組合惣代

（惣代五名略）

（大坂商業大学商業史研究所文書、『西区史』第二巻、五四七～五四九頁、清文堂出版、一九七九年）

問屋方は山方に対して、(1)枡（はえ）に留意する、(2)立会人が少ない時は市売りを中止する、(3)相場が下がれば市売りを見合わせる、(4)仲買が故障を申し立てて一軒でも市売りを差し止めた場合は全問屋も商いを中止し、和歌山問屋にも直ちに積み止めを連絡するとともに、解決に当たる、(5)協定を守らず勝手に市売りする問屋があれば吉野講より除名する、と約束した。監視のために郡中材木方によって、山方支配人が配置されている。山方支配人は現地の人間が雇われていた。

本文中の枡とは、市売りのために浜に材木を並べることである。枡の善し悪しは売れ行きや値段に影響をおよぼす。これは今でも使われている言葉である。吉野講問屋にはその後も加入が続き、明治二一年までに四六軒が加入している。吉野材を扱うことが有利であったからで、吉野材の市場価値の高さを物語るものである。

これに対して吉野郡材木方惣代から吉野講問屋に差し入れた一札の主要点は次の通り。

一大坂表問屋之儀は吉野講と唱右此方江請取候一札之通十一軒ニ相究候、然上は吉野郡より送出候材木右十一軒之外江は堅差送申間敷候、依而問屋方ニも被差入候一札通無相違相心得売方可被成候、然ル上は山方商人之儀も右講外之問屋江は荷物一切差送不申候、猶又大坂中買等江直売一切致申間敷候、万一商人之内心得違いたし中買又は外問屋江荷物差送候ハヽ、問屋年行司申談支配人より右荷物差押置荷物引取其趣早速吉野郷(郡カ)之年行司江可被申越候、其節不筋相働候者は商人組合相除可申事

一吉野講問屋之内商事被差留候ハヽ、大坂吉野荷物請候小問屋は不及申ニ和歌山兵庫堺売等迄早速支配人より売留可為致候、於山方ニも通達有之次第地売其外他所売ニ至迄即座ニ売留リ可申候、勿論和歌山表荷物積方とも早速差留候之様是亦支配人より通達可為致事

一大坂小問屋江分ケ荷物送之儀は駄物ニ限、其余之諸荷物は一切送申間敷候、万一駄物之外致取捌候儀御見当被成候ハヽ、問屋年行司より支配人江通達有之次第早速講問屋之中江右荷物為切替、送候荷主は山方商人組合相除可申事

右之通我々郡中為惣代致出坂及儀定候上後年ニ至候共聊違変致間敷候、勿論十一軒問屋之内より先為替銀等借請候而材木送方遅滞致候歟、其上名前等切替差送候商人有之候ハヽ、問屋年行司并山方支配人立会相調候上相違於無之は為替銀差出候問屋江右荷物引取御勝手ニ御売捌可被成候（中略）

寛政六年寅九月　　吉野郡材木方商人組合惣代

（五人名前略）

（大坂商業大学商業史研究所文書、『西区史』第二巻、五四七〜四九頁）

吉野講材木問屋

（一一名略）

吉野郡材木方の惣代は、黒滝郷桂原村利兵衛・同西谷村平次郎・川上郷碇村清左衛門・同高原村久左衛門・小川郷小村平右衛門の五人である。いずれも生産地の代表である。

吉野方は吉野講問屋に対して、(1)一一軒の吉野講問屋以外へは材木を一切送らないし仲買にも直売りしない、(2)万一心得違いの者がいれば、支配人はその者の荷物を差押え、山元へ連絡すること、組合はその者を除名する、(3)駄物は小問屋へ送ってもよい、(4)問屋が商いを止めたときは、山方でも地売りはもちろん和歌山送りも中止することを確認した。

吉野材を安定的に確保したい問屋方と、市場で正路に、誠実に販売してもらいたい山方との利害の一致がここに盛られている。

さらに重ねて双方でいくつかの事柄が確認されているが、前貸銀については、「山方江仕入銀并先為替等出候砌ハ其名前行司江相届帳面ニ記置可申事、但勘定差引相済候ハヽ早速相届帳面を消可申事」となっている。問屋の前貸銀に依存して商いをしている材木商人がいることが明らかである。

この半世紀後の弘化五年（一八四八）、郡中材木方は初寄合で大坂市場への対応を次のように定めている。[87]

(1)先規古格を守らず、新規のことをする問屋へは材木を送らない。

(2)大坂での諸事は、支配方である小泉屋角兵衛と和泉屋平兵衛両人にまかせる。

(3)市売りには大坂出役と支配方が市場に立ち会い、市売り終了後、問屋の帳面通りに手板帳面へ値段・木数等を間違いなく詳しく写し取ること。

(4)材木丸太・樽丸・板その他市売り物は吉野講問屋へ送り、余国問屋へは送らないこと。
(5)刻印と名前はあらかじめ大坂出役と支配方へ届けておき、出役や支配役・刻印改方は油断なく見回ること。
(6)仕切銀をまず誰に渡すか、書状に印形して取引先の問屋へ送り、銀子を受け取ること。書状のない分には一切銀子を渡さない。
(7)売付状と手板を突き合わせ、間違いがなければ、支配方が封をして荷主方へ日々飛脚をもって報告すること。飛脚賃は郡中材木方より渡す。

半世紀後も、材木等は吉野講問屋へ送り、外問屋へは送らない、問屋にこれまでの古格を守らせるという基本的な確認事項に変わりはない。支配人と出役は市売りの監視役で、とりわけ支配人は市売りの記帳や送金事務も担当した。出役は材木方が各郷順番に派遣した。こうした事例から見ても大坂問屋の山元に対する前期的支配という実態は浮かびあがってこない。

次に安永九年（一七八〇）の仕切状を分析しよう。

仕切状之事

高百三拾五本之内

一八拾本　　杉三中代　　二百壱匁壱分

一五拾五本　　同三小代　　四拾目六分五厘

内壱本　中

木数〆百三拾五本　　三床

代銀〆弐百四拾壱匁七分五厘

内

一拾弐匁九厘　　　市引
一三拾八匁壱分壱厘　運賃銀
一弐拾四匁五分四厘　御口銀
　内
　　壱分五厘　　　上入用
　三分　　　　　惣仲間入用
一拾壱匁八分壱厘　水上賃
一弐匁四分五厘　　口せん
〆八拾八匁九分七厘（計算は八拾九匁——筆者注）
　残銀　百五拾弐匁七分八厘
高弐拾七本之内
一四本　　松間角代　三十三匁三分
　才百五拾壱才　　　一わり物
一七本　　同丈角代　八拾三匁五分
　才五百拾六才　　　一わり物
一拾六本　同弐角代　弐百弐拾七匁五分
　才千百九拾三才　　〃
才高合千八百六拾才
木数〆弐拾七本　　　三床半

代銀〆三百四拾四匁三分

内

一三拾四匁四分三厘　市引

一四拾六匁四厘　運賃銀

一七拾九匁壱分九厘　御口銀

内

弐拾弐匁三分五厘　飯貝口銀

拾三匁弐分壱厘　取替入用共

壱分八厘　惣仲間入用

三分五厘　惣仲間入用

一拾四匁弐分七厘　水上賃

一三匁四分四厘　口せん

〆百七拾七匁三分七厘

残銀　百六拾六匁九分三厘

残銀合　三百拾九匁七分壱厘

残木なし

右之残銀此度相渡此表無出入相済申候以上

安永九年　加嶋屋

子極月　半右衛門　印

（東吉野村小・谷家文書『成功集』第二）

木津川村　孫兵衛殿

この仕切状（写し）は木津川村孫兵衛が大坂の材木問屋加嶋屋へ送付したさいに作成されたもので、物件は丸太と角材である。写しには問屋控除分の説明がついているが、いちいち説明するのは煩雑なので、大坂市場と関連するものだけをとりあげておく。

市引とは、大坂で市売りのさい丸太は代銀の五％、角材は代銀の一〇％を引くもので、大坂市場の仕来りである。輸送中の疵・折れ等を見越して包括的に引き去るのである。口銭は、問屋手数料として代銀の一％を徴収するもの。水上賃は、説明がないが、川中から浜への材木の引き上げ賃ではないか。取替銀は、問屋で先に材木を引き当てにして受け取っていたものの返済分である。御口銀から内訳分を差引いた残りが岩出口銀である。

取替銀はこの仕切状では少額であるが、多少とも問屋に債務を負っている材木商人は少なくなかったであろう。債務発生の原因の多くは、丸太購入や仕出し等材木仕入銀の借用であった。取替銀すなわち借用銀の返済方法を通して山元と市場の関係を見ておこう。

Ⓐ人知村由右衛門の例

差入申立身證文之事

去ル戌年

一元銀五貫目也

此内江

字清水と申所ニ而杉檜山　壱ヶ所

右は壱貫五百目相極売券證文壱通相渡ス

残銀三貫五百目也

右之銀子者我等先祖より材木商ひニ而渡世致段々是迄茂其元様御世話相成相互ニ御心安ク被成下其上御貸被下候銀子ニ候故急度可相済之処、私儀近年材木商ひニ而大損仕不仕合ニ付当時ニ而者済方之手段無之段々御断申入右残銀之処此後至私し身分出世仕候得者為冥加急度相済可申候（中略）

天保六年未六月日

和州吉野郡人知村

本人　由右衛門　㊞

（證人等名略）

大坂長堀

平野屋太兵衛殿

Ⓑ井戸村治右衛門の例

借用銀證文之事

享和元酉三月より　勘定詰

一五拾三貫七百廿七匁三分三厘　借用銀

内　弐百目　戌十二月　相渡

〃　百八十五匁四分　亥七月　相渡

〆五十三貫三百四十一匁九分三厘

享和元酉五月より文化八未七月迄　勘定詰

一廿八貫九百四十八匁九分壱厘　借用銀

文化八九月より

内　弐貫九百六十七匁壱分壱厘　相渡

文政二卯七月

〃　壱貫目　　　　　　　　　　相渡

〆廿四貫九百八拾一匁八分

二口金七十八貫三百廿三匁七分三厘

右弐口勘定詰之通我等亡父治右衛門存生中借用銀ニ相違無御座候、然ル所手元不如意ニ付格別御了簡を以借用之儘被差置候段千万忝奉存候、追而出世仕手元立直リ次第為冥加速々返済可申候、為後年出世待銀子借用一札如件

天保六年　　　　　　　　　　　　井戸村

未十月　　　　　　　　　　　　治右衛門

平野屋せ（清）左衛門殿

（史料Ⓐ Ⓑとも大阪市立大学所蔵「大和国吉野郡川上郷井戸村文書」）

人知村由右衛門は代々材木商を営んでおり、とりわけ長堀の材木問屋平野屋太兵衛とは昵懇の間柄であったという。近年の商いで大損を蒙り借入銀返済の目途が立たず、山林一ヶ所を返済に充て、残額を出世払いにしてもらったのである。

井戸村治右衛門は天保六年の時点で平野屋清左衛門に七八貫余の借用銀があった。治右衛門の亡父が負った借財である。彼もまた返済の猶予と出世払いを容認されている。

治右衛門の亡父は文政五年までに、近江屋休兵衛にも借財があった。その返済は翌六年三月までに筏四〇床（下床）を送り、その仕切銀を充てると約束している。[88] これが正常な債務返済手段であるが、それがかなわない時は所有山林を譲渡し、さらに年賦償還があって、最終的に出世払いとなるのである。だが、そのような方法が一般的におこなわれていたとは考えられない。身代と信用があってのことであろう。治右衛門家（松屋）は明治時代まで重立商人として存続している。

しかし借財の出世払いは明らかに経済外的な方法である。そのような方法が一般化すれば、問屋支配が体制化される。特殊的事例にとどまったと考えるべきである。そのように判断するのは、材木問屋の吉野進出がそれほどではなかったからである。たしかに彼らは貸付金の担保として山林を入手したが、それを梃子にして山元の支配に乗り出すことはなかった。これを数量的に証明することはできないが、残存する山林売買証文から見る限り、そのように判断し得る。

大坂の材木問屋の中で、一時期吉野に山林を最も多く所有していたのは近江屋休兵衛であると思われる。岡光夫の調査によると、近江屋休兵衛は明治三年（一八七〇）に吉野地方の一三村に山林を所有しており、総額は一一九四貫におよんでいた[89]（表6参照）。岡は、「それらは伐採に至るまでの一時的所有であり、伐採後は土地を返還し、原則として山林の経営には当っていない」と述べている。たしかに、近江屋は安政四年（一八五七）に白川渡村に所有していた山林二三ヶ所を銀七五貫目で土倉庄右衛門（庄三郎の父）に売却している[90]。ここには山林を集積して山元を支配しようという意図は感じられない。奈良盆地から進出してきた岡橋家や中野家とは明らかに異なる行動である。

以上のことから、吉野の材木商人と大坂材木問屋とは売り手と買い手という経済的に対等な関係であって、個別的に経済外的な関係が結ばれることがあっても、体制的に問屋による前期的支配はなかった。

表6　近江屋の前貸による買上額

村　名	銀　額
下多古	335貫
人　知	30
鷲家口	65
西　河	81
中　奥	60
枌　尾	190
中尾（中黒カ）	30
碇	23
宮　滝	15
大　野	3
東　川	222
高　原	40
佐古（迫）	100
計	1194

出典：岡光夫「私有林における市場の展開と商業資本――吉野郡川上郷高原村の史料を中心として――」（『農業経済』3号、1958年、原史料は「津田家吉野山林根質証文証事控」）
注：明治3年の調べ。

第四節　借地林業制の広がり

歩口山

前章では小川郷小村を中心にして小農型林業の成立過程を考察した。小村では元禄の頃から村人が惣村山へ植え出したので、享保八年（一七二三）にこれを認め、各自に二〇〇〇坪の藪林を分配した。一八世紀後半になると、立木の年季売りだけではなく、せっかく分配によって得た山地すら手放す百姓も出てきた。その一方で、彼らは引き続き村山へ植え出していった。まだ村山には植林する余裕があった。中には横領もあり、出入りにもなった。また欠落した百姓の貢租を肩代わりする村弁が多くなって、村方の負担が増加したこともあり、天明二年（一七八二）、村方は植え出しの規制に着手した。同年八月に「山林歩口帳」を作成して歩口銀の徴収を明確にするとともに、惣百姓（公事屋）の相談によって「証文之事」を作成した。翌三年には出入りの内済証文を作成し、さらに四年には小物成割符銀（歩口銀）を必ず徴収し村へ納めることなどを連続して決定した。享保八年には村民に村山を分配して私有を認めたが、今回は分配せずに占有にとどめ歩口銀を徴収することにしたのである。

歩口銀とは、山地と立木の所有権が分離している山林の立木を伐採した時、丸太売却価格の数%を山地所有者に支払うもので、後払い地代といわれる。この場合は村方が歩口銀を受け取るのである。歩口金の付いた山林を歩口山という。皆伐した歩口山の跡地は村へ戻される。

「山林歩口帳」では次のように申し合わせている。

一元来当村之義極山中之儀故杉檜植付百姓相続致し来候処、近年猥ニ相成村山内エ植出し候故百姓相続難相成候ニ付、此度村中一統ニ相談致し山内相改右村山内へ植出し有之候分ハ此帳面ニ銘々持分相改ケ条字等相記シ候通り此以後違背なく相守り可申事一御高場御年貢藪村方配分藪林弐千坪之外村山内へ植出し有之候分ハ杉檜松雑木共立木伐り取之度毎ニ抜伐り惣伐り共売り銀高百目ニ付八匁宛此帳面之通り村方へ出シ支配可仕筈（中略）

一高場より村山内へ植出し候処境目相分かたく故此帳面ニ銘々ケ条左之かた書ニ場所何歩通りと有之候、就ハ其歩ニ応し歩口之儀百目付八匁宛高として銘々ケ条左之かた書歩割之通り売銀高百目ニ付八匁宛村方へ出し可申究也

一歩口銀之儀山伐り候ハヽ本人より其組之組頭へ相届ケ、組頭より庄屋年寄之受差図得ト見及相応之直段ニテ歩口銀請取庄屋方へ可相渡究也

一歩口銀之儀其山ニ材木有之候内受取可申極

一歩口銀割符之儀年々庄屋方へ請取、銀高四歩通り高割ニ致シ、残り六歩通り公事屋へ配分割ニ致シ、年々庄屋方より割渡し御年貢方助力ニ仕り百姓相続可致究也　（東吉野村小・区有文書、天明二年「山林歩口帳」）

(1)各自勝手に村山内へ植え出しをしているので、今度、村中一統相談のうえ山内を改め、植え出しの分はこの帳面に記載した。

(2)今回認めた植え出し地は村地であるから、抜伐り（間伐）・惣伐り（皆伐）のさいに材木の売銀高の八％（歩口銀）を村方に差し出すこと。

「御高場御年貢藪村方配分藪林弐千坪」とは、高場・年貢藪と村方配分の藪林二〇〇〇坪の土地と解する。高場と年貢藪は延宝検地を請け、その後、山林になっている私有地である。「村方配分藪林弐千坪」は享保八年、公事家に平等に配分した二〇〇〇坪の私有地である。高場と年貢藪を合わせて高場、村方配分藪林二〇〇〇坪を林領、今回認めた植え出し地を歩口場という。高場と林領は年々年貢を納入する義務があるが、歩口場は間伐・皆伐のさいに八％の歩口銀を村方に出さねばならない。

(3)高場から村山内へ植え出したところは境目が分からないが、この帳面に何歩通り歩口場と書いてあるので、それに応じて八%を村方へ差し出すこと。

表7　天明２年の小村百姓所持歩口山一覧表

所有者(屋号)	場所数	坪　数	うち高場等	備　考
長　助(烏原前)	5	135	1	
宇右衛門(冨沢)	2		2	年寄
安　助(冨永)	1	10		
徳右衛門(井の上ヱ)	1	400		
武兵衛(小林)	1	1,600		
佐市郎(冨の内)	6	1,528	3	
源兵衛(小あぜ)	1	100		
武右衛門(久保隠居)	4	700	1	
清兵衛(峠久保)	7		7	
藤右衛門(西峯)	2	1,000		
李兵衛(戌亥)	3	210	1	庄屋
弥右衛門(和田隠居)	4	700	1	組頭
善右衛門(和田)	2	600		組頭
弥兵衛(和田)	4		4	
要　吉(黒田前亀や)	2	200	1	
忠　蔵(今西)	5	127	1	
平九郎(福本)	2	200		組頭
五兵衛(久保田)	7	50	6	
利兵衛(高瀬)	2		2	
清　八(和田林)	3	89	1	
甚　平(脇谷)	4	853	1	組頭
金　八(西五味)	3	525	2	
伊兵衛(西辻)	3	250	1	
才　治(冨田)	10		10	
四良兵衛(西)	8	1,150	6	
藤　助(中西隠居、福西)	7	1,230	1	
吉兵衛(辻本)	1	10		
作　次(植西)	2	410		
新八郎(相見佐)	5	260	2	米や支配
茂兵衛(新子屋)	2	8	1	
清左衛門(大工や)	5	18	4	
次良兵衛(ひがし)	1		1	
藤　助(中西)	15	1,889	6	年寄か
六良兵衛(辰巳)	7	1,600	3	組頭
治　助(東平下も隠居)	1	250		

嘉　七(東平本家)	3	168		
作　平(東平上之隠居)	3	600		組頭
長兵衛(中屋)	1	567		
重太夫(中野)	2		2	
利　助(井之本)	3		3	
七左衛門(谷口)	4	90	3	組頭
新　平(谷ノ上ヱ)	3		3	
幸右衛門(谷うら)	2	434	1	
藤　七(一原隠居)	5		5	
庄右衛門(一原本家)	9	500	8	
辰之助(森本)	3	672	2	
藤　治(森口)	12	532.5	9	
良　蔵(五味)	4	100	3	
伊　助(南隠居)	2	600	1	
孫兵衛(南本家)	2		2	
定四郎(西垣内)	4	512	1	
次兵衛(清水)	2	180		
八良兵衛(上平)	5	942	2	組頭
文右衛門(上平隠居)	10	220	9	
54人	217	22,219.5	123	

出典：天明2年「山林歩口帳」
注1：括弧内の屋号は帳面に赤字で書かれているもの。天保4年の後筆。
　2：高場等とは高場から植え出した歩口場など面積の記入のないもの。
　3：後筆で移動が記入されているものもあるが、それらは全て省いた。

(4)歩口銀はその組の組頭へ届け、庄屋・年寄の指図のもとによく見分を受け、相応の歩口銀を出すこと。

(5)歩口銀は材木がまだ山内にあるうちに受け取る規定である。

(6)歩口銀の四〇%は高割り、六〇%は公事家割りとして庄屋から渡すので年貢の足しにすること。

山地を分配しなかったのは、早晩村内外の商人の手に渡ることが予想されたからであろう。すでに高場すら村外者へ永代売りにされていた。山地を村方が所有していれば、個人が勝手に売買できない。山地は再生産の土台であるから、これをむざむざと村外に流出させられないという判断が村方にあったにちがいない。各自の植え出し分をまとめたのが表7である。

五四人の百姓が二一七ヶ所に植え出している。面積の判明している分が九四ヶ所、約二二、〇〇〇坪である。

一ヶ所平均して約二三六坪である。公事株が五六軒であるから、二軒が休株になっているのだろう。この時点でまだ山林の小農的所有は広く存在しており、依然小区画施業である。小農型林業の基調は維持されている。

歩口山は、一七世紀の末期から、村民の惣村山への植え出しを、村方が規制しながら公認することによって出現したが、一八世紀の後半になると、村方が窮迫する村方経済を立て直す手段として、惣村山を村民に、さらに村外者にも年季で売却するようになって広がった。川上郷寺尾村では寛保〜安永年間に、小川郷木津川村では文化文政期に集中的な歩口山の設定のあったことが、土倉家文書からうかがえる。

歩口山は、山地を所有しなくとも林業を営むことができたから、小農型林業に適合したシステムであったが、それは同時に、吉野川中下流域や奈良盆地の商業、地主、高利貸資本の進入を容易にするシステムでもあった。小農型林業を変質させる契機でもあった。

借地林業制の広がり

文化一二年（一八一五）、小村では永代地（永代で売買された山地）の調査がおこなわれ「山方出作名寄帳」が作成された。出作地とは他村者の所有山地である。調査の目的を次のように述べている。

右ハ此度相談ニテ山方御年貢地并ニ林領歩口場共他所へ永々売渡し出作場ニ相成候場所村方帳面通り得と相調、右出作之場所山方帳面ニ引合セ今般山方出作名寄帳相認支配人之銘々印形取締り候、此後出作場ニ相成分ハ村帳并ニケ所等得ト相調右名寄之順次へ付出し支配人印形取締り可申筈、依而庄屋年寄百姓惣代之奥印如件

文化十二年

亥ノ五月日

庄　屋　栄三郎　㊞

（年寄百姓代三名略）

（東吉野村小・区有文書）

山地の永代売りが広がり、年貢地の所有関係が紛らわしくなったから、本帳をまとめたのであろう。「山方出作名寄帳」をまとめたのが表8である。

「山方出作名寄帳」に掲載されたのは一一人、内訳は鷲家口村が四人、宇陀町（松山村）が三人、三尾村が二人、上市村と六田村が各一人となっている。鷲家口村は小村の下流の隣村、三尾村は上流にある隣村、宇陀町は宇陀郡の在郷町、上市村は吉野川中流域の在郷町、六田村は上市の下流域にある。宇陀・上市・六田の三町村は小村から徒歩半日程度の距離にある。紙屋とはっきり職業を記しているのが五人、山辺屋長助や稲戸屋源三郎も紙屋であろう。三尾村の二人は材木屋である。いずれも近隣の商人であって、後年、大山林所有者として知られる上市村又左衛門や国中小槻村清左衛門・名柄村米屋利右衛門らの名前がないことは注目されねばならない。

宇陀町は紙や米の取引先である。小村周辺の村々は紙漉きが盛んで、紙は鷲家口村や宇陀町の紙屋問屋へ販売された。またこの辺りは米がとれないので、宇陀方面から買い入れていた。上市や六田には材木の中継問屋があり、筏士もいて、いずれも筏を流下するうえで密接なかかわりがあった。小村に限っていえば、最初に近隣の紙商人や材木商人など村の主要な産業と関係の深い商人が山林の取得に進出してきたのである。これは山地の所有であるが、その背後には数倍する立木の年季所有があるはずである。

場所は一〇五ヶ所で、うち高場が九一ヶ所、林領が五ヶ所、歩口場が九ヶ所である。高場・林領・歩口場についてはすでに前述した通りである。圧倒的に高場が多いのは私有地であり、早くに植林されて、この頃には成熟した山林になっていたからであろう。

一〇五ヶ所という量が多いのか、少ないのか判断が分かれるが、宝永七年（一七一〇）の「山方御年貢地改帳」

表8　文化12年の小村山方出作者等一覧表　（高単位は升 他は場所数）

所有者名	高場	高	林領	歩口場	合計	備　考
鷲家口村　紙屋新三郎	33	120.2	3	4	40	3合過剰
鷲家口村　紙屋弥八郎	11	111.25			11	
上市村　紙屋新四郎	2	12			2	
鷲家口村　紙屋重兵衛	1	1			1	
三尾村　木屋丞助	20	110.15	2	3	25	
三尾村　与助	1	23			1	
宇　陀　山辺屋長助	8	40.2		1	9	
宇　陀　稲戸屋源三郎	9	86.3			9	1合過剰
宇　陀　紙屋徳兵衛	2	9.5			2	
六田村　内田佐右衛門	3	10.5		1	4	
鷲家口村　前北屋清兵衛	1	1.4			1	
11人	91	525.5	5	9	105	

後筆分

所有者名	高場	高	林領	歩口場	合計	備　考
国中古寺村　安兵衛	4	32.7			4	全て紙屋新三郎より
大滝村　庄右衛門	4	17.26			4	全て紙屋新三郎より
国中重坂村　清右衛門	7	49.7			7	全て山辺屋長助より
宇　陀　四郷屋清兵衛	2	14.4		1	3	
鷲家口村　出店弥七郎	2	12			2	
増口村　源右衛門	4	27.452			4	3ヶ所丞助より
五条村　久宝寺屋藤助	12	141.25			12	6ヶ所丞助より 1ヶ所紙屋新三郎より
宇陀郡大神村　喜兵衛	1	3			1	
三尾村　九郎兵衛	1	4			1	
鷲家口村　周蔵	1	78.1			1	
鷲家口村　紙屋新三郎	15	119.143			15	1ヶ所丞助より
三尾村　木屋丞助	8	23.6		1	9	
宇　陀　山辺屋長助	2	19.5			2	
宇　陀　稲戸屋源三郎	1	12			1	
六田村　内田佐右衛門	2	6.7			2	1ヶ所紙屋徳兵衛より
新規参入　10人	66	696.559	0	2	68	

出典：文化12年小村「山方出作名寄帳」
注1：後筆は万延元年まで計上。
　2：後筆間の売買は計上せず。
　3：久宝寺屋藤助が丞助から購入した6ヶ所は2ヶ所にまとめられていたが元に戻して計上した。
　4：後筆での純増は備考欄の27を差し引いた41になる。

では二三九ヶ所、享保八年の分配地が二三八ヶ所、天明二年の歩口場が二一七ヶ所、合計して六九四ヶ所、同じ山地を数人が入り組んで所有することもあるが、売買は各自の持ち分でおこなうから、六九四ヶ所を売買対象地と見てもよい。六九四ヶ所の山林のうち、他村者に山地がわたっているのは一〇五ヶ所で一五％、少ないと断定できる。この時点では、まだ山地の大部分は地元百姓の所有であったといえる。

小村では、文化一一・一二年（一八一四―一八一五）と連続して洪水で林道が大破した。一一年は自力で修復したが、一二年の修復には村内に山林を所有する村外者から寄付を募らざるを得なかった。その時作成された「山林道普請御寄付帳」[91]に、「村方ニ而致方も無之ニ付、夫々山林御入作之御衆中様江御頼申上御助情（成カ）を受、此山林道筋作り申度奉存候」とあり、寄付を三六名から仰いでいる。銀札一匁から三五〇目まで拠出額はさまざまである。所有する山林の規模に応じて出したものであろう。宝暦期の大滝村の大岩開削費用や天保―弘化期の加名生川流筏訴訟費用の徴収ほどのことではないが、やり方は同じである。ともかく文化期には小村には三六名の他村山林所有者がいたのである。表9はそれをまとめたものである。

前年に作成された「山方出作名寄帳」の一一名と比較すると、七名の名前はあるが、四名の名前がない。一年以内に四人もの他村者が山地を手放すとは考えられないし、拠出を拒否することはあるまいし、なんらかの理由で拠出が遅れたのであろう。「山方出作名寄帳」の一一名と「山林道普請御寄付帳」の三六名の違いは、前者が山地の所有者であり、後者が立木の所有者である。もちろん両方の帳面に名前の出ている七名は土地と立木の所有者である。すなわち、この時点では、立木だけの所有者が圧倒的に多い。

この時、地元の山林所有者数はどうだろうか。天明二年には五四人が所有していた。小村の公事家は五六人であるから、五六人以上にはならない。むしろそこからどれだけの百姓が山林所有から脱落したかである。それ以後も、貨幣経済の浸透による農民層分解をベースにして、天明の飢饉[92]も重なって、相当数が脱落しているものと見

表9　小村林道普請寄付者名簿

寄付額		拠出者		備考	山方出作者
銀	350匁	鷲家口村	紙屋新三郎		○
	250	三尾村	木屋丈助		○
	240	鷲家口村	紙屋弥八郎		○
	100	六田村	内田佐右衛門	餅米１石	○
	50	左曾村	菊屋甚兵衛		
	40	鷲家口村	(紙屋)弥七郎		
	30	大　坂	備中屋利兵衛		
	30	三尾村	たばこ屋安兵衛		
	20	上市村	魚屋清左衛門		
	10	宇　陀	山辺屋彦七		
	5	三尾村	亀屋七右衛門		
	2	同　村	東平新右衛門		
銀札	70	田井庄村	米田惣四郎		
	65	宇　陀	山辺屋長助	米１石	○
	20	鷲家口村	福屋治助		
	15	宇　陀	□□屋清兵衛		
	15	宇　陀	稲登屋源三郎		○
	5	宇　陀	吉の屋八右衛門		
	5	桜　井	宇陀屋孫兵衛		
	3	三尾村	丸屋金平		
	3	木津川村	平兵衛		
	3	鷲家口村	平屋藤七郎		
	2	三尾村	馬垣内茂右衛門		
	2	鷲家口村	錠屋藤助		
	2	同　村	四条屋儀兵衛		
	2	同　村	木綿屋新助		
	2	同　村	板屋藤兵衛		
	1	同　村	西林幸助		
	1	同　村	松本宇八		
	1	同　村	六田屋喜助		
	1	同　村	山本与兵衛		
	1	同　村	なわ屋孫兵衛		
白銀	1枚	大坂堂島	大和屋清右衛門		
2朱	3片	{宇　陀	たはこ屋吉右衛門		○
		宇　陀	紙屋徳兵衛		
	1片	古市場村	上酒屋権兵衛		
1貫436匁8分		36人			

出典：東吉野村小・天照寺文書

注１：平屋・四条屋・木綿屋・板屋・西林・松本・六田屋・山本・なわ屋は鷲家口村と推定。たばこ屋安兵衛は三尾村と推定。

２：○印は文化12年の小村山方出作名寄帳記載者。

なければならない。山林所有における地元百姓と他村者の割合はよく見て同数程度、もしかすると地元百姓の方が少ないのではなかろうか。

文化一二年の頃の小村の支配的な林業形態は、小農型林業とその変態である借地林業制の併存であった。やや借地林業制の方が優勢だったかも知れない。山地を永代所有する地主型林業は存在したが、まだ支配的な位置を占めていなかった。ここでいう地主型林業とは山地の永代所有を基礎にして営まれる林業である。地主型林業なるネーミングは検討されなければならないが、さしあたり使用しておく。

これは小川郷小村の事例であるが、他地域ではどうなっていただろうか。第二節でとりあげた、加名生川の流筏に関する訴訟費用を村内で山林を所有する者に求めた文書から、(93)弘化三年（一八四六）における黒滝郷堂原村の山林所有状況を一覧表にまとめたものが表10である。

山林所有者三四人のうち、村内の所有者は七人、堂原村の戸数は天保八年（一八三七）で二〇戸、嘉永五年（一八五二）で二三戸、(94)村民のうち山林を所有する者は三分の一程度である。村役人三人の他に山守六人も連印しているが、六人の山守のうち山林所有者は三人で、残りの三人は山林を所有していない。年寄役を勤める源次郎の所有高が抜きんでているが、他は零細な所有である。全山林所有者のうち村内所有者は人数にして五分の一、金額にして三分の一弱である。村外所有者は人数で五分の四、金額で三分の二強である。とくに下市村の所有者が目立つのは、黒滝郷が在郷町下市の経済圏に包含されているからである。弘化三年には山林の三分の二強が他村者の所有になっているのである。

嘉永四年の材木商人は一三人であるから、材木商人は戸数の過半数を占める。(95)かりに七人の山林所有者を全員材木商人としても、山林を所有する材木商人はその半分である。山林所有から離脱した山守や材木商人が半数いる。地元百姓による山林所有はすでに少数に転落している。すでに小農型林業は姿を変えているのである。山林の所有形態が、年季所有かそれとも山地の永代所有まで進んでいるかどうかが分からないから、軽々に判断できないが、ここでは借地林業制が支配的であるといえるのではないだろうか。

この頃、川上郷井戸村では、山林売買証文に次のような押印をしていた。

村中仕格之事

一、土地之儀村内売買勝手ニ可仕事、従先規他郷他村永売永譲一切不仕候、万一此手形添證抔仕他村へ相譲

候ハ此手形反古ニ而候、猶又従親譲請主他村へ持参仕住居仕候ハ立木一代限立置土地ハ本家へ差戻可申田
畑ハ直様差戻可申者也

井戸村役人中

但シ他所之仁右仕格乍存役人無之土地買取候ハゞ其者之丸太村方より差押置出シ方為致不申候已上

（大阪市立大学所蔵「大和国吉野郡川上郷井戸村文書」）

このような押印をしているのは井戸村だけで、他村では見ない。「井戸村文書」での初見は文政一三年（一八三〇）である。このような村中仕格を押印するのは山地が流出し始めたからで、共同体規制の網をかぶせることに

表10　堂原村内山林所有表（単位：貫目）

所有者地域区分	所有山林価格	所有者	備考
堂原村	34.55	源次郎	年寄・山守
	1.15	和助	山守
	0.4	弥太郎	庄屋
	0.2	新兵衛	
	0.12	清次郎	百姓代・山守
	0.1	小兵衛	
	0.03	清三郎	
小計	36.55	7人（20.6%）　金額比	32.0%
流域内	1.0	十日市村　儀兵衛	
	0.75	八川村　清右衛門	
	0.1	寺戸村　新兵衛	
小計	1.85	3人（8.8%）　金額比	1.6%
下市	30.6	広瀬屋藤兵衛	下市と推定
	13.9	住吉屋五兵衛	
	2.1	大岩屋藤兵衛	
	1.0	堀毛屋与四郎	
	0.5	八百屋又四郎	
	0.32	御勢屋伊助	
	0.2	赤滝屋市郎兵衛	
	0.19	広瀬屋弥兵衛	
	0.1	国屋平兵衛	
	0.1	吉野屋佐兵衛	
	0.05	古手屋利兵衛	
	0.04	唐戸屋弥右衛門	
小計	49.1	12人（35.3%）　金額比	43.0%
郡内	6.7	原野村　武右衛門	
	1.8	小路村　与市右衛門	
	0.7	立石村　大屋長兵衛	
	0.37	馬佐村　嘉兵衛	
	0.05	栃原村　宗兵衛次	
小計	9.62	5人（14.7%）　金額比	8.4%
その他	8.15	松之本村　庄右衛門	
	4.05	名柄村　米屋利右衛門	
	1.5	郡山町　材木屋忠三郎	
	0.6	堺　大徳	
	0.6	五条村　火打屋次兵衛	

小計	14.9	5人(14.7%)　　金額比　13.0%	
不明	1.6 0.5	頼吉　宇兵衛次 新店(町ヵ)　藤助	
小計	2.1	2人(5.9%)　　金額比　2.0%	
合計	114.12	34人(100%)	

出典：黒滝村堂原・蓮光寺文書(『黒瀧村史』786～791頁)

よって、防ぎ止めようとしたのである。ある大山林所有者から、井戸では土地付きの山林が少ないと聞いたことがあるが、効果があったのだろう。他村者に対する土地の永代売り渡しを防ぐには、土地は先祖相伝のものであり、土地の売買は御法度であるという心理的圧力もさることながら、村方の規制が最も効果的であった。立木は売っても可能な限り山地は売らないという百姓の行動様式が一方にあり、他方、買い手の側は換金性の高い立木を求めるが、山林経営までは求めないという経済的判断とが合致して、借地林業制が形成されたと思われる。[96]

筆者の土倉家文書の調査によれば[97]、一七一六年から一八八〇年までの売買形態は表11のようになっている。

一七一六年から一七五〇年までの三五年間と一七五一年以降とでは明らかに違いが見られる。立木や山地の年季売りが圧倒的に増えていることが明らかである（補論2参照）。借地林業制は一八世紀の中頃から広がり、一九世紀前半に支配的になったと判断しておく。その画期をどこに求めるか、明確な指標を残念ながら見出し得ていない。

川上郷寺尾村では、嘉永三年（一八五〇）に村方の借財や百姓の借銀が重なり、潰れ百姓も出たので、百姓個人の借銀はそれぞれより質物を取って、村方が引き受けることにし、返済手段として、村外地主の所有する山林を時価に見積り、その歩口銀を五厘（五%）通り先納してもらうことにした。それによると、三六町村から六〇人が寺尾村で立木を所有しており、時価に見積ると一四四五貫余となり、その五厘に相当する六七貫二〇〇目（本帳の計算のまま）を先納させ、借銀四八貫六五〇目の返済に充てようとした。表12はその内訳である。[98]

嘉永三年の時点で、これだけ大量の村外山主が進出してきているのである。この中の最高は三〇貫目の小槻村

表11　物　件　　（カッコ内は%）

年　　代	立　　木	土　　地	立木土地共	歩口銀	年季延長	その他・不明	計
1716～1750	6(46.2)	3(23.1)	4(30.7)	…	…	…	13(100)
1751～1800	195(72.5)	55(20.4)	17(6.3)	…	2(0.8)	…	269(100)
1801～1853	653(70.5)	192(20.7)	65(7.0)	8(0.9)	6(0.6)	3(0.3)	927(100)
1854～1867	249(79.3)	35(11.1)	5(1.6)	24(7.6)	1(0.4)	…	314(100)
1868～1880	202(77.1)	37(14.1)	3(1.2)	20(7.6)	…	…	262(100)
計	1305(73.1)	322(18.0)	94(5.3)	52(2.9)	9(0.5)	3(0.2)	1785(100)

出典：土倉家文書(『ビブリア』106号、11頁および本書補論２、346頁)。
注：その他は雑木林、不明は山林としか記入されていないもの。

清左衛門（岡橋家）であり、上市村又左衛門（北村家）・大滝村庄右衛門（土倉家）・戸毛村伝右衛門（西尾家）など後年の大山林地主も含まれている。村名と名前しか書かれていないが、この中に奈良盆地の中小の商人も含まれていることは間違いなかろう。

借地林業制の前提は、一方で立木の年季売りをする百姓がいるとともに、他方で山林に投資をする地主や商人が存在することである。三つの形態があった。

一つ目は、吉野川中下流域や奈良盆地の地主や商人が山林所有に進出してくる形態である。竹永三男氏が検出した奈良盆地の地主の三徳式経営がこれに当てはまる。竹永氏は、旧南葛城郡忍海村（現葛城市忍海）のA家の経営分析を通して、「A家の経営構造は、奈良盆地の高度に発達した農業生産力と特有の発展を遂げた日本屈指の育成林業地帯である吉野林業とを背景にして、⑴出発点＝機軸たる地主的土地所有＝小作料収取・販売、⑵安全・有利かつ換金性に富む山林所有、⑶地方銀行を中心とした有価証券投資の三部門が銀行を媒介にして緊密に連関し鼎立しているというものであった[99]」と述べている。

A家は明治中期以降の進出であるが、地主資本や商業資本が吉野林業地帯に進出してくるのは一八世紀中頃からである。彼らは、今日の大山林所有者として著名な林業資本家とは違い、山林経営が目的ではなく、立木が「安全・有利かつ換金性に富む」からであって、実際の経営は現地の山守に委ねていた。だから彼らには山地まで所有しなければならない必然性はなかった。

二つ目は、大坂の材木問屋近江屋休兵衛が山林を取得した形態である。前節でとりあげたが、近江屋休兵衛は明治初年に、一三ヶ村で合計一一九四貫の山林を所有していた。白川渡村で二三ヶ所の山林を七五貫目で土倉家

表12　寺尾村における村外山林所有者数・山林歩口銀高

	村名(人数)	銀　高
川上郷	人　知(1)	40
	武　木(1)	6
	大　滝(2)	345
	東　川(3)	160
	小　計(7)	551
吉野郡	樫　尾(1)	25
	喜佐谷(1)	25
	菜　摘(1)	6.5
	柳　(4)	1,275
	飯　貝(1)	10
	立　野(2)	10,010
	上　市(9)	4,135
	増　口(2)	75
	六　田(2)	35
	小　路(1)	350
	小　計(24)	15,946.5
高市郡	小　槻(1)	30,000
	岡　(3)	2,265
	越　(2)	1,350
	土　佐(1)	100
	醍　醐(1)	350
	佐　田(1)	150
	池　尻(1)	50
	小　計(10)	34,265
葛上郡	戸　毛(1)	4,000
	御所町(1)	75
	小　計(2)	4,075
葛下郡	高　田(1)	75
	今　市(1)	50
	小　計(2)	125
広瀬郡	南　郷(1)	50
	小　計(1)	50
十市郡	味　間(1)	75
	池　ノ　内(1)	8,000
	小　計(2)	8,075
山辺郡	三　嶋(1)	500
	二　階　堂(1)	250
	小　計(2)	750
宇陀郡	宇　陀　町(2)	106.75
	藤　井(1)	15
	小　計(3)	121.75
国外	和　歌　山(3)	220
	紀州中飯降(1)	200
	河内石田原(2)	400
	堺　(1)	300
	小　計(7)	1,120
合　計(60)		65,079.25

出典：吉野町上市・島田家文書、嘉永３年「難村立直方仕法帳」
注１：銀高は所持山林の時価の５％(単位は匁)。
　２：同一地名が複数ある場合は筆者の判断で郡別を決定した。
　３：『吉野町史』の表の間違いを今回訂正した。
　４：帳面の合計は67貫200目となっている。

に売却していることから換算すると、約三五二ヶ所になる（前掲表6を参照のこと）。近江屋休兵衛の大量の山林取得は、彼が積極的に買得に乗り出したというよりも、材木商人が材木の購入資金や仕込資金の前借りの抵当として差し入れていた山林が流質になった結果であろう。和歌山問屋や吉野・宇陀地方の商人との間でも同じことがいえる。岡光夫の指摘するように[100]、近江屋休兵衛の場合も山林経営よりも、立木の売買による利潤の獲得が目的であった。

この二つの形態はいずれも立木の取得が目的であって、山地は地元の百姓に残されていた。そして山林経営は地元の山守らに委ねられた。彼らは借地林業者というよりも投資家という方がよりふさわしい。

三つ目は、土倉家や北村家を筆頭とする地元商人による山林集積である。彼らの場合は、前二者とは異なり、山林経営が主目的である。借地林業者というならば、彼らがもっともそれにふさわしい存在である。

これら三つは形態は違うが、山地所有者と立木所有者が異なり、立木の年季所有を基本にしているという点で借地林業制に一括することができるだろう。

借地林業制が支配的になっても、小農型林業が全く消滅したということではない。まだかなりの範囲で存在していた。さらに借地林業制がその支配的な位置を地主型林業に譲り渡すのは、明治後半である。最初は地租改正が、次に明治民法の施行が契機になった。山地の地主的所有を基礎に大山林所有制が確立するとともに、小農型林業は吉野林業の片隅に追いやられた。地主型林業の考察は本章の課題ではない。

借地林業制が支配的になった吉野林業の構造は当然変わらざるを得ない。だが、立木の所有形態が変わったといっても、山地の所有や伐出業の形態は相変わらず小農型である。借地林業制は完全な小農型ではないが、小農型が完全に否定されたのでもない。かりに半小農型といっておく。

第五節　材木方の活躍

材木方文書は、管見では元文六年（一七四一）の「商人仲間定目録」が初出である。勿論、それ以前から存在していたと思われる。材木方の全般的な考察は第六章でおこなうが、ここではいくつかの時期における具体的な活動をあげておこう。

元文期の活動

最初の材木方文書「商人仲間定目録」から材木方の活動を考察する。

一去申正月より相極リ申候仲間入用大坂廻し上床壱床ニ付壱分、若山売リ上床壱床ニ付五厘宛申正月より同十月迄相懸ケ、右之銀子を以若山小廻シ船運賃極メ并木置場其外諸方運賃之定川普請入用此度惣代寄合長面(帳面)并極事相済申候

一若山小廻シより運賃増之義段々願申ニ付年番罷下リ吟味之上船積合不申候段相知レ申ニ附十一月朔日より当二月晦日迄下床壱床ニ付弐分宛増申筈ニ致申候、依之右運賃増申内ハ中間入用一円掛不申候、又々当三月朔日より去年之通リ中(間脱カ)入用取申筈ニ相究メ申候

（東吉野村小・谷家文書、元文六年「商人仲間定目録」）

筏から床掛銀を徴収して、材木方寄合費用を賄っている。寄合では若山小廻し運賃、材木置き場賃、諸方運賃、川普請入り用などが協議、決定された。川普請とは流筏用諸施設の設置や川の浚渫のことで、これは材木方の負担でおこなわれた。諸運賃や材木置き場等は各材木商人に任せるのではなく、材木方が対応している。必要に応じて現地に出向いて交渉していることもうかがえる。また、和歌山から大坂に材木を回送する和歌山小廻し運賃は和歌山小廻しが一方的に改訂するものではなく、吉野方と協議して決めていることは山元の力を示すものであ

る。

一当年春伐相止候儀、棒木檜木細板樽之類ハ筏下シ勝手次第ニ致申筈也
一すくり伐リ并伐付之分ハ勝手ニ伐付置被成候而七月中間迄若山下シ大坂廻シヲ致し不申候筈ニ而御座候、尤秋切杉丸太勝手次第ニ伐出しいたし申筈ニ而御座候、其外国中筋之儀ハ是迄之通リ勝手ニ売可被申候
一従前之春伐リを多ク仕出シ候而若山大坂ヲ売つぶし申ニ付、去年より初而春伐リ送リ下シを相延し候儀商人仲間之勝手宜敷儀ニ御座候故此度之寄合ニて相談申候、尤右之通極置候得共若大坂若山直段能売レ申候ハハ年番廻状ニ而触可申候間、下し申筈ニ而御座候

史料にある「当年春伐相止」「七月中間迄若山下シ大坂廻シヲ致し不申」「去年より初而春伐リ送リ下シを相延し」などは生産・出荷調整に関する文言である。生産・出荷調整によって良い結果が得られたことが知られる。そのためには大坂・和歌山の市場調査が必要であるが、山元から係員を派遣し、市況を速報する体制ができていたにちがいない。また、材木方に統制力があり、吉野川流域をカバーする組織ができあがっていたと判断してもよいのではないだろうか。

一東川より上市運賃之儀ハ去七月より大水干水ニ付筏ニ人歩多相懸ケ申ニ付壱人乗ニ付壱匁弐分五厘つヽ之筈ニ相究メ申候、但シ去ル申七月より十二月迄ニ御座候
一上市より若山迄筏賃去年之通リ東川より上市迄乗賃当正月より七月迄壱人乗リニ付壱匁弐分宛、七月より後者本之壱匁宛之筈ニ而御座候
一(各難所における割増銀等のこと)

筏運賃は材木方の専管事項であったようで、いつの年代でもこの件は材木方が決定している。引用を省略しているが、難所での乗り手の増員や筏賃の割り増しなども細部にわたって規定している。筏運賃は筏乗りと材木商

人との間で個々に決められるものではなかった。それは流筏施設や機構が材木方によって構築されたということによるのであると思われる。吉野川の浚渫については、先に見たように村方の力を借りているが、維持管理は材木方が受け持っていた。

一大坂表問屋材木杉丸太売方之義難心得候ニ付、中間相談之上若山年頭ヲ仕舞次第年番東川弥七郎大坂へ罷越、問屋之様子聞届ケ売さき目付役人を付申相談ニ而御座候、兼而左様に御心得可被成候

大坂の材木問屋の売り方が納得できないので、年番を派遣してその様子を調べ、売り先目付をつけようというのである。材木の売り方を問屋任せにしておけない吉野方の苦労が見てとれる。吉野方はここでも個々の材木商人に任せず、材木方という組織で対応している。当然といえばそれまでだが、組織的に対応することによって個別商人の弱さをカバーしているのである。これで見る限り大坂の材木問屋の支配を受けているとはいえない。なお、年番の東川村弥七郎は第二節で下流域の中継問屋との訴訟にも出てきた人物である。

この文書では、生産・出荷調整、筏運賃、川普請、大坂市場との対応などが協議、決定されている。これらは材木商人の利益を守るために材木方が取り組む最も基本的で重要な業務であった。

なお、この文書の末尾に、年番東川弥七郎・年行司飯貝次郎右衛門・同断国栖清次郎・筏シ惣頭東川重右衛門とある。この四人が執行役員であろう。さらに、「右之通三郷中間寄合相談之上相究申候以上」とあって、中間惣代楢井利右衛門以下九名が名を連ねている。その内訳は、東川二名の他に楢井・中黒・大滝・高原・白屋・和田・碇が各一名となっている。三郷とは、川上郷・小川郷・池田郷であろう。この時点でそこまで組織が整備されていることから見て、元文期には材木方の組織が完成されていたと判断できるだろう。

紀州藩では、一七世紀から藩内の産物や流通する商品に課税するようになり、課税率は商品価格の二〇%に相当したので、二分口銀（口銀）といった。[101]吉野材は紀州の産物ではないが、紀ノ川を流通するので紀州産物と見なされた。ただし飯貝ですでに幕府から一割の口役銀を徴収されているので、岩出では一割に抑えられたという。

材木方の対外活動では紀州藩との折衝が重要な事項であった。紀州藩との折衝の例として、紀州藩寺嶋役所（大坂にあった紀州藩の産物改役所）との交渉をあげておこう。

寛政一二年（一八〇〇）、紀州藩寺嶋役所より、吉野材は紀ノ川を通行し岩出で口銀を上納するから紀州産物に含まれる故、仕切状に裏書きと押印をするとの通達があった。吉野材木方では直ちに上市村五郎兵衛・御園村甚右衛門・小栗栖村茂助の三人を惣代として大坂に派遣し、紀州藩の提案を断らせた。彼らが残した「大坂寺嶋一件始末書記[102]」をもとにその経過をたどろう。

一一月　六日　三人の惣代が上市を出立、同八日大坂に着く。

　九日　立売堀の会所で吉野問屋と材木方三惣代が相談。

一〇日　吉野問屋惣代和泉屋庄兵衛同道にて寺嶋役所に出頭。口頭で拒否の旨を述べたところ、役人池田佐七より書付を差し出すよう申し渡される。役人の言い分は次の通り。

（前略）勿論よしの材木紀之川を通岩出御役所ニ而改を請御口銀上納仕来候得は、御産物ニ相籠り候故仕切状為差出裏書印形いたし遣候事ニおいて何等諸掛り物等無之儀ニ付、少も差支之筋有間敷、（中略）書付突出候ハヽ、如何様に可相成哉不相知品ニより御番所御取扱ニ可被成と被申聞候事

役人の言い分は仕切状を差し出させて裏書きし押印するだけであって、なんら費用もかからず少しも差し支えがないはずということであった。拒否の書付が出されるならば、御番所扱いになるという脅迫をかけている。

紀州藩のねらいは、吉野材を紀州産物に指定して、大坂問屋を紀州出入問屋とし、かわりに問屋から運上金を上納させようということではないかと考えられる。すでに岩出で口銀を一割徴収しているので、それの増額を考えているのではあるまい。紀州藩が産物売捌方役所を大坂に設置したのは寛政四年（一七九二）である。[103] 同藩では紀州産物を扱う荷受問屋を指定しており、紀州出入問屋は藩の庇護を受ける反対給付として、年頭八朔の祝儀などの懸物や臨時の御用金・調達金が徴収されたようである。

一一月一一日　役人の口達を検討した結果、仕切状の差し出しについては、問屋中は荷主の指図次第であること、荷主方は今まで通りでなければ承知しがたいことになり、別々に歎願書を提出することに決定。

一二日　全ての問屋が寺嶋役所に出頭して、問屋は山方荷主の指図次第であり、荷主方が不承知ということで紀州藩の通達を断ることを確認。

一三日　吉野材木方惣代が寺嶋役所に出頭して歎訴口上書を提出。口上書は以下の通り。しかし今日は提出だけで、翌一四日に出頭すべしとのことにて引き取る。

（前略）吉野材木之儀は　御江戸表并　御国表へ御口銀奉上納、紀之川筋より大坂問屋方へ致運送、荷主勝手次第ニ為売捌往古より容易ニ取計仕来候所、今更奉蒙御厳重之御取扱候様相成候而ハ却而奉恐入候故、右問屋共より仕切状差出御裏書御印可被下置御儀御用捨被為有、矢張前々より在来之通被成置被下度（後略）

一四日　役人池田佐七は風邪、他役人は帰藩中とて留守、宿に帰る。

一五・一六の両日役所より連絡なし。

一七日　役所に出頭。別役人より、内聞のこととして、仕切状の差し出しと裏書きは止めるが、問屋より仕切状の写しを差し出させる、こうすれば双方の意向も満たされるはずだといわれる。

一八日　会所で双方が相談。仕切状の写しの提出は、半紙・墨・筆等の費用がかさみ、また紀州藩産物に入れられては差し支えになるので、反対を確認。

一九日　歎願書を提出し、寺嶋役所の新提案を拒否。取次人より追って沙汰するので待てと申し聞かされる。

（前略）然処以来問屋共より仕切状写シ書差出候様可被仰付御内意之趣、則私共より問屋共へ申談候所、問屋共一統申達候ハ右仕切状写シ書差上候様相成候ハヽ、是迄一通ニ而相済来候所弐通迄相認メ申儀故、筆紙墨并筆者雑用銀別段ニ相費候付、山方荷主共より相賄候様申立之、勿論永々掛リ候儀故多少ニよらす荷主共より相賄候儀ハ決而相成かたく、尤右仕切状写書差出方問屋共江可被仰付御儀、山方荷主共へ少も不相拘道理ニ而以て猶相拘候訳は眼前右雑用銀荷主共より可相賄様問屋共申立、畢竟荷主一統之難渋ニ相成候付、矢張前々よりより（ママ）在来之通ニ被成置、右仕切状写シ書問屋共より差出方御用捨被成下度（後略）

仕切状の写しの提出には紙筆墨と書記役の雑用銀がかかる。問屋方は山方荷主で負担してほしいと言い、荷主方は仰せつけられたのは問屋であって荷主方には関わりのないことであるという。これは両者打ち合わせた連携プレイであろう。

一一月二六日　役所へ一〇軒の吉野問屋と三物代が出頭。まず物代を呼びだし、歎訴の趣きやむを得ないと認め聞き届けると申し渡される。ついで問屋を呼び出し、物代が筆墨紙代で困るというので、明日か明後日当役所より筆紙墨等を持って問屋店へ役人を派遣して仕切帳面を写し取らせる故、左様心得よと申し渡される。さらに物代を呼び出し、これで問屋も荷主も差し支えなかろうと申し渡され、一同困惑して退出。深夜まで協議し、問屋から歎訴することに決定。

二七日　問屋より役所に歎訴。役人他出に付き、二八日提出せよとのこと。

二八日　問屋より歎訴。役所より、この方の言い分が一つも相立たないのでは、役前がすまないとのこと。さらに惣代が差し支えると申し述べると、その旨問屋より書付で差し出すように、そうすれば材木方惣代に引き合いをすると申し渡される。

二九日　会所で篤と相談。

三〇日　荷主から差し支えることがあると申すので、惣代へ尋ねてほしいと問屋より書付を提出する。

一二月　二日　材木方惣代出頭。役所より、一向にこの方の趣意が通じないので、この上は問屋帳面を写し取るほかはないと申し渡される。惣代は、こうなれば和歌山の役所へ歎願書を出すしかないとし、一旦帰国して荷主（材木商人）と相談し、改めて来春出頭する旨申し出る。役人も同役と相談し返事をするので明日出頭するようにと申し渡される。

三日　役所より使者が参り、昨日の通りに承知した、来年二月に返事をせよとの口上。小栗栖村茂助と上市村五郎兵衛が和歌山に向かう。

七日　和歌山二分口役所へ出頭し、これまでの経過と荷主・問屋の意向を記した歎願書を提出する。

八日　役所より呼び出しあり出頭。役人より、今回のことは寺嶋役所の心得違いであり、全て前々通りであるから安堵せよ、寺嶋役所へは当方より連絡すると申し渡される。

全面的な勝利である。大坂市場への介入という本心を表面に出さず、吉野材を紀州産物に入れるという口実で突破しようとした紀州藩のやり方は無理であった。寺嶋役所の心得違いということですませたが、一出先機関の考えではあるまい。解決が長引いて江戸まで持ち越しになり、もし敗訴でもしたら藩の面目は丸つぶれ、損得を考えた上での撤退であろう。また材木方と問屋の連携プレイも見事であった。ともあれここは道理が通った。

この時点で吉野材木方は一〇〇年の歴史を有すると思われるが、御三家と堂々と渡り合える力を持ったのである。その力の源泉は、(1)材木生産の発展、(2)幕府にも紀州藩にもすでに口銀を上納しているという意識、(3)幕藩営の林業・材木業ではなく、民営林業であるという自負などであったと考えられる。

紀州岩出口銀減免の要請活動

吉野材は紀州那賀郡岩出（現岩出市）の二分口役所で口銀と称して価格の一割を徴収された。飯貝で幕府が徴収する口役銀に比してその額は約五倍に達していた。[104] これは材木の価格に重圧を加えたので、吉野の材木商人は再三口銀の軽減を願い出た。

寛政五年（一七九三）一〇月、吉野材木方は小川郷小村平右衛門ら四人を惣代にして紀州藩奉行所へ岩出口銀の定免制を願い出た。この時期に出願したのは、天明八年（一七八八）の京都大火後に材価が騰貴し、それにつれて口銀も高直になっていたが、その後幕府の諸色引き下げや造酒高の抑制政策によって材価が落ち込んだので、口銀が相対的に高直になっていたからである。

一（前略）今年抔ハ荷物仕出し方格別無数、大坂表相場之儀も少々成共直り可申所諸方一統ニ不景気故ニ候哉、何分直段相直り不申候、右之通売口ハ下直ニ候得は御口銀ハ高直ニ相掛り申候、（中略）荷物ニより高直之所ニ而ハ壱割七八歩弐割位候所も御座候、其外高直勝ニ御座候而甚難渋仕候、（中略）右之通被為　聞召上御定免ニ被為　仰付被下候へは、御上様御苦労も容易ニ可有御座哉と乍恐奉存候（後略）

吉野郡材木方惣代

木津川村　平兵衛

（他三名省略）

寛政五年丑十一月十一日

（小川郷木材林産協同組合所蔵、寛政五年「願書写」、『吉野林業史料集成(七)』二七〜三三頁）

この歎願書には吉野材木方が作成した「岩出口銀目録」が添付されている。筏は床単位で、角材は本単位で、駄物は駄単位で口銀を決めているのが特徴である。詳しくは本章第一節の表3を参照されたい（二五二頁）。

この時は藩で調査中ということで、惣代四人は一旦帰国した。しかし翌年春になっても一向に音沙汰がないので、材木方は翌六年三月、再度川上・小川・黒滝三郷を代表する惣代三名を和歌山に派遣した。定免制採用を必要とする根拠について、(1)大坂問屋の売付書や仕切状を見てもらえば、口銀が高直すぎることが判明すること、(2)今はまだ材価は格別下直ということはないが、今後大下落することも予想され、その場合困窮すること、(3)口銀の引き取りは和歌山問屋がおこなっているので、とかくの声があり、山元が混雑することなどをあげている。

奉行所の回答は次の通りであった。

一本文願之品遂吟味候処見付口之儀古来より定法ニ而、定免ニ取搉セ候而ハ差支江之儀も有之ニ付、願ひ通りニ而難相成候、（中略）壱歩口之定法ニ付右定法正道ニ相立候様兼而申付有之事ニ候

（小川郷木材林産協同組合所蔵、寛政六年「紀州岩出御口銀願書」、同前書、三九頁）

なんの中身もない回答である。吉野材木方は論点を整理して六月に三度目の願書を提出した。定免制にすれば、(1)役所の改め方も容易になり、その時々で口銀が高下しない、(2)間屋の計算も間違いが少なくなる、(3)認め難いというのなら、一〇年なり一五年なりやってみて判断したらよいということであった[105]。回答は残っていないが、要求が実現しなかったことはその後の経過から明らかである。

それでも吉野材木方は諦めなかった。安政五年（一八五八）、彼らは五條代官所に長文の歎願書を提出した[106]。この歎願書には一三郷から材木商人惣代と村役人が二名宛連印していた。それには整理された論点が明白に出ている。

(1)飯貝口役銀の約五倍である。安政三年の時点で、飯貝口役銀は一〇七貫二六八匁四分三厘、岩出口銀は五三

〇貫一四四匁七分であった。

(2)見積高が実勢に合わない。岩出は和歌山・大坂の途中にあり、ここでは見積りにすぎず、後から仕切状と比べると高すぎることが多い。

(3)原価計算が困難である。山で材木を購入するさい伐り出し費、床掛銀、筏乗賃、口役銀等を見積り、売価の高下も考えて買い付けるが、岩出口銀がいかほどに見積られるのか見当がつかないので難儀である。

(4)飯貝口役銀には百姓助成のために御下渡銀があるが、岩出口銀にはない。

(5)飯貝口役銀と同様に定額制（定免制）にしてほしい。

安政四年の吉野材の移出量は、銀額にして六八四〇貫余であり、岩出口銀の占める割合は約七・八％である。この時も要求は実現しなかった。

慶応三年（一八六七）、徳川幕府は滅亡した。吉野材木方と地方はこの機会をとらえて行動を起こした。紀州藩の執拗な抵抗があったが、結局、明治四年の廃藩置県という政治状況のなかで、廃止を勝ち取った。[107] この運動は材木方が総力をあげて取り組んだものであるが、封建的秩序を打破しようという性格の運動ではなく、その枠内のものであった。

新政府御産物加入拒否

明治元年九月（この月の八日に改元があった。日付がわからないので明治元年としておく）、吉野材木方行司は奈良府役人から、吉野郡から伐り出す材木を新政府の産物に取り立て、代銀等は新政府より貸し下げるので、承知せよと申しつけられた。[108] 材木方では小前商人末々にいたるまで相談をした結果、「先規在来相守度」ということで拒否した。

その後、重立商人に対して「重き御先柄」から重ねて内命もあったので、二年正月の定例初寄合で熟談したが、「前同様先規在来取締之通新規之儀者不致様決心罷在候」と拒否を再確認した。さらに川上郷西河村での蛭子講でも再談し、加入拒否を再確認した。材木方はその心意気を次のように述べている。

（前略）当郡中材木之儀者小木之頃より下伐いたし四方之山々谷々堰流し、尚又大木ニ相成候得者拾丁廿丁或者百丁計も嶮岨之山坂攀登り攀下り懲艱難辛苦大川端迄持出し候而出木候得者、山城伊賀遠路之辺より藤葛買調桴ニ栅立紀州若山迄桴乗下り候内、大雨ニ合候得者（中略）水上ニ繋留在之桴押流し吉の川水上より若山迄四十里之内ニ而年々流失木夥敷、窮民之商人共度々水難におよひ殆迷惑致候儀ニ而、（中略）天災之事故いたし方無之、既ニ御拝借金返納方ニ指支自然村方亡所之基と可相成哉も難計と小前末々之商人共一同申立候ニ付、何分在来通ニ而郡中一体之商人共商売相励度と申之ニ付、決談行届キ御産物江加入不致筈（後略）

明治二年

巳二月　日

（川上村白川渡・大前家文書、明治二年「郡中材木方取締書」、『川上村史』史料編・上巻、一九五～一九七頁）

この「取締書」には土倉庄右衛門や北村又左右衛門をはじめとして郡中の大材木商人一七人が署名し、心得違いをして御産物に加入する者は材木方を除名することを確認した。民営林業の心意気と、吉野林業の担い手としての材木商人の自負がよく表れている。材木方は材木商人の同業組合として、その存在意義をよく発揮したのである。

（1）　林基「宝暦―天明期の社会情勢」（『岩波講座　日本歴史』近世4、岩波書店、一九六三年）、松本四郎「商品流通の発展と流通機構の再編成」(『日本経済史大系』四、東京大学出版会、一九六五年)。
(2)『田原本町史』本文編、三四七〜五一頁。
(3)『奈良県の歴史』二五五頁(山川出版社、二〇〇三年)。
(4)『吉野町史』上巻、三〇四頁(一九七二年)。
(5)藤田佳久『日本・育成林業地域形成論』一四五・一四六頁(古今書院、一九九五年)。
(6)泉英二「吉野林業の展開過程」三三八・三五八頁(『愛媛大学農学部紀要』三六巻二号、一九九二年)。
(7)京都大学人文科学研究所林業問題研究会編『林業地帯』九八頁(高陽書院、一九五六年)。
(8)三橋時雄『吉野林業発達史』四四頁(林業発達史調査会、一九五六年)。この冊子には著者名はないが、まえがきで三橋時雄に執筆を依頼したとある。
(9)拙稿「土倉家山林関係文書の実証的研究(一)」六頁(『ビブリア』一〇六号、一九九六年)。本書補論2として収録。
(10)中野荘次「吉野山林語彙」(復刻版『大和志』九、一一巻三号、九三頁、吉川弘文館、一九八三年)。
(11)東吉野村小・谷家文書『成功集』第一に収録されている仕切状の写しが現存するもっとも古いものである。『小川郷木材史』に三通が掲載されている。
(12)小川郷木材林産協同組合文書、寛政五年「願書写」(『吉野林業史料集成(七)』三〇〜三二頁、筑波大学農林学系、一九七〇年)。
(13)黒滝村寺戸・田野家文書、天保一四年「乍恐書付ヲ以御歎訴奉願上候」。
(14)黒滝村寺戸・田野家文書、弘化三年「御請書のひかゑ」。
(15)『成功集』第一、『小川郷木材史』(小川郷木材林産協同組合青年部、一九六一年)と『東吉野村史』史料編・上巻に収録されている。
(16)東吉野村小・谷家文書「小川床掛銀勘定帳　写」。
(17)川上村西河・区有文書「御口役銀打立高控帳」(『川上村史』史料編・上巻、一五三〜五四頁)。
(18)黒滝村寺戸・田野家文書、安政四年「内藤杢左衛門様御役所　産物御調ニ付郡中材木方書上扣」(岸田日出男編『吉野・黒瀧郷林業史』二九七〜三〇三頁、林業発達史調査会・徳川林政史研究所、一九五七年)。

(19) 同右、同頁。
(20) 土倉祥子『評伝土倉庄三郎』二〇～二七頁（朝日テレビニュース出版局、一九六六年）。
(21) 『東吉野村史』史料編・上巻、九四九～九五七頁。
(22) 黒滝村寺戸・田野家文書、延享三年「和州吉野郡川上黒瀧両郷と同国同郡宗川檜川加名生古田四郷陸荷材木口銀出入遂糺明候上令裁許之条々」（『吉野・黒瀧郷林業史』一三五～一三九頁、および『西吉野村史』五七五～五七八頁）。
(23) 黒滝村寺戸・田野家文書、天保三年「差上申済口證文之事」、天保一四年「乍恐書付ヲ以御歎訴奉願上候」、同「乍恐書付以奉願上候」。
(24) 『徳川林政史研究所研究紀要』三三号（平成一〇年度）、一九九九年。
(25) 黒滝村寺戸・田野家文書、天保三年「差上申済口證文之事」（『西吉野村史』五七四頁、一九六三年）。
(26) 『西吉野村史』五七五頁。
(27) 同右、二五一頁。
(28) 黒滝村寺戸・田野家文書、天保一四年「乍恐書附ヲ以御歎奉申上候」。
(29) 東吉野村小・天照寺文書、安政六年「乍恐以書付奉願上候」。
(30) 黒滝村寺戸・田野家文書、天保一四年「黒滝郷外郷々筏川下ケ願扣」。
(31) 黒滝村寺戸・田野家文書、天保一四年「筏一件ニ付済口證文扣」。
(32) 黒滝村寺戸・田野家文書、弘化二年「乍恐御歎奉願上候」。
(33) 黒滝村寺戸・田野家文書、弘化二年「乍恐書附ヲ以御願奉申上候」。
(34) 黒滝村寺戸・田野家文書、弘化二年「加名生川筋材木川下ケ二付五条御代官小田又七郎様より弘化二巳年十一月廿二日川筋村々之ものへ御理解被仰聞候御席書之写」。
(35・36) 黒滝村寺戸・田野家文書、嘉永二年「取締一札之事」。
(37) 『黒瀧村史』一三四～一三五頁。
(38) 同右、七八六頁。
(39) 黒滝村寺戸・田野家文書、弘化二年「取集帳」、弘化三年「材木川下ニ付入用銀山掛帳」。

(40)『吉野・黒瀧郷林業史』二〇六～二一〇頁。
(41)同右、二一〇～二一九頁。
(42)同右、二一九～二二一頁。
(43)黒滝村寺戸・田野家文書、弘化四年「取締書之事」。
(44)岩波文庫『毛吹草』一六三頁（岩波書店、一九四三年）。
(45)『日本書紀』上、三七三頁（岩波書店、一九六七年）。
(46)『奈良県吉野郡史料』第二巻、二五五～二五七頁（吉野郡役所、一九二〇年）。
(47)小川郷木材林産協同組合文書、明和四年「大川筋御廻文願書写」（『吉野林業史料集成(七)』一～一三頁）。
(48)小川郷木材林産協同組合文書、文化一四年「材木商人取締一札書」（『吉野林業史料集成(七)』六八～七〇頁）。
(49)小川郷木材林産協同組合文書、文化六年「口役銀一件控」（『吉野林業史料集成(七)』六七頁）。
(50)小川郷木材林産協同組合文書、文政一一年「国栖郷中庄郷池田郷答ニ付取締書一札」、「国栖郷中庄郷池田郷組合取締書」（『吉野林業史料集成(七)』七二～七六頁）。
(51)川上村白屋・横谷家文書（表紙欠文書）、文政五年の条に「中継問屋五六軒ニ而相済来り候処近年来八拾軒余にも相成候間」とある（注6泉前掲論文、三六四頁）。
(52)注(50)に同じ。
(53)東吉野村小・谷家文書。
(54)小川郷木材林産協同組合文書、文化四年「材木商人取締一札書」（『吉野林業史料集成(七)』五七頁）。
(55)『和歌山木材史』（和歌山木材協同組合、一九七一年）は、「仲買人は木場立する前にあらかじめ自分の希望する筏材種、品質等について良く検分し、大体の価格を見積りおき売買は入札をもって毎日（中略）木場で行なわれた」（五三～五四頁）と書いている。これは明治期のことであるが、藩政時代から継続した仕来りと見てよいだろう。
(56)半田良一・山田達夫「山林経済――十津川林業とその展開過程――」、八五四～八五五頁（『十津川』十津川村役場、一九六八年再版）。
(57)『和歌山県史』近世史料二一・二運輸。

(58) 注(6)泉前掲論文、三六四頁。
(59) 東吉野村小・谷家文書『成功集』第一。
(60) 小川郷木材林産協同組合文書、寛政五年「願書写」(『吉野林業史料集成(七)』三六頁)。
(61) 笠井恭悦「吉野林業の発展構造」六七頁(『宇都宮大学農学部学術報告』特輯第十五号、一九六二年)。
(62) 笠井恭悦『林野制度の発展と山村経済』三一〇頁(御茶の水書房、一九六四年)。
(63) 注(61)笠井前掲論文、一一一頁。
(64) 小川郷木材林産協同組合文書、嘉永二年「願書之下書扣」に在中。
(65) 小川郷木材林産協同組合文書、寛政五年「願書写」に在中(『吉野林業史料集成(七)』三三～三六頁)。
(66) 小川郷木材林産協同組合文書、享和二年「一和歌山船手出入願書写」(『吉野林業史料集成(七)』四六～五六頁)。
(67) 注(61)笠井前掲論文、六五頁で一三・五%としているが、笠井氏の計算は間違っている。
(68) 川上村東川・枡家文書「仕切状」。この仕切状は吉野木材協同組合編『年輪』一四二頁に掲載。
(69) 小川郷木材林産協同組合文書、天保一三年「和歌山舟手定助治右衛門江よしの材木方より銀子貸渡候訳事扣書」。
(70) 注(6)泉前掲論文、三七一頁。
(71) 吉野町樫尾・山本家文書。
(72) 注(69)に同じ。
(73) 注(6)泉前掲論文、三七一頁。
(74) 大石慎三郎『日本近世社会の市場構造』一五四～一六七頁(岩波書店、一九七五年)。
(75) 大阪府立中之島図書館所蔵、享保一三年「北国材木問屋万覚帳」。
(76) 橿原市今井町は近世の町家を保存するが、長屋ではそれほど太い柱を使っていない。
(77) 大阪府立中之島図書館所蔵「天満七組材木商并竹商雑記」に所収された安永三年の「乍恐書附を以奉申上候」による。
(78) 船越昭治『大阪木材市場の歴史的発展の過程』二九頁(大阪営林局、一九五一年)。
(79) 大阪府立中之島図書館所蔵、享保一四年「永代万覚帳」。
(80) 大阪府立中之島図書館所蔵、元文二年「組合名寄帳」。

(81) 大阪府立中之島図書館所蔵、享保七年「万覚帳」。
(82) 大阪府立中之島図書館所蔵、享保一三年起「諸事之控留」。
(83) 近江屋休兵衛の吉野山林の所得状況については、本章第四節を参照されたい。
(84) 「講中言合」については、太田勝也「近世中期の大坂材木市場」にとりあげられている（『徳川林政史研究所研究紀要』昭和五〇年度、一九七六年）。
(85) 大阪商業大学商業史研究所所蔵、寛政六年「吉野講再興因帳」に「従先年相定有之通之吉野講致再興則宝暦年中并安永七年ニ申談候定書之通相用候様ニとの儀ニ付」とあり、宝暦年間の結成と判断し得る。「吉野講再興因帳」の一部は『西区史』第二巻に収録されている。
(86) 大阪府立中之島図書館所蔵、寛延三年「諸用控」所収の「乍憚口上」に「近年新規ニ段々問屋相増殊下方荷主出店同前之問屋抔も出来仕甚私共差支ニ罷成迷惑仕候、（中略）先納銀入用無之丈夫筋の荷物ハ右荷主出店同然之新規之問屋へ相着おのつから古来より勤来候私共着荷物薄ク相成千万迷惑仕候」とある。
(87) 黒滝村寺戸・田野家文書、弘化五年「覚」（『黒瀧村史』七五九～七六八頁）。
(88) 大阪市立大学所蔵「大和国吉野郡川上郷井戸村文書」。
(89) 岡光夫「私有林における市場の展開と商業資本――吉野郡川上郷高原村の史料を中心として――」二一九～二二一頁（『農業経済』三号、一九五八年）。
(90) 天理図書館所蔵「土倉家文書」。
(91) 東吉野村小・天照寺文書、文化一三年「山林道普請御寄附帳」（『東吉野村史』史料編・上巻、九一三～九一九頁）。
(92) 天明七年の「夫食借用配分帳」（区有文書）によると、三八軒、九九名が夫食の配分を受けている。同四年の「辰年御年貢請取帳」（谷家文書）によると、当時の軒数は八六軒であり、半分近くが不安定な生活を余儀なくされていた。
(93) 『黒瀧村史』七八六～七九一頁。
(94) 『黒瀧村史』二一四頁。
(95) 『吉野・黒瀧郷林業史』一八四～一八六頁。
(96) 吉野地方に残存している「御仕置五人組帳」では、田畑だけではなく山林も永代売買禁止の対象になっていた。

(97) 拙稿「土倉家山林関係文書の実証的研究(二)」(『ビブリア』一〇六号、一九九六年、本書補論2として収録)。
(98) 吉野町上市・島田家文書、嘉永三年「難村立直方仕法帳」。この帳面が上市に残ったのは、寺尾村の立て直しに同町の年寄弥右衛門らが参加していたからである。
(99) 竹永三男『近代日本の地域社会と部落問題』一六八～一六九頁(部落問題研究所、一九九八年)。
(100) 注(89)岡前掲論文、二九～三二頁。
(101) 笠原正夫「紀州藩二分口役所の成立と展開」(安藤精一先生還暦記念論文集出版会編『地方史研究の諸視角』国書刊行会、一九八二年)。
(102) 小川郷木材林産協同組合文書、寛政一二年「大坂寺嶋一件始末書記」(『吉野林業史料集成(七)』四〇～四五頁)。
(103) 永島福太郎『大阪木材市場史』二二頁(林業発達史調査会、一九五五年)。
(104) 安政三年の時点で、飯貝口役銀の徴収額は一〇七貫二六八匁四分三厘、岩出口銀の徴収額は五三〇貫一四四匁七分であった。拙稿「封建的貢租の廃止と吉野材木方(上)」(『奈良歴史研究』五三号、二〇〇〇年)。
(105) 小川郷木材林産協同組合文書、寛政六年「岩出御口銀再頼控」。この史料は『吉野林業史料集成(七)』に収録されていない。
(106) 黒滝村寺戸・田野家文書、安政五年「紀州岩出御役所口役銀近歳相嵩候ニ附五条御役所様え奉歎願候　写」(『黒瀧村史』七九五～八〇三頁)。
(107) 拙稿「封建的貢租の廃止と吉野材木方(上・下)」(『奈良歴史研究』五三・五四号、二〇〇〇年)。
(108) 川上村白川渡・大前家文書、明治二年「郡中材木方取締書」(『川上村史』史料編・上巻、一九五～一九七頁)。

補論2　土倉（どぐら）家山林関係文書の実証的研究

はじめに

土倉家は大和国吉野郡川上郷大滝村（現奈良県吉野郡川上村大字大滝）に居住した大山林所有者であった。土倉家は室町時代からつづくこの地の旧家で、一八世紀の中頃から急速に山林を集積した。明治時代に活躍した庄三郎はとくに著名である。彼は個別林業資本家として全国各地と台湾などでも植林事業をすすめて、山林の集積をおこない、総資本家的な立場から東熊野街道や吉野川の開路、宇野峠（五條市）の改修等の事業を手がけた。また、明治三〇年代、立木法の制定を求める請願行動では大和山林会の幹事として指導的な役割を果たし、「年々戦勝論」や「林政意見」等の提言を発表するなど幅広く活動した。その他、自由民権運動の支持者として板垣退助の洋行費の拠出や女流民権家福田英子の遊学費の援助、さらに同志社大学や日本女子大学への支援など、その足跡は多方面におよんでいる。

彼の事歴については、分家の土倉祥夫人の『評伝土倉庄三郎』に詳しい(1)。大廈は倒れ、川上村の故地には、土倉屋敷跡に立つ庄三郎の銅像が鬱蒼たる吉野山林を望み、対岸の磨崖に刻まれた「土倉翁造林頌徳記念」の大文字が往時を物語る。

一九五九年の伊勢湾台風は吉野地方に未曾有の災害をもたらしたが、そのおり土倉家の家宅も全壊した。わずかに残った古文書は、兵庫県朝来町新井の分家土倉梅造氏宅で保存されていたが、祥夫人が『評伝土倉庄三郎』を上梓された後は、天理図書館に寄贈された。筆者は、土倉氏ご夫妻の特別のご好意により、天理図書館に寄贈される前の一九六六年の八月と九月の両度、梅造氏宅で文書の整理かたがた閲覧をさせていただいた。(2)

天理図書館では、六八年『土倉家文書目録』を作成した。土倉家文書は、売買・貸借・林野・林制・日記・名士書翰など四三項目に分類されて、それぞれに分類番号が付けられ、さらに一枚一枚の文書は年代順に並べられて番号が付けられている。全体の点数は二九四六点になる。山林売買証文と金銭貸借証文が大部分であって、村方行政文書や材木方文書、土倉家の山林経営文書がないのが惜しまれる。

研究の目的と方法

土倉家文書を使った吉野林業に関する研究は寡聞にして知らない。(3)筆者は二〇数年の空白を経て吉野林業の研究を再開するにあたり、ぼうだいな土倉家文書を研究することにし、一九九五年の夏から天理図書館に通い、逐一カード化した。調査を終えて感じることは、二、三の個別的な事項の他は、新しい発見や知見がなかったということである。だからといって、今回の調査は決して無意味ではなかった。筆者にとっては、従来の理解をいっそう具体的に深めるだけでなく、新しい課題を提起してくれたと受けとめている。

もともと吉野林業史料は分散しており、しかも孤立的である。土倉家文書も量的には大きな意味をもっているが、そのような制約をまぬがれない。これまで、吉野林業研究はそれぞれの地域の史料を通して得られた知見をもとに一般化が試みられたが、それはあたかも大勢の人が吉野林業という「巨大な存在」(4)の部分を撫でまわしながら、あれこれと語っているような感がしないでもない。しかし、それは不可避であって、多くの個別的な研究を積みあげなければ、実態に接近できないし通史も書けないであろう。

小論は性急な一般化を目指すものではなく、あくまでも土倉家文書の範囲内でなにがいえるかを第一義的な目的とする。いうまでもなく山林売買証文や金銭貸借証文は地元の農民や材木商人、吉野川中下流域や国中地方から進出してきた商業・地主・高利貸し資本家が残した貴重な史料である。数十枚程度ではなく、一〇〇〇枚を超える数量が集まれば、おのずと一定の傾向が見てとれるはずである。それをつかみだすことを小論の目的にしたい。

第一節　山林売買証文の概要

年次別と村別分布（表1・2）

土倉家文書は、元禄二年（一六八九）の山林売買証文を初出にして、大正初期にまでわたっている。最も分量の多いのが山林売買証文で、ついで金銭貸借証文、さらに山代銀の受取等の林制、地上権設定証書等の林野とつづいている。その他、道路や水路の開発に関するもの、奉公人に関するもの、災害・救恤に関するものなど全部で四三項目に分類されている。

小論がとりあげるのは、このうち山林売買証文、金銭貸借証文、林制、林野、災害・救恤等である。売買証文のなかに伐り木山や丸太（材木）の売買証文もまじっているが、これは別途に扱うことにする。家屋敷田畑等の売買はとりあげない。以下の各表は山林売買証文（歩口銀や年季延長は含む）だけを対象にしている。ことわっておくが、これらの売買証文には土倉家が購入するまでにおこなわれた売買の証文が含まれている。これだけ多くの売買証文が土倉家に残ったのは、近世では、山林売買のさいに所有権移転を証明するために古証文が添付されたからである。

まず、山林売買証文と物件の年次別分布（表1）、物件の村別分布（表2）を示しておこう。件数とは証文の枚数

表2　村別物件分布状況

郷名	村名	物件数	割合
川上	東　川	282	15.8
	西　河	148	8.3
	大　滝	472	26.4
	塩　谷	35	2.0
	寺　尾	44	2.5
	迫	22	1.2
	高　原	171	9.6
	人　知	75	4.2
	白　屋	21	1.2
	井　戸	7	0.4
	武　木	4	0.2
	碇	51	2.9
	下多古	22	1.2
	白川渡	72	4.0
	中　奥	16	0.9
	上多古	59	3.3
	和　田	1	0.05
	上　谷	1	0.05
	柏　木	2	0.1
	神之谷	3	0.2
	大　迫	17	1.0
	伯母谷	0	—
	入之波	0	—
小川	鷲家口	3	0.2
	小	15	0.8
	木津川	165	9.2
	三　尾	10	0.6
	狭　戸	13	0.7
	大豆生	20	1.1
	麦　谷	4	0.2
	伊豆尾	1	0.05
	日　裏	6	0.3
中庄	樫　尾	20	1.1
	喜佐谷	3	0.2
国栖	南国栖	1	0.05
	計	1786	100.0

注：川上郷は全村名をあげているが、他郷は物件の存在する村名だけとした。

表1　年次別証文数ならびに物件数

年　次	証文数		物件数	
	数	年平均	数	年平均
元禄(1688—1703)	1	0.06	1	0.06
宝永(1704—1710)	0	—	0	—
正徳(1711—1715)	0	—	0	—
享保(1716—1735)	5	0.25	5	0.25
元文(1736—1740)	2	0.40	2	0.40
寛保(1741—1743)	1	0.33	1	0.33
延享(1744—1747)	4	1.00	5	1.25
寛延(1748—1750)	0	—	0	—
宝暦(1751—1763)	29	2.23	35	2.69
明和(1764—1771)	25	3.13	27	3.38
安永(1772—1780)	39	4.33	49	5.44
天明(1781—1788)	53	6.63	63	7.88
寛政(1789—1800)	77	6.42	95	7.92
享和(1801—1803)	23	7.67	33	11.00
文化(1804—1817)	129	9.21	182	13.00
文政(1818—1829)	128	10.67	196	16.33
天保(1830—1843)	163	11.64	209	14.93
弘化(1844—1847)	71	17.75	105	26.25
嘉永(1848—1853)	81	13.50	202	33.67
安政(1854—1859)	73	12.17	176	29.33
万延(1860)	17	17.00	21	21.00
文久(1861—1863)	31	10.33	52	17.33
元治(1864)	7	7.00	8	8.00
慶応(1865—1867)	34	11.33	57	19.00
明治(1868—1880)	160	12.30	262	20.15
計	1153	5.97	1786	9.25

注：「物件数」とは売買証文に記入された山林等の筆数である。

表3　証文数ならびに物件数（カッコ内は％）

	証文数	年平均	物件数	年平均
1716—1750	12(　1.0)	0.34	13(　0.7)	0.37
1751—1800	223(19.4)	4.46	269(15.1)	5.38
1801—1853	595(51.6)	11.23	927(51.9)	17.49
1854—1867	162(14.1)	11.57	314(17.6)	22.42
1868—1880	160(13.9)	12.30	262(14.7)	20.15
計	1152(100.0)	7.00	1785(100.0)	10.81

注1：年代区分は享保—寛延(18世紀前半)、宝暦—寛政(18世紀後半)、享和—嘉永(19世紀前半)、安政—慶応(幕末期)とし明治は13年で打ち切っている(以下同様)。
　2：元禄期の証文1枚はこの表にはあげていない(以下同様)。

であり、物件数とは山林売買証文に記載された山林・土地等の筆数である。一六〇年余の間に転売がくりかえされているから、その数は延べ数である。また、とりあげた証文は、川上郷と小川郷、それに中庄郷の樫尾村と喜佐谷村・国栖郷南国栖村であって、それ以外の村ははずした。もっともその数は数点にすぎない。筆者が考える吉野林業地帯の林業村とは上述の村々である。

表1をまとめたのが表3である。一八世紀前半、同後半、一九世紀前半、幕末期、明治初期と五つの時期に大別している。したがって、元禄の証文一枚は表にはとりあげなかった。明治は松方デフレの始まる前の一三年で打ち切っている。筆者は、吉野林業の近世と近代の区分を大山林地主制の成立にもとめるものであるが、大山林地主制は明治二〇年代から明治末の時期に形成されたと考えられる(5)。地租改正の始まりから松方デフレが終わる時期は近世から近代への移行期である。私有林が圧倒的に多い吉野林業地帯では、地租改正の進行した時期よりもデフレの進行した時期の方が大きな意味をもつ。また、この時期以降はこのような手工業的な手法では間に合わない。

年平均はあくまでもこの表のなかだけで意味をもつ。これでみると、時代の進展とともに山林売買は順調に増加している。ただ細部をみた場合、弘化・嘉永・安政年間に急増している。これは、全般的な取り引きの増加とともに、一度の取り引きで多くの山林等が売買されたことによる。たとえば、大滝村土倉庄右衛門は、天保一五年（一八四四、計算上弘化年間に算入）に泉州堺の柏久右衛門から人知村山林九ヶ所を、嘉永四年（一八五一）には宇陀郡松山村の山辺屋長助から東川村山林七一ヶ所を、また安政四年（一八五七）には大坂の近江屋休兵衛から白川渡村山林二一ヶ所をそれぞれ一度に買い入れているが、このように一度に数ヶ所の山林を購入すると物件数は増える。

元治年間の減少はさだかでないが、あるいはその前年秋の天誅組の事件のせいかも知れない。文久三年八月、大和国五條で挙兵した天誅組は挙兵直後の政変によって朝敵とされ、以後彦根や和歌山藩兵に追われたあげく、翌九月、川上郷を通過して小川郷鷲家口村で壊滅した。この事件は、吉野郡の人びとにとってたいへん迷惑なことであった。

売買された山林の所在地は、土倉家の居村である大滝村が最も多く、全体の四分の一強を占めている。以下、東川・高原・西河と小川郷木津川の各村となり、川上郷では高原村を別として、郷内下流域の村々に集中している。最奥地の入之波村と伯母谷村がないのは、北村家の山林が集中したところであったことによるのであろう。(6)

山林売買証文の文例

次に山林売買証文の典型を提示しよう。典型というのは、証文のなかに必要事項が漏れなく記載され、かつ形式が整っており、さらに明治期に新しい形式が作られるまで一〇〇年余間通用したからである。

〔史料1〕（請求記号一九四―一／近八六／四九、天理図書館蔵、以下同）

売渡シ申杉檜木山之事

大瀧村領ニ有之

一、字上にふと申杉檜木山　壱ヶ所

四方境目（略）

右之山林我等持分一円不残此度御年貢御未進銀ニ差詰リ代銀五貫八百目ニ売渡則直銀ニ請取御上納申所実正也、然上ハ何拾年成共立木一代御立置可被成候、右之山御年貢之儀ハ右立木皆伐リ之節売代銀壱貫目ニ付五拾匁宛地主方へ請取申約束也、材木出シ道之儀ハ其元御勝手宜敷方へ御出シ可被成候、右山林ニ付御未進無之他ゟ妨申者無御座候、万一少シにても滞儀出来候ハハ売主ハ不及申ニ印形之者共罷出急度埒明其元へ少も御難儀掛ケ申間敷候、為後日山林売券證文依而如件

安永二年

巳十一月

吉野郡大瀧村売主

治右衛門 ㊞

同村一家惣代 与兵衛 ㊞

同村年寄 与市郎 ㊞

同村庄屋 源三郎 ㊞

鳥屋弥助殿

〔史料2〕（請求記号一九四―一／近八六／三四）

永代売渡申土地之事

一、字大玉ト申所　土地壱ヶ所

四方際目（略）

右之土地上木はひそ村源三郎殿へ年切ニ売渡し有之候、土地ハ我等先祖ゟ持分ニ御座候所此度銀子要々ニ付代銀四拾五匁ニ売渡申則直銀慥ニ受取申所実正也、然上ハ右之土地永々其元之御支配ニ可被成候、且又右之山上木皆伐リ之節山御年貢其元へ御受取御支配ニ可被成候、右之土地ニ付妨申者無御座候、若妨ケ申

者出来候ハハ売主不及申加判人罷出急度埒明其元へ御難義かけ申間敷候、為後日土地売渡證文依而如件

売主　大瀧村
治　助㊞
天明七年
同村判人
文　助㊞
未八月日
同村同断
左　七㊞
同村年寄
文右衛門㊞
同村
同村庄屋
久右衛門㊞
松本源右衛門殿

いうまでもなく、史料1は立木の年季売りであり、史料2は土地の永代売りである。年季で売買される立木や土地、あるいは立木と土地共を年季山（年限山）と言い、永代で売買される土地を永代地という。この二つが売買形態の基本である。

売買証文には、まず物件の表示があり、その位置・数量が示される。とくに重要なのは四方際目である。村方備え付けの帳面があるとはいうものの、広い山林のなかの一片の山林を特定することは村外者には不可能に近い。四方際目を表示することによって、公証力を高めているのである。

次に所有権の移転状況が記載されるが、証文によっては粗密がある。売り渡しの理由は、たいていは「要用有リ」とか「御年貢未進銀ニ差詰リ」と書かれることが多いが、これは決まり文句である。

つづいて売買価格が示される。吉野地方は銀遣い経済圏である大坂経済圏の外縁部に位置するから銀本位制であるが、一九世紀になると金表示が増えてくる。

その後に年季、歩口銀の額と支払い時期、跡地の返却等が表示される。永代の場合は年季や跡地返却が必要で

ないので、歩口銀の授受以外はこのようにほとんど書かれないことが通例である。必要がないからである。立木の場合には材木の出し道は立木所有者の勝手よき方へ出してよい旨が必ず明記される。材木の出し道は材木が商品として実現するかどうかの決め手である。ほとんどの場合、村地や他人の山地を通過しなければ出材できない。ここにも村方の規制がある。[(7)] このことは慣習的に形成された慣行であるが、もし、村方の規制にそむいたならば、この権利は適用されないのである。

最後は紛糾が生じた時の解決義務が呈示される。そして、売り主の署名押印だけでなく、必ず村役人の連署がある。この方式は明治時代になって、民法制定の過程で大問題になる。順序に若干の違いはあるが、これらが山林売買証文の形式である。

これらの形式は一八世紀になってから整ってくる。ちなみに土倉家文書の初出である元禄二年（一六八九）の証文をあげてみよう。

〔史料3〕（請求記号一九四―一／近八六／一）

永代売渡シ申山林之事

一、字あし山と申所　壱ヶ所　但際目ハ東西ハ村山限リ北ハ谷上ハ道限リニ而、代銀子三拾目ニ永代売渡シ申所実正明白也、右之銀御年貢銀御味進（ママ）ニ指詰リ申候ニ付村中之以判形売伐成御年貢上納仕候、向後其方之御支配ニ可被成候、以来いか様之新規又ハ売地御法度之儀御座候共於此儀少しも相違無御座候、若違乱妨出来仕候ハ売主證人之者共罷出於御公儀様急度申分仕リ其方へ少も御難儀かけ申間敷候、為其後日之証文依而如件　以上

但此山先祖ゟ伝三郎太兵衛此弐人し而

持参申し候、只今伝三郎分ヲ太兵衛ニ売申候

右あい合いニ持来候故断書いたし置申如此ニ候

元禄弐年
つちのとの
巳閏年正月日

吉野郡寺尾村
売主　伝三郎（略押）
同證人同村庄屋
彦十郎㊞
同断年寄　平兵衛（花押）
同断与頭（組）　九兵衛㊞
同断与頭　十兵衛㊞

寺尾村
太兵衛殿

史料1および史料2と比べると、山林のどのような用益が売買されるのか明確でないし、年季や歩口銀・材木の出道などもなんら規定されていない。室町末から近世初頭の山林売買証文と一八世紀以降の証文との中間の形式といえる。(8)

小論は、これらの諸項目のうち物件・年季・歩口銀・売買価格・売買の範囲等に注目して、そこから吉野林業の実態に接近しようというものである。

第二節　山林売買証文の分析

物　件（表4）

具体的な分析に移ろう。表4は一一五二通の売買証文が扱った物件（商品）を分類したものである。雑木や松だけの売買が一件あり、これは表に含めているが、吉野林業地帯外での売買、それに伐採を目的とした伐り木山

表4　物　　件　　（カッコ内は%）

	立　木	土　地	立　木 土地共	歩口銀	年季 延長	その他 ・不明	計
1716—1750	6(46.2)	3(23.1)	4(30.7)	—	—	—	13(100.0)
1751—1800	195(72.5)	55(20.4)	17(6.3)	—	2(0.8)	—	269(100.0)
1801—1853	653(70.5)	192(20.7)	65(7.0)	8(0.9)	6(0.6)	3(0.3)	927(100.0)
1854—1867	249(79.3)	35(11.1)	5(1.6)	24(7.6)	1(0.4)	—	314(100.0)
1868—1880	202(77.1)	37(14.1)	3(1.2)	20(7.6)	—	—	262(100.0)
計	1305(73.1)	322(18.0)	94(5.3)	52(2.9)	9(0.5)	3(0.2)	1785(100.0)

注：「その他」は雑木林、「不明」は山林としてしか記入されていないもの。

表5　年　　季　　（カッコ内は%）

	70年未満	70年以上	立木一代	永代	不明	計
1716—1750	6(46.2)	—	—	3(23.1)	4(30.7)	13(100.0)
1751—1800	56(20.8)	16(5.9)	115(42.8)	21(7.8)	61(22.7)	269(100.0)
1801—1853	39(4.2)	79(8.5)	507(54.7)	101(10.9)	201(21.7)	927(100.0)
1854—1867	8(2.5)	34(10.8)	176(56.1)	11(3.5)	85(27.1)	314(100.0)
1868—1880	1(0.4)	15(5.7)	193(73.7)	11(4.2)	42(16.0)	262(100.0)
計	110(6.1)	144(8.1)	991(55.5)	147(8.3)	393(22.0)	1785(100.0)

注：「不明」は無記入と「古證文通り」とあって確認できないもの。

や丸太（材木）の売買等の証文は除外している。丸太等の売買は後からとりあげる。

証文の数が少ない一八世紀前半を別として、杉・檜の立木売買がコンスタントに七〇%台で推移している。ついで土地の売買が二〇%台から一〇%台でつづくが、幕末には減少している。そのかわりに立木の売買が増加しており、立木と土地の売買を合わせると、九〇%を少し超える程度でコンスタントに推移している。つまり九〇%余という枠のなかでの相互の増減がおこなわれているとみてよい。この点では一八世紀の前半も同じ傾向にある。あと数%程度が立木土地共の売買、残りが歩口銀や年季延長となっている。その他・不明は純然たる不明二件と雑木林一件であって、不明というのは山林としか記載されていない証文である。この表には出ないが、山守職の売買もある。土倉家文書に出ないのは、土倉家は山林所有者であって山守職を買う立場にはないからである。

山林売買証文が表している杉檜立木の売買は、いま直ちに商品として実現（伐採）するためにおこなわれたのではなく、数年先か十数年先あるいは数十年先にはじめて商品として実現される立木である。したがって、数年か十数年あるいは数十年間保持していなければならない。もちろんその間に維持管理の費用がかかる。間伐材の販売は投下資本の一部を補塡してくれるであろうが、最初は知れたものである。(9) 山林の所有には相当の経済的な「体力」が必要とされるのである。山元の零細農民がどこまで耐えられたかが大問題であり、これは吉野林業の構造にかかわることである。(10)

年　季（表5）

年季については表5の通りである。傾向としては、短い年季がしだいに長くなり、やがて立木一代に収斂されていくことがわかる。立木二代や三代なども立木一代に含めている。永代も立木一代に収斂されるかのように見えるが、これだけで即断することはできない。売る側としては、なるべくなら土地は手放したくないという気持ちになるであろうし、村でも再生産基盤である土地の流出には慎重であった。だから村によっては土地の永代売りを禁止していたが、そのような規制がどれだけ効力をもったのかは疑問である。

不明は証文になにも書かれていない場合と「古證文通リ」としか書かれておらず、先行の証文からも判断がつかなかったケースである。

売買形態（表6・7）

物件に年季を重ねたのが表6である。立木、土地、立木土地共の物件を、年季・永代・不明で分類した。立木

表6　売買形態(1)　（下段は%）

	立木			土地			立木土地共			その他・不明	計	うち借地制
	年季	永代	不明	年季	永代	不明	年季	永代	不明			
1716—1750	5	—	1	—	2	1	1	3	—	—	13	6
1751—1800	155	7	33	27	11	17	3	4	10	2	269	168
1801—1853	530	20	103	79	42	71	6	39	20	17	927	466
1854—1867	181	—	68	19	8	8	2	1	2	25	314	132
1868—1880	172	5	25	27	6	4	2	1	—	20	262	176
計	1043	32	230	152	69	101	14	48	32	64	1785	948
1716—1750	38.4	—	7.7	—	15.4	7.7	7.7	23.1	—	—	100.0	46.2
1751—1800	57.6	2.6	12.3	10.1	4.1	6.3	1.1	1.5	3.7	0.7	100.0	62.5
1801—1853	57.2	2.2	11.1	8.5	4.5	7.7	0.6	4.2	2.2	1.8	100.0	50.3
1854—1867	57.6	—	21.6	6.1	2.6	2.6	0.6	0.3	0.6	8.0	100.0	42.0
1868—1880	65.6	1.9	9.5	10.3	2.3	1.6	0.8	0.4	—	7.6	100.0	67.2
計	58.4	1.8	12.9	8.5	3.9	5.6	0.8	2.7	1.8	3.6	100.0	53.1

注：「その他・不明」には歩口銀と年季延長を含む。

表7　売買形態(2)　（カッコ内は%）

	年季売	永代売	不明売	その他・不明	計
1716—1750	6(46.2)	5(38.5)	2(15.3)	—	13(100.0)
1751—1800	185(68.8)	22(8.2)	60(22.3)	2(0.7)	269(100.0)
1801—1853	615(66.3)	101(10.9)	194(20.9)	17(1.9)	927(100.0)
1854—1867	202(64.3)	9(2.9)	78(24.8)	25(8.0)	314(100.0)
1868—1880	201(76.7)	12(4.6)	29(11.1)	20(7.6)	262(100.0)
計	1209(67.7)	149(8.4)	363(20.3)	64(3.6)	1785(100.0)

の永代とはなんであろうか。立木にはその生物としての年数と商品としての年数がある。商品としては一〇〇年前後で伐採しなければならないから、永代はないと考えられるが、なぜ永代なのかわからない。

売買形態からみると、やはり立木の年季売りが圧倒的に多い。立木の年季不明もおそらくは年季売りであろうと推察できる。

土地の年季売りの占める割合は一〇%前後であるが、これも年季不明を永代と折半したすると、もうすこし増える。立木、土地、立木土地共を年季・永代・不明でくくってみると、江戸期には年季売りにほとんど変化がなく（有意差が認められない）、明治期に増加している。これは年季不明が半減した分だけ年季売りが増加したのであるが、全体としてみた場合、永代売りも減少しているとみるべきであろう（表7）。その他・不明は表4にある歩口銀や年季延長、その他・不明の合計である。

表6で、借地制として分類したのは、次の条件にもとづいている。①土地の所有権と立木の所有権の分離、②立木の年限所有、③村外者（借地者）による立木所有、④立木伐採時の歩口金の授受という四条件である。これは、笠井恭悦氏や藤田佳久氏の理解とは異なる。(11) 借地林業論については別稿で論じる予定である（本書補論1参照）。

歩口銀（表8）

伐採時の歩口銀の授受は吉野林業の本質的な内容である。山役銀・山御年貢・歩一銀等々の別称がある。史料1にもとづいて説明すると、売買時の売代銀の五貫八〇〇目が立木の代銀であって、皆伐時に売代銀壱貫目に付き銀五〇匁の割合で土地所有者に支払われる山御年貢が歩口銀であり、これは後払い地代に相当する。土地の年季売り（売買といっても実際は貸借）の場合には、契約時に支払われるのが前払い地代に当たり、立木伐採時に前述のように一定の割合で土地所有者に支払われるのが歩口銀で、後払い地代となる。歩口銀は二〜一〇％の間で分布している。これは村ごとに違っているし、同じ村内でも山林によって異なる。その起源は名請地（山畑のなかには一七世紀末期から山林に転換されるものがあった）の公租と小物成山の山手銀であると考えられるが、額の違いの理由はわからない。(12) 以下の数字はあくまでも一般的な事例である。二％は高原村で、ほとんど例外がない。三％は碇（いかり）と下多古（しもたこ）村で、碇村は毎年定額制から定率制に移行したようであり、下多古村は二％と五％の両方に分かれる。五％は西河、大滝、塩谷、寺尾、迫、人知、白屋、中奥村などで、土倉家文書のなかで多数を占める村々である。もっとも大滝村は証文が多いので、一・五、二、三、四％というケースもある。

表8　歩口銀

	～3％	～5％	～8％	～10%	10%～	定額	毎年定額	不明	計
1716—1750	1	1	—	—	—	4	7	—	13
1751—1800	31	81	3	3	—	16	56	79	269
1801—1853	164	220	21	31	4	7	146	334	927
1854—1867	37	108	7	12	1	1	46	102	314
1868—1880	53	120	21	4	—	—	11	53	262
計	286	530	52	50	5	28	266	568	1785

注1：「～3％」は3％を含む。以下同様。「10%～」は10%を含まない。
2：「不明」は、無記入と「古證文通り」とあって確認できないもの。

八％は小川郷の小(おむら)、木津川、三尾(みお)、大豆生(まめお)などの各村で、ただし木津川村は一〇、八、五％に分かれており、年代が下がるにつれて低くなっているようである。三尾村は下伐が七％、皆伐が八％と差をつけていた。一〇％は中庄郷樫尾村、小川郷狭戸(せばと)、麦谷(むぎたに)村であった。

毎年定額制をとっている村は東川、白川渡、上多古(こうだこ)、大迫(おおさこ)村で、東川村以外はほとんど奥地の村々である。西河や大滝村でも毎年定額の山林があるが、例外的である。東川村はほぼ例外なしに毎年定額である。毎年定額制の場合は、証文に「山御年貢壱ヵ年ニ八分宛上納可被成候」とか「山役銀之義ハ御高場要内として壱ヵ年ニ銀七分宛売主へ御払可被成候」と書かれる。検地帳に名請された土地が山林に転化したことを示すものであるが、勿論それだけでなく徴収原則が異なるのである。この場合は後払い地代とはいえない。伐採時の定額制も若干あり、毎年定額制とともにしだいに定率制へ収斂されている。その他の村は証文数が少ないので傾向がつかめない。

二〇％以上が五例あるが、うち三例は麦谷村大又垣(おおまた)内字ふじお山で、天保八・一一・一五年と三回売買されており、残るは木津川村字とち山と上多古村字しょじん山である。しょじん山の場合は村方の持ち分が二〇％あるので、山年貢と書いてあるが持ち分に対する利益の分配であるとみた方がよい。いずれにせよ、二〇％というのは例外である。

支払いを受ける時期も、下伐りと皆伐の両方という場合と皆伐だけという場合があった。

受け取り先は村方の場合と地主の場合とがあるが、受け取り先が村方であっても土地の所有者が必ずしも村方であるとは限らない。高原村や三尾村は圧倒的に村方が受け取り先になっている。ここでは村方が歩口銀の管理をおこなっていた。村方が管理する場合でも、全額取得するのではなく、文化五年（一八〇八）の高原村字明神之脇跡地の売買証文に、「只今の山役銀下伐皆伐共一貫目ニ付二〇匁宛の割合の内六匁ハ村方へ残拾四匁ハ貴殿請取可被下候」とあるように、何割かは個人に配分していた。

この歩口銀のもつ意義については後述する。

売買金額（表9）

一件当たりの売買金額は表9に示される。これは売買証文ごとの金額であって、物件ごとの金額ではない。数件の山林が売買されても、一枚の証文にまとめて表示されるので、物件ごとの金額はわからない。一枚だけ各別の金額表示があったので、それは別個に計算した。

銀計算でみると、江戸期では、幕末の一時期を除いて、五〇〇匁以下の零細な売買が四〇％を超え、一貫目以下を含めると六〇％を超えている。五貫目以下の範囲にはいるものでも、限りなく一貫目に近い金額である。金計算でも、五両以下が四七％弱、一〇両以下は五五％となり、零細な売買が多かったといえる。

幕末期の売買金額の上昇は、開国後の物価上昇によるものであろう。しかし、明治期にかけても売買金額が上昇しており、じじつ大量の高額売買が散見される。

金表示は、天明七年の大滝村字大くぼと同長畑の杉檜山林二ヶ所が一四三両で売買されたのが最初である。以後、漸増する。

表9　売買価格　　（各計算の下段は％）

		～100匁	～500匁	～1貫	～5貫	～10貫	～50貫	50貫～	不明	計
銀計算	1716—1750	3	7	—	1	1	—	—	—	12
	1751—1800	29	69	37	62	18	4	—	3	222
	1801—1853	106	167	87	117	27	26	—	7	537
	1854—1867	14	32	18	38	14	19	3	1	139
	1868—1880	1	7	4	10	6	2	3	4	37
	計	153	282	146	228	66	51	6	15	947
	1716—1750	25.0	58.4	—	8.3	8.3	—	—	—	100.0
	1751—1800	13.1	31.1	16.7	27.9	8.1	1.8	—	1.3	100.0
	1801—1853	19.7	31.1	16.2	21.8	5.0	4.9	—	1.3	100.0
	1854—1867	10.1	23.0	12.9	27.3	10.1	13.7	2.2	0.7	100.0
	1868—1880	2.7	18.9	10.8	27.0	16.3	5.4	8.1	10.8	100.0
	計	16.2	29.8	15.4	24.1	7.0	5.4	0.6	1.5	100.0
金計算		～1両	～5両	～10両	～50両	～100両	～500両	500両～	不明	計
	1751—1800	—	—	—	—	—	1	—	—	1
	1801—1853	8	20	5	20	4	3	—	—	60
	1854—1867	3	9	7	2	1	1	—	—	23
	1868—1880	3	7	6	12	8	2	1	—	39
	計	14	36	18	34	13	7	1	—	123
	1751—1800	—	—	—	—	—	100.0	—	—	100.0
	1801—1853	13.4	33.3	8.3	33.3	6.7	5.0	—	—	100.0
	1854—1867	13.0	39.1	30.4	8.7	4.4	4.4	—	—	100.0
	1868—1880	7.7	17.9	15.4	30.8	20.5	5.1	2.6	—	100.0
	計	11.4	29.3	14.6	27.6	10.6	5.7	0.8	—	100.0
円計算		～10円	～50円	～100円	～500円	～1000円	1000円～	—	不明	計
	1868—1880	17	30	10	19	5	1	—	2	84
		20.2	35.7	11.9	22.6	6.0	1.2	—	2.4	100.0

注1：それぞれを合計した数は、表3の証文数と一致する。
2：文化期のふくまれる1801—1853年は、証文の中に物件ごとの売買価格の記入があるため、2件だけ増加している。

表10　売買範囲(1)　　（カッコ内は％）

	当村内	当村→他村	当村←他村	他村間	計
1716—1750	1(7.7)	11(84.6)	—	1(7.7)	13(100.0)
1751—1800	45(16.7)	180(66.9)	6(2.2)	38(14.2)	269(100.0)
1801—1853	203(21.9)	355(38.3)	118(12.7)	251(27.1)	927(100.0)
1854—1867	64(20.4)	142(45.2)	36(11.5)	72(22.9)	314(100.0)
1868—1880	32(12.2)	153(58.4)	14(5.4)	63(24.0)	262(100.0)
計	345(19.3)	841(47.1)	174(9.8)	425(23.8)	1785(100.0)

注1：「当村」とは山林所在村のことで、「当村内」とは山林所在村の村民間の売買を示す。
　2：「当村→他村」は、山林がその所在村の村民から他村の村民へ売られたことを示す。
　3：「当村←他村」は、山林が他村の村民から所在村の村民へ売られたことを示す。
　4：「他村間」とは、山林が所在村外の村民間の売買を示す。

表11　売買範囲(2)

	当村間	当村→他村			当村←他村			他村間			計
		↓郷内	↓吉野川流域	↓国中等	↑郷内	↑吉野川流域	↑国中等	↓郷内	↓吉野川流域	↓国中等	
1716—1750	1	4	1	6	—	—	—	—	1	—	13
1751—1800	45	37	66	77	3	3	—	5	19	14	269
1801—1853	203	192	64	99	20	50	48	125	12	114	927
1854—1867	64	83	24	35	8	14	14	69	1	2	314
1868—1880	32	106	25	22	4	4	6	37	8	18	262
計	345	422	180	239	35	71	68	236	41	148	1785
1716—1750	7.7	30.8	7.7	46.1	—	—	—	—	7.7	—	100.0
1751—1800	16.7	13.8	24.5	28.6	1.1	1.1	—	1.9	7.1	5.2	100.0
1801—1853	21.9	20.7	6.9	10.7	2.1	5.4	5.2	13.5	1.3	12.3	100.0
1854—1867	20.4	26.4	7.6	11.1	2.5	4.5	4.5	22.0	0.3	0.7	100.0
1868—1880	12.2	40.5	9.5	8.4	1.5	1.5	2.3	14.1	3.1	6.9	100.0
計	19.3	23.6	10.1	13.4	2.0	4.0	3.8	13.2	2.3	8.3	100.0

注1：「郷内」とは川上・小川・中庄・国栖郷をさす。
　2：「吉野川流域」とは上市・飯貝より下流域と竜門郷を含む。
　3：「国中等」とは奈良盆地・宇陀郡・国外をさす。

売買範囲（表10・11）

吉野山林が売買された範囲は、川上・小川・中庄・国栖郷などの地元の他、吉野川中下流域、国中（くんなか）（奈良盆地）地方、宇陀郡、それに国外では大坂、堺、和歌山、紀ノ川筋に分布している。これを、まず山林所在地＝当村を基点として、当村内の売買、他村への売り渡し＝流出（表では当村→他村と表示）、他村からの買い戻し＝還流（表では当村←他村と表示）、他村間の売買とに大別する。これが表10である。ついで、他村を郷内（川上・小川・中庄・国栖の各郷）、吉野川流域（上市・飯貝から下流の吉野川流域と竜門郷を含む）、国中地方（宇陀郡と国外を含む）に分類し、売買範囲を調べたのが表11である。

明確な傾向はみられない。他村から還流するのは少なく、他村へ流出する方が圧倒的に多い。土倉家のような大山林所有者がいてもそうである。明治期には村内間の売買と他村からの還流が減少し、他村への流出と他村間の売買が増加している。他村への流出を単純に農民的林業の挫折とみることはできない。このことについては、「転売」で述べる。商圏の広がりとともに、たえず植林して売り出しているとみるべきであろう。借地林業制の発展である。

第三節　村方規制

土　地

吉野林業は、その始まりが村山への植え出しや村山の植え分けなどを契機としたので、村方の規制を強く受けることになった。

次に掲げるのは、井戸（いど）村の事例である。

天保二年（一八三一）、井戸村の字栢木カ平と同小栗すの杉檜山二ヶ所が同村権右衛門から十市郡池之内村善六に立木一代で売り渡された。この時の売買証文の末尾に次のような「村中仕格」が書き加えられていた。

〔史料4〕（請求記号一九四―一／近八六／二五三）

村中仕格之事

一、土地之儀村内売買勝手ニ可仕叓、従先規他郷他村へ永売永譲一切不仕候、万一此手形添證杯仕他村へ相洩候ハ此手形反古ニ而候、猶又従親譲請主他村へ持参仕住居仕候ハ立木一代限立置土地ハ本家へ差戻可申田畑ハ直様差戻可申者也

井戸村役人中

但シ他所之仁右仕格乍存役人無之土地買取候へハ其者之丸太村方より差押置出シ方為致不申候、已上

この山林はその後二度転売されており、明治七年（一八七四）の証文には同文の文言が木版で押され、同一八年の証文には「諸事古証文どおり」と書かれている。井戸村の売買証文はこの三枚しかないので、この文言通りに履行されたのかどうかなんともいえない。

また、大滝村の字たこたま杉檜山跡地の天保四年（一八三三）の証文にも「追而御断リ申入候、他村ヱハ永売相成リ不申ニ付添証文不替年売仕候」とあるが、このような文言は他の証文には見当らず、これだけではその実効性について疑問が残る。

土地に対する規制は吉野林業の特質である借地林業制を支えるものであり、近世初期にはほとんどの村でみられたのではなかろうか[13]。しかし商品経済の浸透によって早くも一八世紀には崩壊したものと考えられる[14]。永代地の増加は明治以降である。

歩口銀

歩口銀は村方の管理下におかれていた。前述した通り、その額は土地所有者が勝手に決められるものではなく、村方が決め、その受け取りについても、皆伐だけか、下伐りと皆伐の両方かなどの規制があった。歩口銀は借地林業制を内実ならしめる制度であり、村方の存立にかかわる重要事項であった[15]。

小川郷三尾村では、下伐り七%、皆伐八%が村定めであった。ここは現在でも大字が管理を続けている。高原村では村方が受け取り先になっていた。ここは二%になっていたが、土地所有者が七、村方が三の割合、つまり前者が一・四%、後者が〇・六%の取り分になっていた。

次の文言は大滝と西河両村が共有地字ひほら杉檜山を享和二年(一八〇二)に大滝村庄右衛門に売り渡した時の売買証文である。本文には、「山役銀之儀ハ一切入不申候」とあり、末尾に「右之杉檜山若他所へ御売払ひ被成候エハ山役銀として下伐り皆伐とも二売代銀壱貫目ニ付五拾目両村へ御渡可被成候、両村之内ニ而御売払ひ被成候エハ山役銀ハ一切入不申候」と追而書きされている。村の共有地だからではない。個人山の売買にも同様の文言がある。

同じ村の者どうしの売買と他村の者への売買にこのような違いがあった。このことは借地林業制の基本的な内容である。

その他

次に掲げた文書は、明治三二年(一八九九)一月、西河・大滝両大字が土倉庄三郎(前記庄右衛門の孫)に字マカリヤ谷(二六九番地)の土地九畝歩を四〇円で売却した時に結んだ契約である。

〔史料5〕(請求記号一九四—一/近四四/八)

地上権設定書

（前略）

第一項　地上権存続期間ハ杉檜立木一代間トス

第二項　該地所ヘ杉檜植附ハ明治参拾五年拾弐月参拾壱日限リトス若シ右日限内ニ栽植怠リタルトキハ此契約無効之事

第参項　地代ノ義ハ歩口金（山役金トモ云）ト称シ該立木抜伐皆伐共伐採之都度売代金百円ニ付金拾円ノ割合

第四項　杉檜抜伐皆伐材売渡シ方ハ所在地ノ習慣ニ基キ競買ニ附スル事

第五項　杉檜現在立木床数五分以上ヲ一時或ヒハ両三年内ニ抜伐ナシタル時ハ皆伐ト見做シ地所残立木共地主ノ所有ニ帰スル事

第六項　杉檜立木非常天災ニテ皆伐ヲ要スルトキハ植付後弐拾五ヶ年以内ハ再植スル事ヲ得

（後略）

これらの事項はすべて近世以来実行されていたことである。村方の規制としておこなわれたから存続したのである。ただし、歩口銀は免除されなくなっている（西川と大滝は共有地を持ち、山林については相互に同一村として対処することが多かった）。

筆者は、地元農民と大立木所有者との間の経済的な力関係に圧倒的な格差があるなかでは、村方規制は地元農民を守るために重要な役割を果たしたと考える。(16) しかし資本主義は「営業の自由」を掲げて、その妨げになる封建的制約を撤廃させてしまう。(17)

第四節　転売と質入れ・質流れ

転　売

吉野林業地帯における山林売買は転売が常態である。伐採するためではなく、立木として所有するために売買されるのである。もちろん最終的には伐採するために売買されるが、その時は、「売渡シ申杉檜山之事」といった証文ではなく、「売揚一札之事」とか「皆伐山売揚之事」という証文になり、丸太売買の時は、「杉檜丸太売揚之事」とか「下伐丸太売払之事」といった証文になる。転売の事例をあげてみよう。

〔事例1〕（請求記号一九四―一／近八六／一四、一三〇、七七）

東川村字奥ヶ谷山と塩谷山

(1)享和四年（一八〇四）、東川村義助が窪垣内村治助に、奥ケ谷山を立木一代、八〇目で売却

(2)文化七年（一八一〇）、東川村又次郎が窪垣内村治助に、塩谷山を立木一代、五〇〇目で売却

(3)文化八年、窪垣内村治助が色生村治兵衛に、上記二ヶ所を古証文通り、五〇〇目で売却

(4)文化一四年、色生村治兵衛が大野村籐八に、同上二ヶ所を立木一代、六〇〇目で売却

(5)文政五年（一八二二）、大野村籐八が宇陀郡松山町山辺屋長助に、同上二ヶ所を古証文通り、代銀不詳で売却

(6)嘉永四年（一八五一）、山辺屋長助が大滝村庄右衛門に、上記山林を含め七一ヶ所を年季、永代等、三七貫目で売却

奥ヶ谷山の立木は義助のもので、土地は東川村のもの、塩谷山は立木土地共に又次郎のものである。奥ヶ谷山の歩口銀は毎年五分宛村方へ、塩谷山の歩口銀は毎年七分宛又次郎へ支払う条件である。両山林は四〇年余りの間にそれぞれ五回売買されている。

治助・治兵衛・藤八らは山林ブローカーと考えられ、長助は商業資本家（紙商人）である。義助と又次郎は地元の農民で、庄右衛門は近郷の山林所有者である。

義助の八〇目という零細な売買価格は家族労働で植林した山を売却したものであろう。又次郎の五〇〇目にしても大同小異であろう。両者の違いは植林後の年数の違いかも知れない。又次郎には山地の所有と歩口銀の受け取りが残っており、義助はこれで完結している。両人ともまた新しい土地を借りて植林すればよい。

〔事例2〕（請求記号一九四―一／近八六／一〇九、七七）

東川村字清水山

(1)寛政五年（一七九三）、木津川村清右衛門が東川村弥三郎と窪垣内村清蔵に、立木一代、一〇〇目で売却

(2)寛政八年、窪垣内村清蔵が東川村弥三郎に、自分の持ち分を、古証文通り、一八〇目で売却

(3)その後、東川村弥三郎が杉檜を植林

(4)寛政一二年、東川村弥三郎が宇陀郡松山町山辺屋長助に、立木一代、五〇〇目で売却

(5)嘉永四年（一八五一）、山辺屋長助が大滝村庄右衛門に、上記山林を含め七一ヶ所を年季、永代等、三七貫目で売却

清右衛門が売ったのは山地である。歩口銀を毎年五分宛村へ納めるのは高場であるからだろう。ここでは、弥三郎が地元農民、清右衛門と清蔵が山林ブローカーである。清右衛門は木津川村の地元農民である。弥三郎の支出は最初の購入を折半とみて五〇目とすると、計二三〇目となり、差し引き二七〇目の利益を手にしたことになる。この利益は植林の対価であろう。土地は他人のものであるから、この取り引きは完結した。

二つの事例でとりあげた三人の地元農民の売買はごく普通の経済行為であって、零細ながらも林業経営（といえるかどうか）の破綻ではない。

その意味で、泉英二氏が「『立木年季売り』の広範な展開をもって、直ちに『農民的林業』の『挫折』とするには問題が多いのである」といわれるのは妥当である(18)。筆者はかつてそのように短絡的に考えていたが、ここで訂正をしておきたい(19)。農民的林業の挫折はもっと長期的・多面的に考えなければならない。

質入れ・質流れ

山林売買証文で注目すべきは、奥書入り質物差し入れ形式が多いことである。高原村字までの石山と口かけ山の事例をあげよう。

〔事例3〕（請求記号一九四—一／近八六／二四一、二四二）

(1)文政一二年（一八二九）一〇月、高原村太郎兵衛は高市郡土佐村総屋久右衛門に、までの石山と口かけ山の二ヶ所を銀二貫目で売り渡した。この時、太郎兵衛は次の奥書を付け足した。

追而書入申候、右売券文ニ御座候エ共元銀壱貫ニ付壱ヶ月ニ銀拾弐匁宛割合利息ヲ加へ来ル寅年（文政一三年）七月十日限元利共不残返済仕候ハヽ、此売券証文御戻シ可被下候、万一右限日ニ至リ銀子返済不埒仕候ハヽ、此奥書御切取被成本文之通弐ヶ所之山林御勝手ニ御支配可被成候、其時一言之申分無御座候、為後日之書入申奥書仍而如件

(2)翌文政一三年一二月、結局流質になり、この時、太郎兵衛が久右衛門に差し出した流し証文は次の通りである。

右之杉檜山去丑年十月銀弐貫目売渡証文江奥書入之質物ニ差入内銀壱貫目其節借用いたし有之候処、我等儀長々之病気ニ取合不仕合ニ付銀子調達得不仕罷在候、然ル処ニ今病気全快不仕難渋ニ付山守政重郎殿御挨拶被成下此度越金トして金子拾両御渡被下候所慥ニ請取相済申処実正也（後略）

流質のさいに、越金（こしきん）（越銀）が渡されているから、当初の山林価格は低めにされている。しかし、このような事例は一件しかなく、これが一般的だったかどうかは決めがたい。また、仲介人の「御挨拶」という行為があって（この種の仲介またはお願いはすべての証文に共通する）、越金が渡されているから、必ずしも純然たる経済的行為と言いがたいが、この点は後考に俟ちたい。

可能なかぎり山林等を所有していたいというのは当然で、それが質入れというかたちになる。先に「転売」でとりあげた売買とは意味合いが違う。前者が商品の売買とするならば、後者の場合は資産の切り離しである。一時的な金融のために入質するのであるが、結局は流質になる。こうして山林は農民から離れていく。だからといって、これが農民的林業の挫折とは即断できない。個々の農民の浮沈と農民層としての分解とは別個に考えねばならない。

第五節　伐木山および丸太売買証文の分析

売買の慣行

林業は植林から伐採までの過程と伐採から市場で売買されるまでの過程とからなっている。船越昭治氏は、林業生産を育成的林業生産部門と採取的林業生産部門とに分類し[20]、藤田佳久氏は全体を育成林業とし、これを育成過程と収穫過程に分ける。[21]また、鈴木尚夫氏は林業経営とはその伐出生産過程の経営であると規定し、人工造林などの経営を森林経営とした。[22]

ここまででとりあげたのは、船越・藤田両氏のいう育成的林業生産部門あるいは育成過程での売買であった。以下では、採取的（収穫）過程での売買をとりあげる。伐木山および丸太売買証文は山林売買証文のなかに数十枚混在しており、これらは山林売買証文と区別して取り扱われるべきものである。まず史料を掲げる。

〔史料6〕（請求記号一九四―一／近八六／四五一）

売揚一札之事

一、西河村領字草木谷ト申

杉山皆伐　壱ヶ所

代銀拾〆目

右之通相極売渡申処実正也、銀子請取方之義者山入弐歩銀之内へ五月晦日渡リ金三拾両之手形壱通慥ニ請取、残八歩銀之内四歩銀者来ル七月十日限リ請取可申筈也、皆銀者筏壱床ニ而も藤掛被成候へ者請取可申若藤掛延引ニ被成候へ者来ル九月晦日限皆銀不残受取可申約定御座候、丸太出し道之義ハ是迄出し来候道筋へ御出し可被下候、金相場之義者中直ゟ五分高ニ取引可仕筈也、為後日之杉檜山皆伐売揚一札因而如件

文久弐

戌四月

売主
上市
清左衛門　㊞

東河
伊兵衛　殿

これは西河村の字草木谷山を上市村清左衛門（魚屋）が東川村（東河は当て字）の伊兵衛に売却した証文である。この売買は山林（立木）の所有を目的としたものではなく、皆伐を目的とした売買である。間伐される山林を下伐山、皆伐される山林を皆伐山と言い、あわせて伐木山という。だから証文の事書は「売揚」という表現になっている。山林の所有を目的とした売買証文は「売渡し申杉檜山之事」となるのがふつうである。

代銀一〇貫目の支払い方法は、まず手附銀が二〇％（三〇両の手形）、つづいて七月一〇日までに四〇％、皆済

は藤掛（筏からみ）着手時、藤掛が延引しても九月晦日までに皆済するという約定である。代銀の支払いは、まず契約時に手附銀を支払い、二回目の支払いは伐採（山入り）開始時、皆済は筏からみ着手時というのが当時の吉野の慣行であった。

丸太出し道の慣行についてはすでに述べた。山林売買証文では将来のことであったが、いよいよ現実のことになった。これなしには商品として実現できなくなる。そのための再確認である。

金で決済する場合、銀との交換レートは大坂中直より五分高（%ではなく銀高）とすることも条件になっている。これも当時の吉野の慣行である（ときには一匁高ということもあった）。一九世紀になると金の流通が広がってきたことは前述したところである。

伐木山の売買は、山元での競売が原則であった。[23] また、歩口銀のことはこの証文にはなにも書かれていないが、山林売買証文では、大方は立木売代銀に対して「何程」という表現になっていて、「切賃引残り銀」（木津川村）、「山ニ而丸太売代銀」（塩谷村）、「入用銀差引残銀」（大滝村）という記述もあり、伐採賃を差し引いた金額に対して課せられたようである。

この証文では上市村清左衛門が山林所有者、東川村伊兵衛が材木商人である。清左衛門はもとは魚屋で、近世後期には木屋も兼営していた。口郷の上市村も吉野材木方（材木商人の同業者組合）に参加していたから、清左衛門も材木業を営むことはできる。しかし、吉野林業地帯と吉野川中流域（吉野郡域）以外の者は山林の所有はできたが、材木商人としての営業活動はできなかった。したがって、山元で立木を材木商人に売ることまでしかできなかった。[24]

材木の転売

それでは、伊兵衛が材木を和歌山に流送するのかというと、必ずしもそうとは限らないのである。丸太にした後、さらにこれが転売されることがある。

次の事例はそのことを示すものである。

〔史料7〕（請求記号一九四―一／近八六／四五一）

売上申約定書之事

西河村領分

一、字草木谷と申処　上市清左衛門山林

春皆伐リ山　壱ヶ所

丸太代銀拾三貫六百九匁六分五厘

右之山林丸太之儀者上市清左衛門方ヨリ買得仕候処、此度其元江代銀拾三〆六百九匁六分五厘相極メ売渡則直銀ニ不残慥ニ請取申処実正也、尤出し道之儀者相添申元売上之通リ御仕出し可被下候、為後日之売上申約定書依而如件

文久二戌九月日

丸太売主

東川村

伊兵衛　㊞

大瀧村

市左衛門　殿

東川村伊兵衛が上市村魚屋清左衛門から西河村字草木谷山を購入した後、これを大滝村市左衛門に一三貫余で転売したのである。これは丸太の売買であって、伐木山とはまた別の売買である。たいていは、土場着といって

丸太を山から荷積場や筏からみ場まで運びだしてからの売買であった。もちろん市左衛門も材木商人である。このような転売はごく一般的なことであった。もうひとつ事例を掲げておこう。

〔事例4〕（請求記号一九四－一／近八六／三五四、近八五／六五）

寺尾村字吉右衛門谷山の例

(1)この杉檜山は上市村又左衛門所有の山林で、嘉永二年（一八四九）三月、寺尾村利助が七貫五〇〇目で買得した。支払いは、山入り時に四割、七月八日に残り六割という条件であった。

(2)この時、利助は購入資金をすべて大滝村土倉庄右衛門から借用したが、三貫目（四割分）の借用証文には、「閏四月中に右山林伐り付丸太入札ヲ以売払右代銀ヲ以元利無滞急度返済可仕候」と書き入れている。利助は立木を伐採した後、これを転売するというのである。なお、このころ利助は旺盛な商いを展開しており、弘化三年（一八四六）から嘉永二年までの間に数回にわたって庄右衛門から借用している。

間伐材や皆伐材を山元で購入した材木業者が即和歌山・大坂へ流送したとは限らず、このように何回か転売されたのである。同じ材木商人でも、地元の範囲内で材木商いをする者と和歌山・大坂市場と接触して商いをする者がいた。両者はそれほど判然と区別されたわけではないが、商いの重点のおき方が違っていた。もちろん危険負担は後者の方が大きかった。利益の大小はいまのところ史料がないのでなんともいえない。

第六節　材木商人と山林所有者の利益

材木商人の利益

先にみたように、東川村伊兵衛は半年間で三貫六〇〇目余の差益を手に入れることができた。粗利益率は三六%になる。これを高いとみることはできない。ここには伐採と出材の経費が含まれているからである。しかし、伊兵衛は確実に利益を収めたのであるが、市左衛門は丸太をさらに転売したのか、それとも和歌山・大坂市場に流送したのか、わからない。もし和歌山・大坂に送ったのであれば、問屋の仕切銀を受け取らねばならない。材木代・輸送経費・市場費用・口役銀（流通過程での公租）等の必要経費を差し引けばどれだけ手元に残るのであろうか。(25) 材木相場の高下に影響されるので、つねに大儲けと大損の両方の可能性にさらされている。材木商人の利益は残念ながら仕切状がないのでわからない。

林業生産の最後の伐出過程は最もリスキーな過程であって、文字通り「いのちがけの飛躍」(26)である。リスキーというのは、流送中の出水による筏士の逗留・筏繋留用の藤や綱の追加出費、洪水による筏の流失、流送中の筏の傷み、時化（しけ）等による和歌山港での長期滞留の費用、ときには紀州川筋の灌漑施設をめぐるトラブルなどは、すべて筏の送り主である材木商人の負担であり、さらに材木相場の変動が彼らの営業を不安定なものにしていたからである。(27)

山林所有者の利益

林業生産がどれほどの利益を生み出すのか、これを植林から和歌山・大坂市場での販売まで一貫して示すことは、残存史料の制約もあって困難である。部分的な売買証文をつなぎ合わせて、かろうじて一端に接近することができる。

〔事例5〕（請求記号一九四―一／近八六／二五二）

小川郷大豆生村字湯坪山の例

(1)弘化五年（一八四八）、大滝村庄右衛門が鷲家口村槻本善七から字湯坪山を四〇〇目で買得した。この時、善七は庄右衛門に六両で買ってほしいと話をもちかけている。

(2)安政三年（一八五六）、大滝村庄右衛門は大豆生村周蔵から字湯坪の別山を三両三歩で買得した。このように、ひとつの字名であらわされる山林が幾人もの山林に分割されていることは、ごく普通のことである。こうして庄右衛門は湯坪山二ヶ所を入手した。費用は四〇〇目を六両と換算すると、合計九両三歩、約一〇両となる。

(3)明治八年（一八七五）九月、庄三郎の代になって小川郷小村盛口平治に一三〇〇円で売った。この時には館源三郎と共有山になっていた。平治は「本年秋伐り」のために買い付けたのである。一両一円のレートで比較すると、一〇両が一三〇〇両と三〇年たらずの間に一三〇倍になったのである。これには間伐の利益を入れていない。この時、盛口平治は仕込み代が賄えず、結局庄三郎にゆだねる結果となった。(28)

〔事例6〕（請求記号一九四―一近八六／一一一）

小川郷日裏村字枌谷山の例

(1)元治二年（一八六五）、大滝村庄右衛門は木津川村清七に二三〇貫目で売った。清七は伐木山として買得したのである。庄右衛門はこの山を堺栢久右衛門と名柄村利右衛門から買得したものである。

(2)慶応四年（一八六八）、庄右衛門は同じ枌谷の別山を鷲家口村忠七と井戸村儀右衛門に二四〇貫目で売った。これも伐木山である。証文には、二四〇貫目の内訳が書いてあって、それによると利右衛門山は四七貫目、栢久山二ヶ所は一九三貫目に評価されている。

庄右衛門は利右衛門山を安政三年（一八五六）に五貫五〇〇目で買得している。栢久山の買得価格はわからないが、価格と割合から栢久山の買得価格を割り出すと、利右衛門山の約四・一倍、二二貫五〇〇目となり、買得価格は合計して約二八貫目となる。二八貫目で買得した山を二四〇貫目で売買したとすると約八・六倍になる。木津川村清七に売った二三〇貫目も加えると、合計して四七〇貫目になり、利益は約一七倍となる。これにも間伐材の利益は入っていない。

この二件の売買は伐木山の売買である。売り主の大滝村庄右衛門は大山林所有者兼材木商人、買い主の盛口平治・清七・忠七、それに儀右衛門も当地では名の知れた重立の材木商人であった。

〔事例7〕（請求記号一九四―一／近八六／三〇六、四四一、近八五／一二七）

西河村字北迫山の例

(1)この山は弘化以前に、植主七分、村方三分で植分けた山林である。西河村惣右衛門も植分けに参加した。

(2)弘化二年（一八四五）四月、上市村豆腐屋伊兵衛（豆伊）が惣右衛門から立木一代、三両二分で買得した。

(3)安政七年（一八六〇）春、伊兵衛はこの山と同村馬廻し山の二ヶ所の間伐材を地元西河村源助に一貫一〇五匁で売却した。

(4)源助はこれを同価格で大滝村助右衛門に転売した。助右衛門は山代銀一〇両を大滝村庄右衛門から借用した。

買得価格である三両二分（約二三〇匁と換算）と比較すると、馬廻し山が加わっているとしても、伊兵衛の利益は明白である。しかもこれは間伐の利益である。源助から助右衛門への転売は、あるいは源助が山守であって、単なる仲介役であるのかも知れない。助右衛門の利益はわからない。

上市村豆腐屋伊兵衛は、この他に、文政一〇年（一八二七）から嘉永七年（一八五四）九月まで一二度にわたって、大滝・西河両村共有地である字まがりや谷山林を合計四貫九一匁で買得し、これを嘉永七年一一月大滝村庄右衛門に五貫七〇〇目で売却し、差し引き一貫六〇九匁の利益を得ている。もちろんこの間に間伐材の売却利益もあったことだろう。前二例の利益と比べると少ないが、確実に利益を収めている。

豆腐屋伊兵衛や魚屋清左衛門は山林所在村よりも下流の上市村（在郷町）在住の商人である。大滝村庄右衛門や堺栢久右衛門・名柄村利兵衛といった大山林所有者ではない。売買金額もはるかに小さい。このような小規模

表12　東川村甚三郎の山林売買状況

番号	年　月	山林ヶ所	売買価格	売買相手
1	天明8年12月	東川村高座岩山地	200目	東川村忠兵衛→甚三郎
2	文政9年10月	同村もわい杉檜山	450目	東川村源助→甚三郎
3	文政9年12月	同村もわい杉檜山	360目	甚三郎(2買得)→宇陀山辺屋長助
4	文政10年11月	同村かうす植地 かうす下も奥地植地	120匁	高原村栄蔵→甚三郎
5	文政11年2月	同村かうす土地	150匁	甚三郎(4買得)→西河村文六
6	文政11年2月	同村はぎ平跡地	35匁	東川村吉十郎後家→甚三郎
7	文政11年7月	同村はぎ平跡地	45匁	甚三郎(6買得)→宇陀山辺屋長助
8	天保4年4月	同村かうす植地	500匁	西河村文六(5買得)→甚三郎
9	天保13年12月	同村渡り瀬かゐで杉檜山	110匁	甚三郎→宇陀山辺屋長助

注：2買得、4買得、5買得、6買得とは番号2、4、5、6で買得した山林のことである。

の商人が一八世紀以降さかんに林業地帯に進出しており、借地林業はこのような商人との間でもおこなわれた。勿論、国中地方の商人や地主等も進出してくる。吉野川流域の商人より概して大手の商人であった。しかし、彼らが材木商いをできなかったことは、前述の通りである。

以上の事例からみて、山林所有者の利益は高く、しかも材木商人の利益に比べて、確実であり安定していた(29)。ただし、これは相当量の山林を所有する者についていえることである。在村の小農民の山林売買は、表9で示したように、売買価格が一貫目・一〇両以下の小規模取引が一般的であって、それは利益というより、植林・撫育の労賃補償でしかない。表12は東川村甚三郎の売買をあらわしたものである。この表は地元農民の小規模な売買の実態を如実に物語っている。

第七節　材木商人と金融

材木商人

材木の伐採から市場までの過程を担当するのが材木商人である。材木商人は、山元(奥郷)の材木商人と吉野川中流地域(口郷)の材木商人とに分類することができる。前出の東

表13　小前材木商人の借用実態

番号	時　期	借　用　者	借　用　額	借用理由
1	文化７年	中奥村甚右衛門	300目	材木仕入銀
2	12年	東川村武助	322匁5分	山代銀
3	天保７年	上谷村儀右衛門	500目	材木仕込銀
4	11年	寺尾村佐助	655匁2分8厘	丸太仕入銀
5	13年	塩谷村清三郎	3両	下伐丸太代銀
6	嘉永５年	西河村儀助	700目	下伐山代銀
7	５年	大滝村幸右衛門	5両2分	下伐山代銀
8	安政２年	大滝村吉右衛門	500目	下伐丸太代銀
9	慶応３年	西河村甚右衛門	3両	杉皮仕込銀
10	明治８年	大滝村坂口忠三郎	15円	下伐山代銀

川村の伊兵衛や大滝村市左衛門・寺尾村利助・小村盛口平治・木津川村清七・鷲家口村忠七・井戸村儀右衛門・大滝村庄右衛門等々は山元の材木商人で、上市村木屋又左衛門や魚屋清左衛門・豆腐屋伊兵衛らは口郷の材木商人であった。

材木商人は村々にかなりいた。慶応元年（一八六五）の大滝村の「商人取締書連印」には土倉庄右衛門を含めて一九名が連印している。大滝村の戸数は明治二年で四八軒であったから、約四〇％である。この一九名は重立商人とみられ、小前商人をいれると半数を超えると思われる。[30] 泉英二氏は、白屋村の材木商人は村民の三分の一から半数近くに達するとみている。[31] また、口郷である上市村には文化六年（一八〇九）の時点で、二〇名の材木商人がおり、うち木屋の屋号を名乗る者五名、魚屋三名、塩屋・紙屋・板屋・小豆屋各一名、他は地名等の屋号である。[32]

さらに重立（長立）商人と小前商人に分類することができる。この区別は必ずしも判然としない。笠井氏は、立木の伐採・搬出の過程で労働者を雇い入れている商人を重立商人とみている。[33] そうだとすると、労働者を雇わず、自己と家族労働で伐採・搬出をおこなう商人が小前商人ということになる。植林・撫育と違い、伐採・搬出のような集団的・専門的労働を自己と家族労働だけで賄えるとは考えられない。泉氏は、「身元宜敷商人」を重立商人とし、「元手無之商人」を小前商人としている。[34] 概念としてはこれが妥当であろう。しかし現実に線引きするとなると、客観的な基準があるわけではない。個々の商人について個別に判断するしかないであろう。

小前商人の活動の様子を、伐木山ならびに丸太売買を通して見たかったが、小額の伐木山ならびに丸太売買証文の残存は皆無に近い。そこで、資金需要からみることにした。そのために作成したのが表13である。大滝村土倉家（庄右衛門―庄三郎）から借用した者のうち、材木仕入銀とはっきりしているものの中から、とくに少額の例をとりあげた。

もっと小額の借用もあるが、それらは生活費ともみられる。ここに名前をあげた材木商人はすべて小前商人と断定できないかも知れないし、その時点で小額の資金が急に必要になって借用したのかも知れないが、ともかく小額の貸借がおこなわれており、しかもその資金が土倉家から融資されたということに意味がある。

西河村儀助は嘉永五年（一八五二）、南阿田村（現五條市）亀次郎から西河村字白倉山他七ヶ所の下伐丸太を五五〇匁で買得したが、その山代銀と諸入用銀として土倉庄右衛門から七〇〇目借用したのである。儀助は、嘉永三年にも庄右衛門から一両借用しており、これも材木商いの資金であったのかも知れない。いずれにせよ元手のない材木商人は土倉家のような大山林所有者や口郷の商人から資金を借りて小規模な営業活動をしていた。

金銭貸借証文

金銭の貸借証文は材木商人の営業活動について興味深い実態を示している。史料を掲げておこう。

〔史料８〕（請求記号一九四―一／近八五／八九）

借用申銀子之事

一、金拾両也

代銀六百四拾五匁也　　但し利足之儀ハ壱ヶ月ニテ銀百目ニ付銀壱匁五分宛利足相加へ可申候筈也
右之銀子此度入谷(塩)村領分ニ有之候国中高田村嘉重郎山并ニ戸毛村伝右衛門山当春下伐リ仕候処入谷(塩)村九郎右衛門殿買得仕仕出し丸太我等方へ買得仕候、山代銀并ニ諸入用銀ニ慥ニ借用申処実正明白也、然ル上ハ右銀子御返済之儀ハ来ル八月晦日迄ニ三間小拾八床弐間小七床都合弐拾五床貴殿前河へ差送リ可申候、右丸太大坂若山御勝手能問屋へ御送リ被下時之相場ニ御売払可被下候、右売仕切ヲ以元利共御引取可被下候、若万一不足銀ニ相成候得ハ別段銀子ヲ以無間違皆済可申候、為後日銀子借用證文依而如件

嘉永五年

子ノ七月

銀子借用主

寺尾村　庄兵衛㊞

同断證人　九右衛門㊞

大瀧邑

庄右衛門　殿

嘉永五年春、塩谷村（入谷は当て字）にある高田村嘉重郎と戸毛村伝右衛門所有の山林が間伐され、塩谷村九郎右衛門が買得して丸太に仕出したものを、寺尾村庄兵衛が買得したのである。嘉重郎も伝右衛門も国中在住のよく知られた山林所有者である。前述したように、国中の山林所有者には材木商いが許されていないから、彼らは地元の九郎右衛門に間伐材を売却した。九郎右衛門と山林所有者との関係は、あるいは嘉重郎や伝右衛門の山守であったかも知れない。九郎右衛門は弘化～嘉永のころ庄屋役を勤めていたから、山守職についてもおかしくはない。

山守は間伐が決定されると、伐採から小伐りや出材を指揮し、それだけではなくその販売も代行する。その場合、自ら購入することもある。山守は通常市価よりも安く購入できるから、その利益の方が山守賃より大きかっ

た。九郎右衛門から庄兵衛への販売はそのようなものであろうと思われる。もっとも、この証文からはなんともいえないのであって、あくまでも他例にもとづく推察である。

庄兵衛は丸太の仕入と筏のからみ等の諸費用を大滝村庄右衛門から借用した。返済は和歌山・大坂市場での丸太仕切銀で決済するという条件である。銀一〇〇目に付き月一匁五分（一・五％）という利息は当時の定例である。担保は二五床の筏であって、八月晦日までに庄右衛門前の川に着けなければならない。筏二五床というのはきわめて小規模なもので、『挿画吉野林業全書』によると、筏二間一五床で一鼻、あるいは二間三床と三間八床で一鼻という規模であるから、せいぜい筏三鼻たらずである。この筏は庄右衛門名義で売買されるのである。「貴殿前河へ差送」というのは、大滝村の庄右衛門の居宅は往還をはさんで吉野川を見下ろす位置にあり、ここで確認をすることができるのである。「いついつまでに貴殿前川着」というのが、庄右衛門から借銀をした時の条件になっていた。いまでも地元では、土倉屋敷前の吉野川を「前川」とよんでいる。高見川筋の場合は、吉野川との合流地点の新子村に着けることが条件であった。

一〇両、筏三鼻程度の資金すら自己資金で賄えないほどの零細な商人、これが山元の小前材木商人である。

この庄兵衛はこれだけでなく、前月五月にも庄右衛門から一五両（利息は月一・五％）を借りている。これは、居村の寺尾村にある竜門郷柳村中庄山、同半蔵山、河内石原伝兵衛山の春下伐山を買得した資金である。返済は八月晦日限り、二間と三間丸太の筏五〇床（五鼻程度）を庄右衛門前川着とし、その筏の売仕切銀で決済という条件は同じである。

さらに、翌嘉永六年にも庄右衛門から二貫五〇〇目（利息は同じく一・五％）借用している。前年と同じく寺尾村にある中庄山と半蔵山の春下伐山を買得した資金である。今度は二間と三間丸太の筏一一〇床と倍加した。その他の借用条件は同じである。前年に一五両と一〇両借り、次の年に二貫五〇〇目（一両を六四・五匁で換算すると三八両余）と借用額は増加している。これは庄兵衛が前年の取り引きで儲けたからである。儲けがいかほどかは、仕切状がないのでなんともいえないが、儲けたから商いの規模を大きくし、借用銀を増やしたと推察してもまちがいはなかろう。

小前の材木商人は、土倉家だけではなく、吉野川中流域（口郷）の材木商人や和歌山・大坂の問屋からも借り受けた[35]。口郷の材木商人も和歌山・大坂の問屋から借り受けていた。次は、奥郷の商人である高原村宗十郎が和歌山の材木問屋から借り受けたことを示す売買証文である。

〔史料9〕（請求記号一九四―一／近八六／一三一）

売譲申杉檜山之事

当村領
一、字おんじ横手と申所　杉檜山壱ヶ所
四方際目絵図之通（絵図略）

当村領
一、字同所と申所　杉檜山壱ヶ所
三方際目絵図之通（絵図略）

〆弐ヶ所
外ニ銀子百目添

右者先達而貴殿ゟ元銀ニ而壱貫三百目余と又金子五両当分為替銀両度借用仕早速材木差下し売代銀を以返済
可仕筈ニ御座候所、商ひ損何角ニ而銀子逼迫仕候ニ付返済遅滞仕罷在候、尤右金五両借用仕候砌当地ニ少々
丸太買付在之候故近々筏下し可申筈ニ而御座候、然ル所其後筏藤掛致候砌大水ニ而流失仕候ニ付銀子不手廻

リ之我等故無詮方只今迄延引仕申義ニ御座候、元来困窮之我等所詮銀子者勿論材木等下し済方致申事無覚束此度山林弐ヶ所ニ銀子百目相添御済可被下候様段々詫済御頼申入候所、御得心被下候而御済被下忝厚御恩之程難忘存候（中略）

寛政十二
申二月五日

売譲主和州吉野郡高原村
宗十郎 ㊞
同村一家証人　五兵衛 ㊞
（以下証人・庄屋名等略）

和歌山
中屋九右衛門殿

この証文は、奥郷の材木商人が材木商いの資金を和歌山の材木問屋から借り受けていたことを示している。和歌山問屋（五軒と決まっていた）は、奥郷の材木商人に資金を前貸しすることによって、市売りの材木を安定的に確保しようとした。高原村宗十郎は相場の下落で（?）損失した上に、さらに買い付けた丸太を洪水で流し、二重に打撃をうけた。宗十郎が立ち直ったかどうかわからないが、この事例は材木商人が没落する典型的なケースである。

奥郷の小前商人は資金の不足を、土倉家や口郷の商人、和歌山・大坂問屋などから借り受けることで補っていたが、土倉家やこれら商人の側もそれに応えるだけの資金力を持っていた。

第八節　金融業者・土倉家

概　要

大滝村土倉家（庄右衛門―庄三郎）は、近世後期には、大山林所有者であるとともに、金融業者でもあった。土倉家文書のなかで、山林売買証文についで多いのは金銭の貸借証文である。以下その実態を分析しよう。土倉家の金銭貸借証文の初出は寛政九年（一七九七）である。同家がさかんに山林を集積するのは一八世紀中ごろからで、証文からみるかぎりでは、金融業を営むのは約半世紀おくれて一九世紀以降である。山林業・伐出業で蓄積した利益を貸し付けに振り向けたのであろう。

その概要は表14の通りである。これは土倉家が貸し付けたものだけであって、他家の金銭貸借証文は除外している。その数は二十数枚である。明治期を一三年で打ち切っていることも、前述の通りである。五年以前と六年以降とに分けているのは、明治六年から円単位の証文が出てきたからである。

表14をすこし長いスパンでまとめたのが表15である。時期のまとめ方も山林売買証文と同じである。一九世紀後半から貸し付けが急速に伸びている。とはいえ年平均一二ないし一三件という数字は月にして一件ということで、金融業としては多いとはいえない。もっともこれは残存証文からいうことであるから、実態はもっと多かったとも考えられる。山林売買では圧倒的に銀立での計算が多かったが、金銭貸借では金立の計算が多い。

貸　付　額（表16）

貸付額は、一貫目以下が四八％余、一〇両以下が五九％、零細な貸し付けが半分を占めている。零細な材木取引に対応していることは上述のことから明らかである。また、小口の生活貸し付けも含まれている。貸し付けが

表14　年次別証文数・取引単位割合　（カッコ内は％）

年　次	証文数	年平均	銀　立	金　立	円　立	不明
寛政(1789―1800)	1	0.08	1(100.0)	―	―	
享和(1801―1803)	3	1.00	3(100.0)	―	―	
文化(1804―1817)	6	0.43	6(100.0)	―	―	
文政(1818―1829)	25	2.08	21(84.0)	4(16.0)	―	
天保(1830―1843)	27	1.93	12(44.4)	15(55.6)	―	
弘化(1844―1847)	20	5.00	―	20(100.0)	―	
嘉永(1848―1853)	48	8.00	19(40.4)	28(59.6)	―	1
安政(1854―1859)	30	5.00	6(21.4)	22(78.6)	―	2
万延(1860)	14	14.00	2(14.3)	12(85.7)	―	
文久(1861―1863)	10	3.33	2(20.0)	8(80.0)	―	
元治(1864)	5	5.00	―	5(100.0)	―	
慶応(1865―1867)	36	12.00	6(16.7)	30(83.3)	―	
明治(1868―1880)	166	12.76	2(　1.2)	61(36.8)	103(62.0)	
内(1868―1872)	58	11.60	2(　3.4)	56(96.6)	―	
(1873―1880)	108	13.50	―	5(　4.6)	103(95.4)	
計	391	4.25	80	205	103	3

注１：土倉家が貸し付けた件数だけである。
２：明治は13年で打ち切っている。
３：不明は金額が記入されていないものである。

表15　証文数・取引単位割合　（カッコ内は％）

	証文数	年平均	銀　立	金　立	円　立	計	不明
1801―1853	129	2.43	61(47.7)	67(52.3)	―	128(100.0)	1
1854―1867	95	6.79	16(17.2)	77(82.8)	―	93(100.0)	2
1868―1872	58	11.60	2(3.4)	56(96.6)	―	58(100.0)	―
1873―1880	108	13.50	―	5(4.6)	103(95.4)	108(100.0)	―
計	390	4.88	79	205	103	387	3

注１：年代区分は、享和―嘉永(19世紀前半)、安政―慶応(幕末期)とし、明治は13年で打ち切っている(以下同様)。
２：明治は円単位使用の証文が出現する明治６(1873)年で二つに区分している。
３：寛政期の証文１枚は、この表にあげていない(以下同様)。

表16　貸付額　（各単位の下段は％）

		～100匁	～500匁	～１貫	～５貫	～10貫	～50貫	50貫～	計	不明
銀立	1801—1853	8	11	12	20	6	4	—	61	1
	1854—1867	1	2	3	5	1	4	—	16	—
	1868—1872	1	—	—	1	—	—	—	2	—
	計	10	13	15	26	7	8	—	79	1
	1801—1853	13.1	18.0	19.7	32.8	9.8	6.6	—	100.0	
	1854—1867	6.3	12.5	18.7	31.2	6.3	25.0	—	100.0	
	1868—1872	50.0	—	—	50.0	—	—	—	100.0	
	計	12.7	16.4	19.0	32.9	8.9	10.1	—	100.0	
金立		～１両	～５両	～10両	～50両	～100両	～500両	500両～	計	不明
	1801—1853	6	24	14	20	3	—	—	67	—
	1854—1867	14	29	8	19	4	2	1	77	2
	1868—1872	3	19	4	15	7	8	—	56	—
	1873—1880	—	—	—	—	1	4	—	5	—
	計	23	72	26	54	15	14	1	205	2
	1801—1853	9.0	35.8	20.9	29.8	4.5	—	—	100.0	
	1854—1867	18.2	37.6	10.4	24.7	5.2	2.6	1.3	100.0	
	1868—1872	5.4	33.9	7.1	26.8	12.5	14.3	—	100.0	
	1873—1880	—	—	—	—	20.0	80.0	—	100.0	
	計	11.2	35.1	12.7	26.4	7.3	6.8	0.5	100.0	
円立		～10円	～50円	～100円	～500円	～1000円	1000円～	—	計	不明
	1873—1880	32	28	15	23	4	1	—	103	—
		31.1	27.2	14.5	22.3	3.9	1.0	—	100.0	

注１：～100匁は100匁を含む。50貫～は50貫を含まない（以下同様）。
　２：不明は、その年代の多い方の貨幣単位に含めた。

表17　貸付先　（カッコ内は％）

	村　内	郷　内	吉野川流域	国中等	不　明	計
1801—1853	23(17.8)	92(71.3)	13(10.1)	1(0.8)	—	129(100.0)
1854—1867	38(40.0)	44(46.3)	7(7.4)	6(6.3)	—	95(100.0)
1868—1872	20(34.5)	28(48.3)	8(13.8)	2(3.4)	—	58(100.0)
1873—1880	27(25.0)	57(52.8)	17(15.7)	6(5.6)	1(0.9)	108(100.0)
計	108(27.7)	221(56.7)	45(11.5)	15(3.8)	1(0.3)	390(100.0)

注：地域のくくり方は表11と同じである。

金立でおこなわれているのは、幕末期の「金高銀安」現象と関係があるのであろう。

幕末から明治初期にかけて物価の高騰があったから、貸付額は上方にスライドしており、一〇〇円以上が二七％余になっている。これを一〇〇両以上（七％余）と比べると、約四倍となる。

貸付先（表17）

貸付先はほとんどが川上・小川郷など吉野林業地帯の中核をなす奥郷と、奥郷と口郷の中間にある国栖・中庄郷である。この地域の材木商人や農民が貸し付けの対象であった。上市村など口郷地域が意外に少ないのは、上市村に、土倉家と肩を並べる木屋又左衛門（北村家）や中小の商人がいたからである。このことの意味については後述する。

利息（表18）

明治以前は、月一・五％が圧倒的である。月二％を超えるような高利はごく稀である。利息が記入されていない証文は相当数あり、無利息と記入されているのはわずか三例である。証文には記載しないで別に利息をとっていたのか、それとも無利息の貸し付けなのか判断しがたい。土倉家があまり金融業に積極的でなかったのかもしれないし、同じ山元の材木商人として手心を加えていたのかも知れない。

明治になると、利息は高くなっている。とくに初期は不明が半分を占める。この時期は貨幣制度が改変された時期であり、土倉家のシステムになんらかの混乱が発生したのかも知れない。六年（一八七三）以降になると、安定している。

「定メ之通」というのは、相手との間で予めとりきめた利息のことである。文政年間に連続して三尾村丈助に貸し付けているが、利息は、月一%が三回つづいた後、「定メ之通」がきて、その後は利息記入がない。また、安政七年、郡中材木方が下田村（現香芝市）村井又次郎から借用した証文には、「相定メ之通一ヶ月ニ一メ目ニ付八匁宛」とある。さらに、明治二年、南国栖村勘助に山代金二〇〇両を貸し付けたときの証文には「利足之義ハ若山問屋定之通り加へ可申候」とある。和歌山問屋の定法に準拠したものである。

このように、「定メ之通」というのは、幕府の定法ではなく、商人が個別に定めたもので、土倉家では月一・五%が一般的であった。幕府は、元文元年（一七三六）に年一割五分と定め、天保一三年（一八四二）には年一割二分に引き下げているが、それにくらべると若干高かった。

貸付期間（表19）

大半が六月以内となっている。これは材木の買い付けから市場での売却までの期間に照応しているのである。時代が下がるにつれてしだいに期間が長くなる。この過程は、買い付け↓伐採↓乾燥（山内）↓小切り↓搬出↓筏からみ↓流筏↓市売り↓仕切銀到着というのが通常である。

史料6でとりあげた西河村字草木谷山の場合、売買は四月、皆済銀の受け取りは筏からみ時であるが、それが延引しても最終は九月晦日となっていた（三六二頁参照）。一二三〇貫目という大量の材木が売買された事例6の場合は、買い付けが五月八日、皆済は翌年三月一〇日となっている（三六七頁参照）。

材木の伐り出しにあたっては、山での乾燥に時間がかかる。『挿画吉野林業全書』は、「小木は三〇日余、大木は三ヶ月間」としている。また、和歌山市場への到着日と仕切日との間にもかなりの日数がかかる。筆者が確認した二十数枚の仕切状では、(36) 明和～天明年間は二〇～八〇日かかっており、三日というのもあるが、これは特異なケースであろう。文化七年（一八一〇）になると、五～二〇日とずいぶん短くなっている。

表18　利　　息　　（カッコ内は％）

	0％	～1％	～1.5％	～2％	～10％	10％～	定額	その他	不明	計
1801―1853	1 (0.8)	27 (20.9)	73 (56.5)	1 (0.8)	2 (1.6)	2 (1.6)	―	3 (2.3)	20 (15.5)	129 (100.0)
1854―1867	1 (1.1)	18 (18.9)	28 (29.5)	1 (1.1)	3 (3.1)	4 (4.2)	1 (1.1)	12 (12.6)	27 (28.4)	95 (100.0)
1868―1872	―	―	5 (8.6)	2 (3.5)	6 (10.3)	7 (12.1)	1 (1.7)	10 (17.2)	27 (46.6)	58 (100.0)
1873―1880	1 (0.9)	4 (3.7)	9 (8.3)	24 (22.2)	28 (25.9)	6 (5.6)	7 (6.5)	8 (7.4)	21 (19.5)	108 (100.0)
計	3 (0.8)	49 (12.5)	115 (29.5)	28 (7.2)	39 (10.0)	19 (4.9)	9 (2.3)	33 (8.5)	95 (24.3)	390 (100.0)

注1：％は1ヶ月間の利率。～1％は1％を含む。10％～は10％を含まない（以下同様）。
2：定額は利息が定額のもの。貸付期間中通して何割というのは、換算せずにその他に入れた。「定之通」「成規之通」はその他に入れた。
3：不明は利息の記入されていないもの。

表19　貸付期間　　（カッコ内は％）

	～3月	～6月	～1年	～5年	5年～	不明	計
1801―1853	57(44.2)	35(27.1)	17(13.2)	5(3.9)	―	15(11.6)	129(100.0)
1854―1867	37(38.9)	23(24.2)	13(13.7)	―	3(3.2)	19(20.0)	95(100.0)
1858―1872	17(29.3)	13(22.4)	15(25.9)	1(1.7)	―	12(20.7)	58(100.0)
1873―1880	31(28.7)	31(28.7)	22(20.4)	4(3.7)	―	20(18.5)	108(100.0)
計	142(36.4)	102(26.1)	67(17.2)	10(2.6)	3(0.8)	66(16.9)	390(100.0)

注1：～3月は3月を含む。5年～は5年を含まない（以下同様）。
2：不明は期間が記入されていないもの。

表20　利息と貸付期間の相関　　（カッコ内は％）

利息＼期間	～3月	～6月	～1年	～5年	5年～	不明	計
0%	―	―	2(3.0)	―	―	1(1.5)	3(0.8)
～1%	17(12.0)	15(14.7)	9(13.4)	3(30.0)	1(33.3)	4(6.0)	49(12.6)
～1.5%	53(37.3)	36(35.3)	14(20.9)	2(20.0)	―	10(15.2)	115(29.5)
～2%	9(6.3)	9(8.8)	4(6.0)	―	―	6(9.1)	28(7.2)
～10%	16(11.3)	5(4.9)	8(11.9)	2(20.0)	―	8(12.1)	39(10.0)
10%～	6(4.2)	6(5.9)	6(9.0)	―	―	1(1.5)	19(4.9)
定　額	3(2.1)	3(2.9)	1(1.5)	1(10.0)	1(33.3)	―	9(2.3)
その他	5(3.5)	6(5.9)	9(13.4)	2(20.0)	―	11(16.7)	33(8.4)
不　明	33(23.3)	22(21.6)	14(20.9)	―	1(33.3)	25(37.9)	95(24.3)
計	142(100.0)	102(100.0)	67(100.0)	10(100.0)	3(100.0)	66(100.0)	390(100.0)

注：5年～の％は合計100.0にならないが100.0とした。

伐り出しから和歌山・大坂での販売までを一人で担当するのか、それとも二、三人で共同するのか、あるいは何回か転売するのか、それによって、各材木商人の資金需要も変わってくる。貸付期間にはそのような個別の事情が反映している。

明治になって貸付期間が長くなるのは、一件の取引量が大きくなり、伐り出しから販売までの期間が長くなったからであろう。

五年以上というのは、特別のケースで、寺尾村の一四年、西河村民の七年、白屋村民の五年であって、材木商売とは無関係の貸し付けである。

不明（無記入）が少なくない。これには、「下伐リ丸太不残貴殿方へ相附右売仕切ヲ以テ元利共御引取可被下候」（嘉永五年、大滝村幸右衛門）や「杉苗不残差入申候元利共時之相場ニ而来春御引取可被下候」（万延元年、西河村彦七）といったような、ほぼ期限が予想しうるものと、「別書先達而有之候約定書之通リ御返済可仕候」といった時期の特定できないものや、正式の証文を渡すまえの書き付け、全くの信用貸しと思えるものなどがある。

利息と貸付期間との相関関係をみるために、表18と表19をクロスさせたのが表20である。貸付期間が一年を超えるものはほとんどない。一年以下だけをみると、期間が六ヶ月を超えると若干利息が高くなるが、三ヶ月以下と六ヶ月以下とでは有意差はない。

担　保（表21）

担保物件として一番多いのは材木等で、これには材木、筏、樽丸、杉皮、杉檜苗が包含される。これは材木商人が融資を受けていることを示している。杉檜苗は、材木商いをしない農民も栽培したが、材木商人も自己の畑で栽培しており、小前商人を広く形容して、「小前末々細杭買」というが、このようなものを扱う材木商人もいた。

表21　担　　保　　（カッコ内は%）

	山林等	材木等	家屋敷等	労　働	その他	不　明	計
1801—53	16(12.3)	52(40.0)	2(1.5)	2(1.5)	4(3.1)	54(41.6)	130(100.0)
1854—67	10(10.3)	30(30.9)	5(5.2)	3(3.1)	12(12.4)	37(38.1)	97(100.0)
1868—72	6(9.8)	13(21.3)	8(13.1)	1(1.7)	3(4.9)	30(49.2)	61(100.0)
1873—80	4(3.7)	16(14.8)	2(1.8)	6(5.6)	11(10.2)	69(63.9)	108(100.0)
計	36(9.1)	111(28.0)	17(4.3)	12(3.0)	30(7.6)	190(48.0)	396(100.0)

注１：山林等は、立木・土地・立木土地共など。
２：材木等は、材木・筏・樽丸・杉皮・杉檜苗など。
３：家屋敷等は、家・屋敷・畑・薮・家財道具など。
４：その他は、手形・材木方の床掛金・村方の口役銀下げ銀など。
５：不明は無記入のもの。
６：複数担保がある。

表22　利息と担保の相関　　（カッコ内は%）

担保＼利息	山林等	材木等	家屋敷等	労働	その他	不明	計
0%	1(　2.8)	—	—	—	1(　3.3)	1(　0.5)	3(　0.8)
～1.0%	4(11.1)	14(12.6)	—	1(　8.3)	3(10.0)	27(14.2)	49(12.4)
～1.5%	16(44.4)	47(42.4)	5(29.4)	—	4(13.3)	45(23.7)	117(29.5)
～2.0%	—	6(　5.4)	2(11.8)	1(　8.3)	1(　3.3)	20(10.5)	30(　7.6)
～10%	3(　8.3)	7(　6.3)	1(　5.9)	1(　8.3)	8(26.7)	19(10.0)	39(　9.8)
10%～	1(　2.8)	3(　2.7)	3(17.6)	1(　8.3)	2(　6.7)	9(　4.7)	19(　4.8)
定　額	1(　2.8)	—	—	1(　8.3)	1(　3.3)	6(　3.2)	9(　2.3)
その他	1(　2.8)	9(　8.1)	2(11.8)	2(16.7)	2(　6.7)	18(　9.5)	34(　8.6)
不　明	9(25.0)	25(22.5)	4(23.5)	5(41.7)	8(26.7)	45(23.7)	96(24.2)
計	36(100.0)	111(100.0)	17(100.0)	12(100.0)	30(100.0)	190(100.0)	396(100.0)

注：労働の%は合計100.0にならないが100.0とした。

山林等には山林、土地、立木土地共を含む。これらを担保とするものは意外と少ない。

家・屋敷等は家、屋敷、畑、藪、家財道具を含む。労働は自己または家族が働いて返済するというもので、事実上の奉公証文といえるものもある。その他は村方や材木方の差し入れた担保で、口役銀（流通過程での公租）の下げ銀、和歌山市場で差し引く材木方の床掛銀、個人のものとしては手形、山守銀等である。不明（無記入）が半分近い。担保をとらなかったのかどうか、なんともいえない。

利息と担保との相関関係をみるために、表18と表21をクロスさせたのが表22である。山林等と材木等は月一・五％以下が過半数と同じ傾向を示す。家・屋敷等は山林等に比して若干高い。これらが担保に入るのは、商いがかなり行き詰まってからと考えられるから、貸し付け側もハイリスクを考慮してのことであろう。労働やその他には顕著な傾向はみてとれない。

小　括

利息や貸付期間・担保といった金銭貸借証文の基本的な内容が不明確な証文が少なくないということは、金融業者としての土倉家の性格にかかわることであり、また、土倉家と郷内の材木商人との関係のあり方をも規定するものである。

すなわち土倉家は積極的に金融業を営んだというよりも、郷内の材木商人におされて資金融通をおこなったのではないかと考えられる。以下、そのことについて論じる。

文政一一年（一八二八）春、口郷商人と奥郷商人との間で激しい対立があった。樫尾村万平ら口郷商人が、「材木江仕入候節者銀高ニ応し根質山林取之仕入可申事、無左候而ハ如何程慥成人ニ而も決而仕入不仕事」「以来身上無之人ニ決而銀主仕間舗候」「是迄銀主方江不足銀訳立不仕不埒之人此組内江参り、譬今更根質差入候共元銀主方江之訳立出来イ不申内ハ決而銀主仕間舗事」と申し合わせた。資金力の弱い材木商人は口郷の商人からも資金を借りて商いをしていたから、この申し合わせは彼らに打撃を与えかねないものである。

これに対抗して、奥郷の商人は、「向後右名前之者共（樫尾村万平ら二〇名――筆者）材木仕込等ヲ相願候儀者勿論、立会商ひ并山林入札場所江決而附会仕間舗候」と申し合わせて反撃した。この対立は奥郷商人の勝利で決着した。(37)口郷商人と奥郷商人との激しい対立を詳説するのは小論の目的でないので後日にゆずる（本書第五章第四節参照）。

奥郷商人の勝利の要因として、泉氏が「奥郷材木商人の村落共同体的結合」と「上市村には口郷屈指の木屋又左衛門などもいたが、彼らを参加させることはできなかった。さらに奥郷重立商人との連合にも失敗した。また奥郷小前商人はこのような時には和歌山・大坂問屋の前渡金制度をも利用できた」ということをあげている。

このような情勢の中で土倉家の役割を考えてみると、土倉家は「村落共同体的結合」の中に存在しており、これが口郷の材木商人や国中の山林所有者とは異なった性格である。したがって、口郷対奥郷という対立の局面では、奥郷の立場で行動しなければならない。だからこそ奥郷の小前材木商人たちは土倉家に金融業者の役割を求めたといえよう。利息や貸付期間・担保の曖昧さはそこからきていると考えられる。そして、土倉家が背後に存在することが、奥郷商人が口郷商人と対決しうる拠り所になったのである。

第九節　大山林所有者と救恤

経済的基盤の弱い山村にとって、凶荒は苛酷であった。個人はもとより村方の力だけで克服することは困難であった。こうした場合は、公儀に助力を求めるとともに、村内に大きな山林を所有する村外の山林所有者の助施を求めた。(38)

土倉家では、天保五年（一八三四）と慶応年間（一八六五―六八）の米価騰貴のさいに、助施をおこなっている。

〔史料10〕（請求記号一九四―一／近五十四／三）

口　演

然ハ当春末ゟ米価諸式高直打続当時ニ至リ段々直段相すすみ弥小前難渋之様被存候ニ付左之名前之連中へ少々宛助施可致遣間来ル七月五日晩当方へ可被出候、尤も名前之中にも助施等不受候而も凌相成候ものハ参リ候ニハ不及候、為助施触状如斯ニ候、以上

六月廿九日　　　　　　　　　　土倉氏

（順達名前略）

右之通リ名前早々順達留ゟ可相返候

これは慶応二年、土倉家から大滝村と西河村へ触れだされたものである。この時、土倉家では、川上郷の東川・寺尾・迫・高原・白川渡の各村と小川郷の日裏村に対して助施をおこなった。これは文書からいえる村数である。

これに対して、助施を受けた大滝村の二四名の礼状は次の通りである。

〔史料11〕（請求記号一九四―一／近五四／四）

御助施銀頂戴請書之事

一、去ル寅正月頃ゟ物価追々高直相嵩ミ同七月頃ニ至リ米壱石ニ付価銀壱〆目余リニも相成リ実前代未聞必至難渋ト存左之名前之中ニも深き御勘弁ニ預リ凌方致し来リ候ものも有之候処、益米穀高直ニ相進ミ当時米壱石ニ而銀壱〆五六百目ならでは当着不仕実々小前一統必至難渋ニ陥リ凌方所詮難キ成只々只管悲歎ニ相俀罷在候間、此度又候左之名前之もの共へ金壱両弐歩宛助施被成下忝頂戴仕候、依之子々孫々ニ申伝へ

恩義忘却仕間舗候、以上

慶応三年卯正月日

（大滝村二四名連印略）

土倉庄右衛門　様

同様趣旨の礼状が各村から出されている。この時、土倉家がおこなった助施銀は八四七両、ほかに粥飯施行費用二五〇両、合計一〇九七両に達した。

小川郷小村では、天明七年（一七八七）と天保八年（一八三七）の飢饉のさい、夫食を借用して困窮者に配分した。天明七年は、宇陀郡松山町の山辺屋長助から裸麦一石を拝借した。「返済之儀ハ来ル申ノ春右貸附被下候衆中御所持之山林之内御勝手之方御差図次第無違背山修理等仕急度返弁可申候」と申し合わせている。[39] また、天保八年には、「出作山林持主之衆中」と「村中チ当時、手元よろしき百姓名前之衆中」から拝借銀を得ている。返済は「来ル戌年より七ヶ年之間ニ年賦銀ニて」となっており、「不事之野火等出来候節は村方大小之百姓聞付次第拾五六十人不残出かしよい可申候」と申し合わせている。[40]

このように村方困窮のさいには、大山林所有者に対して助施が求められたのである。そのことが大山林所有者と地元住民との間に、恩恵的な従属関係を生ぜしめ、後年、山林所有者と山守・地元住民との間の森林保護制度や借地林業概念形成にイデオロギー的要素を加味し、吉野林業論に大きな影響を及ぼした。[41]

第一〇節　農民的林業と借地林業

小論の冒頭で、「性急な一般化を目指すものではなく」と書いた。原稿を提出した後に、加藤衛拡氏の「林業史研究の方法――『林業の経済的構成概念』整理の意義[42]――」を読んだ。加藤氏は、半田氏の提唱した「林業構造論」にふれて、「類型論は吉野をはじめ、より実証的研究を積み上げた段階で本格的に議論されればよい。実態が明らかにならずに、類型化をはかることは不毛である」と書いておられる。筆者は「林業構造論」の議論に参加するだけの研究の蓄積をもっていないが、この指摘に同感である。小論がそのためにいささかでも役立てば幸甚である。

加藤氏はまた、「決定的に重要なのが分析する者の林業に対する視角である」と述べ、林業経済史確立のための経済的構成概念の整理を提唱された。筆者は、農民的林業と借地林業のふたつの概念について素描を試みたいと思う。全面的な展開は他日を期している。

農民的林業

近世における農民的林業概念は、封建的自営農民が林業生産の全過程をにぎることを契機として成立する。封建的自営農民とは、検地によって耕作権を保障されるとともに、年貢負担の義務を負わされた本百姓である。周知の通り、本百姓には中世の土豪の系譜をひくものと、彼らの下人から近世初頭に本百姓に上昇したものとがある。吉野林業地帯では、前者を公事家とよんでいる。江戸時代に、惣村山に対して「植出し」や「植分」によって植林をはじめたのは公事家であった(43)。土豪の系譜をひくといっても、ごく一部を除き国中地方の百姓に比べると零細であった。一七世紀後半から、村内の経済的変動があり、家格の再編成と公事家株数の固定化がおこなわれた。さらに時代が下がると、家格制度が崩れはじめ、惣村山への「植出し」や「植分」に参加するのは必ずしも公事家に限定されなくなった。それ以後は近世的自営農民とよぶ方が適切であろう。

林業生産の全過程をにぎるということは、封建的自営農民が自らの生産手段をもって、私有地や惣村山に植林し、成木ののち伐採して、販売するということである。「にぎる」というのは、その過程の生産物・生産対象物をだれが所有するのかということである。林業生産の過程は次のようになるだろう。

　育苗→植付け→撫育→造林→間伐・皆伐→流筏→販売

育苗から撫育までを植林過程、間伐・皆伐から販売までを伐出過程とし、その中間の過程を造林過程とする。

近世初期にあっては、全過程を封建的自営農民がにぎっていた。必ずしも一人の人間が全過程をにぎるとは限らない。複数の人間がにぎるにしても、ともかく地元の農民がにぎっていた。流筏や和歌山問屋との折衝では吉野川筋の中継問屋が介在したが、あくまでも補助的でしかなかった。

つぎの二つの文書は、農民的林業と観念されていたことを示すものである。

天保一五年（一八四四）の川上郷材木方の「取締書」は次のように述べている(44)。

一、当郷之儀ハ大峰山北原ニ而皆畑場多、麦、粟、稗等ニ至迄実乗要(悪)敷百姓のみニ而相続難出来土地柄ニ候得者、往古より杉檜植付伐出し川下ヶ等之抃世渡ニ仕来候得とも相続難行届姿ニ而恐多も東照大権現様より郡中諸木一割之御口役銀以(頂)載仕百姓相続仕来候所（後略）

また天明八年（一七八八）、小川郷から幕府巡見使へあてた嘆願書は次のように訴えている(45)。

一、当国吉野郡之儀ハ極山中嶮岨ノ悪地ニテ殊ニ小川郷ト申ハ高見山ノ麓故御高不相応ニ諸作等稔悪敷農業一通ニテハ渡世存続難致依之山分ヘハ諸木ヲ植附ケ成木仕候得者伐木仕リ紀州和歌山竝ニ大坂表ヘ川下シ仕リテ和歌山大坂表ニテ売払渡世仕リ（後略）

この二文書に共通する重要点は、農民の渡世の手段としての林業という視点と、林業を山林所有からみるのではなく材木生産からみていることである。その枠組みは村方規制によって守られていた。

農民的林業概念について、鈴木尚夫氏は、「封建社会から資本制社会に移行する過程にあらわれる本来的には過渡的な林業生産様式の一つであり、生産者は生産手段を所有し、家族労働によって生産が営まれるような形態、ということができるだろう」[46]と規定される。過渡的という限定をはずせば、筆者も同意しうる。ただし、鈴木氏の農民的林業概念には、林業経営は伐出過程の経営であることと、原生・天然林の採取林業が林業のもっとも一般的で普遍的な形態であるという二大前提がある。そこから鈴木氏が具体的に示される農民的林業の典型は、農民の薪炭生産である。[47]用材林の育成林業を対象とする筆者とは前提が異なるのである。

さて、川上郷と小川郷の文書が作成された当時、すでに村内に材木商人も発生し、口郷や国中・大坂等から商人や地主がさかんに進出していた。借地林業が広がっていたこの時期に、農民的林業が存立し得たのかが問題である。

林業生産の過程のなかに借地林業を置いて考えてみる。まず、植林過程をにぎっているのは農民である。最初から村外の借地者が農民を督励して植林させる（実際は山守に委嘱するのであるが）、笠井氏のいう「字義どおりの借地林業」は、その数量がごく少数であって、それは笠井氏や藤田氏の指摘されるところである。[48]地元の農民が植林してある程度まで育て、それから他に売却するという、立木の年季売りが圧倒的多数を占める。これが主要なタイプである。そのことは、表4や表6からも明らかである。

伐出過程では、材木商いは奥郷と口郷の材木商人に限られ、国中や大坂の商人や地主は材木商いから排除されていた。このこともすでにみた通りである。材木商人も農民である。植林や撫育を担当した農民のなかで商才のある者が材木商人になった。勿論、口郷の材木商人もいたが、量的に奥郷の商人が多く、主導権を持っていた。このように初めと終わりの過程は断然農民がにぎっている。

造林過程では、山林＝立木の所有権は農民から口郷や国中の商人や地主に移る。農民は収穫＝伐採してから売るのではなく、その前に売ったのである。だが、立木はただちに農民の手から離れるのではない。彼らは収穫まで保護し管理しなければならない。そのために山守が置かれている。初めは山林の売主が山守になったが、のちには村内から選抜された農民が山守になった。村方が山守になることもあった。山守の仕事は林業労働者のそれに近いが、しかし山守は労働者ではない。土地所有者＝農民として山林所有者と対峙しているのである。だが、この過程をにぎっているのは農民ではない、口郷や国中・大坂から進出してきた商人や地主である。この場合の地主も商人的性格をもっており、(49)かりに「商人的所有」とよんでおこう。

三つの過程のなかで造林過程が最も長く、そのためこの過程が最も重要な過程とみられているが、実際は植林過程と伐出過程こそが最も重要で、主要な過程である。さらに、造林過程を主にし、他の過程を従属的な位置において林業をみるのではなく、育苗から市場での販売までの全過程でみた場合、農民の関与がより大きく浮かび上がってくる。(50)主要な過程は依然として農民がにぎっている。

しかし、一九世紀の中ごろには、山林は「他郷他郡之御衆中重ニ所持罷在(51)」という状況になっており、近世初期に比して農民的林業という性格が後退していることは否定できない。

借地林業

これまでの借地林業論に対する考察は別稿でおこなったので、ここではしない。(52)借地林業制度の内容としては、第二節で、①土地の所有権と立木の所有権の分離、②立木の年限所有、③村外者（借地者）による立木所有、④立木伐採時の歩口金の授受の四つを提示しておいた。

過去の借地林業論の多くは大山林地主の側からの論議であった。借地林業というネーミングからして大山林地主側からのものであって、中立的でない。適当な用語が見つからないので、この用語を使用する。

小論では借地林業制度を農民の側から考えたい。まず正しておきたいことがある。それは、地元に土地があったが、資本がなかったから外部の資本家を招聘して植林させたのが借地林業の始まりとする、『吉野林業概要(53)』の見地である。しかし前述のように、地元農民が植林し、ある程度まで栽培してから販売するという、立木の年季売りが圧倒的に多かった。杉・檜の立木は、農民には田畑作物と同じ商品であった。外部資本が自ら植林する「字義どおりの借地林業」は、笠井氏や藤田氏のいう通りきわめて少なかった。資本が少なかったことは事実であるが、外部から資本家を招聘して植林させたのではない。自ら植林したものを年季売りしたのである。借地のルーツは惣村山への植え出しや植え分けにある。それぞれの家族がおこなう焼畑程度の広さの山地に、自らの畑で育てた杉・檜苗を家族労働を主体にして植林するには、後年考えるほどの資本はいるまい。また、商品であるから、可能な限り早く販売すべきであって、皆伐まで数十年間持ち続ける必要はない。もちろん数十年間持ち続ければ、それに見合った利益があることはわかっていても、ごく一部の上層農民は別として、広範に展開した小農民にはそれに耐え得る資本はなかった。彼らには長期間にわたる造林過程にかかわるよりも短期間の植林過程や伐出過程を担当する方が適合したのである。

借地林業制度は一八世紀以降広範に展開したが、それには土地所有者である地元農民と立木所有者である借地者との双方に経済的合理性があった。まず地元農民の側から考えよう。

(1)成木するまで所有するより、ある程度まで育てて売る方が、投下資本を早く回収することができる。『挿画吉野林業全書』は、植林・撫育の投下資本の回収は三〇年かかると試算している。(54)

(2)植林することによって山地に付加価値をつけて売れば、家族労働に対する労賃補償を安定して獲得することができる。山林売買証文からみると、小規模な山林売買が多かった。林分の少なさを、泉氏は焼畑に由来するとみているが(55)、筆者は焼畑に従事する家族労働の規模に帰着すると考える。

(3)検地で名請地になっている山畑等へ植林した場合、年貢が毎年かかるが、立木を売却することによって、これを立木所有者に肩代わりすることができる。

(4)上毛は売るものであるが、土地売買は個人の自由にならなかった。再生産の基盤であるから、村方の規制が作用した。
(5)私有地だけでなく惣村山にも植林したので、当然、上毛だけの売買になった。土地所有と立木所有とが分離している方が、土地代の圧力が小さくてすむから、農民にとっては容易に植え出すことができた。

この時代の農民は、山林を財産ではなく、商品とみていたと考えられる。子孫への贈り物などといった倫理感は、後世のイデオロギーである。商品は最も有利な条件で売却されなければならない。農民にとって、可及的すみやかに売る方が有利であった。

他方、借地者の側にはどんな合理性があったのか。

(1)土地を買得するのではなく、借地するのであるから、土地代の圧力を軽減することができる。
(2)土地を買得、ないしは借地して最初から植林すると、杉・檜苗の手当てや地明け・植林等の労働を組織しなければならず、遠隔の借地者にとっては、金銭的なものだけですまない負担がかかる。
(3)植林から一〇年ぐらいまでは、補植、数度の下草刈り、枝打ち等の手入れが必要であるが、自らの責任でおこなうよりも、一通り終わった山林を購入する方が容易である。
(4)植林直後は、枯損、風雪獣害等の危険が大きい。したがって、この危険を回避することができる。

借地者にとっては、植林過程の危険を回避し、植林・撫育労働の組織化を地元にゆだねるというメリットがある。

材木需要の発展につれて、農民が惣村山に植林を開始することは必然である。ここに借地林業制度のルーツがある。山林に商品価値が生まれると、外部から商業資本が進入して、山林所有（林業生産ではない）を拡大する。やがて山林の商人的所有が一般的になる。だが、農民的林業は駆逐されたのではない。主要な生産過程は農民がにぎっていることには変わりはない。その枠組みは、村方規制によって守られている。その限りでは農民的林業である。しかし、その内部は近世初期のように農民的林業一色ではない。農民的林業と商人的所有とが対峙し併存しているのである。借地林業とはそのような林業制度である。

だが、農民的林業の枠組みを守っていた封建的な諸規制がはずされ、山林所有者が土地の所有に乗り出すとともに、農民的林業はますます後退し、山林地主制度が支配的になる。

発展段階としては、農民的林業の後に措定されるのは地主的林業である。借地林業は、農民的林業の胎内に発生し、農民的林業を死滅させ、地主的林業を生み出す矛盾である。

（1） 土倉祥子『評伝土倉庄三郎』（朝日テレビニュース社出版局、一九六六年）。なお祥子となっているのは、祥では男性とまちがわれるので、本書出版にさいして、そうしたとのことである。

（2） 梅造氏の編まれた『土倉祥遺稿集　随想録』（私家版、一九九一年）には、筆者の名前が谷弥之助となっているが、これは祥夫人の思い違いである。なおこの時、板垣退助洋行費の内金五〇〇〇円の領収書が発見されたが、古文書の中から拾いだしたのは筆者ではなく祥夫人である。発見の名誉は祥夫人に属するものであることを明記しておく。

（3） 元天理図書館司書平井良朋氏が、「土倉家文書について」（『ビブリア』三五・四二・四五号）で紹介をしているが、いずれも自由民権家と名士書翰の紹介であった。平井氏は「大和における吉野林業史料として、新たな炬火を掲げる事も亦必定であろうが」と期待されたが、残念ながらそうならなかった。

（4） 半田良一・森田学・山田達也「吉野における借地林業の形成と展開」（『京大農学部演習林報告』三九号、一九六七年）一八五頁。

（5） 笠井恭悦『林野制度の発展と山村経済』第三章第二節（お茶の水書房、一九六四年）および『川上村史』通史編の林業経済編第二章参照。この林業経済編は平田善文・半田良一・泉英二の各氏の執筆である。

（6） 京都大学人文科学研究所林業問題研究会編『林業地帯』九六～九八頁（高陽書院、一九五六年）。

（７）白川渡村では、天保一四年、字亥の奥の出し道をそこに山林を所有する者の拠出銀によって修復した後、大木の丸太は谷筋へ、小木の丸太は在所道へ出すことに決定した。山林所有者への通知は村方三役の名でおこなわれているが、このことは出し道の管理は村方にあることを示している（『川上村史』史料編・上巻、五四六～七頁）。

（８）慶長二〇年（一六一五年）の中庄郷菜摘村字カミノヤマの売買証文を掲げておこう（拙稿「吉野林業の成立と展開――借地林業についての若干の問題――」、『吉野町史』上巻、七八七頁）。

ウリワタシ申ヤマノコト

アサナウハナツミ村カミノヤマトヰウ、サイメンハ、ヒカシワタニカキリ、ニシハクロカリニイワフタツアルウチニシノイワミトウシ、ミナミワミスワケカキリ、キタワカワカキリ、イマヨウ〱アルユヱニ、ヱイタイヲカキリ、シキセンシロカ子十五匁ニウリワタシ申コトシツシヤウナリ。タトヰテンカイチトノハシヤクトクセイシツコシユキソロトモ、コレニヲヰテワイラン申マシクソロ、ヨツテクタンノコトシ

口入　ヤシ　新七郎（花押）

慶長二拾年ウノ六月十二日

カシオ　又　助（花押）

ナツミ

吉　三

与一トノ　マイル

（９）森庄一郎『挿画吉野林業全書』（古島敏雄他監修『明治農書全集』一三、農山漁村文化協会、一九八四年）が山林一町歩の一〇〇年間の収支計算をしている。それによると、土地代が四〇円、杉・檜苗代二八円七〇銭、植え付けや修理等の費用が一〇年間で一〇一円七六銭、三〇年目までの防禦費と五回の間伐等の費用が二一円となり、合計が一九一円四六銭である。これに対して、一五年目の第一回の間伐から二四年目の第四回の間伐までの収入合計が一三二円七九銭、三〇年目の第五回の間伐の収入七〇円五六銭を加算すると、合計が二〇三円三五銭となり、ようやく三〇年目に投下資本が回収される（一四三～四九頁）。

（10）この問題を農民的林業と規定したのは笠井恭悦氏であった（「吉野林業の発展構造」、『宇都宮大学農学部学術報告』特輯第一五号、一九六二年参照）。その後この規定をめぐって論争があった。泉英二氏が、「『農民的林業者』は、（中略）近世中期以降、吉野林業中核地域において、一方で育林過程を担い、他方で伐出過程も担いながら、吉野林業の生産過程を主として担当していたといってよいだろう」と述べているのは示唆的である（「吉野林業の展開過程」、『愛媛大学農

学部紀要』三六巻二号、一九九二年、四四四頁）。

(11) 借地林業については、笠井氏は土地の年季売りだけを「字義どおりの借地林業」とされた（「吉野林業の発展構造」一二～二〇頁）。その後この規定をうけて、藤田佳久氏は高原村の山林売買証文の検討をふまえて、借地林業制は「虚構」と断定された（「吉野における育成林業システムの形成と展開」、『日本・育成林業地域形成論』、古今書院、一九九五年）。松尾容孝氏が、川上村大滝の冨田家文書を精緻な作業で整理しているので、五〇〇件を超える物件を筆者の方法で分類してみると、借地林業とみられる物件は二五％であった（「吉野林業地帯における近世後期から近代初期にかけての杉檜林野売買関連文書（資料整理）――川上郷大瀧村冨田家文書――」、『鳥取大学教養部紀要』二三巻、一九八九年）。

(12) 文化六年（一八〇九）、小川郷小村では村有地字伯父び処を村公事家株百姓に植林させた。五六軒を八組に分けて、各組ごとに山林を割り当てた。天保三年（一八三二）になって、八つの歩分け地の歩口銀は売代銀一〇〇匁に付き、三五匁・三二匁五分・三〇匁・二五匁の四通りに改正された。絵図でみると、在所からの遠近によって歩口銀の高低を決めている。近い山林ほど歩口銀が高くなっている。高い歩口銀であるが、文化六年から六〇年限りという条件で、村方へ納入することになっていた（天保三年「字伯父び処歩口帳」東吉野村小・区有文書）。

(13) この点については、すでに岡光夫氏の指摘がある。「私有林における市場の展開と商業資本」二一五～二一六頁（『農林経済』三号、一九五八年）参照。

(14) 享保八年（一七二三）、小川郷小村では村持ちの林四〇間四方、藪二〇間四方、計二〇〇〇坪宛を村公事家株百姓で分割した。その時、「自今以後林領藪領共永代売不申ニ及地共売買堅仕間敷究也」と申し合わせたが、やがてこの申し合わせは崩れた（東吉野村小・区有文書「藪林字寄帳」）。注(12・14)とも拙稿「吉野林業地帯における林野所有の形成(一・二)」(『史朋』六・七号、一九七〇・一九七一年）参照。

(15) 寛延四年（一七五一）、三尾村では歩口銀の徴収が「猥り不埒仕」るようになったので、村中寄り合いをもって「三尾村歩口銀定書」を申し合わせた。その主要点は次の通りであった。

一、何之山ニ而も注文物又ハ橋ニ而も銀高百目ニ付八匁ツヽ、村方へ可出事。
一、杉檜山ニ不限壱ヶ所買入ニ売候ハヽ、右之歩口村方江可出事。
一、すぐり山（間伐――筆者）之儀ハ百目ニ付七匁ツヽ、之歩口村方江（以下欠）。

三尾村では、寛政七年（一七九五）、文化六年（一八〇九）、同九年にも申し合わせをおこなっている（『東吉野村史』史料編・上巻、八一六～七頁）。

(16) 泉英二氏は、水本邦彦氏の「村共同体と村支配」（『講座　日本歴史5』、東京大学出版会、一九八五年）を援用して「村民の生産や生活の場を外部勢力から守る機能をもった村落共同体」ととらえている（注10前掲論文、四四五頁）。

(17) 伊牟田敏充・福島正夫「第九章　殖産興業政策と産業諸立法」一一一～一一六頁（福島正夫編『日本近代法体制の形成』下巻、日本評論社、一九八二年）。

(18) 注(10)泉前掲論文、四四七頁。藤田佳久「吉野林業史における借地林業の再検討」（注11前掲書所収）。

(19) 注(14)拙稿「吉野林業地帯における林野所有の形成」ならびに注(8)「吉野林業の成立と展開」。

(20) 船越昭治「立木売買と森林抵当金融に関する歴史的研究」二頁（『岩手大学農学部演習林報告』二号、一九五七年）。

(21) 注(11)藤田前掲書、一七頁。

(22) 鈴木尚夫『林業経済論序説』五二頁（東京大学出版会、一九七一年）。

(23) 史料5参照。

(24) 二つの事例を示しておく。

①郡中材木商人は天明六年（一七八六）の初寄合で次のように申し合わせた。「近年他国ゟ当郷江入込丸太商ひ致シ中候者有之候、地方商人之儀者右之者共と合商ひ致間敷筈、勿論入札等之席江者一切入申間敷筈也」（東吉野村小・谷家文書、天明六年「材木商人仲間究書一札」）。

②黒滝郷材木商人も、安政二年（一八五五）九月の会談で次のように申し合わせた。

一、当郷材木商内の儀は組合のもの渡世に付組外のもの商用相ならざる筈の処、新町村久右エ門儀当郷へ立入り伐木山林を買得いたし代品もの仕出し候間右代品物差送り候道中中次問屋へは組合の荷物決して差送り申さざる筈、此度郷中村々年行司会談の上再取締候上は遺失致すまじき事

一、新町村久右エ門儀当郷内において自分持山の内より材木仕出しいたし候儀是等も相ならざる儀に候へ共先づ一応差留方郡中大行司方へ相談に及び申すべき筈の事（岸田日出男編『吉野・黒瀧郷林業史』、林業発達史調査会・徳川林政史研究所、一九五七年、一九五頁）。

(25) 藤田叔民「近世後期における吉野在郷材木商人仲間の動向」(同志社大学人文科学研究所編『社会科学』一巻三・四号、一九六六年)、のちに『近世木材流通史の研究』(新生社、一九七三年)所収。

(26) カール・マルクス『経済学批判』九三頁(マルクス＝エンゲルス選集補巻③、大月書店、一九五一年)。

(27) ①江戸末期の材木商人は次のように記している。

「京やけ(天明八年――筆者)弐年目に大坂出火、大坂三歩通やけ申し候。是も材木大上り後は大下りにて、商人は大損致候」。

「去る巳(弘化二年――筆者)八月廿八日出雲にてふき出し(雲が出たとの意――筆者)、大雨ふりに相成、よく廿九日八ツ時分水さかり、(中略)川筋村々材木大流し、吉野郡中にて弐百六拾七貫目損亡になり」。

「(文久元年酉秋――筆者)金相場の儀は大坂金七拾弐匁三五分、和歌山金相庭高直に相成、和歌山金材木仕切銀八拾九匁七分位、郡中商人甚取引損亡に相成」(『万民要心書』、盛口平治『吉野林業法』一九七七年復刻版所収)。

②また、材木方の寄り合いでは、流筏の安定、洪水時の流木の取り扱い、材木相場等への対応が最重要協議事項であり、相場に応じて出材調整をしていた。

㋐元文六年(一七四一)の「商人仲間定目録」は、次のように申し合わせている。

一、従前之春伐リを多ク仕出シ候而若山大坂ヲ売つぶし申ニ付去年ゟ初而春伐リ送リ下シを相延し候儀商人仲間之勝手宜敷儀ニ御座候故此度之寄合ニて相談申候、尤右之通極置候得共若大坂若山直段能売レ申候ハハ年番廻状ニ而触可申候間下し申筈ニ而御座候

㋑天明六年(一七八六)の「材木商人仲間究書一札」では、次のように申し合わせている。

一、近年材木丸太類商ひ方思惑ニ引合兼候、其上商人仲間ニ借銀等多致出来有之候ニ付難渋ニ被存候事、就夫給約致候積り此度相談之上来ル未年初寄合之儀何方ニテ相勤申候共初日ゟ前後三日限ニ諸事之相談相究可申候

(この二文書は東吉野村小・谷家文書)

(28) この時、手付金二五〇円を支払い、あと土倉から筏を担保に一二〇円を借用したが、残金の手当てができなかった。

(29) 笠井氏は「山林地主は、育林生産の長期性に耐えうる資力をもつことによって、安全で有利な投機の対象として育林をすすめた。ここには、価格が不利なときに立木処分をしないですますことができる育林生産の技術的特色も、山林地

主によって利用された。また山林地主は、たんなる立木処分の段階にとどまるものが多く、自ら伐出・製材などの一貫事業に進出することが少なかった」と述べている（注5笠井前掲書、三五三頁）。山林地主を山林所有者と言いかえることができる。伐出・製材への進出は近世では別の観点からみるべきである。材木価格の不安定性については、明治一〇年代のものであるが、笠井前掲書、二八二頁参照。材木は価格が不利であっても、処分を長期間延ばすことは植物的にも、資本の上からもできない。

(30)「商人取締書連印」は土倉家文書（請求記号一九四―一／近八一―一）。明治二年の戸数は、同年の「御調ニ付書き上帳之写」（『川上村史』史料編・上巻、二六九頁）。

(31) 注(10)泉前掲論文、三七三頁。

(32) 小川郷材木方文書「文化六年　口役銀一件控」（『吉野林業史料集成(七)』六七頁、筑波大学農林学系、一九九〇年）。

(33) 注(10)笠井前掲論文、六〇頁。

(34) 注(10)泉前掲論文、三七三頁。

(35) 注(10)泉前掲論文、三九〇～三九四頁。

(36) 明和から天明の仕切状は東吉野村小・谷家所蔵『成功集』第一所収、文化七年の仕切状は吉野町南国栖・山本家所蔵。

(37) 注(10)泉前掲論文、三九〇～三九四頁。史料は小川郷材木方文書（『吉野林業史料集成(七)』七二～七六頁）。

(38) 明治三年川上郷二二（塩谷村欠）村から窮民救助を依頼したのは、土倉の他に北村又左衛門・岡橋清左衛門・梅咲善六・名柄利兵衛・木ノ下伊兵衛の五名であった（『川上村史』史料編・上巻、一九七～一九九頁）。

(39)「夫食借用配分帳」（東吉野村小・区有文書）。

(40)「夫食銀割渡之帳」（東吉野村小・区有文書、『東吉野村史』史料編・上巻、九八九～九九〇頁）。

(41) ①小村出身の盛口平治は明治二二年発行の『吉野林業法』の中で、「火災アルトキハ独リ所有者ノ損失ニ止マラズシテ歩口金ヲ失フノ実アリテ直接利害ノ関係アルヲ以テ火災ト見ルヤ否一令ノ発スルヲ待タス期セスシテ来会シ頭髪ヲ焦爛シテ顧ミサルハ都会ノ消防夫ノ如シ是レ火災ヲシテ昔語リトナラシメシ所以ナリ」（二八頁）と述べている。②拙稿「借地林業概念とそのイデオロギー的役割」（大阪市立大学経済学会『経済学雑誌』九七巻四号。本書補論1として収録）。

(42)『林業経済』(林業経済研究所)五二九号、一九九二年。
(43)注(14)前掲拙稿「吉野林業地帯における林野所有の形成」および注(8)前掲拙稿「吉野林業の成立と展開――借地林業についての若干の問題――」。
(44)『川上村史』史料編・上巻、四九四頁。
(45)『小川郷木材史』一三四頁(小川郷木材林産協同組合、一九六一年)、『東吉野村史』史料編・上巻、八二三頁。
(46)注(22)鈴木前掲書、一五三~一五四頁。
(47)同前、一五四~一五五頁。
(48)注(11)笠井、藤田前掲論文。
(49)土倉家文書から一〇〇近い屋号が抽出される。これらはすべて商家とは限らないだろうが、しかし地主よりも商人の方が多かったと思われる。
(50)伐出過程の位置付けについては、鈴木尚夫の注(22)前掲書参照。鈴木説に対する態度は保留させていただく。
(51)明治三年「取極頼一札」(『川上村史』史料編・上巻、一九八頁)。
(52)注(41)前掲拙稿「借地林業概念とそのイデオロギー的役割」。本書補論1として所収。
(53)北村又左衛門『吉野林業概要』二六頁、五三~五六頁(北村林業株式会社、一九五四年)。
(54)森庄一郎『挿画吉野林業全書』一四三~一五三頁(一八九九年)。
(55)注(10)泉前掲論文、四一三~四一四頁。
(補論2は「土倉家山林関係文書の実証的研究(一・二)」として、『ビブリア』一〇六・一〇七号、天理大学附属天理図書館、一九九六・一九九七年)に掲載された。

第二部　吉野林業の担い手

第五章　小農型林業と材木商人

本章の課題

材木商人は素材業者である。伐出・流通部門を担当する。材木商とか材木屋とも呼ばれる。ある時期までの吉野林業論は育林や山林所有・経営に偏っていた。育林過程だけを林業ととらえ、伐出・流通過程を無視ないし軽視していたのである。しかし最初の吉野林業論の体系的な著作である『挿画吉野林業全書』は、正当に採種・育苗から大阪市場での材木の販売までをとりあげている。筆者もその立場に立つ者である。

林業を育林過程とする偏った見方からは、材木商人の役割の正当な評価は出てこない。山に杉や檜の苗を植えて育てる苦労も、成木を伐り出して和歌山・大坂まで送りだし問屋に売る苦労も、ともに軽重がつけられるものではない。本章でとりあげるのはそういう情緒的なことではなく、材木商人を経営的視点から考察するものである。

温暖多雨の気候、吉野川・紀ノ川という地理的条件、大坂に近接する経済的条件等を生かして、吉野川流域に、小区画・密植・多間伐・長伐期の施業システムを基礎とする林業を確立したのは、他ならぬこの地方の百姓であった。天領であったが、幕府の支配は間接的であり（多くの時期預地にされていた）、幕府からほとんどなんの掣肘も、またなんの支援も受けなかった。当初は、山元＝奥郷の百姓が育林過程を担当し、口郷の在郷商人は材木の販売に携わった。林業の発展にともない、奥郷の百姓のなかから商人が発生し、口郷の商人は次第に問屋的な性格を帯びるようになった。やがて、彼らを一括した同業組合である材木方が組織される。一口に材木商人といっても、その出自や内実は複雑である。

一八世紀の中頃になると、立木や山地の年季売りが一般化し、吉野川中下流域や奈良盆地の商業資本・地主資本・高利貸資本が進出してくる。吉野の山林は有利な投資先となった。これらの資本は、吉野川流域のごく一部を除いて、山林経営のノウハウを持たなかったから、経営を地元に委ねざるを得なかった。委ねられたのは山守である。彼らは育林と市場に通暁した材木商人でもあった。材木商人は伐出・流通過程だけでなく、育林過程においても中心的な役割を演じたのである。材木商人が吉野林業の担い手であるというのは、そのような意味においてである。

もう一つは、先進的な民営林業を創出しながら、なぜ近代になって大山林所有制が支配的になったのかという疑問である。それを解明する鍵もまた材木商人が握っている。林業経営の長期性は零細な百姓には大きな圧力であるが、多間伐によってその圧力を緩和できるはずであった。だがそうはならなかった。材木商いが不安定であったからである。材木売買の投機性＝価格の乱高下、借入金の利息の圧力、流通経費の大きさ、洪水による材木の流失等は材木商人の経営をたえず脅かし、資本蓄積を困難にさせた。その先は所有山林の喪失であった。本章ではそのような問題意識をもって、材木商人の存在形態と経営を考察する。

前章までに述べたことと若干重複することを了承してほしい。

第一節　材木商人の性格

百姓としての材木商人

材木商人は百姓である。彼らは農山村に居住する百姓身分の商人であって、江戸や京・大坂に住むような町人身分の商人ではない。在郷町に居住する材木商人もいるが、そことて農村に包摂される地域であり、彼らも身分は百姓である。

彼らが作成した歎願書等には、「百姓作間之渡世」と書かれるのが常態であった。安政五年（一八五八）紀州岩出口銀の廃止を求めて五條代官所に歎願したさい、これに連印した郡中各郷代表の材木商人たちは、全て「何々村百姓ニ而材木商人郷行司誰某」[1]と署名していた。このように百姓であるということを基底にもった商人であった。

彼らは検地によって耕作権を保障されるとともに、年貢負担の義務を負わされた本百姓である。本百姓には中世の名主百姓（吉野にあっては郷士）の系譜をひくものと、彼らの下人から近世初頭に本百姓に上昇したものとがあった。吉野地方では、本百姓は公事家と呼ばれる。一七世紀後半から村内の経済的変動があり、家格の再編成と公事家株の固定化があった。さらに時代が下がると、家格が崩れ、公事家体制が揺らいだ。

本百姓であるから、規模はともかくとして、村内に家・屋敷・畑・藪林・山林を所有していた。屋敷の周囲の畑で、自給的農業を営み、持ち山や村から借地した山地にも植林した。材木の売買のみに従事する専業的な商人ではなく、農業にも従事する林農家である。だから、「材木商人ト申ハ無株之儀ニ御座候得者、今日迄材木仕出し候ものも大坂和歌山之相場直段悪しく相成候ハヽ、相休ミ申候、尚又直段合よろしく相成候節ハ何れニ不依材木丸太売買仕候」[2]というように、材木丸太売買を休む間は百姓仕事でつないでいた。もちろん山林所有から切り離された者も、農業から脱落した者もいたが、平均的な材木商人像を示すならば、上記のようになるだろう。

材木商人は、社会的身分においては百姓であるが、その行動や意識においては商人であった。彼らの商人的性格を文書から明らかにしておこう。

川上郷白屋村は村内の材木商人組織がきちんと確立しており、各級材木方の議事録を作成して村内の商人に連印させている。このうち寛政五年（一七九三）の「材木商人極メ書連印帳」には「白屋村材木商人仲間」として三七人が連印し、文化一二年（一八一五）の「材木商人方極書帳」には「白屋村商人中」として三五人が連印している。白屋村百姓としてではない。

他方、享和三年（一八〇三）の五條代官所「申渡」に対する請け書には八七名が、文化四年の「御仕置五人組帳」には九二人が連印しており、前者には庄屋と年寄が、後者には組頭の肩書きが見える。これは公文書であって、ここでは百姓として署名押印している。

次の歎願書は寛政五年、吉野材木方が紀州藩に対して同藩が岩出で徴収する口銀の引き下げを求めたものである。

是迄御当地江材木丸太指下し相応ニ商ひ渡世仕難有仕合ニ奉存候、然ル処岩出御口銀之儀先年ニ替リ高直ニ相成其上五ヶ年以前京都出火之砌り大ニ御口銀高直ニ相成、然レ共其節は諸木直段宜敷相捌ケ申候故、御口銀高直ニ而も引合申候得共、此儀も直段宜敷所ハ暫時之間ニ而従　御公儀様直下ケ売被　仰付、猶又近年酒造方減少之儀厳敷御吟味被為　仰付候ニ付、樽類潰し方無数次第ニ諸木直段下落仕就中去年来より別而下直ニ御座候而郡中之者共甚難渋仕候、依之今年抔ハ私共郷々伐木等一向無数無商売同前之儀ニ而少々之御年貢上納等仕兼（中略）、然レ共今年抔ハ荷物仕出方格別無数、大坂表相場之儀も少々成共直り可申所諸方一統ニ不景気故ニ候哉何分直段直り不申候　（小川郷木材林産協同組合文書、「願書写」、『吉野林業史料集成（七）』二九頁）

この文書では、京都大火後の好景気は暫くの間で、公儀より物価引き下げ令が発せられ、また酒造石高も制限されて酒樽の製造が減少し、ために材木の値段が低落し、昨年より格別値下がりし吉野郡中の材木商人ははなはだ難渋していること、大坂の相場が少々立ち直ったというものの、全般的に不景気なので値段が回復しないことを憂慮している。彼らの関心事は山林経営ではなく、材木の値段に向けられていることに注目したい。

このように材木商人は身分は百姓であるが、田畑を耕作し、収穫に一喜一憂する農民ではなく、市場の動向と材木の値段に関心を寄せる商人である。だからといって、都市の商人が営む材木屋ではない。あくまでも農山村に居住する百姓としての商人である。

第二節　奥郷の材木商人

材木商人の数と階層

材木商人は二つの類型に分類することができる。第一の型は奥郷すなわち生産地の材木商人であり、第二の型は吉野川中流域の材木商人である。今ではこの分類は通説である。本節では第一の型＝奥郷の材木商人を対象とし、第二の型＝吉野川中流域の材木商人は次節で取り扱う。

奥郷の材木商人は当然奥郷に居住している。この場合の奥郷とは川上・小川・黒滝・西奥など杉や檜の生産地を指している。吉野川中流域＝口郷に対して山元といわれることもある。第三章で述べた通り、彼らの先祖は村山への植え出しや分割にも参加し、多少とも山林を所有していたが、時代が進むにつれて所有山林を失なう者が増えていった。

材木商人は奥郷にどれくらいいたのだろうか。泉英二氏が、川上郷白屋村で残存する材木方の議事録から検出した人数は、寛政五年（一七九三）三七人（同六年の戸数八四戸）、文化一二年（一八一五）三五人、文政五年（一八

表1　黒滝郷の材木商人数

村　名	商人数	戸数	%
鳥　住	14人	43戸	33
槇　尾	11	39	28
脇　川	11	39	28
寺　戸	4	42	10
堂　原	13	29	45
御吉野	5	12	42
中　戸	20	102	20
赤　滝	25	60	42
長　瀬	9	25	36
桂　原	10	18	56
笠　木	10	44	23
粟飯谷	15	41	37

出典：商人数は『吉野・黒瀧郷林業史』、戸数は『黒瀧村史』
注：商人数は嘉永４年、戸数は明治15年。

二二）三七人、安政五年（一八五八）四一人（同三年の戸数九〇戸）、文久三年（一八六三）三七人、明治五年（一八七二）五四人（同八年の戸数七九戸）であった。泉氏は村民の三分の一から半分近くが材木商人であったと見ている。[3] 筆者が検出した大滝村の慶応元年の材木商人は一九人、明治二年の戸数は四八戸であるから四〇％になる。[4] 泉氏と一致する。また、幕末期の黒滝郷各村の材木商人の数と比率を表1に示しておく。

奥郷の材木商人はさらに重立商人（長立商人ともいう）と小前商人とに分けられていた。これらの用語は研究者によるネーミングではなく、地方文書で使用されている歴史的な用語である。

一（前略）今般国栖郷・中庄郷・池田郷之内長立候商人之内左之名前之者共（二〇名略）右之者共理欲(利カ)ニ迷ひ不正之儀取目論小前商人地方百姓迄取潰し候様組合取締書之趣ヲ以内々連印致荷担仕、（中略）奥郷々在々ニ住居仕候者之重立候者ハ格別、身薄キ小前商人并百姓とも必至ト難渋仕候儀歎ヶ敷次第ニ御座候

（小川郷木材林産協同組合文書、文政一一年「国栖郷中庄郷池田郷答ニ附取締書一札」、『吉野林業史料集成（七）』七二～七三頁）

この文書は、国栖・中庄・池田など口郷の長立商人（重立商人）が奥郷の小前商人を取り潰そうとしたことに対して、川上・小川など奥郷の商人が対決した文書である。

笠井恭悦氏は、立木の伐採・搬出過程で労働者を雇い入れている材木商人を重立商人と見ているが、[5] そうすると小前商人は立木の伐採・搬出を自家労働力だけでおこなうか、搬出された材木だけを取り扱う商人ということ

になる。しかし、いくら小規模といっても、伐採・搬出労働は専門的で集団的であるから、労働者を雇わずに済ますことができない場合もある。また、搬出された材木だけしか取り扱わないという材木商人もいなくはなかろうが、多くは間伐山など小規模な伐り出しをおこなっていた。小前商人をあまりにも小さく見すぎているといわざるを得ない。

泉英二氏は、「身元宜敷商人」を重立商人とし、「元手無之商人」を小前商人としている。(6)この区分は文政一一年（一八二八）の材木方文書から抽出されたものと思われるが、(7)「身元宜敷商人」を重立商人と言い、「元手無之商人」を小前商人というのは同義反復ではなかろうか。

重立商人と小前商人という用語は本来階層を表す用語であるが、地方文書では必ずしもそのような使い方をせず、歎願書などでは要求を正当化するためにかなりのバイアスをかけて使うことがある。たとえば天保四年（一八三三）、小川郷の材木商人が材木方の経費節約を訴えた「郷中小前商人頼書」に連印した材木商人のなかには、鷲家口村弥八郎や新三郎らがいるが、(8)彼らはこの地方の最有力な材木商人であり、紙商人でもあった。

筆者はこの用語ではなく、大中小で階層を表すことにする。山林を所有し、自己資金で営業する材木商人を大商人とし、山林を所有せず、材木問屋や重立商人の資金に依存して営業する材木商人を小商人とよぶことにする。これに加えるに、中商人を措定したい。中商人とは大商人と小商人の中間に位置する商人で、多少とも山林を所有しているが、自己資金だけでは不足するので問屋等の資金にも依存する材木商人である。これまで中位商人とよんでいたが、(9)あまりにも未熟な用語であり、このさいこの用語をやめることにする。「重立商人」や「小前商人」については史料引用や慣用的な内容を表す場合にカギかっこをつけて使う。

奥郷の住民構成は、伐出業をしない山林所有者、大材木商人、中材木商人、小材木商人、彼らに雇用される山林労働者や筏士からなっていた。この他に専業農民と職人がいた。

大商人

大商人の事例として、泉英二氏の研究を援用して、[10]川上郷中奥村の春増（はるまし）家を考察する。

(1)安政四年（一八五七）に春増家が伐り出し・売却した山林の状況

Ａ　丸太仕出・筏売却（七件）　仕切銀額　六五貫六六一匁　筏　一五〇一床

Ｂ　所有山林立木売却（八件）　仕切銀額　一〇貫八四〇目　山林　一六ヶ所

合　計　七六貫五〇一匁

(2)安政六年一〜六月までの雇用状況

Ａ　垣内　雇用延べ日数　一五四〇日　賃金　三貫一二四匁

Ｂ　垣内外　雇用延べ日数　三〇九八・五日　賃金　七貫九六五匁

合　計　四六三八・五日　一一貫〇八九匁

(3)安政六年一〜六月までの消費貸付額　八貫七三三匁

(4)資金貸付先（山林購入資金・仕込銀）　同村万助、隣村喜七

春増家の丸太や立木の売却の内容を分類すると次の四つになる。

①自分山を伐り出して売却する　五件

②他人山を購入して伐り出し、売却する　一件

③他人の丸太を購入して売却する　一件

④自分山の立木を売却する　八件

一五件の売却のうち一三件までが自分山の伐り出しか売却である。自分山の伐り出しや売却は、その後の植林や山林購入がないと経営は縮小するが、同家の雇用内容には、「杉植下刈り」があって、再生産が順調に推移した

ことを表している。ただし山林購入の記録はわからない。もっとも、この時期の春増家の立木や丸太の売却は大部分が間伐材であったから、ただちに植林や山林購入でカバーしなければならないことはない。

資金面では、安政三年七月から翌年三月にかけて、和歌山の材木問屋から五回に分けて二二〇両（利率は月一・二％）を借りている。これは同家の営業資金ではなく、九〇％以上が中小商人と目される他の商人への転貸しである。借りにくい小商人の代行であろう。春増家は自己資金で営業できたことは上記のことから明らかである。

このように、年間取引額、山林所有、林業労働者の雇用、消費貸付や中小商人への資金貸し付け等々、これらは全て大商人であることを示している。大滝村の土倉家は別格として、奥郷では最上位の材木商人であるといえよう。

小商人

これに対して小商人はどうであるか。彼らが経営資料を残すことはめったにない。断片的な資料をつなぎ合わせて見ていくしかない。寺尾村庄兵衛の事例を見てみよう(11)。

(1)嘉永五年（一八五二）六月、庄兵衛は居村で春下伐山を買得した。山代金と諸入用一五両を大滝村庄右衛門から借用した（利率は月一・五％）。担保は二間と三間丸太の筏五〇床である。

(2)さらに七月には、塩谷村で春下伐丸太を買得した。山代金と諸入用銀は一〇両（銀六四五匁）、この時も大滝村庄右衛門から借用した（利率は同前）。担保は二間筏七床と三間筏一八床、計二五床である。

(3)翌年にも、居村で春下伐山を買得した。購入資金二貫五〇〇目は今度も大滝村庄右衛門から借用した（利率は同前）。担保は二間と三間丸太の筏一一〇床である。

事業規模を理解するために、筏編成の仕組みを示しておこう。筏を貨物列車に置き換えると、床は各貨車に当る。筏の全長は三〇間が定法であるから、二間筏であれば一五床を連結、三間筏であれば一〇床を連結する。三〇間の筏を一筋と言い、吉野川中流域から横に二筋繋ぎ合わせて下るが、これを一鼻という。二間・三間とりまぜた筏となると、二間六床、三間六床、計一二床で三〇間、これが平均的な筏である。五〇床は約四筋＝二鼻、二五床なら二筋＝一鼻である。商いの規模としては小さい。

　これが庄兵衛の事業活動の全てかどうかはわからないが、事業規模が小さいことと、何よりも材木の購入資金を毎回大滝村庄右衛門から借用していることから、庄兵衛は小商人と見られるのである。彼は嘉永五年には利益を上げたらしく、翌六年には借入銀を倍加させていることは注目される。

　表2は土倉家文書から作成した材木商人の資金の借用実態の一端である。いずれも材木等仕入銀とはっきりしているもののなかからとくに少額のものばかりを選んだ。

表2　材木商人の借用実態

時　期	借　用　者	借　用　額	借用理由
文化７年	中奥村　甚右衛門	300目	材木仕入銀
12年	東川村　武　　助	322匁５分	山　代　銀
天保７年	上谷村　儀右衛門	500目	材木仕込銀
11年	寺尾村　佐　　助	655匁２分８厘	丸太仕入銀
13年	塩谷村　清　三　郎	３両	下伐丸太代銀
嘉永５年	西河村　儀　　助	700目	下伐山代銀
５年	大滝村　幸右衛門	５両２分	下伐山代銀
安政２年	大滝村　吉右衛門	500目	下伐丸太代銀
慶応３年	西河村　甚右衛門	３両	杉皮仕込銀
明治８年	大滝村　坂口忠三郎	15円	下伐山代銀

出典：土倉家文書
注：貸付人はいずれも土倉家。

慶応三年に杉皮の仕込銀を借用した西河村甚右衛門の例は「小前末々に至迄」といわれる「末々」の典型であろう。

　庄兵衛のように小さくとも利益をあげた者はよい。材木相場の下落や天災によって予定した収益が得られなかった時の打撃は大きい。次はその事例である。

売譲申杉檜山之事
当村領
一、字おんじ横手と申所　杉檜山壱ヶ所（際目・絵地図略）
当村領
一、字同所と申所　杉檜山壱ヶ所（際目・絵地図略）
〆弐ヶ所
外ニ銀子百目添
右者先達而貴殿より元銀ニ而壱貫三百目余と又金子五両当分為替銀両度借用仕、早速材木差下し売代銀を以返済可仕筈ニ御座候所、商ひ損何角ニ而銀子逼迫仕候ニ付返済遅滞仕罷在候、尤右金五両借用仕候砌当地ニ少々丸太買付在之候故近々筏下し可申筈ニ而御座候、然ル所其後筏藤掛致候砌大水ニ而流失仕候ニ付銀子不手廻り之我等故無詮方只今迄延引仕候義ニ御座候、元来困窮之我等所詮銀子者勿論材木等下し済方致申事無覚束、此度山林弐ヶ所ニ銀子百目相添御済可被下候様段々詫済御頼申入候所、御得心被下候而御済被下忝厚御恩之程難忘存候（中略）
売譲主　和州吉野郡高原村
寛政十二　宗十郎㊞
申二月五日　（他証人四名略）
和歌山　中屋九右衛門殿
（天理図書館所蔵、土倉家文書）

高原村宗十郎は材木相場の下落で損をしたうえに、丸太を洪水で流し二重の打撃を蒙った。材木の買付資金を和歌山の材木問屋中屋から借りていたのが返済できなくなり、所有する山林二ヶ所に銀一〇〇目を添えて決済したのである。担保の山林を持っている宗十郎を小商人と見てよいかどうかは脇に置くとして、経営基盤の弱い材木商人にとって、たとえ一度であっても致命的な痛手となる。宗十郎がその後立ち直ったかどうかわからないが、この事例は小材木商人が没落するケースを示している。相場の高下や天災の襲来は不可避であり、それによって中小の材木商人が打撃を受けるのも必然である。ただだれが受けるかは偶然である。

なお、このような事例をもって和歌山の材木問屋が奥郷の材木商人に前貸しして支配したと一般化することはできない。[12] この点で泉氏の指摘に同意する。[13] 個々の材木商人が前貸しを受けていても、奥郷全体が支配されたというわけではない。和歌山の材木問屋の経営基盤は弱く、絶えず交代を余儀なくされていたし、山林経営をするような力量はなかった。

中商人

大商人・中商人・小商人という分類は概念上の分類であって、今日のような大企業と中小企業とを資本額や出荷額等で分けるような指標があるわけではない。個々の商人の事業の実態から個別に判断するしかない。

中商人の事例として白屋村の横谷家をあげておく。泉英二氏は横谷家を「基本的には」「小前商人」と位置づけている。[14] 泉氏はその根拠を、①同家の活動範囲が居村に限定されていること、②対象とした山林はすべて人工林で、零細事業を何ヶ所も集積して筏を編成していること、③当主自身が林業労働に従事していること、に求めているようである。①についていえば「重立商人」といえないかも知れないが、②は小区画施業が基本である吉野林業ではごく一般的であり、③の当主が率先して山仕事に従事することは「重立商人」でもありえた。それどころか、小規模ながら山林を所有していることが示唆されている。泉氏のように「重立商人」と「小前商人」という二分類では、小前という位置づけになるのだろうが、「小前商人」という範疇ではない。さりとて「重立商人」

でもない。そこに中商人という概念を立てる必然性が生じるのである。以下、泉氏の研究に依拠して考察しよう。

(1)同家の所有石高は、弘化四年（一八四七）の四斗四合から、慶応元年（一八六五）には一石七斗八升八合に急上昇して、村内では高持百姓八四人中一四番目に位置している。所有石高一石余というのは白屋村の地勢からみて、決して小さくはない。急上昇の原因は材木商いの成功であろう。

(2)慶応四年の事業は、①横谷家が買得した山林の伐り出し（同村内の五ヶ所）、②本家板屋家と共同した商い（同村内の一ヶ所）、③板屋家が買得した山林の伐り出しに協力（三ヶ所）の三つに分類されている。伐り出し労働には家族や親族が携わるが、雇用労働にも依存している。材木商人が自ら伐り出し労働に携わることは、この時代一般的に見られることであって、それをもとに分類の線引きをすることはできない。また本家板屋家との仲間商いや板谷家の伐り出し協力などは、本家の力に少なからず依拠しなければならなかったからであろう。

(3)この時期、横谷家の活動範囲は居村に限定されていたようであるが、これをもって小商人と断定できない。白屋村の対岸にある井戸村の井上家（松屋）は横谷家よりも幅広い商いを展開していたが、所蔵の山林売買証文を見る限り、近世を通してほとんどが同村内での売買であった[15]。

(4)横谷家に何冊かの材木商人文書が保存されており[16]、同家が材木方の運営に関与していたことを物語っている。小商人が材木方の運営に関与することはないし、大商人も手を引いていることが多い。材木方の運営には中商人クラスが当たっていた。

以上のようなことから、横谷家は小商人ではなく、中商人の典型と見るべきである。

第三節　口郷の材木商人

口郷とは吉野川の中流域であって、最大限広くとると、吉野川と高見川の合流点より下流域（丹生川流域では合流点の五條等）となる。彼らはすでに中世末には商業資本として吉野山中や国中（奈良盆地）・大坂方面との諸商品の中継ぎをしていたが、必ずしも材木の取り扱いを専門としていたのではない。材木需要の増大にともなって材木問屋に転身したもので、商人としては奥郷の材木商人に先行する。そうした彼らの出自は、魚屋・豆腐屋・紙屋といった屋号に現れている。文化六年（一八〇九）の「材木問屋荷主印鑑帳」[17]によると、上市村には二〇人の問屋が登録されている。以下それを掲げておこう。

木屋又左衛門	木屋宗四郎	木屋源右衛門	塩屋長右衛門	坂本屋茂右衛門
坂本屋七郎兵衛	嶌屋嘉兵衛	紙屋新四郎	魚屋清左衛門	小豆屋兵三郎
葛本屋久兵衛	魚屋清九郎	新子屋金右衛門	舛屋治郎右衛門	新子屋幸助
板屋勘兵衛	木屋重兵衛	木屋伊右衛門	魚屋儀右衛門	よこ屋佐兵衛

屋号を見ると、職業的屋号として木屋五、魚屋三、塩屋・紙屋・小豆屋・板屋が各一、地名的屋号その他として坂本屋二、新子屋二、嶌屋・葛本屋・舛屋・よこ屋各一となっている。このなかには、上市村又左衛門のような吉野林業地帯随一の大山林所有者も含まれている。魚屋・紙屋等はこの時点でその商売をしていたのかどうかわからない。

また前章でとりあげた文政六年（一八二三）の「小川床掛銀勘定帳」に登場する中継問屋は飯貝二、六田二、増口三、上市三、立野一、宮滝四、樫尾一、矢治二、新子一、大滝一となっていた。口郷で材木問屋を営む材木商人の数はこんなものではないが、所在地分布の多様性をうかがい知ることができる。

彼らは中継問屋だけではなく、仕入問屋も兼営するようになった。吉野林業地帯に隣接する地域に所在し、取扱量もそれほど多くはなく、そのうえ和歌山・大坂の相場の動向にも通じていたから、自己責任で売買できたのである。[18] 奥郷の中小材木商人に対する融資の抵当に取った丸太や筏を和歌山や大坂で売却するうちに、仕入問屋の形態ができていったのであろう。問屋業務に融資が随伴するのは自然なことである。

次節でとりあげるが、文政一一年に口郷の「重立商人」と奥郷の材木商人の間で争論があった。口郷の商人が作成した文書に、「何れニ不限材木江仕入候節は銀高ニ応し根質山林取之仕入可申事」とか「以来身上無之人ニ決而銀主仕間敷候」とあり、[19] これに反論した奥郷の材木商人の作成した文書には、「猶また仕入之問屋中継問屋に不限口銭之儀、床壱分宛は先規より究之所右連名之内ニも仕入問屋之内ニは荷主江無相対床弐分三分も相懸ケ引取候者御座候」とか「向後右名前之者共材木仕入等ヲ相願候儀は勿論、立会商ひ并山林入札場所江決而附会仕間敷候」[20] とあるように、中継問屋と仕入問屋、融資業務が一体化していたことがうかがえる。奥郷の中小材木商人にとって、口郷の材木問屋は、奥郷の大商人とともに重要な借入先であった。

預り申銀子之事

一、文銀四貫五百目　　　元銀也

右之銀子我等要用ニ付慥ニ借用申所実正也、返済之儀者来ル十二月廿日限月壱歩半之利足相加元利共無遅滞返済可致候、依之差入申質物左之通

当村領字奥かまぬかト云

一、杉檜山　　　壱ヶ所

（中略）

天明四年　　　　　　　　　　銀子預り主井戸村

辰七月

治右衛門

請人同村

半兵衛

上市村

清左衛門殿

（大阪市立大学所蔵・大和国吉野郡川上郷井戸村文書）

この清左衛門は「材木問屋荷主印鑑帳」に登場する魚屋清左衛門である。山林を抵当にした融資である。口郷で材木問屋を営む材木商人の重要な機能は奥郷に対する山代銀や材木仕込銀の融資であった。たしかに材木方文書では、彼らを仕入問屋といっているが、自己の才覚で材木を集め、販売することはなく、融資先の材木を和歌山・大坂の市売問屋へ送りつけ、販売代銀で貸付額を精算するだけであって、販売から利益を得ることもなければ、リスクを負担することもなかった。ただ利息を受け取るだけであった。それ故、仕入問屋というにはあまりにも中途半端な存在であり、貸付資本としても曖昧であった。このような問屋が材木流通の手段（溜堰等の流筏施設）や市場を支配することはなく、したがって問屋制支配などあり得なかった。口郷の材木商人は中継問屋の口銭よりも貸付銀の利息で蓄積をおこない、それによって奥郷の山林取得に乗り出した。

売渡申歩山并植地之事

字柏木村領なへくずれと申所

一杉歩山　壱ヶ所　但し廿三歩之内我等持分壱歩

字神野谷村領枥木之平と云

一杉植地　壱ヶ所

四方際目之義ハ古證文を以御支配可被成候

右之歩山我等持分壱歩并杉植地共此度要用ニ付代銀弐百目相極メ直銀請取売渡申所実正也（後略）

安永七年
戌三月
柏木村売主
弥七郎 ㊞
（他証人名略）
上市村
幸助殿
（天理図書館所蔵・土倉家文書）

この幸助も「材木問屋荷主印鑑帳」に登場する新子屋幸助である。一八世紀後半には、国中の地主や商人だけでなく、口郷の材木商人もさかんに山林所有に進出していた。その大規模な例が上市村又左衛門であった。口郷の材木商人の多くは材木問屋であり、金融機関でもあり、山林所有者でもあり、概して「身元宜敷」商人であった。

中小の材木商人は口郷の材木問屋から借入して商いをすることが多かった。だから材木相場の変動や天災によって損害が生じた場合、最後はなけなしの山林をもって精算することを余儀なくされた。これが、山林が村外へ流出する基本的なコースであった。

従来、口郷商人は奥郷に対する消費物資の貸し付けを通して山林を所有していったといわれた。[21]そのようなこともあったが、主たる原因は山代銀や材木仕込銀の貸し付けを媒介にしたものであった。

第四節　材木商人間の対抗

奥郷材木商人と口郷材木商人との対抗

◎寛保期の対抗◎

材木生産の発展は、奥郷の材木商人を勃興させるとともに、口郷の材木商人も成長させた。両者は共同して吉野材木方を結成していたが、時には激しい主導権争いがあった。寛保二年（一七四二）、飯貝・上市・立野・六田四ヶ村の筏乗（惣代飯貝村半四郎・立野村源六）が東川村弥七郎と同村筏乗共を相手取って訴え出た。[22] 詳しくは第三章第七節で述べたから（二三八〜二四〇頁）、ここでは訴訟の目的と結論だけにとどめる。

口郷四ヶ村の筏乗の言い分は、四ヶ村は昔から筏の乗継場であるのに、近年は我々にも飯貝や上市の問屋にも断りなく和歌山へ直乗りするものがいるので、これを差し止めてほしいということであった。これに対して、東川村弥七郎らは、川上・黒滝両郷から伐り出した材木は川下の村々が勝手に仕入れているので、筏の乗継場など決まっていない、奥郷の荷主の送り状に任せていると反論した。京都奉行所は弥七郎らの言い分を認めた。

この訴訟は現象的には上流村の筏士と下流村の筏士との対立に見えたが、本質は材木の流通過程における奥郷の材木商人と口郷の材木商人の主導権争いであった。享保期の五條馬借所に対する勝利に続いて（第三章第七節参照）、今回も奥郷の材木商人が勝利し、彼らの主導権が確認された。奥郷の側は途中の乗り継ぎや積みかえをなくして、和歌山へ直送したいという要求を持っていたから、その点で画期的な意味をもつ訴訟であった。

◎文政期の対抗◎

文政一一年、吉野川中流域の材木商人樫尾村万平ら二〇人と川上・小川両郷材木商人との間で争論が発生した。まず二〇人の口郷商人の名前をあげ、彼らの言い分をとりあげよう。

樫尾　万　平	同村　善右衛門	上市　惣　八	同　村　治兵衛	立野　伝四郎
同村　宇兵衛	六田　六右衛門	同村　清九郎	左　曽　甚兵衛	立野　治兵衛
増口　与兵衛	同村　与　助	同村　源右衛門	同　村　重　助	楢井　与兵衛
宮滝　新兵衛	矢治　新　助	飯貝　佐　助	喜佐谷　九兵衛	宮滝　佐　助

一当地郷々之儀ハ極山分ニ而百姓作間等ニ材木商ひ并山代銀米藤等ニ至迄郷々江仕入致し相互渡世致候場所ニ御座候故、郷々より商人買入材木山代銀并諸入用等相頼候ニ付仕入致候処、近年人気悪敷相成候而銀主方江仕切不足ニ相成候得ハ、断申延勘定不埒之人夥敷有之候而仕入方甚難儀ニ付此度相談之上以来仕入方左之通

一何れニ不限材木江仕入候節ハ銀高ニ応し根質山林取之仕入可申事、無左候而ハ如何程慥成人ニ而も決而仕入不仕事、猶又根質山林元手無之人ニ仕入不致候ハヽ、扨ぎ百姓を第一ニ致候所御年貢御上納また八渡世も安ク出来候而、身上無之人ニ不取締之出銀致遣し候故損失ニ相成沽却人等夥敷出来却而不為相成仕入方も供ニ難儀、猶また身元宜敷商人も元手無之商人多人数ニ羅上られ自然不引会山林買入其上扑人迄も無数相成候故供難儀ハ眼前事、右ハ銀主方之銘々欲ニ迷ひ不取締之銀主致し候故御上様之奉懸御苦労候段恐多く次第、就而ハ銀主方も雑費等相掛り自然百姓も跡ニ相成候得ハ、以来身上無之人ニ決而銀主仕間敷候、乍併身薄人ニ而も其村ニおゐて身元宜敷人引請若不足銀出来候節本人ニ不拘返済仕り候程之儀ハ格別之事

一是迄銀主方江借用銀不足仕置候而先繰先々江参り銀主相頼商ひ致候仁夥敷有之候得共、然ル上ハ是迄銀主方江不足銀訳立不仕不埒之人此組内江参り譬今更根質差入候共銀主方江之訳立出来イ不申内ハ決而銀主仕間敷事、元銀主之訳立候ハヽ、早速此組内江其沙汰ニ可及候、然ル上は応対次第向後不埒之人ハ右同断ニ相心得候事、訴詔ニ不相成様執計可仕事

一不実不埒之人有之候而若公事公辺ニ相成候仁ハ此組内何方江参り銀主相頼候とも決而取敢不申事（後略）

文政十一年

子正月

国栖郷

中庄郷

池田郷

名前連印左之通（後略）

（小川郷木材林産協同組合文書、文政一一年「国栖郷中庄郷池田郷組合取締書」、『吉野林業史料集成（七）』七五〜七六頁）

二〇人の言い分をまとめると、次のようになる。

(1)口郷商人は奥郷商人に材木購入代銀や仕込銀を貸し付けてきたが、最近は景気が悪くなり、仕切銀による返済金が不足し、延べ勘定を断らねばならない不埒な商人が増えて、我々も難儀している。

(2)今後は材木代銀を貸し付けるさいには、銀高に応じて根質山林を取ること。いかほど身元たしかな商人であっても身上のない商人には決して貸さないこと。身薄い商人であっても、その村内で身元引受人がある場合は別である。

(3)これまで返済金を先送りしていても貸し付けを認めてきたが、銀主へ不足銀の説明をまともにしない不埒な商人もあった。彼らがいまさら根質山林を差し入れても、これまでの不誠実な対応の訳を立てないうちは決して貸さない。

(4)不実不埒の人がいて公事を起こしたならば、いくら仕込銀を頼んできても、その商人とは付き合わない。

問屋に借り越しの多いことを口実にして、商いの場から「小前商人」を排除し、奥郷・口郷の「重立商人」に従属させようという意図が明白である。「身元宜敷商人も元手無之商人多人数ニ羅上られ自然不引会山林買入」とあるが、「元手無之商人」すなわち「小前商人」も多数山林入札に参加していることがうかがえる。前章でとりあげたように、文政年間には中継問屋が八〇余軒にも増えたということの背後に小前商人の勃興があったと考えられる。そのことは同時に材木の仕入問屋の増加を招来し、必然的に過当競争になり、個々の問屋の荷物の取扱量が逓減することは不可避である。第四章の表5（二七八頁）でふれた小川郷仕立ての筏取扱量がそのことを如実に示している。また、仕入問屋の方でも抵当を取らずに貸し付けたり、貸し越しになっていても貸し付けを継続する場合があったことを物語っている。

樫尾万平ら「重立商人」が「小前商人」を排除して、材木の取引量を増やし、問屋口銭を引き上げて、材木方の主導権をも握ろうとしたのは、過当競争からくる利益率の低下や不良債権の防止を目的とした当然の成り行きであろう。口郷の商人は、寛保期には筏士を表に立てて攻勢をかけてあえなく敗北したが、今回は自ら先頭に立って流通機構の再編に乗り出したのであった。

この文書に名前の出ている二〇人のうち六田村六右衛門・左曽村甚兵衛・増口村重助・楢井村与兵衛・宮滝村新兵衛・矢治村新助・喜佐谷村九兵衛・樫尾村善右衛門の八人は、弘化五年（一八四八）の「郡中材木商人取締帳」(23)に、各村の惣代として連印している者で、錚々たるメンバーを揃えていることがわかる。しかしこの二〇人のなかには、最大の材木商人である上市村又左衛門の名前はない。

これに対して奥郷の材木商人は一致して反撃に出た。以下は彼らの文書である。

一（前略）今般国栖郷・中庄郷・池田郷之内長立候商人之内左之名前の者共（樫尾万平以下二〇名略）右之者共理欲(利カ)ニ迷ひ不正之儀取目論小前商人地方百姓迄取潰し候様組合取締書之趣ヲ以内々連印致加担仕、当郷内ニおゐて長立候者江ハ夫々内々加入も致候様相勧メ申候、猶また仕入之問屋中継問屋ニ不限口銭之儀床壱分宛ハ先規より究之所、右連名之内ニも仕入問屋之内ニハ荷主江無相対床弐分三分も相懸ケ引取候者御座候、右体色々相目論之儀ハ是全彼等於テ口郷々ニおゐて(ママ)身元相応之営候故小前商人并地方百姓難渋仕儀不顧唯銘々之利欲已(而欠カ)心を寄セ、自然材木商人株立候様之目論ニ御座候、左様成行ニ而ハ奥郷々在々ニ住居仕り候有之重立候者ハ格別、身薄キ小前商人并百姓とも必至ト難渋仕候儀歎ヶ敷次第に御座候、全体奥郷之儀ハ百姓作間之渡世山稼并材木商ひ之外他事無之場所柄ニ付古来より商人地方差別無御座候、別(而欠カ)奥郷々之儀ハ材木売買之筋ハ根来之所ニ、却而近年山林も無之口郷之者共被制動すれハ右体新規身勝手之儀とも取目論郷中間々混雑為致奥郷之小前之者迄取潰候様仕、右等之儀捨置候而ハ奥郷之衰微と相成御大切之百姓相続出来かたく終ニハ潰百姓と成行候儀歎敷次第御座候（後略）

（小川郷木材林産協同組合文書、文政一一年「国栖郷中庄郷池田郷答ニ附取締書一札」、『吉野林業史料集成（七）』七二～七四頁）

口郷の「重立商人」が中心となって奥郷の「重立商人」にも呼びかけて、新しい株仲間を組織しようとする動きがあるやに述べているが、口郷の文書にはそのようなことはなにも書かれていない。そのような動きが実際にあったのか、それとも奥郷の杞憂なのかは判断しがたい。いずれにせよ「小前商人」を排除しようとしていることには変わりはない。すでに仕入問屋には中継口銭を二倍三倍にするところも出ていた。奥郷では、これは「小前商人」だけでなく、奥郷全体の難儀であると訴え、山稼ぎや材木商いは商人・地方の差別のない全体の利害に関わる問題と位置づけた。

奥郷の具体的な対応は以下のようであった。

依之今般一統評議之上向後右名前之者共材木仕入等ヲ相頼候儀ハ勿論立会商ひ并山林入札場所江決而附会仕間敷候、万一右名前之者より内々仕込等相頼可申歟またハ歩合商ひ致候者有之候ハヽ、於郷中商人仲間諸着会等堅相省可申事、右之趣此度一統評定之上連印ヲ以取締仕所如件

一追而書入申候、去ル亥歳右弐拾人之衆中より仕込を請候秋伐丸太之儀ハ夫々銀主江筏差贈リ可申究、依之当子歳春伐丸太ハ本文極メ通一切仕込請不申候極メ御座候、若内分ニ而も不用者川上小川両郷商人着会ハ急度相省可申事

子二月日　　小村　和兵衛　㊞

（以下一二三名連印略）

今後、先の二〇人とは材木の仕込銀を借り受けることは勿論、一緒に商いをしたり山林の入札場所に行くこともしないという厳しい申し合わせをおこなった。これは川上・小川両郷それぞれにおこなわれ、個別に議事録が作成されている。それだけ山元は深刻に受け止めたのであった。（同前）

しかし、樫尾村万平らは奥郷材木商人を分裂させることはできず、かえって一致した反撃を招いた。結局、万平らは詫び入れの書き付けを差し入れて撤退した。

一樫尾万平初メ廿人組一件当春以来破談ニおよび罷在候処、先達而より段々詫入候ニ付右廿人共不残此度書付差入和談仕候、依之是迄仕込銀子受候衆中中継口銭壱分より上被引取候衆中ハ夫々相対を以請取可申事

川上小川年行司

郷々商人中

（「口上」）(24)

口郷材木問屋が敗退した原因について、泉英二氏は、①奥郷の村落共同体がまだ強固に存在していたこと、②仕入問屋側の組織化の不十分さ、③奥郷重立商人との連合の失敗、の三つをあげている。(25)妥当な見方である。泉氏はこのうち、①を最大の要因と見ている。奥郷を「重立商人」と「小前商人」とに分裂させられなかったのは、村方の規制と団結が存在したからである。材木方と村方とは、「商人地方差別無御座候」というように補完しあう関係であった。そのうえ「重立商人」は村役人でもあり、「小前商人」も含めて村方の利益を擁護しなければならない立場にあった。さらに奥郷の材木商人からすれば、口郷の仕入問屋が過当競争を整理して経営をより強固にし、奥郷に対抗する力を持つようになることは好ましくなかったであろう。オール奥郷戦線はこのような基礎の上にできたのである。

泉氏は、奥郷「小前商人」は和歌山・大坂問屋の前渡金を利用できたからだと見ているが、筆者はむしろ土倉

家の存在を重く見ている。(26) 奥郷の土倉家が小商人の金融機関の役割をよく果たしていたから、口郷の仕入問屋の圧力をはね返せたのである。さらに、上市の商人は木屋又左衛門を筆頭にしてほとんど参加しなかった。寛保の争論のさいには、又左衛門の名前があったが今回は入っていない。彼は仕入問屋・中継問屋であるとともに、奥郷に大規模な山林を所有しており、新規の企てに参加して奥郷とトラブルを起こしたくないという判断が働いたと考えられる。そのようなことから、オール口郷態勢が形成できなかったのであろう。

大商人と中小商人の対抗

大商人と中小商人との関係は従属的であるから、対抗はほとんど見られない。管見では、材木方の諸費用が掛かりすぎるという苦情が、「小前商人」の名で出されている事例くらいである。

天保四年（一八三三）、小川郷中の材木商人らが、材木方の運営に関して小川郷材木方惣代に対して厳しい要求を提出した。

一近年打続材木方諸雑費多分ニ相成借金追々弥増候ニ付、右借金相済可申手段も無之、依之床懸り等前々よりは多分相懸り実々小前末々之商人ニ至迄難渋仕候得共、右借金済方之御仕法ニ候ハヽ違背仕候ものも無之候、乍併少々宛ニ而も年々借金相減候儀ニ候ハヽ可然左は無之追々相重シ候由、左候得ハ行々は如何ニ相成可申哉、愚案商人共心底ニハ難計此段歎ヶ敷奉存候、然ル処此度小前商人共風聞承り候義ハ万事難得其意候事共在之候ニ付左ニ奉申上候

一上市治兵衛殿高原米蔵殿郡中材木方惣代として先達而より若山表江毎々御出張被成、若山近江屋六右衛門と申人江御頼被成、郡中材木方支配と唱右之人江永々桴壱床ニ付三厘つヽ之金を御渡し被成候談合被致候趣、是以小前商人共ハ一円覚悟不仕義ニ御座候

一前文ニ申上候通り近年材木床懸年増ニ相進ミ候義ハ、是全右等之衆中数日彼地江御出張被成右体之取組被成、諸雑費相重候義をも厭不被成候故追々借金相嵩候哉ニ奉存候間、右等之衆中早々御呼戻し被成下材木方物代役等も御断被仰度(渡カ)候、（中略）尤出勤衆中御取組之義外郷々は御納得ニ御座候とも、小川郷之義ハ決而不承知ニ候間縦令離組ニ相成候而も詮方無御座候間、可然御執成被成下度郷中一統縋而御頼奉申上候、以上

天保四年巳十一月日

麦谷村　元右衛門　㊞

（他一四名略）

小川郷材木方惣代

三尾村　丈　助殿

狭戸村　俵兵衛殿

小　村　和　平殿

（小川郷木材林産協同組合文書、天保四年「郷中小前商人頼書」、『吉野林業史料集成（七）』八四～八五頁）

材木方の費用が嵩(かさ)むのは、近年、材木方惣代が和歌山へ出張するからであって、彼らを呼び戻し、罷免せよという厳しい内容である。離組も辞さないともいっている。材木方の経費増が流通経費に跳ね返ってくることの不満が高じているのである。材木方の経費には郷引きと惣体引きがあり、前者は川上郷や小川郷など各郷材木方の経費に充てるもので、後者は五郷全体の経費を賄うためであった。これらはいずれも和歌山の材木問屋で材木の売代銀から天引きされ、仕切状に記載された。その銀額なり比率は時々の状況に応じて材木方が決定した。材木方の掛り物が高いということは中小材木商人だけの不満ではなく、材木商人全体の要求であったと見るべきである。「頼書」に署名連印したなかに鷲家口村の弥八郎や新三郎のような大商人も入っているからである。勿論、宛先となっている三人はいずれも郷中を代表する大商人である。

この他に、泉英二氏は、大商人と小商人の対抗の事例として、安永六年（一七七七）の中奥村の春増金平と白屋村兵助ら七ヶ村二三人との紛争を論じている。[27]この紛争は、白屋村で兵助が伐り出した丸太の入札のさい、二三人が金平の参加を拒んだことに端を発し、郡中材木方の運営をめぐる紛争に発展した。金平と兵助らとは別村であるから、このような対応がとれたとも考えられる。泉氏によると、この紛争の核心は大坂支配人の配置をめぐる「重立商人」と「小前商人」との利害の対立であったという。小川郷の場合と共通する側面がある。これは、「重立商人」と「小前商人」との対立というよりも、川上郷内の奥郷に居住する春増金平と下流域の商人との対立であって、金平が大材木商人層を代表していたとはいえない。この紛争の考察を通して、泉氏は材木方のイニシアティブを「小前商人」層が把握したと評価しているが、これは過大評価である。これ以後も材木方文書に連印しているのはやはり大商人層である。材木方の実際の運営は中商人層がおこなっていたと思われるが、行司の階層を明らかにするデータを欠くので確たることはいえない。

第五節　枡家の経営分析

山林・山地の集積

枡（ます）家は川上村東川（うのがわ）に在住する著名な林業者であり、大材木商人である。代々村役人を勤め、また奈良盆地の大山林所有者である岡橋家の山守でもある。先代源助には『わが吉野川上林業』[28]という著作がある。東川は川上村の河口部に位置しており、一九七三年に五社トンネルが開通するまでは村の玄関口であった。近世後期には、口役銀を徴収するために材木改所が設置されていた。また中継問屋も置かれていた。

枡家は一八世紀末頃から急速に山林を集積している。同家の本源的蓄積がいかなるものであったかは知るよしもないが、それまでに山林経営・伐出業によって相当の蓄積があったことは間違いない。そのほか中継問屋も営んでいたと思われる。当主源次氏はそのようなことを聞いていないといわれるが、筆者がそう考えるのは、嘉永年間の当主名義の「乗賃書出し帳」や「中乗賃書出シ帳」など中継問屋の帳面と思える文書が残っているからである。(29) この頃には同家は「枡源」と呼ばれ、岡橋家の山守も兼務していた。

まず表3を検討しよう。山林の集積が化政期に集中していることがわかる。細部を見ると、ほとんどが宇陀郡松山町の内牧屋佐兵衛から買得したもので、文化一〇年（一八一三）に六ヶ所、文政八年（一八二五）から九年にかけて三一ヶ所、同一〇年には四ヶ所譲り受けている。内牧屋は文政八年には六三ヶ所の山林を高原村四郎左衛門に売り渡している。いずれも東川村内での売買である。内牧屋にどんな異変が生じたかは本稿の課題ではない。

表3　山林・土地取得状況

時期	場所数	立木	土地	立木土地共	金　額
寛延	1			1	35匁
安永	1			1	300目
天明	4	1	3		405匁
寛政	9	1	8		4貫910目
享和	2	1	1		95匁
文化	16	1	9	1（不明5）	607匁
文政	54	3	27	4（不明20）	3貫992匁5分
天保	6	4	2		463匁2分
嘉永	1		1		43匁
安政	1		1		10目
明治	9	1	6	2	2貫890目 69円

出典：枡家「證文写帳」
注1：化政期に取得した山林のうち、文化期の5件、文政期の20件については物件の内容がわからない。
2：文化度の6ヶ所と文政度の35ヶ所は金額の記入がない。
3：文政度の茶畑と刈り込み地は集計からはずした。
4：天保度の雑木林と林、明治度の林は立木とした。
5：明治は17年で記入が終わっている。

同家の購入した大半が皆伐跡地であることは大きな特徴である。これはよほど資本があるのと、山林経営に展望を持っているからであろう。跡地を購入すれば、その後の植林と造林に投資しなければならない。投下資本の回収には長期の年月がかかる。資本に余裕がなければできることではない。なお当主の源次氏によると、最盛期には東川の山林の三分の一は同家の所有であったという。さらに跡地のほとんどが東川村内に所在している。その頃は土倉家や北村家のような超大山林所有者は別として、枡家のような大商人でも所有山林のほとんどは居村内にあった。居村内であれば比較的自家による管理が容易である。勿論、近隣の村にも山林を所有していたと思われるが多くはなかった。枡家がこの時期に相当数の跡地を集積したことは、同家の後年の経営に大きな影響を与えた。これについては後述する。

植林・造林

集積した跡地には当然植林がおこなわれる。表4は、慶応元年（一八六五）から明治二五年（一八九二）までの「杉苗植附木数控」帳を整理したものである。

短年では変動があるが、平均すると一年に約一四、〇〇〇本植林したことになる。この数字は植え込み数であって、補植数は入っていない。全体としてコンスタントに植林している。ということは、山林経営と伐出業から安定した収益を得ていたことを表している。植林は三月中旬から四月中旬までにおこなわれるが、時たま秋に植林することもある。また一回（一年）で全部植林するとは限らず、二〜三回に分けて植林することもある。枡家も同様である。また、植え付け後に枯損すると翌年補植するが、枡家の補植率は約一八％余で、この数は平均以下である。『挿画吉野林業全書』では、植え付け苗九八〇〇本に対して補植数を二九四〇本と計算しており、率にすると三〇％である。(30)

植林規模は、吉野林業地帯では一町歩に苗約一〇、〇〇〇本を植え付けるのが通例であるから、平均して毎年約一・四町歩植林していることになる。同じ川上郷塩谷村の九兵衛家が、明和六年〜天明七年に六回、毎回二〜三〇、〇〇〇本植林したことに比べると少ないが、(31)山元の林業者としては上位にランクされるだろう。

『挿画吉野林業全書』では、杉と檜の混植割合は、最上等地で杉九に対して檜一、上等地で七対三、中等地で五対五、下等地で三対七、最下等地で杉一に対して檜九とされており[32]、枡家の杉と檜の割合はほぼ六対一であるから、同家の山林地は上等地が多かったといえよう。また単純再生産か拡大再生産かは判断できないが、少なくとも再生産を可能にするだけの収益をあげていたことはまちがいないと思われる。

表4　年次別植林状況　（単位：本数）

年　次	場所数	植込数	補植数	合　計	杉と檜の区分	
					杉	檜
慶応元	1	8,200	—	8,200	8,200	—
2	2	2,250	1,600	3,850	3,120	730
3	4	4,920	1,210	6,130	5,070	1,060
4	4	10,495	2,595	13,090	9,330	3,760
明治2	7	1,600	10,040	11,640	9,770	1,870
3	8	32,080	1,450	33,530	26,480	7,050
4	8	11,040	7,170	18,210	14,280	3,930
5	5	8,230	5,900	14,130	10,290	3,840
6	8	11,400	1,447	12,847	8,207	4,640
7	6	48,300	1,550	49,850	43,350	6,500
8	3	39,180	4,200	43,380	38,460	4,920
9	3	4,800	3,120	7,920	6,810	1,110
10	2	6,000	—	6,000	4,560	1,440
11	7	13,500	600	14,100	12,800	1,300
12	6	480	3,150	3,630	3,190	440
13	4	19,250	80	19,330	17,890	1,440
14	5	14,760	3,020	17,780	16,520	1,260
15	14	34,660	5,310	39,970	37,710	2,260
16	3	—	5,680	5,680	5,680	—
17	2	340	400	740	320	420
18	12	9,042	3,910	12,952	10,820	2,132
19	1	8,680	—	8,680	8,680	—
20	6	34,740	400	35,140	31,080	4,060
21	6	24,990	3,000	27,990	24,450	3,540
22	5	7,950	4,130	12,080	10,780	1,300
23	7	19,250	1,740	20,990	18,010	2,980
24	5	10,830	670	11,500	9,410	2,090
25	2	2,680	300	2,980	2,400	580
合　計	146	389,647	72,672	462,319	397,667	64,652

出典：枡家「杉苗植附木数控」

伐出業経営

次に枡家の伐出業経営を考察しよう。残念ながら、近世後期の経営状況を示すまとまった文書がないので、次善の策として明治二〇～三〇年代を対象とする。使用文書は明治一二年（一八七九）起の「吾山林下伐り印附木数床扣見積り伐り賃」（以下「吾山林下伐帳」という）である。この文書は枡家が所有する山林の伐採の木数や床数・伐り賃等を記載したもので、枡家の経営状況を知るうえで貴重なものである。下伐りは間伐のことであるが、この帳面では必ずしも間伐だけではない。もちろん枡家の経営全般を記録したものではないが、年次によっては和歌山や大坂の問屋の仕切金額や材木の仕込費も記帳されているので、それらをもとに経営分析を試みよう。

表5は「吾山林下伐帳」からピックアップした年次ごとの伐採木数である。記載形式が一定せず判別しがたい年次があるが、前後等を勘案して筆者の方で判別した。なおこのなかには、他人山の伐採や立木の売却がごく一部入っている。床数しかわからない場合は木数と床数を併記した。春伐りは三月下旬から梅雨前まで、秋伐りは梅雨明けから晩秋までおこなわれる。春は下伐りが中心で、皆伐りは秋に多いのが通例である。したがって木数は春に多くなる。春伐り材はおおかた秋になってから川下しされる。夏の洪水を避けるのと和歌山流域で水田の灌漑用水が取られて、紀ノ川の水量が減って流筏が難しいからである。秋伐り材は冬から翌年春にかけて川下しされる。したがって収支の決算は年度計算となる。

伐採量は傾向としては次第に増加し、明治三五年（一九〇二）から四〇年をピークとする。この時期は日本資本主義の興隆期であり、とりわけ「明治中期以降林産物需要は急激に増大していった」[33]。枡家の伐採量の増加も全国的な趨勢に対応している。

「吾山林下伐帳」には、時折り収支計算書が記入されているので、二つの収支計算書をあげておこう。

明治三一年度（表6）の収支残高は一一〇四円四一銭一厘、収入に対して三一・四％である。明治四四年度（表

7）の残高は二一六円二〇銭一厘、収入に対して五二・五%となる。収入はすべて問屋の仕切であるから、すでに筏の乗り賃や問屋口銭など流通経費が差し引かれている。仕切金から仕込経費を差し引いた額（ここでは残高）が純利益となる。二つとも高い利益率である。この勘定で決定的なことは、これには山代（材木購入費）が入って

表5　自家山林伐採状況

年　次	伐採木数
明治12春	2,310
13春	275
14春	1,045
15春	780
16春	1,507
17春	1,760
18春秋	2,861
19春	4,544
20春	6,311
21春	4,378
22春秋	7,227
23春秋	6,169
24春秋	11,344
25春秋	2,978
26春秋	10,013
27春	8,434
28春秋	13,589
29春	5,940
30春	8,977
31春秋	15,753
32春秋	8,082
33春秋	12,563
34春秋	1,967
35春秋	22,671 297床
36春秋	8,907
37春秋	13,661
38春秋	9,451
39春	8,865
40春秋	14,564
41春	5,752
42春秋	6,941
43春	5,130
44春秋	4,259
45春秋	5,899

出典：「吾山林下伐り印附木数床扣見積り伐り賃」
注：35・45年は木数と床数の合計が伐採数。

表6　明治31年度収支計算帳

〈収入の部〉　（単位：円）

金　額	摘　　要
1790.163	春伐り材仕切状
1613.685	秋伐り材仕切状
3403.848	合計

〈支出の部〉　（単位：円）

金　額	摘　　要
800	植附け山林に対する修理費
697.2	自分修繕に付費用
152.584	下刈り費・伐り賃
117.9	小切り・ふし打ち賃
389.253	出し賃・筏からみ賃
132.5	藤36駄
10	掛費
2299.437	合計
1104.411	差引残高（利益）（32.4%）

出典：「吾山林下伐り印附木数床扣見積り伐り賃」

表7　明治44年度自分山下伐材収支計算帳

〈収入の部〉　（単位：円）

金　額	摘　　要
411.901	木数1,480本（38床）　大阪富士田仕切

〈支出の部〉　（単位：円）

金　額	摘　　要
4	檜印附
15	伐り賃
90	出し賃
11.7	小切り賃
17.5	ふし打ち賃
22.5	筏からみ賃
25	藤代
2.4	筏印入れ賃
2.1	刻印入れ賃（3工）
4	道打ち賃
1.5	東川区補助
195.7	合計
216.201	差引残高（利益）（52.5%）

出典：「吾山林下伐り印附木数床扣見積り伐り賃」

いないことである。その理由は、枡家が自家山林を伐採しているからで、山代がいらないということは、それだけ資金が少なくてすむということである。「吾山林下伐帳」には山代や借入金、そして利息の記帳がない。自己資金で事業を営んでいたからであろう。

勿論、自家山林を伐採して売却しているだけでは、すぐに山林は枯渇してしまう。再生産を可能にするためには、跡山に植林しなければならないし、植林後は下草刈りや枝打ち等の保育費用がかかる。利益のなかからその費用が支出される。枡家が年々植林していたことは前述の通りである。

表8　雇用状況

年　次	総労働日	延人数	実人数	月10日以上
弘化2	992日（自分山）	142人	51人	5人
嘉永3	1450日 （自分山　746.5日） （出作山　703.5日）	215	65	4人
嘉永5	620日（出作山）	152	47	0

出典：弘化2年「日雇帳」、嘉永3年「日雇帳」「出作日雇帳」、嘉永5年「出作日雇帳」

雇用状況

雇用の側面から枡家の経営を見てみよう。同家に残されている、弘化二年（一八四五）の「日雇帳」、嘉永三年（一八五〇）の「日雇帳」と「出作日雇帳」、同五年の「出作日雇帳」の四冊をまとめたのが表8である。

枡家の林業労働が自分山の仕事と出作山（しゅっさくやま）の仕事に大別されていることに注目しなければならない。出作山とは山守をしている山林である。両者の割合はほぼ半々、少し自分山の方が多いという程度である。同家の林業経営に占める山守の比重の大きさを示している。

年間総労働日は一〇〇〇日前後である。月平均して一〇〇日前後となる。この内訳は、自分山の植林と保育、購入した他人山の仕出し、出作山の植林と保育からなっている。年間のべ雇用者数は一〇〇人を超える。嘉永三年は自分山と出作山の両方があるから二〇〇人を超えている。こうなると専属の労働者を抱えなければならない。

年間平均して月のうち一〇日を超える労働者は専属とみなしてよいのではないか。泉英二氏は年間一〇〇日以上を専属的としたが(34)、妥当な判断である。

嘉永三年の「日雇帳」と「出作日雇帳」とを人別・月別にまとめたのが表9である。まず源助は当主である。当主の労働日数は、雇用労働者に比して多くはないが、少なくもない。枡家のような大商人でも、労働者と一緒になって林業労働に従事している。大商人といえども、自分も家族も林業労働に従事

表9　嘉永3年人別労働日数

名　　前	労働日数	合　　計
源　助	60.5 16	76.5(6.38)
善三郎	92.5 95	187.5(15.63)
源三郎	101.5 73.5	175 (14.59)
半　七	58.5 55.5	114 (9.5)
四郎右衛門	56.5 57	113.5(9.46)
長右衛門	44.5 55	99.5(8.29)
善三郎以下5人の小計	353.5 336	689.5(1人当り年間137.9日)
武右衛門	49.5 29.5	79 (6.58)
久兵衛	29 26.5	55.5(4.63)
梅　松	17.5 37	54.5(4.54)
弥十郎	25 24.5	49.5(4.13)
松之助	15.5 34	49.5(4.13)
太郎吉	8.5 40.5	49 (4.08)
八右衛門	16.5 28	44.5(3.71)
武右衛門以下7人の小計	161.5 220	381.5(1人当り年間54.5日)
その他52人	171 131.5	302.5(1人当り年間5.82日)
合　　計	746.5 703.5	1450 (1人当り年間22.31日)

出典：枡家文書「日雇帳」「出作日雇帳」
注1：労働日数欄の上段は自分(源助)山の労働日数、下段は出作山の労働日数。
　2：各人の合計欄の(　)は月平均労働日数。
　3：4月で2工、5月で20.5工、9月で5工の重複を除いている。

したのであって、家族労働を使っているかどうかは、材木商人の階層を判断する基準にはなり得ないのである。

表9にあげた善三郎以下四人は年間労働日が一〇〇日を超えており、長右衛門も一〇〇日と見なしてもよいだろう。しかもほとんど毎月出勤している。これをもってこの五人は専属の労働者と見なすことができる。仕事の内容も部分的なものではなく、全般的なものである。

残りの五九人はいわゆるパート労働者である。そのなかでも数十日働く数人は全般的な仕事に従事している。準専属と見てもよいだろう。他の者は、伐採・小切り・搬出などの伐出労働、地明け・下草刈り・ふし打ち（枝打ち）などの育林労働、筏結い・筏洗い（これは主として女子労働で、たわしや砂で筏をきれいに洗う）などの流筏労働の補助となっている。なかには源助に同行して秘書的な仕事に従事する者もある。植林は専属・準専属の労働者の仕事である。流筏は専門の筏士の仕事であって、中継問屋が手配するもので、枡家が雇用するものではない。

先に見た春増家の雇用数に比べると少ないが、年間一〇〇人を超える労働者を雇用する枡家も大商人であることには変わりはない。

経営分析

「吾山林下伐帳」を記帳した枡源内は、明治三三年（一九〇〇）・三七年・四〇年の三回にわたって、明治二四年からの長期決算を試みている。四〇年の決算を考察しよう（表10参照）。

まず収入としては、自家山林からの伐採材の収入、枡家の山地を借地している立木所有者から伐採時に入る歩口金、立木や山地の売却収入がある。この三つが山林経営と伐出経営からの主要な収入である。落ちているものがあるとすれば、貸し金の利息収入である。金融業もおこなっていたことは支出から知られるが、当主の源次氏もそのことは聞いているという。

支出はまず事業費と家政費とに大別される。事業費では、山林植付費は植林と保育など山林経営にかかわる費用であり、山林仕込費は伐採・搬出・筏編成などの伐出業にかかわる費用である。表6と表7の支出がその具体的な内容である。事業費のなかで大きな比重を占める山林買入投資額は枡家の山林購入費であって、「山林買入投資額」という説明から所有のために購入したものと考えられるが、伐出しのために購入したものも入っていると見てもよいだろう。表10は帳面通りにまとめたものであって、それ以上のことはわからない。山林植付費と山

表10　明治24—40年度の収支計算帳

〈収入の部〉

（単位：円）

金　額	摘　　　要	
40,552.66	明治24—40年12月　吾山林抜伐皆抜總収入	
3,142.01	明治30—40年12月　歩口銀受取高	
16,757	明治24—41年７月　山林地上権・土地売渡高	
60,451.68	合　　計	①

〈支出の部〉

金　額	摘　　　要	
6,297.16	明治24—41年　山林植附費	（A）
2,992.66	明治24—41年　山林仕込費	（B）
1,643.18	明治30—40年12月　税金・特別税	（C）
7,325	明治24—41年12月　山林買入投資額	（D）
2,688.56	明治26—41年　下多古大前家貸し金	（E）
8,000	明治36—41年　金谷家（別家）貸し金	（F）
1,100	松本・森本他貸し金	（G）
18,258.00	山林関係費（A＋B＋C＋D）	②
11,788.56	貸し金計（E＋F＋G）	③
30,046.56	営業費計（②＋③）	④
10,201.74	明治24年11月以降買物費・治療費・新築費	（H）
9,291.52	明治24—40年　経常費	（I）
2,200	２人分教育費	（J）
21,693.26	家政費計（H＋I＋J）	⑤
51,739.82	支出合計（④＋⑤）	⑥
30,405.12	営業残高（利益）（①—④））	50.3％
8,711.85	残高（①—⑥）	

出典：枡家「吾山林下伐り印附木数床控見積り伐り賃」
注１：貸し金に対する返済が記載されていない。
　２：厘以下は四捨五入したので合計が１厘合わないこともある。

林買入投資額とが、自家山林の伐り出しを主としていた同家にとって再生産を維持するための不可欠な支出である。

特別税とは、近世の口役銀や岩出口銀の歴史を受け継ぐもので、維新期には開産金となり、川上村では明治二七年（一八九四）から木材移出特別税として施行された税制である。吉野郡各村でも制定され、税率は五％であった。平成元年（一九八九）四月に消費税の導入にともない廃止された。

前述の通り、この計算書でも山代の記入がない。山林買入投資額のなかに含めているのかも知れない。他人山を購入して伐り出しをしていることは他の史料からもわかっていることであるが、自家山林の伐り出しを主体とした経営であることにはまちがいない。また、支出のなかに支払利息がないことも同家の大きな強みである。過去の蓄積があったからで、化政期の努力が大きな効果を発揮したのである。

この他に貸金がある。帳面には四人の名前があがっているが、金谷と大前の二人は親族である。金谷への貸金は別家にともなう貸金であり、商売上の貸金とは性格が異なる。あとの二人とその他は純然たる融資先であろう。枡家が金融業もおこなっていたことは次の史料から明らかである。

借用申銀子之事

一、金三両也

此り壱ヶ月百目ニ付壱匁五分宛相加へ申候

右之銀子此度我等要用ニ付慥ニ借用申所実正也、尤銀子返済之義ハ来ル九月廿日迄ニ元利共無滞返済可仕候、此引当として筏弐拾四床当秋差送り候間右之筏御勝手ニ御売払元利共御引取可被下候、為後日之銀子借用證文仍而如件

嘉永五年　　　　　　銀子借用主

子五月日

井戸村
新十良 ㊞

東川源助殿

（川上村東川・枡家文書）

購入した丸太を筏に組んで枡家の前川に送り、同家によって然るべき問屋へ売りつけ、その仕切銀で元利を精算するやり方は、材木問屋から借用するさいの一般的な方法である。この種の証文が枡家文書に残されている。同家が金融業も営んでいたことを証明するものであり、大商人であることの証左でもある。

家政費については特段ふれる必要がない。

経営の特徴

以上のことから枡家の経営の特徴をあげると、次のようになる。

(1)山林業と伐出業を兼営している。
(2)山守も兼務している。
(3)自家山林からの伐り出しを主としている。
(4)豊富な雇用労働に依拠している。
(5)自己資金による経営がおこなわれ、利息の圧力がかからない。
(6)利潤率が高く、そのために山林の再生産にも投資している。
(7)金融業にも手を伸ばしている。

枡家のこのような特徴は、山元の大材木商人であることを示すものであるが、これは中流域の材木問屋を兼営する材木商人とは異なる。

第六節　盛口家の経営分析

盛口家は東吉野村小（おむら）に代々居住する材木商人である。東吉野村は吉野郡の東北部に位置し、高見川流域を範囲とする。同村は川上村や黒滝村とならんで吉野林業地帯を形成し、出材量は川上村につぐ。

同家は吉野林業地帯では重きをなした材木商人で、吉野材木方の運営にも深くかかわってきた[35]。材木方文書で「小村平右衛門」「小村和兵衛」とあるのは同家の先祖である。同家一八世と伝えられる盛口平治は、明治一七年（一八八四）連合戸長役場が設置されたさいには戸長となり、町村制施行後の明治三〇年には小川村長も勤めた。また、明治二二年には静岡県から、翌二三年には島根県から林業巡回教師を委嘱された。とくに静岡県での講話を収録した『吉野林業法』[36]は明治二三年静岡県から出版されており、これは『挿画吉野林業全書』に先立つもので、吉野林業に関する最も早い時期の著述である。同家も山林業と伐出業を兼営しており、また北村家の山守を兼務してきた。

山林所有

明治一〇年（一八七七）の調査（「山林相続帳」）によると、盛口家の山林所有は五八筆、面積にして一三町一反七畝四歩、立木はおよそ二三三、五〇〇本余となっている。そのほとんどが上等地である。この他に一反八畝一〇歩の柴山と五畝一七歩の共有山がある。これらは立木土地共の所有で、所在地は全て居村である小に限られている。他に立木だけの所有は一六ヶ所で、面積・立木数とも不明である。一六ヶ所のうち他村にあるのは七ヶ所で、同家の山林所有は居村を中心としたものであることがわかる。

所有山林が一三町歩余というのは、それほど大きなものではない。しかもそれが五八筆に分かれているのは、一筆ごとの面積が小さいことであって、最小は八歩、最大で一町一反余である。ここでも吉野林業の特徴である小区画施業が貫かれている。

いかに零細であっても、山林を所有することの意義は小さくない。山村にあっては、階層区分＝村内の位置は山林所有によるからである。

盛口家は、山林所有者として毎年自家用の杉・檜苗を栽培しており、断片的な資料であるが、明治四～五年に約三二、〇〇〇本、一一～一二年に一二、〇〇〇本、一三～一四年に一三、〇〇〇本の植林をおこなっている（「山林相続帳」）。

山林の売買

だが、山林所有は安定したものではなかった。表11は「山林相続帳」をまとめたものである。四年分欠けているのは、売却がなかったか、記入がなかったかである。「組合せ・その他」とあるのは、立木や地所、歩口金等が組み合わされているものである。

前半の一〇年代はほとんどが立木（山林）の売却である。立木の年季売りは吉野林業地帯の一般的な現象であって、それをもって林業経営の破綻と見るべきではない。これに反して後半の二〇年代は地所の売却が多くなる。地所の売却でも立木一代限りといった年季売りは、立木を皆伐するまで他人に貸与することであって、売却時の先払い地代と伐採時の歩口金（後払い地代）を取得できるから、それだけで直ちに経営の破綻を云々すべきではない。しかし、地所の永代売りは明らかに経営の縮小である。「山林相続帳」では売却の中身がわからないが、明治二八年（一八九五）になって、同家の立木地所共の所有が一七ヶ所に減少したことを見ると、一〇年代の立木の売却と二〇年代の地所の売却（永代売りとみてよい）は、明らかに同家の経営の後退を示すものであったといえ

表11　年次別山林等売却状況　（単位：円）

年次	山　林	土　地	歩口金	組合・その他	抵　当	合　計
明10	799.00(12)					799.00(12)
11	217.00(４)		70.00(７)	※　(２)	223.30(10)	※ 510.30(23)
12	45.00(１)				647.54(25)	692.54(26)
13	210.00(６)					210.00(6)
14	※　70.00(３)				72.50(１)	※ 142.50(4)
16	700.00(５)			1300.00(６)		2000.00(11)
19	※　(１)			180.00(３)		※ 180.00(4)
20	270.00(10)					270.00(10)
21	167.60(２)	15.00(１)				182.60(3)
22	600.00(16)	284.25(11)				884.25(27)
23		34.00(２)				34.00(2)
24	12.50(２)	115.00(１)				127.50(3)
25	48.00(１)					48.00(1)
26		81.00(３)				81.00(3)
28	192.00(３)	327.00(37)		68.00(５)		587.00(45)
合計	※3331.10(66)	856.25(55)	70.00(７)	※1548.00(16)	943.34(36)	※6748.69(180)

出典：盛口家「山林相続帳」

注１：(　)内の数字は場所数を表す。

２：※印は金額の無記入のものがあることを表す。

３：組合は山林・土地・歩口金等が組み合わせで売却されたもの、その他は年季の延長である。

表12　年次別歩口金受取額　（単位：円）

年　次	金　額
明治10	2.66
11	17.26
12	27.523
13	25.155
14	44.2
19	185.2
22	1.046
23	4.296

出典：盛口家「山林相続帳」

る。

これを別の側面から見てみよう。表12は「山林相続帳」からまとめた年次別の歩口金の受取高である。立木所有者の伐採計画によって歩口金額が変動するから、年々の受取高だけで単純に判断を下せないが、明治一九年をピークにして減少傾向にある。歩口金の受取高の減少は、歩口金取得権の売却か地所の永代売りの結果である。地所を永代で売却すれば歩口銀取得の権利は消滅する。

なおこの期間（明治一〇〜二八年）に、同家が購入した山林は四回・六ヶ所、買い戻した山林は八回・一七ヶ所、抵当物件を請け戻したのは二回・四ヶ所（立木が一ヶ所、畑・柴草山・歩口金をあわせて三ヶ所）にすぎず、それも明治二二年以降は皆無である。盛口家はこの期間、明らかに山林経営から後退を余儀なくされ、経営の比重を山林経営から伐出業にシフトせざるを得なかった。

伐出業経営

次に盛口家の伐出業経営を考察しよう。表13は同家の「山林売買帳」をまとめたものである。

ここに記載されたものは全て同家が伐り出して販売したものである。九・一〇・一七・一八年の記入がない理由はわからない。二〇～三〇年は部分的な記入しかないので、集計からはずした。損失が出たのは七・八・一九年の三回で、そのうち七年の損失は同家にとって大きな痛手であったろう。それ以降、経営の仕方が変化した。それを見るために作成したのが表14である。

二つの表と「山林売買帳」から判明することを列挙する。

(1)傾向としては材木の売買が逓増している。

(2)一件あたりの購入額は数十円から四〇〇円程度の零細なものがほとんどで、なかには六円というものもある。一〇〇〇円以上というのは三件だけである。

(3)伐り出すために購入した山林は全て現東吉野村内に限られており、居村を中心とした範囲の取り引きである。

(4)一一年度を除いて利益率は概して低く、営業実態はきわめて不安定である。

(5)一一年度の自分山の伐り出しは七年度の大きな損失の穴埋めと考えられる。

(6)大損をした後は仲間で伐り出すようになっている。

次に自分山と他人山の伐り出しを比較するために作成したのが表15である。自分山は一四年度に伐り出した三尾村の山林で、他人山は一二年度に伐り出した杉谷村の山林である。いずれも現在の東吉野村である。山代が必要であるかないか、利息がどれほどか、その結果として利益がどう違うかが比較の対象になる。両者の差異は明確である。

自分山には当然山代がいらない。したがって資金が少なくてすむから、自己資金で賄いやすく、利息の圧力はない。だが、自分山を伐り出した場合は、利益から跡地への植林とその後の保育をしなければ、再生産がおこなわれないことになり、結局は経営基盤を限りなく縮小していくことになる。

表13　年次別材木売買状況

年　次	場所数	入　金	出　金	差引残高	利益率
明治5	13	422.785	344.298	78.487	18.6
6	15	620.846	587.05	33.796	5.4
7	4	52.233	45.303	6.93	13.3
		2552.37	3243.83	▲ 691.46	—
8	数ヶ所	283.65	294.67	▲ 11.02	—
11	10	583.13	338.58	244.55	41.9
12	8	821.91	805.93	15.98	1.9
13	14	2397.7	2027.25	370.45	15.5
14	8（1）	2450.44	2240.17	210.27	8.6
15	2（1）	777.28	638.34	138.94	17.9
16	8（1）	2429.49	2325.42	104.07	4.3
19	2（1）	42.18	48.14	▲ 5.96	—

出典：盛口家「山林売買帳」
注1：（　）は売買金額の不明な山林。
　2：▲は損失を表す。
　3：（入金－出金）を入金で除したものを利益率とした。
　4：点線より上の単位は貫目、下は円である。

表14　年次別所有山林の伐り出し及び損益

年　次	場所数	自分山	仲間山	他人山	利　益
明治5	13	2		11	78.487
6	15	4		11	33.796
7	4			4	6.93
					▲ 691.46
8	数ヶ所		数ヶ所		▲ 11.02
11	10	6	3	1	244.55
12	8		2	6	15.98
13	14		10	4	370.45
14	8		6	2	210.27
15	2		2		138.94
16	8	1	6	1	104.07
19	2	1	1		▲ 5.96

出典：盛口家「山林売買帳」
注1：自分山とは自家所有山林の伐り出し、仲間山とは仲間と共同した伐り出し、他人山とは他人所有の山林を伐り出すこと。
　2：場所数から自分山と仲間山を差し引いた数を他人山とみなす。
　3：利益は表13の残高である。
　4：点線より上の単位は貫目、下は円である。

表15　自分山と他人山の損益比較

（単位：円）

項　目	自分山	他人山
山　代	—	70
仕込費	62.895	105.336
利　息	1.231	34.82
計	64.126	210.156
入　金	87.544	218.2
利　益	23.418	8.044
利益率	26.75 ％	3.69 ％

出典：盛口家「山林売買帳」

注：自分山明治14年度に三尾村領での伐り出し、他人山は同12年度の杉谷村領での伐り出し。

他人山の場合は、購入資金が必要になるから、どうしても資金が大きくなり、中小の材木商人は借入金に依存せざるを得ない。そうなれば利息が掛かる。このケースで、もし利息が掛からないと仮定すると、利益は四二円八六銭となり、利益率は一九・六％になり、自分山の場合に接近する。

この点をさらに詳しく分析するために、一二年秋から翌年春にかけて谷尻村の谷奥山ほか三ヶ所を伐り出した時の収支を書

表16　谷奥山他３ヶ所山収支明細表

〈支出の部〉

（単位：円）

月　日	金　額	摘　要
11.14	110	谷奥山代金の半金
	65	滝尾迫他２ヶ所山代金
	28	上記利息　６月まで８ヶ月２分
4.10	115	谷奥山代金の残半金
	6.9	上記利息　６月まで６ヶ月２分
	324.9	山代金合計
11.15	10	谷奥山出し賃
12.9	7	同上
2.7	5	同上
	3.08	上記利息　12～６月　７ヶ月
2.7	12	その他山出し賃
	1.2	上記利息　６月まで５ヶ月
5.5	5.415	滝尾迫出し賃
	0.75	雑費
	0.246	上記利息　２ヶ月
平均５月出	60.594	谷尻川運賃
	2.42	２ヶ月分利息
	8.41	伊豆尾川中乗り
	4.2	藤代
	8.97	上市まで中乗り　９工
	0.9	雑費
	2.35	土場賃
	132.535	仕込金合計
	457.435	支出合計

〈収入の部〉

月　日	金　額	摘　要
6.2	195.532	１番20床仕切金
	158.486	２番20床仕切金
6.30	101.6	３番19床仕切金
	455.618	仕切金合計
差引残高　▲１円81銭７厘不足		

出典：盛口家「山林売買帳」

き上げたのが表16である。これは伐採された丸太を購入したもので、伐り賃が計上されていないのはそのためである。個人の仕出しである。

三ヶ所の山代金（丸太代）二九〇円が一一月と四月の二回に分けて支払われている。資金は借入金を当てたので、利息が合わせて三四円九〇銭かかっている。搬出・川下げ・筏からみ用藤・土場（筏からみ場）等の仕込賃には、仕切金を入手して支払うので、それまでの利息が六円九四銭六厘掛かっている。支出合計四五七円四三銭五厘の中で利息は四一円八四銭六厘を占め、率にすると九・一％となる。

これに対して仕切金は六月二日に一番と二番仕切金を、三〇日に三番仕切金を受け取っており、その合計額は四五五円六一銭八厘である。最初の山代を支払ってから最初の仕切金を受け取るまでに六ヶ月余、全部受け取ったのは七ヶ月余の後であった。借入金で商売をする者にはつらい時間である。収支決算では一円八一銭七厘の赤字となった。

自己資金で伐り出していれば、利息分は利益になるはずであった。

一一月一四日の山代の金策と思われるものが「山林相続帳」にある。一一月一四日付で一一〇円借用している。(37)借入先は吉野川中流域の商人である北村家である。

借入金をもって山林の伐り出しをおこない、赤字決算を招来しては、まず抵当山林の請け戻しは不可能である。大多数の山元の材木商人は豊かな自己資金で材木を伐り出しているのではなく、先行きを見込んで吉野川中流域の材木問屋や大山林所有者、あるいは和歌山・大坂等の材木問屋から融資を受けて事業をおこなっていた。だから損失時のリスクは大きい。盛口家の負債は、明治一二年一月で三五七円二〇銭、一三年二月で七二二円、一四年三月で七九一円、一五年二月で七七四円と膨らんでいった。

筆者は借入金の利息の圧力が大きいのと材木相場の変動が、材木商人への重圧になっていたと考えている。その他に流通経費高や洪水による筏の流失等も材木商人に打撃を与えた。小農型林業の挫折というなら、笠井氏のいう「小農民的育林業の挫折」よりも、むしろ材木商人の経営破綻にその原因を求めるべきである。

農業経営

盛口家にとって農業のもつ意義はきわめて大きい。天保飢饉の翌年の八年（一八三七）に、森口和兵衛（盛口となるのは明治以降）は、「五穀大切に致し、猶又右等の時（不作で米高――筆者）の手当のため大体壱軒分に麦壱石稗壱石宛続置申すべき事、右を拾年続け候えば弐拾石出来候故、大家にても壱ヶ年は清々相成候間油断なく続置申さるべく候[38]」と家人に戒めている。山元の材木商人にとっては、農業は単なる家計補助ではなく、零細な経営を補強するものである。

農業経営の状況を記帳した「歳々農徳帳」が残されており、それによると、同家は、明治一〇年には畑五反六畝一七歩、田二反二三歩、合計七反七畝一〇歩を所有していた。これは小村では最上位にランクされる。また数少ない水田所有者でもある。

農業経営の状況は明治五年から記入されている。そのうち支出が整理されている年度をとりだしたのが表17である。

ことわっておくが、ここにあげられた価格は全てがはそのまま市場で実現されたものではなく、時価で換算されたものもあって、農産物の大半は自家用である。したがって厳密にいえば、経営といえるほどのものではないかもしれない。しかし収支が逆転して赤字になれば、ただでさえ苦しい伐出業をいっそう圧迫することになるが、支出をつぐなってなお余りある状況は、家族の日常生活を支えることを可能にしている。

表18は二一・二二年の農業生産の内容を示すもので、両年をなんらかの「事故により合算」している。畑作物

が中心で、田作物は米だけである。飯米を自家で生産できるのはこの地方では稀有なことである。杉・檜苗は、多少とも山林を所有する家では自家山林に植林するために栽培した。ただし、この年は杉・檜苗を販売している。実綿や楮はやがて養蚕にとってかわられるが、楮は吉野川・高見川流域の重要な産物であり、中農以上の家にはたいてい紙を漉くための紙屋と称する板の間があった。この年度は楮の収穫はないが、同家ではこの後もしばらく楮の栽培を続けている。

養蚕は明治一九〜二〇年頃から始まった。盛口家でも養蚕に対する積極的な投資が見られた。「歳々農徳帳」には、養蚕について、「桑園ハ明治十九年十二月創メテ植養シ漸次年ニ至リ桑園ナル、前記ノ利益ヲ得ル而已ナラ

表17　年次別農業収益表

（単位：円）

年　次	収　入	支　出	差引残高
明治　19	62.823	22.65	40.173
20	50.592	30.589	20.003
21・22	118.5	66.638	51.862
23	83.098	39.184	43.914
24	74.048	33.075	40.973
25	103.81	32.336	71.474

出典：盛口家「歳々農徳帳」

表18　明治21・22年度農業経営の明細

（単位：円）

収　入		支　出	
金　額	項　目	金　額	項　目
8.25	杉檜苗代金	23.488	公租公課
15	米３石	25	賃金（250工概算）
27	麦・小麦９石	18.15	肥料代
8	茶60貫		
11.39	豆類６斗３升		
14.3	雑穀・野菜		
11.44	実綿６貫500目		
18.92	22年度春夏蚕		
4.2	茶山小作料		
118.5	合　計	66.638	合　計

出典：盛口家「歳々農徳帳」

ズ目下畑ニ繁茂セルモノナレバ将来自家ノ生計上ニ利益ヲ起スモノナラン、依テ明年ヨリハ畑収穫物ト同様ニ致シ養蚕盡太之限自家之基本トナシ得ルモノ也」と述べられている。

育林業や伐出業からの収入のみに依存できない材木商人は、紙漉や養蚕などの農産加工業にも強い関心を示し、積極的に取り入れようとした。彼らは養蚕の導入でも村の先駆層であった。盛口家と同じ小の木谷藤一郎は、明治一九年六月、「興業救民之儀に付上言」を宇智・吉野郡役所に提出して、養蚕に対する保護と助力を申請した。(39)彼はこの頃、小川郷材木組合の議員に選出されており、名のある材木商人であった。山田盛太郎は養蚕業について、「これが自作農の中堅を、即ち、中農の上層部分を、破綻から救ひ支える唯一の柱(40)」と評価している。吉野林業地帯でも、養蚕業が零細な林業経営を支えたのであった。

収入では他に茶山小作料が注目される。手余地を小作に出していたのであろう。平坦部のような地主ではない。支出では、賃金が最大の支出項目であり、二五〇工（二五〇労働日）と概算されている。なかでも米作りと養蚕に多くの労働力が投入されるが、これは雇用労働であって、家族労働は入っていないと思われる。入っていればこの程度ではすまないからである。山林労働者の家庭では、男性は山林労働に従事し、女性は農業労働に携わる。男性でも、天候が悪くて山に行けない日には畑仕事をするし、男女とも他家に雇われもする。彼らはそのようにして家計を維持したのである。

経営の評価

盛口家の経営の評価は次のようにいえる。

(1)林業と伐出業を兼営している。

(2)山守も兼務している。

(3)その経営規模は小さい。

(4)自己資金が足りないので、問屋等からの借入金に依存せざるを得ず、そのために利息の圧力を強く受けている。

(5)経営基盤を山林業から伐出業にシフトすることを余儀なくされている。

(6)経営における農業の比重が大きく、養蚕への積極的な投資が見られる。その意味では農林家もしくは林農家である。

農業経営では、川上村と東吉野村とでは地勢的な違いがある。川上村は地勢が急峻で、とくに川筋にはほとんど耕地がない。東吉野村には小盆地や緩斜面、川の氾濫原に耕地が開けている。

考察の対象となった時期は、盛口家にとって所有山林（立木土地共）の多くを手放すことを余儀なくされた時期である。同家はその後、上市の北村又左衛門家の山守になる。最初は、山林を村外者に売り渡した者がその山林の管理を委託されたのであるが、のちになると山守職が売買の対象になり、村内の少数者に集中するようになった。山守はそれが専業でなく、材木商人が本業である。筆者が兼務と称するのはその故である。自分が山守をしている山林が伐採されたときは、優先的に購入することができた。山守は山林を管理するために林業労働者を雇用したので、地域の支配層でもあった。盛口家は山林経営では後退を余儀なくされたけれども、依然として中材木商人であり、地域における支配層としての地位に変化はなかった。

盛口家は、これまで見てきた川上村の春増家や枡家に比べて、経営基盤は小さいけれども、材木方における役割や貢献度は前二者よりもはるかに大きかった。泉英二氏のいう近世後期には材木方のイニシアティブが「小前商人」に移ったということは、このような実態を想定していると思われるが、盛口家のような材木商人を「小前商人」とすることはできない。さりとて資本規模と経営実態から「重立商人」とはいえない。中商人という概念を措定しなければならない必然性がそこにあるのである。

小括

以上から検出される材木商人の一般的特徴をまとめると次のようになる。

材木商人には、北村家や土倉家のような超大商人を頂点として、細杭や杉皮等を扱う小商人にいたるまで、多様な階層がある。奥郷の材木商人に限っていえば、大商人と小商人の二つの階層区分だけでは十分でない。階層の上下を決定するのは、山林所有と営業資金の性格である。山林を所有し自己資金をもって伐出業を経営する商人を大商人とし、山林をそれほど所有せず、自己資金の不足部分を所有山林や仕込み丸太を抵当にして問屋からの前貸金の融通を受けて伐出業を営む商人を中商人とし、山林をほとんど所有せず、もっぱら問屋等の前貸金に依拠して伐出業を営む商人を小商人とする。もちろんこの間に判然とした線引きなどはできないが、階層区分の一応のメルクマールにはなる。また営業資金の性格は山林所有の程度と深くかかわっており、自己資金の基礎にあるのは山林所有である。

大商人を重立商人とし、小商人を小前商人とすることは歴史的に承認された呼称であるが、材木商人文書では必ずしも階層を正確に表しているとはいえないので、大中小で呼ぶことにした。原文書や他人の論文等を引く場合には「　」をつけた。本章では、枡家が大商人に、盛口家は中商人に位置づけられる。

近世以来、吉野林業は発展してきたが、その内部で絶えず材木商人の没落と生成が繰り返されてきた。その最大の契機は材木相場の投機性と借入金利息の圧力である。

伐出業にあっては、相場の変動が最大のリスクである。販売は和歌山・大坂の市売問屋に委託され、市場で日々せりにかけられる。季節、天候、社会的事変等の影響を受けやすく、相場は安定しなかった。材木は投機性の強い商品であるから、時には大儲けすることもあり得るし、逆に大損をすることも間々あった。材木業者が、「一夜長者で一夜乞食」とか「材木屋に三代の繁盛なし」といわれる所以である。また、輸送途中の、洪水による流失・盗難等のリスクも無視できない要素である。

しかも買い付け（伐採）から市場で販売されるまで数ヶ月の日数を要する。山元では筏の藤掛け（筏の柵み）時に材木代銀を皆済しなければならないから、仕切金を受け取るまでに数ヶ月かかる。自己資金で営業する商人はまだしも、利息のついた借入金に依存している商人にはこの間の利息は大きな圧力である。往々にして利息に取られて利益を出せないことがある。所有山林を抵当に出せる間はよいが、それすらなくなれば、事業の縮小・倒産に陥らざるを得ない。マルクスは、資本主義以前の小生産者について、「個々に見れば、小生産者にとっての生産条件の維持または喪失は無数の偶然事にかかっており、また、このような偶然または喪失のそれぞれが貧窮化を意味していて、高利寄生虫が付着できる点になる。小農民にとっては、ただ一頭の牛がたおれただけでも、彼の再生産をこれまでの規模で再開することができなくなるのに十分である。そこで彼は高利のとりこになるのであり、一度そうなれば再び自由になることはけっしてできないのである[41]」と述べている。「無数の偶然事」には、当主の病気や若死にもある。このような経済外的な諸事件は経営基盤の弱い商人には決定的な致命傷になるのである。

しかし彼らはしぶとく生き残ったのであって、ただちに林業労働者に転落したのではなく、材木商人であり続けた。彼らを支えたのは農業経営と自家労働という小生産の強みであった。勿論、山林労働者になった者や離村した者もいた。

没落する者があれば、生成する者もある。吉野林業地帯は小区画・多間伐施業であって、小径木が商品となり得たから、零細な商いが可能であった。少々の才覚があれば、誰でも手が出せた。山元における材木の入札の場に村外者を入れないという村落共同体の規制が彼らを保護した。また流通機構も小商人を助けた。材木方は無株の同業組合であって閉鎖的でなかったし、筏も共同して編成することができたからである。

しかし、近世において最も先進的な民営林業のシステムを構築しながら、なぜ地元の農民が山林を所有して伐出業をおこなう小農型林業が変質させられ、村外者による大山林所有制が一般化したのか。これこそ吉野林業史の最大の問題である。

笠井恭悦氏は小農民的育林業が挫折した原因を次のようにあげている。[42]

(1)農業によって生活を維持しながら育林業をいとなんでいく条件に欠けていた。

(2)育林業の長期性から初期に投下した資本の回収が後年になり、したがって拡大再生産の実現が困難である。

(3)地元の伐出業者や木材商人が村外の特権的木材問屋の前貸支配のもとにおかれて、大きく成長することができなかった。

(4)幕府と紀州藩による木材課税が苛酷で、代官所や藩と結びついた特権商人に苛税を転嫁せられて地元民の林業は発展の途を閉ざされた。

(5)せめて土地だけは確保しようと努力した（裏返しにいえば、それに安住したということか）。

笠井氏のいう(1)と(2)は、いわば日本の林業の宿命とでもいうべきことであって、たしかに林業経営にとって困難な条件である。だが、それを過大にみると、最初から農民的林業は成立し得ないことになる。そのような悪条件を克服するために、吉野の百姓は小区画施業・多間伐・小径木売買というシステムを編み出したのである。いうなれば小百姓の身の丈に合った林業である。筆者はこれを小農型林業とよぶ。山林の売買も当初は村内でおこなわれるのが一般的であった。そして百姓のなかから材木商人が出てくる。彼らが村内で山林を集積していく。井戸村の松屋治右衛門家、東川村の舛屋源助家などはその典型である。彼らが山林を集積する限りでは、小農型林業に質的変化をきたすものではない。

だが松屋や舛屋のような存在は稀であって、多くの材木商人は絶えず倒産の危機にさらされ、そのつど所有山林を喪失していったのである。なぜ山元の材木商人は資本蓄積ができなかったのか、笠井氏のいうような特権的問屋資本による前期的支配によるものだろうか。

たしかに多くの材木商人は十分な資本を持っていなかったから、奥郷＝山元の重立商人や口郷の材木（中継）問屋、和歌山・大坂の材木問屋から資金を借りて商いをした。これを特権的問屋支配といえるだろうか。材木問屋は山元に対して特権的（経済外的）な対応をしていたわけではない。両者は経済的には対等な関係で金の貸し借りをしていたのである。この点については次章で詳説する。和歌山・大坂の材木問屋の経営も不安定で、たえず隆替を繰り返していた。特権的支配に押しつぶされたのではなく、借入金の利息の圧力、材価の投機性（乱高下）による損失等により経済的に敗北したのである。ここに小農型林業が借地林業制を経て大山林所有制にシフトした最大の原因があった。

（1） 吉野町南国栖・山本家文書、同文が『黒瀧村史』（七九五～八〇三頁）にも収録されている。

（2） 小川郷木材林産協同組合文書「大川筋御触流し頼書写」（『吉野林業史料集成（七）』一九頁、筑波大学農林学系、一九九〇年）。

（3） 泉英二「吉野林業の展開過程」三七三頁（『愛媛大学農学部紀要』三六巻二号、一九九二年）。

（4） 拙稿「土倉家山林関係文書の実証的研究」一四一頁（『ビブリア』一〇七号、一九九七年）。本書補論2、三七〇頁。

（5） 笠井恭悦「吉野林業の発展構造」六〇～六一頁（『宇都宮大学農学部学術報告』特輯第一五号、一九六二年）。

（6） 注(3)に同じ。

（7） 川上村白屋・横谷家文書「国樔郷中庄郷池田郷答ニ付川上小川取締書」。同じ文書は小川郷木材林産協同組合所蔵文

書にもあり、『吉野林業史料集成(七)』七五~七六頁に所収されている。
(8) 小川郷木材林産協同組合文書(『吉野林業史料集成(七)』八四~八五頁)。
(9) 拙稿「吉野材木業史試論」六頁(『林業経済研究』四七巻二号、二〇〇一年)。
(10) 注(3)泉前掲論文、三九四~三九八頁。
(11) 注(4)前掲拙稿、一四二~一四四頁。
(12) 注(5)笠井前掲論文、四二~四四・六七頁。
(13) 注(3)泉前掲論文、四四六頁。
(14) 同右、四〇〇~四〇二頁。
(15) 大阪市立大学経済学部所蔵「大和国吉野郡川上郷井戸村文書」。筆者が作成した本文書目録は同学部『経済学雑誌』(一〇六巻一号、二〇〇五年)に掲載されている。
(16) 川上村白屋の横谷家文書については、筆者が講師を勤める川上村の古文書を読む会でテキストに使用した関係で、材木方文書を読むことができた。
(17) 小川郷木材林産協同組合文書(『吉野林業史料集成(七)』六七頁)。
(18) 中村吉治『日本経済史概説』五二八頁(日本評論社、一九四九年)。
(19) 注(7)に同じ、七五頁。
(20) 注(7)に同じ、七三頁。
(21) 北村又左衛門『吉野林業概要』二六頁(第六版改訂版、自家版、一九五四年)。
(22) 『川上村史』史料編・上巻、一〇四~一〇五・二二六~二二九頁。
(23) 注(1)と同じ。
(24) この史料は文政一一年の別文書である「小川方江取締書」の末尾に「口上」として出ており、『吉野林業史料集成(七)』八二頁に掲載されている。
(25) 注(3)泉前掲論文、三九四頁。
(26) 注(4)前掲拙稿、一四五~一五三頁。

(27) 注(3)泉前掲論文、三七六〜三九〇頁。

(28) 私家版、一九七〇年。

(29) 同家文書は筑波大学吉野林業史研究会によって整理され、二〇〇一年度に「枡家文書目録」が作成されている。

(30) 森庄一郎『挿画吉野林業全書』一四三頁(伊藤盛林堂、一八九八年)。

(31) 京都大学人文科学研究所林業問題研究会編『林業地帯』二六頁(高陽書院、一九五六年)。

(32) 『挿画吉野林業全書』九八頁。

(33) 船越昭治『日本林業発展史』一八一頁(地球出版、一九六〇年)。

(34) 注(3)泉前掲論文、三九八頁。

(35) 本章第四節で引用した史料のなかの「小村　和平」は盛口家の祖先である。

(36) 『吉野林業法』は明治二三年に静岡県から出版されたが、昭和五二年、平治の五〇回忌を記念して同家から復刊された。また『吉野林業史料集成(五)』(筑波大学農林学系、一九八九年)に収録されている。

(37) 「山林相続帳」に記載されていた杉・檜山の質入証文は次の通りである。

　　山林抵当書入借用証券

　一金　百拾円也　利弐分

　　抵当(番地、字名、図面略)

　以上四ヶ所也

　正ニ借用ノ文面

　期限　明治十三年四月廿日限(中略)

　　明治十二年十一月四日

(38) 「万民要心書」(『吉野林業法』復刻版、八一頁)。

(39) 明治一九年、宇智・吉野郡役所勧業課に上申した「興業救民之儀に付上言」のなかで、「当地第一の産業たる木材の価格低落極り販売振はす杉檜の伐栽亦(ママ)随て鮮(すくな)く衆多の人民為に採る所の業なく空手して座食し而て今日の苦境を現出する事とはなりたるなり」と述べ、「養蚕を専業とし農耕山稼を補業とし容易に生計を営み得るに至らんこと疑を容れさる所なり」と主張した。また、数え歌を作って養蚕の普及に勤めた（『吉野之実業』一一号、吉野郡農会、一九〇四年）。

(40) 山田盛太郎「工業に於ける資本主義の端緒的諸形態マニュファクチュア・家内工業」（『日本資本主義発達史講座』第一回、二八頁、岩波書店、一九三二年、『日本資本主義分析』三四頁、岩波書店、一九四九年）。

(41) カール・マルクス『資本論』第三巻、第五編第三六章「資本主義以前」七七三頁（大月書店、一九六八年）。

(42) 注(5)笠井前掲論文、一一〇～一一一頁。

第六章　小農型林業と材木組合

本章の課題

材木商人の同業組合を材木方という。これは歴史的な用語である。郡中材木方とか吉野材木方とかさまざまな呼称があるが、本書では各材木方を総称して吉野材木方という。材木方は、吉野林業のさまざまな流通機構を立ち上げ維持するうえで、重要な役割を果たした。しかし、材木方を本格的に論じたものはいまだない。

吉野林業史の嚆矢ともいうべき三橋時雄の『吉野林業発達史』(1)は材木組合をとりあげているが、近代の組合についてである。岡光夫(2)や笠井恭悦氏(3)も論じているが素描の域を出ない。泉英二氏は材木組合を材木商人の活躍の中に位置づけて詳しく論じているが(4)、材木組合の全体像を明らかにするものではない。筆者もかつて『吉野町史』や吉野木材協同組合連合会の記念誌『年輪』でとりあげたことがあるが(5)、それとて素描の域を出るものではなかった。

この組織が、いつごろ、どのようにしてできたのかは全くわかっていないし、組織形態も具体的な活動の内容もまだまだ不明な部分が多い。

吉野の材木商人と和歌山・大坂の材木問屋との関係がフラットな経済的なものか、あるいは前期的な支配—従属的なものか、これは吉野林業史の大きな問題であるが、材木方を抜きにして答えは出せない。かりに個々の材木商人が前貸金を梃子にして支配を受けていたとしても、それによって山元全体が前期的な支配を受けたということにならない。いろいろな局面で材木方がどのような役割を果たしたのか、これも解明されねばならない。

吉野林業地帯はほとんどが天領で、林業や材木業は幕府の援助も掣肘も受けなかったから、対幕府交渉の場面は余りなかった。安定した流筏や材木問屋との取り引きを続けるためには、紀州藩との間ではさまざまな対応を余儀なくされた。材木方はその任務をよく果たしたといえる。

吉野の材木商人は同業組合の存在意義をよく認識していた。明治二二年（一八八九）静岡県内を巡回講演した盛口平治は、講演録『吉野林業法』のなかで林業改良の三ヶ条をあげているが、その三番目に同業組合の重要性を説いている(6)。また最初の体系的な著作である『挿画吉野林業全書』は流通過程のなかに材木組合の役割を具体的に位置づけ詳説している(7)。さらに明治三六年、第五回内国勧業博覧会を前に出版された谷島彦四郎の『吉野林業の栞』では、吉野林業の特筆すべき三制度として、借地制度・山林保護制度・組合制度をあげ、この三制度が「鼎ノ三足ノ如ク互ニ相関連支持シ以テ吉野林業ノ柱礎トナリ吉野林業ハ此三制度ノ上ニ組立テラレ益々改良進歩ノ域ニ向ハントセリ(8)」と述べている。谷島のこの見方は北村又左衛門の『吉野林業概要』に受け継がれ(9)、その後、多くの研究書にとりあげられた。

本章もこれまでの各章と一部重複するところがあるが、了解していただきたい。

第一節　材木方の成立

材木方がいつ頃できたかを伝える確たる史料を欠く。したがって傍証に頼らざるを得ない。三橋時雄は、徳川幕府が飯貝で口役銀を徴収し始めたことに材木組合の起源を求めている(10)。筆者もこれに同意する。まず大和国の村々に建てられていたという二つの高札文言を手がかりに考察することにしよう。ひとつは口役銀に関するもので、もうひとつは流木に関するものである。

一吉野郡之内、山かせき材木其外品々口役、先規より御運上にて百姓請負之畢、若口役不出之へり道をいたし
　荷物出候もの有之は、押置可申来事、
一川上ニて為商売杣取いたす材木、大水之時分取なかし、川筋之在々ニて取揚は、先規のことく木主と立会極
　印を改、拾本之内七本木主へもとし、三本ハ留賃に取へし、大水も不出自然に取流す材木は、拾本之内八本
　木主へ返し、弐本は留賃に可取之事、
　　附、極印無之材木たりとも、木主紛於無之は、右同前たるへき事、
　　右条々於令違背は可為曲事者也、

この高札文言は元禄一三年（一七〇〇）の「御定書」[11]から引いたものであるが、実はこの高札はすでに寛永年間に吉野郡中に建てられていたという[12]。

口役銀については、これまで何度かとりあげているので、詳しくはいわないが、吉野川流域から移出する材木に課税された流通税である。課税額は材木価格の一〇分の一といわれた。徴収額から金一〇〇両を幕府に上納し、残りは川上・黒滝両郷に百姓助成として下付された。両郷は飯貝・下市・加名生村に番所を設置し、番人を派遣して徴収に当たったが、事務は上市や飯貝の商人に委任したようである。

材木等の荷物を出す者、あるいは刻（極）印の所有者は材木商人である。百姓のなかでも才覚のある者が材木商人になった。丸太や加工材は材木商人の手で売買されていた。流木の所有者を刻印によって判別するには、刻印を第三者機関に登録しておかなければならない。その機関が当初は飯貝などに設置された番所ではなかったろうか。個別の村方には吉野川流域をカバーする力はない。また代官所のような役所はこの当時この地方になかったからである。

口役銀制度と材木方とはどのような相互関係にあったのだろうか。高率の口役銀は流通コストを引き上げるので、一面では材木商人にはデメリットであるが、他面ではメリットもあった。材木商人にとって、材木の円滑な輸送は死活にかかわることである。とりわけ溜堰や漁撈装置をめぐる紛糾、洪水時の流木の回収は難事であった。彼らは自らの材木を口役銀上納の材木と位置づけることによって、安全で自由な通行を確保したのである。

乍恐書付ヲ以御願奉申上候

織田丹後守殿御預り所
吉野郡材木商人惣代
川上郷和田村
安兵衛
黒滝郷西谷村
平次郎

一先年より私共郷々之儀は百姓計りニ而渡世難相成候ニ付作間ニ山挊材木商売仕候処、右材木之儀ハ吉野川筋江筏組下し紀州和歌山大坂表江相廻候儀ニ御座候、古来より吉野大川差下し筏壱床ニ付口役銀七分五厘宛為　御運上相納川陸共無滞通路仕来り候、然ル所御代官久下藤重郎様南都御在役砌り、川筋村々ニ而相滞候義御座候ニ付、川筋村々江相滞不申候様ニ御廻文御願奉申上候処、御聞届被為　成下、御廻文ヲ以材木無滞様被為　仰触候ニ付、夫より以来小谷川々之儀ハ格別大川筋ニ而相障候儀無御座候、尚又　紀州様へは和歌山表材木相場ヲ以壱割御口銀御上納仕候ニ付右材木相障儀無御座候、万一水難等ニ而相障儀有之候節ハ岩出口役番所へ御願奉申上候得は、早速御廻文ヲ以無滞様被為　仰触候故紀州御領分ニ而ハ可滞儀も無之通路仕候、別紙御廻文之写奉御高覧ニ候（後略）

吉野郡材木商人物代
川上郷和田村　安兵衛
黒滝郷西谷村　平治郎

明和四年
亥十一月十七日
南都
御番所様

（小川郷木材林産協同組合所蔵「大川筋御廻文願書写」、『吉野林業史料集成（七）』二頁）

この願書は、川上・黒滝両郷材木商人が代表となって、川筋の漁撈者によって流筏が妨げられているので、その排除を南都番所へ歎願したものであるが、彼らは、幕府が飯貝で徴収する口役銀、紀州藩が岩出で徴収する口銀を上納することを前面に掲げて、筏の安全通行を求めている。口役銀や口銀は筏の安全通行を担保していたのである。この時添付されたのは、元文二年（一七三七）の流木回収に関する触書および享保一七年（一七三二）一月に紀ノ川筋に出された流木回収とさやもとりせき（川箕藻取塞＝魚梁）に関する回文である。[13]

この歎願は「材木屋一統ニ連印ニ而差出し候様[14]」とのことで一旦却下されたが、翌五年五月、二九ヶ村三五人の連名で再願した。同年六月二八日付で、「材木之儀ハ口役銀も致公納候事ニ候条向後材木筏之通路之節指支無之様可致候[15]」との触書が大川筋に出された。口役銀を公納する材木ということが前面に出されている。丹生川筋についても別途裁許書の写しが示された。[16]

この歎願で注目されることは、川上・小川・黒滝・中庄・池田・国栖郷の商人が連署していることである。あきらかにこれは材木方の組織的な行動である。勿論、この時期には材木方は存在していた。このような歎願は集団的な行動でなければならず、そこに同業組合が成立する必然性がある。船越昭治氏は木材商業における株仲間結成の動機を「外部に対する自己の保障と、営業の内部規律[17]」に求めているが、吉野においても、筏の安全で自由な通行という「外部に対する自己の保障」が材木方の結成動機であったに違いない。

さらに一七世紀を通して吉野川の浚渫工事が進み、奥地から和歌山への流筏が可能になると、その維持管理が重要事項になる。それは村を超えた事項であるから、村方では十分に対応できない。そこにも材木方の存在意義が見出せる。

口役番所は口役銀の徴収が本務であり、筏の安全通行を確保することや筏通路の維持管理等は直接の業務ではない。材木商人が成長すれば、筏の安全通行に関する業務はそちらに委任するのは自然の成り行きであろう。口役銀の徴収組織である両郷口役仲間から、材木商人の成長にともなって材木方が独立したと見るのが合理的な推察である。

それではその時期はいつ頃であるか。現時点では史料を欠くので、推察するしかない。管見では元文六年（寛保元＝一七四一）の「商人仲間定目録」[18]が一番古い記録であるが、この時を始まりとするわけにはいかない。享保一七年（一七三二）の御廻文に、「急度吟味可有之旨木主ども江右役人申聞候処」[19]とか「此度之儀ハ右木主共申出品も有之候ニ付」とあり、歎願したのは「木主共」すなわち材木商人の集団である。

さらに先に掲出した流木に関する高札文言中の極印（刻印）を持った木主は材木商人であるが、それを照合する組織は元禄の頃にはすでに材木方ではなかったかと考えられる。そうだとすれば、ここまでは材木方の存在を確認することができる。筆者はさらに遡行できると考えているが、寛文七年（一六六七）作成の『口役目録』（本書第二章参照）には、残念ながら材木方の存在を示すものがない。正確な材木方の成立時期については後考に俟ちたい。

第二節　吉野材木方の組織と活動

材木方の組織

材木方には川筋全体をカバーする郡中材木方と各支流域をカバーする各郷材木方があった。村ごとの組織については、それほど明確なものはなかったと思われる。これを図示しておこう。

郡中材木方
- 川上郷材木方（吉野川上流域、川上郷）
- 小川郷材木方（高見川流域、小川郷と国栖郷のうち野々口・新子村）
- 中庄郷材木方（吉野川中流域、池田・中庄・竜門の各郷と国栖郷の四村）
- 黒滝郷材木方（丹生川上流域、黒滝郷）
- 西奥郷材木方（丹生川中流域と吉野川中流域、丹生・古田・加名生・宗川・檜川・官上・御料郷）

川上郷は、さらに七保（下流九ヶ村）、四保（中流五ヶ村）、六保（上流九ヶ村）に分かれることもあった。また池田郷（上市・飯貝・六田など一一ヶ村）が中庄郷から離れて自立的な行動をとることもあった。吉野郡の各郷は中世以来の由緒を持つもので、概ね流域ごとに位置している。しかし材木方の郷組織は必ずしもそのような由緒をもった郷と一致するものでなく、流域をもとに組織されていた。筏が材木輸送の主流である時代では、林業が流域を範囲として営まれるのはごく当たり前のことである。国栖郷のうち野々口・新子両村が小川郷材木方に所属したのは、この二村が高見川流域に所在するからである。また材木方でいう中庄郷は池田・中庄・竜門・国栖の四郷から構成され、竜門郷を除けば吉野川中流域に位置する。川上・小川・黒滝の各郷とは異なり、山林にはあまり恵まれず、材木流通に携わることの方が多い。そういうことから四郷を一つにまとめたのかも知れない。これを現在の町村に比定すると、川上郷は川上村、小川郷は東吉野村と吉野町の一部、中庄郷は吉野町と大淀町の一部、黒滝郷は黒滝村（ただし才谷（さいたに）は現在下市町）、西奥郷は五條市（西吉野村は平成一七年、五條市に編入された）と下市町である。

材木方が下から積み上げられた組織なのか、それとも上から作られた組織なのかはわからない。確実なことは、村々材木商人仲間（次項参照）が結集して五郷材木方が構成され、年行司を中心に運営されたこと、五郷材木方によって郡中材木方が構成され、大行司が中心になって運営されたことである。規約がないので上下関係はわからないが、運営や活動の中では郡中材木方の下に郷材木方があり、郷材木方の下に村々材木商人仲間があったといえよう。

安政二年（一八五五）、宇智郡新町村久右衛門が禁制を破って黒滝郷内から材木を仕出した。当然、黒滝郷材木方は各村の年行司を集めて相談し、久右衛門の材木を扱った中継問屋へは以後決して荷物を送らないことを決定して、各村の材木商人に通達した。さらに、久右衛門の荷物の差し止めについては、郷行司より郡中大行司へ相談することを確認している[20]。この事件は吉野材木方の組織が村々材木商人仲間—郷材木方—郡中材木方という重層的な組織であったことをよく示している。

その他、流域の違いによって、川上・小川・中庄の三郷を川上組とし、黒滝・西奥の二郷を川西組（西黒組）とすることもあった。これは単なる呼称ではなく、二組に分かれて別々の行動をとることもあったし、流筏をめぐって激しい争いを展開したこともあった。

村々材木商人仲間

村々材木商人仲間という呼称は筆者の造語である。実際にどのように呼称していたかは詳（つまび）らかでない。川上村白屋には白屋内の材木商人による寄合記録が残されている。寛政五年（一七九三）の寄合記録に「白屋村材木商人仲間」と書かれてあったので、ここから借名したものである。白屋のように寄合記録を残している地域はほとんど見られない。川上郷井戸村の文書に村内商人中が発行した茶代の領収書がある。月日だけで年代の記入はないが、それには「一弐朱壱厘　右ハ村内商人寄合ニ付御茶代如此[21]」とある。これは村内で材木商人が寄合をおこなったことを示すものである。また同じく大滝村の材木商人は、慶応元年（一八六五）、郡中材木方の決定を通知するために、「我等請印仕置候、依之急速村中商人一同相招会席承知之上連名印形[22]」をしているが、村内では定期的な会合とともにこのような臨機の会合をしていた。

川上村白屋の横谷家には、白屋村の材木商人仲間の議事録と目される寛政五年（一七九三）の「材木商人極メ書連印帳」、文化一二年（一八一五）の「材木商人方極書帳」、文政五年（一八二二）の表題欠の取極帳、安政五年（一八五八）の「商人初寄取締之事」、文久三年（一八六三）の表題欠の極書、明治五年（一八七二）「商人初寄諸事取締書」、同二五年の「白屋産業組合規約書」が残されている。このうち寛政五年・文化一二年・安政五年の三冊の議事録から事業内容を考察しよう。

〔A〕寛政五年の「材木商人極メ書連印帳」

この帳面は「白屋村商人中」が作成したもので、三七人の材木商人が連印している。

㋐当村材木商人の初寄合は毎年正月一〇日の晩とし、宿元は順番に勤めること。

㋑毎年一人前に銀札一匁宛出銀し、年間の費用を賄うこと。出銀しない商人とは入札は勿論、諸商いも一緒にしないこと。費用の過不足は初寄合で相談すること。

㋒宿元へは酒代として銀札五匁宛渡すこと。

㋓近年入札の席や寄合に遅れがちである。銘々気を付けて早く出席すること。もしやむをえず欠席する時は必ず断りを入れること。

㋔当年より仲間年行司として二人宛半年交代で順番に勤めること。

㋕恵比須講（郷寄合）に惣代として出席した者は決定事項を写して帰り、村内の商人に知らせること。

㋖正月の山日用（賃金）は一工（一労働日）一匁八分とする。

㋗二月から七月までの山日用は一工二匁、一一月・一二月は一工一匁八分とする。

㋘筏士の日用は一工三匁三分、その他、うすいわ・平いわ・ぬくみ・高原川との出合・和田之坂・宮尻等の運賃のこと（各別に決定）。

㋙内日用は一工一匁四分とする。

㋚材木の出し酒は木主より一切出さないこと。近年乱れているので再確認する。

㋛惣代として出席する恵比須講の日当は一匁、その他寄合の日当は三匁五分とする。

㋜大滝・東川より上市までの中乗り賃は今まで通りとする。

㋝上市より和歌山までの運賃を増銀しないこと。


㋐〜㋕と㋛は商人仲間の運営や統制に関する事項、㋖〜㋙は一村内での賃金など労働者管理に関する事項、㋚㋜㋝は上部団体の決定事項の確認であろう。㋘には、筏士の日用の他に、平岩その他の地点を通行するさいの運賃が定められている。ここが筏の通行の難所であって、白屋村から川の状態をよく知った者を乗せるからである。帳面に「うすいわよりハ壱人のりニ付四匁弐分宛」とあるのはその意味である。

ここで注目すべきことは材木商人の仲間入りには、一人に付き銀札一匁宛拠出しなければならないことである。銀札一匁さえ拠出すれば、誰でも仲間入りができた。中小の材木商人が手軽に活動できた理由でもある。材木商人の資格は村のレベルで承認されたのであって、郷や郡のレベルではなかったといえる。郡中材木方は公儀から公認された株仲間ではなく、「無株」と自認していたのは(23)、そのような意味である。ただし他村の者には門戸は開かれていなかった。仲間入りに銀札一匁を拠出するということが他村でもおこなわれていたかどうかは不詳である。

裏表紙に「返ての　中間に入ルや　福の神　今わうし年　もうけなくらん」というざれうたが書かれている。

〔B〕文化一二年の「材木商人方極書帳」

この帳面は「当村商人仲　年行司兵助　与兵衛」が作成し、この二人以外に三三人が連印している。(24)

㋐当村材木商人の初寄合は毎年正月一〇日の晩とし、宿元は順番に勤めること。

㋑毎年一人前に銀札一匁宛出銀し、年間の費用を賄うこと。出銀しない商人とは入札は勿論、諸商いも一緒にしないこと。費用の過不足は初寄合で相談すること。

㋒正月・一二月の山日用は一工一匁八分とする。

㋓二月より一二月までの山日用は一工二匁とする。

㋔内日用は一工一匁四分とする。

㋕材木の出し酒は木主より一切出さないこと。近年乱れているので再確認する。違反した人とは商いを一緒にしないこと。

㋖流木の留め賃は、一床に付き三本結は八匁、四本結は五匁、五本結より中小筏は三匁とする。

㋗寄合の造用（賄いの諸費用）はいつでも銀札一五匁を酒代として渡すこと。

㋘平岩上下より臼岩ぬけ尻を通行する他所商人の筏から、一床に付き一分五厘宛徴収すること。村内の商人は毎年銀一匁宛出銀している。仲間費用がいくら掛かっても村内商人中で賄うこと。

㋙春伐山・秋伐山とも入札の節、一貫目までの入札には二歩銀、一貫目以上の入札には金三両持参すること。

㋚恵比須講には二人宛派遣し、日当は仲間より出すこと。

㋛筏士の乗り日用は三匁、酒代とも。結（筏からみ）日用は二匁五分。樫尾行きは一工三匁五分、栂井行きは一工四匁、酒代四分とする（樫尾・栂井は下流の地名）。

前書と同じ事項が含まれていることは当然である。この文書で注目すべきなのは㋘と㋙である。平岩上下や臼岩ぬけ尻を通行する筏から通行料金を徴収する根拠は前述したが、もうひとつの理由があった。平岩に土場（材木置き場や筏編み場）があり、そこに向けて山から材木を下した。(25) そのために土修羅が時々崩れて、筏の通行を妨げるようなことがあったのであろう。筏の通行を確保するために毎年費用が投入されていた。文政五年の文書（表題欠）に、「平岩ぬけ大ニ損し候間、当寄合ニて相談之上床賃金八拾目有之候間、右八十目村方江出銀致余ハ何程入用相掛り候とも村方より出銀致候間、右ぬけ根継可致様相談相極申候」とあるのは、その間の事情を物語るものである。しかもこの費用は他所の商人からも徴収しているが、不足は村内商人と村方とで賄っている。㋙は材木入札にあたって落札した時の手付金であり、二歩銀とは南鐐銀と解すべきである。

〔C〕安政五年の「商人初寄取締之事」

この文書は「年行司　善左衛門　文平」が作成し、四一人が連印している。安政六年の初寄合の議事も含まれている。

㋐黒明神―すば間の筏床賃は五厘、他所の商人は一分宛とする。

㋑初寄合の酒代は箱賄い（仲間会計から出金することカ）とし、肴代は各自一厘持ち寄ること

㋒新右衛門と平七は再加入なので、金二歩出金すれば仲間に加えるが、新加入の場合は金一両宛出金すること。また古くからの商人の分家は金二歩出金すること。

㋓平岩土場の使用料は、当年より床賃一分宛、他所商人は一分五厘宛とする。他所商人は筏を下し終わった時に完納すること。文句をいって納入を遅らせる者の筏は差し押さえておき、納入するまで筏を下させないこ

と。（㋓項は安政六年の決議）

㋔郡中材木方の新箇条

①春伐丸太の再引き合いは認めない（入札価格が低い時再度入札にかけること）。もし先引き合いの者に渡さない時は、商人仲間で立会入札をする。

②和歌山床掛金は、これまで四分であったが、当春より三分引き上げて七分とする。

③これまで和歌山で材木の値段が大下がりした時は、谷行司（郷行司）が相談して郡中箱元（会計）を買い回しのために和歌山に出張させ、材木相場がよくなるようにしたが、当年より中止する。

〔A〕及び〔B〕の議事録と基本的に変わらない。平岩土場を他所商人が使用するのは、材木が一旦村内の商人に落札された後、他所商人に転売されるからで、これは認められていた。ここで注目されるのは入札についてである。丸太が、山林所有者の希望する価格より低く落札された場合、これに応じないことがあったらしく、これを厳禁している。郡中からの指示というかたちで書き加えているが、これは、山林所有者に対して経済力で劣勢な材木商人が自らの利益を守ろうとする方策である。地元の材木商人が談合して入札価格を抑えることがあったのかも知れない。これはあくまでも推察にすぎないが、あり得ることである。また、和歌山市場での材価下落対策（自己買い取り）を当年より中止するとあるが、郡中材木方が和歌山に出張して価格対策をしていたことも知られる。

以上三つの議事録をまとめてみると、決定のおよぶ範囲は村内であり、対象は村内の材木商人である。活動の内容は次のようになる。

(1)一村内の商人仲間の運営と統制

(2)村内の伐出・流筏施設の維持管理とその費用の徴収

(3)村内の山林労働の賃金や村内の難所での筏乗り賃などの決定

(4)郡中・郷材木方の決定事項の伝達

材木方が村単位で行動するだけでは、材木商人の利益を守ることも流通機構を整備し維持することもできないことは明白である。より広範囲で結集することが必要になる。

郷材木方

村々材木商人仲間が郷と川筋の範囲で結集したのが郷材木方である。郷材木方は村々材木商人仲間を代表する物代によって構成され、そのなかから郷行司を選出して郷材木方を運営した。郷材木方を戎講（恵比寿講とも）ともいう。残存する議事録からその事業内容を考察しよう。

〔D〕安永五年（一七七六）の「小河材木屋組合定書[26]」

㋐入札は、その場で高札の者へ落札する。万一、山主が応じない場合は、伐採しても組合内へは買い取らないし、立木なら三年間は売買を中止させること。

㋑村々の土場で木主が入り交じって筏を編むさい、木主の異なる丸太を一本でも混入することのないよう、各自筏士へ申し渡すこと。もしこれを守らない筏士は筏に乗せないこと。また和歌山着の木数が送り状と合わないときは、とくと詮議し、不正のないようにすること。

㋒御口役銀・仕切銀・為替銀は封印のまま和歌山より持ち帰り、木主へ渡すこと。不正をおこなった筏士は組合内は勿論、何方でも以後一切筏に乗せない。

㋓出水のさいは、他木主の筏であっても見つけ次第綱を掛けること。万一見捨てていた筏士は、以後一切筏に乗せない。

㋔流筏の費用をすでに受け取っているのに、費用の一部を後の筏に掛けてはならない。もし手に余るような場合は木主より対応すること。

㋕枝川の浚渫や溜堰の工事賃金は床掛銀を徴収して賄うこと。

㋖中黒村のとしわんが大石は、当年夏に仲間より石屋を入れてうち割る予定である。割賃は後から渡す。

㋗筏運賃定書（内容を欠く）。

㋘土場より上市までは、筏の横幅は四尺、立幅は一尺とする。

この「小河材木屋組合定書」には小川郷七ヶ村、一二人が連署している。

㋐は立木や丸太の入札の規制である。入札場は山主（山林所有者）と材木商人の対決の場である。山主は、希望する価格より低い価格で落札された場合、売却を止めたいと思うだろうし、材木商人が談合すれば低価格で落札することは可能であった。材木商人としては山主の拒否権など絶対に容認できないのは当然である。村内の立木や丸太はまず村内の材木商人に売却され、その後、他村他郷の商人に転売される慣行になっていた。だから入札場に他郷他国の商人を同席させないという規制がしかれた。これは他郷他国の商人との経済的格差が大きく、零細な地元商人を保護する上で有効な封建的規制であった。

㋑㋒㋓㋔は筏士の管理統制である。㋔は解釈が難しいが、(27)前述のように解釈しておきたい。㋕㋖は流筏施設を維持管理するための事項である。流筏施設の建設と維持管理、それを動かすシステムの構築は材木方の最大の業務であった。各郷が責任を負う流域は、川上郷は郷内の吉野川、小川郷は高見川、中庄郷は南国栖村から上市までの吉野川、黒滝郷は郷内の丹生川、西奥郷は丹生郷より吉野川の合流点まで、郡中材木方は上市より以西和歌山までとなっていた。㋘は筏の規格である。

〔E〕安政四年（一八五七）の「小河郷材木方商人取締帳」(28)

これは筏をからむ藤の値段だけをとりあげたものであり、内容は次の通りである。近年材木の出方が増え、筏をからむ藤の値段が格別高くなった。藤の取り引きは、前々から掛受取であったのに、近年川上郷で山目受取になっているようで、当郷でも取り締りが崩れて山目受取になっている。山目の送り状で受け取り計ってみると、一〇貫目のはずが実際には五貫目か六貫目しかなく、貫目不足になっている。川上郷でも掛受取に決めたので、当郷でも各村惣代で評定し今後、掛受取でなければ決して受け取らないと決定した。村限りに連印をとり、違反者は仲間を除名する。

流筏には藤が不可欠である。藤の産地は奈良山中（大和高原）や奈良盆地をとりまく山々である。(29)とくに小川郷や川上郷の奥地は宇陀郡の岩崎村を経由して仕入れていた。材木の産出量が増えると藤が不足し、売り手が強気になる。それまで受け取りのさいに重さを量っていた（掛受取）ものを、山目で購入せざるを得なくなった。山目とは藤を刈り取った時の貫目であろう。とうぜん受取時には乾燥して貫目が不足する。藤の売り手市場を是正するために郷材木方が一体となって取り組んでいるのである。これは個別的な問題に取り組んだ事例で、通常初寄合では包括的な決定をしていた。

〔F〕流筏機構を立ち上げた黒滝郷材木方

加名生（あのう）川筋の材木川下げ出入りを通して黒滝郷材木方の活動を考察しよう。詳しい考察は第四章第二節でおこなっているので、ここでは大筋にとどめる。引用文献もいちいち示さない。加名生川（現丹生川）は大峰山脈北部より西流して、黒滝郷・丹生郷・古田郷を貫流し、中流で檜川と宗川を合わせ、加名生郷を経て宇智郡に入り、霊安寺村と丹原村・御山村を東西に分かって吉野川に注ぐ。吉野川に比して川幅は狭く、水量は少ない。そのうえ加名生郷滝村（現五條市西吉野町滝）の字錠落（じょうおとし）は約二〇〇メートルにわたって両岸から岩壁がせまり、材木の川下げは困難であった。

一八世紀までの事情は詳かでないが、一九世紀の初頭には、加名生川筋の材木は宇智郡霊安寺村まで管流で、そこから筏に組んで和歌山へ送っていた。管流は材木の損失が大きく、流筏は黒滝郷材木商人の年来の宿願であった。流筏には溜堰が必要になり、川筋の村々との間で悶着が起きた。また材木商人の側も、必ずしも流筏一本にまとまっていたわけではなかった。

天保三年（一八三二）、黒滝郷と西奥郷の材木商人惣代・滝村役人・屋那瀬村の材木請負人らが連名で五條代官所へ滝村字錠落に溜堰を設置することを出願した。代官所の許可と滝村の了解が得られたので、錠落に溜堰を設置することになった。この工事費に銀一貫三二〇目余掛かった。もちろん材木方の負担であろう。こうして流筏が始まった。

しかし天保一四年九月になって、突然五條代官所から丹生郷他川筋二二ヶ村に流筏差し止めの廻状が出された。西奥郷材木方に川上組材木方が加勢して、旧例を破る流筏の差し止め訴訟をおこしたからである。黒滝郷の材木商人と村方は連名ですぐさま五條代官所に流筏再開を求める歎願書を提出した。彼らの主張は後述する。

賛否両論があるなかで、翌一〇月に内済したが、双方が心底から納得したとは思われなかった。天保一五年、争論が再燃した。代官所では埒が明かず、幕府へ伺いを立てたが、一向に沙汰が無く、やむを得ず黒滝郷寺戸村勘兵衛が黒滝郷材木方惣代となって出府し、勘定奉行と老中へ歎願した。越訴であり、南都奉行所へ回された。その後も双方の訴訟の応酬があったが、葛上郡西北窪村庄屋助左衛門・吉野郡黒淵村宇兵衛・同尼ヶ生村庄屋孫助の三人が仲裁に入り、弘化二年（一八四五）一一月ようやく下済によって落着し、流筏が再開された。

この訴訟と平行して、霊安寺村と丹原村の間にある猩々ヶ淵の材木留堰をめぐる訴訟があった。猩々ヶ淵には両側に大岩があり、これを利用して留め堰を作り、出水で流されてきた材木を留めていた。ところが霊安寺村の百姓等は川端の田畑や藪が多人数に踏み荒らされ迷惑しており、通行禁止の立て札を立てることもあった。結局、両者の交渉がまとまり、これまで通り使用できることになった。

これら一連の過程で、材木方の果たした役割は大きかった。時には村方が応援することもあったが、つねに材木方が前面に出て事態の打開に当たっていた。

円滑な流筏は材木商人にとって死活に関わる事項である。とくに他郷から孤立して歎願を進めることは容易な業ではない。だが黒滝郷材木方は困難を克服して宿願を達成したのである。材木方の運営や統制、決定事項の連絡、他郷材木方との利害の調整にとどまらず、このように材木商人の利益を擁護する上で材木方の果たした役割はきわめて大きかった。またそれだけの求心力を持っていた。

郷材木方の力のおよぶ範囲は郷内である。もちろん材木方で定めた五郷である。その活動は次のようになる。

(1)郷材木方の運営と統制
(2)郷内の流筏施設の建設と維持管理およびその費用の徴収
(3)筏士の賃金や筏乗り賃の決定と監督
(4)外部に対する利益の擁護
(5)郡中材木方の決定事項の伝達

しかし山元から和歌山・大坂にいたる長い流通施設と機構を建設し、それを維持管理するうえで、郷材木方では限界がある。そのためには川筋全体を統轄する組織が必要となる。さらに和歌山・大坂市場との関係は流域全体の問題である。そこに郡中材木方存在の必然性があった。

郡中材木方

五郷材木方によって郡中材木方が構成された。各郷惣代が集まって大行司を選出し、運営された。毎年正月に初寄合を開いて、基本方針を協議し決定した。明文化された規約がないから、毎年の初寄合の決定が規約となった。臨時に寄合をもつこともあった。煩雑ではあるが、五つの議事録をとりあげ、その活動と組織の特質を概観してみよう。

〔G〕元文六年（一七四一）の「商人仲間定目録」

これは現存する最古の議事録である。第四章第五節でもとりあげた（三一九〜三二一頁参照）。

㋐和歌山小廻し船運賃・川普請等仲間入り用を床掛銀で支払い精算を終了した。

㋑取立銀と入用銀の明細勘定をおこなったので、昨年未納の商人も床掛銀の納入を得心した。

㋒和歌山小廻し（船手方）の運賃は下床一床に付き二分宛増額する。

㋓当年の春伐りは止めるが、棒木（ぼーぎ）・檜・細板・榑類の出荷は自由とする。

㋔間伐は自由だが、和歌山・大坂への出荷は七月中頃まで停止、秋伐りは自由とする。

㋕昨年初めて春伐りの出荷調整をして好結果であった。今回の出荷調整も和歌山・大坂の値段が良くなれば、年番の回状で解除を連絡する。

㋖春伐りの停止で御口役請所が難儀になるので、仲間寄合銀から当番衆へ渡す。

㋗東川から上市までの筏運賃は一人乗りに付き一匁二分五厘とする、ただし昨年一二月までとする。

㋘上市から和歌山までの筏乗り賃は昨年通り、東川から上市までの筏乗り賃は本年七月まで一人乗りに付き一匁二分、それ以降は一匁とする。

㋙〜㋜各区間の筏乗り賃（各別に決定）。

㋝流筏難所の乗り手を増員する。

㋞東川弥七郎を大坂へ派遣して問屋の売り方を調査させ、売り先目付を設置する。

ここであげられている議題の内容については、すでに各章で考察しているので繰り返さない。注目すべきは生産・出荷調整である。材木方にそれだけの求心力があることと、大坂市場の動向を把握する調査機能を持っていることが前提である。また大坂問屋との対応にかなり神経をとがらせているようである。全体として同業組合活動に習熟し、実績を積んでいるとみなければならない。

用語について説明しておこう。床とは筏の単位であって、上流で編成した四尺幅の筏を上床と言い、吉野川中流域で横に二つ並べた八尺幅の筏を下床という。これを何床も連結して一鼻とした。床掛銀とは材木方等の必要経費に充当するために徴収するもので、筏の床に掛けた。棒木とは七〇～八〇年生の丸太のことである。

〔H〕明和三年（一七六六）の「材木商人仲間極前書」(30)

㋐初寄合には必ず出席し、決定事項には違反しないこと。

㋑初寄合の賄いは倹約すること。

㋒七月・一二月・節句の仕切銀受取に大坂へ出張した者は、問屋の売り方を監視する。

㋓上市より和歌山までの筏の運賃（各別に決定）。

㋔洪水時の流木の留め賃は定法通り七分三分、中水時は相対、小水時は出さない。

㋕流木の拾い主が得心せず訴訟になった場合は仲間で対応する。

㋖上市より下る筏は二間一八床まで、それ以上の筏は一八床の運賃で打ち切る。

㋗大滝・東川から上市まで下る筏は両村問屋が半分ずつ付け乗りし、半分は分け荷とする。

㋘筏士は洪水時筏の流失なきように努めること、筏を流失させた筏士は以後筏乗務を禁止する。

㋙流木を不正に購入した者へは以後材木の販売を禁止し、売った者は材木方を除名する。

㋚川上・小川郷の流木を不正に購入した者は問屋仲間を除名し、その者の筏に乗った筏士は以後筏乗務を禁止する。飯貝番所ならびに上市問屋より筏を差し留め、必ず吟味する。

㋛大滝・東川・上市の問屋へはその日のうちに筏を届けること。

㋜上市から和歌山へ下す筏の藤増しを禁止する。

㋝綱宿の綱の世話料は一本に付き三分、出水で筏を繋いだ時は一回一本に付き一匁五分荷主より渡す。

㋞川浚えや溜堰のための床掛銀はその所の定法通りに納入すること。

㋟大坂支配人大和屋源次郎に材木商人仲間より支配賃を渡すこと。

㋠和歌山より大坂までの船手方の小廻し賃（各別に決定）。

㋡次期初寄合は保々郷々より二人宛出席すること。

㋢上市から下す筏の上荷は杉皮二駄までとし、それ以上は禁止する。

流筏や流木に関する事項が圧倒的に多い。これが材木方の最も基本的な業務である。また大坂の材木問屋との対応も目を引く。宝暦年間に大坂の材木問屋が吉野講問屋を結成して、吉野の材木商人と排他的な取り引きを始めたことも関係しているのだろう。これらは郷材木方では対応できない事項である。

用語について説明する。藤増しは、筏をからむ藤を増給することである。急流にもまれる上流では藤が切れて補修しなければならなかったが、下流ではその心配が少なかったのだろう。綱宿とは洪水時に筏を繋留する綱の設置所である。多くは筏士宿に置かれていた。保は川上郷独特の制度で、古代からの遺制であろうといわれる。二三ヶ村が下流から七保（九村）・四保（五村）・六保（九村）に分かれて行動することが多く、材木方の役員も保ごとに出すこともあった。

〔I〕天明六年（一七八六）の「材木商人仲間究書一札」[31]

㋐初寄合は前後三日で仕舞うこと。

㋑初寄合の賄いは倹約すること。

㋒大滝から上市までの筏乗り賃（各別に決定）。

㋓東川から上市までの筏乗り賃（各別に決定）。

㋔上市の問屋口銭は一床に付き一分とする。

㋕上市から和歌山までの筏乗り賃（各別に決定）。

㋖和歌山から大坂への小廻し運賃（各別に決定）。

㋗筏士宿へ綱宿を委嘱し、綱一本に付き一匁三分、世話賃を年三五匁宮滝村筏士源八に渡す。

㋘春伐り・秋伐りの差銀商いを禁止する。

㋙定法より過大な筏を禁止する。

㋚大坂に出張した者は大坂の材木問屋の枅（はえ）方や売り方の監視、相場の調査等をおこない、古格を遵守するよう申し渡すこと。

㋛博奕等で口銀や仕切銀を紛失した筏士は、以後筏乗務を禁止する。

㋜和歌山から大坂への小廻し運賃は銀一〇〇目に付き九匁増しとし、それ以上の増銀はしない。

㋝筏の上荷積みは一切禁止する。ただし、木主がすることは自由。

㋞上市から和歌山までの筏運賃は、仲間の決定通り（各別に決定）。

㋟川筋の石引きと川堀賃銀は一工（一労働日）一匁五分、ただし筏士は三匁三分とする。

㋠商人物代の地廻り日当は一工二匁五分、造用は一泊二匁とする。

㋡大坂支配人は和泉屋徳兵衛に委嘱し、荷物売代銀一貫目に付き一匁八分を徴収する。

㋢他国商人との合商いや入札場への入場を禁止する。

㋣山稼ぎの日雇い賃銀は一工一匁八分とする。

㋤当正月より一年間、床掛銀を上床一床に付き一分宛徴収し、初寄合入り用・綱代・川普請に充当する。

㋥筏士の日雇い賃は一工に付き三分引き下げる。

㋦両郷（川上・黒滝）掛り銀を下床一床に付き三分宛徴収する。

㋧材価が引き合わず材木方に借銀ができて難渋している商人を救済するため、来年の初寄合は前後三日とし、各郷出席人数を制限し、賄いを倹約する。

㋨洪水用綱代は飯貝床掛銀から賄い、筏士源八に渡す。

㋩上市村廻度の橋板合力として一五〇目出銀する。

㋪和歌山材木問屋吉野屋相続と中屋願いの入用銀は、筏床掛銀を充当する。

寄合の決定事項は流通機構を維持することを根本として全般にわたっているが、やはり流筏に関する取り決めが多い。ここで注目されるのは、差銀商いの禁止と他国商人の材木商いの禁止である。差銀商いとは手付銀を受け取って材木を売買することである。材木のような投機性の強い商品を扱う商売では危険性が大きい。零細な商人が多いから手付銀の誘惑が強かったと思われるが、それだけに材木方は警戒をしていたのである。他国商人の材木商い（入札場への立ち入りと地元商人との共同買い付け）の禁止は、資本力で劣る零細な地元材木商人を保護するために必要な規制である。㋪項は和歌山材木問屋に対する財政的支援に関する取りきめである。いわゆる問屋の生産地に対する前期的支配なるものを明確に否定している。用語の説明をしておく。枡とは競りのために市場で材木を積み上げることである。造用とはこまごました支出である。

〔J〕文政四年（一八二一）の「材木商人方究一札　写」(32)

㋐初寄合には必ず名前人が出席し、欠席する場合は代理人を出すこと。

㋑初寄合の賄いは倹約すること。

㋒大滝より上市までの筏乗り賃は一人乗りに付き一匁二分とする（筏により増給あり）。

㋓東川より上市までの筏乗り賃は一人乗りに付き一匁一分とする。

㋔飯貝・上市の中継問屋の口銭は上床一床に付き一分とする。

㋕上市より和歌山までの筏乗り賃（各別に決定）。

㋖和歌山より大坂までの小廻し運賃（各別に決定）。

㋗白屋前・迫村の漆ヶ瀬よりの運賃は渡乗りに付き三匁三分とする。

㋘白屋前より大滝までの筏の上荷の運賃は一駄に付き三分とする。

㋙東川より上市までの筏の上荷の運賃は一駄に付き二分五厘とする。

㋚春伐り・秋伐りの差銀売買は禁止する。

㋛定法より過大な筏は禁止する。

㋜洪水時川筋の宿へも筏の用心をさせ、筏士年番への綱役を委嘱する。

㋝大坂へ出張した者は大坂問屋の枡方や売り方を監視し、古格を守らない不正の問屋へは荷送りを停止する。

㋞川上郷の四保・六保の筏士の日雇い賃銀を結工料は三匁、乗工料は四匁とする。

㋟川上郷の七保の筏士の日雇い賃銀も右同断とする。

㋠小川郷の筏士の日雇い賃銀は同郷の商人に委任する。

㋡役員として地域を廻る場合の日当を二匁五分とする。一泊は二匁五分、大坂・和歌山行きは六匁。

㋢他国商人の入り込み商いは先達って争論もあるが、当郷材木商人との共同商いは勿論、商い場所への立ち会いも禁止する。

Ⓣ飯貝口役所・岩出番所の改めを請けていない丸太の売買は禁止する。

Ⓝ商人極帳面へは押切印や通印ではなく実印を押すこと。

㊁郡中材木方で決定した以上の筏賃銀は禁止する。

Ⓝ材木方へ立替銀のある者は、小日記や勘定書を勘定場へ持参のこと。三ヶ年を過ぎたものは無効とする。

Ⓝ口銀や仕切銀等を紛失した筏士は以後筏乗務を禁止する。蓑・笠不所持の筏士も同様。

Ⓝ大滝・上市間の出水入り用は中継問屋から小日記を持参すれば荷主より直接支払う。

Ⓗ筏の荷主と異なる上荷は厳禁する。これを守らない筏士は筏乗務を禁止する。

Ⓗ和歌山・大坂間の小廻し船は仲間全体の借船とし、荷物は順番に輸送する。

Ⓕ和歌山へ乗り下る途中の出水・井堰入り用は和歌山問屋の改めを請けてから渡す。

Ⓗ郡中材木方借金返済のため、床掛銀を当分下床一床に付き三分に増額する。

Ⓗ飯貝・上市より上流の筏の床掛銀は、以後和歌山問屋で引き取ること。

Ⓜ和歌山の仕切銀を使い込んだ筏士は、親兄弟にいたるまで以後筏乗務を禁止する。

Ⓜ夏筏の乗り賃は、五月朔日より九月節句まで下床一鼻に付き三匁六分増しとする。

Ⓜ流木は、国栖より下流大和領内へは飯貝・上市より年行司二人が出張して改め、それぞれへ飛脚を派遣する。

Ⓜ各商人は飯貝・上市年行司と中継問屋へ届けて、刻印によって貰い請け、費用は各人の負担とする。

Ⓜ国栖までの上流も川上・小川の年行司が馳せ付けて流木を改め、流木主は刻印写しを惣代に渡して仲間貰いにし、仕切銀は別途に渡す。

Ⓨ筏からみ時に他木主の丸太を一本でも取り替えた商人は除名する、筏士は筏乗務を禁止する。

Ⓨ材木の入札は高札者へ落札させ、いかほど開きがあっても変更は禁止する。

ヨ大坂支配料は以後一貫目に付き二匁六分に増額する。

ラ板・樽丸・京木等駄物類の支配料は一貫目に付き一匁三分とする。

リ五條役所への年頭挨拶は先例通り、川上・小川のくじ引きで決定する。

ル大坂出役はこれまで通り各郷順番に月別に担当し、各郷は人物を選んで勤務させる。

レ伏見積荷物は以後、大坂継ぎを廃止する。

ロ伏見積荷物は以後、尼ヶ崎の竹屋五兵衛方へ送ること。

ワ大滝・東川の中継問屋の筏中乗り賃は元通りにするので、干水時でも差し支えなく筏を着け割増はなし。

ヰ六保・四保・七保の筏士方より日雇賃増しの申し出については、酒代の五厘増しで双方納得とする。

ヱ六保・四保の筏士の酒代は五分限りとし、その他は筏士持ちとする。

ヲ七保の筏士の酒代は三分五厘限りとする。

あ和歌山岡屋栄蔵問屋は郡中の株問屋であるから、できるだけ荷物を送って協力すること。

い和歌山の木場および小廻しに怪しいことがあるので、阿波屋六兵衛を内目付役に委嘱する。

う大坂問屋の仕切銀を誰に渡すか、荷主より指定し書状を引き合いの問屋へ提出すること。

え大坂問屋吹田屋又兵衛はしばらく休業するが、再興した時は通達する。

お大坂新問屋吹田屋平右衛門の加入手続が完了したので、以後荷送りは自由とする。

か大坂問屋平野屋清左衛門はしばらく休業していたが、このたび再開したので荷送りは自由とする。


この議事録の取り決めは五〇を超えているが、新規な事項はほとんどない。一九世紀にもなれば流通機構は完成していて、材木方の主要な任務はその維持管理に移っていたのである。この頃は小前商人が多数輩出し、これに対応して中流域では材木問屋が八〇を超える状況であった。それだけに内部規律が弛緩し、筏士の管理もおろそかになっていたと考えられる。

注目すべきは他国商人の入り込み商いの禁止に関する項目である。この意義については前述した。項目㋢の原文には「右ハ先達而より論事有之候事」とあり、おそらく入り込み商いを求める紀州商人との争論ではないかと思われる。この時ではないが、嘉永四年（一八五一）に紀州商人の訴えを請けた和歌山勘定所から五條代官所に照会があり、五郷材木方惣代が五條に集合して協議し、意見書を代官所に提出した。[33] 郡中材木方の態度は次のように不変であった。

亥十一月廿六日、晦日迄郡中材木方惣代立寄合致候訳、此度紀州様御仕入方当郡え入込被成、材木商内被成候ニ付、郡中材木方ニ差支の趣有之由ニ付、其儀右若山御勘定所より五条御役所様え御尋ニ付、郡中差支の廉郷々惣代、五条米廣方へ立会、以書付ヲ右役所様へ申上候示談ニ相締り申候

（黒滝郷寺戸・田野家文書、嘉永四年「材木方示談取締帳」、『黒瀧村史』七七〇頁）

他国商人の入り込み商いの禁止を再三確認しているのは、これを守らない商人がいるからで、仲間申し合わせの確認でようやく防いでいたのが実態であったのだろう。

和歌山問屋岡屋栄蔵が郡中の株問屋であるというのは、郡中材木方が財政的な援助をしているということではあるまいか。第四章第三節で郡中材木方が和歌山問屋の相続や新規株立に積極的に関与していたことを論じたが（二八六～二八八頁参照）、そのような文脈のなかで理解すべきであろう。

〔K〕弘化五年（一八四八）の「郡中材木商人中取締帳」[34]

㋐毎年正月の初寄合で諸事を評議し決定する。

㋑御役所での筏改めを請けること。

㋒寄合費用を倹約すること。

㋓名前人は必ず出席し、欠席の場合は代理人を立てること。

㋔紀州岩出番所で必ず筏改めを請けること。

㋕出水や井堰の費用は和歌山問屋で渡す、不正をおこなった筏士は以後筏乗務を禁止する。

㋖口銀や仕切銀を紛失した筏士は以後筏乗務を禁止する、箕笠不所持の筏士も同様。

㋗取替銀のある者は毎年正月一〇日までに材木方年行司へ勘定書を提出すること。

㋘材木方の決定額以上の筏賃等の増額は禁止する。

㋙筏士は飯貝・岩出役所の改めを受けていない丸太を取り扱ってはならない。

㋚筏士は和歌山では木数の不足のないよう念を入れて筏を引き渡すこと。

㋛郷々の決定事項について後から公事を起こしたり、反対してはならない。

㋜材木方寄合の費用を倹約すること。

㋝定法より過大の筏は禁止する。

㋞大坂に出張した者は、材木問屋が勝手な枡方や売り方をしないよう監視すること。

㋟万一不行き届きの問屋があれば、これを究明すること。

㋠古格を守らない問屋への荷送りは禁止する。

㋡他国商人の材木商い、入札場所への立ち会い等は禁止する。

㋢和歌山から大坂への船積みは各人が勝手におこなわず、大坂支配方小泉屋覚兵衛と和泉屋平兵衛が和歌山問屋へ連絡し、順番に荷送りすること。

㋣仲間入用銀として、筏は下床一床に付き三分、駄物は一駄に付き二分の床掛銀を徴収する。

㋤和歌山・兵庫・堺・大坂その他諸国との取り引きは質素廉直正路におこなうこと。

㊁材木仲間の諸造用は床掛銀で支払うこと。

㋦大坂のことは支配方小泉屋覚兵衛と和泉屋平兵衛に委任する。

㋥和歌山刻印方増右衛門の給銀は年一貫二〇〇目、ほかに帳附料を二〇〇目とする。

㋨和歌山御番所・岩出二分口役所への年頭暑寒の挨拶は近江屋六右衛門と刻印方増右衛門の両人に委任する。

㋩流木の回収ために大滝村徳右衛門と上市村源三郎が指名する係員を岩出番所へ派遣し、郷々年番は上市に集合し川筋を見分すること。

㋪流木回収には岩出番所へ出役を依頼し、郷々年番は上市に集合し川筋を見分すること。

㋫筏士宿の綱改めは筏士年番へ委嘱し、世話料として年三〇目渡す。

㋬材木入札は郷々のこれまでの仕来り通り不法なきようにおこなうこと。

㋭刻印と名前を大坂出役と支配方へ登録する、出役・支配方・刻印方は油断なきように見回ること。

㋮大坂問屋の浜賃余内は売高一貫目に付き三匁宛一〇年間大坂問屋へ渡すこと。

㋯大坂出役と支配方は市場に立ち会い、材木の値段・木数を詳しく写し帰ること。

㋰大坂支配料は売高一貫目に付き二匁宛、駄物は一匁二分宛問屋に引き溜めて和泉屋平兵衛に渡し、支配方給銀・出役工料その他入り用に充てること。

㋱諸材木丸太・榑丸・板等は大坂吉野講問屋へ一手に送り、余国問屋への荷送りは禁止する。

㋲大坂問屋の仕切銀を誰に渡すか予め問屋へ連絡しておいて、仕切銀を受け取ること。

㋳皮付き杉・檜丸太の川下げを禁止する。

㋴水入り用や井堰入り用等は宿場宿本が認めた小日記をもって問屋から渡す。

㋵船方へ見付増は先規通り渡さないが、特別重い木は相対により渡す。

㋶売付状は手板と照合して支配方が封印し、日々飛脚便で荷主方へ通知、飛脚賃は郡中材木方が負担すること。

㋷和歌山の床掛銀の取りまとめは大滝村徳右衛門と上市村源三郎に頼むこと。

㋸飯貝床掛銀は大滝村庄右衛門方へ預けること。

㋹大坂水場賃は運賃銀一〇〇目に付き三〇目宛永年徴収すること。

㋺大坂出役は郷々よりくじ引きで順番に勤務すること。

㋻和歌山床掛銀は大滝村徳右衛門と上市村源三郎に渡し、それにて諸費用を支払うこと。

㋼和歌山売りの筏は六月一五日から八月朔日まで禁止する。大坂廻しは木主の勝手とする。

㋽材木方の費用節約のため初寄合のほかの小寄合や和歌山・大坂への惣代出張は停止し、やむなく出張する場合は大滝村徳右衛門と上市村源三郎の指図をうけ、なるだけ費用を倹約する。

㋾材木方の業務執行は大滝村徳右衛門と上市村源三郎両人に委任、両人の押切印なき回状は無効、異論があり評定の必要ある時は費用を掛けないよう郷行司のみでおこなう。

㋐取替銀の出銀には郷行司の加印を必要とする。

㋑難船余内は諸品売高一貫目に付き八匁宛徴収し、七月と一二月に五貫目宛計一〇貫目渡す。

㋒和歌山問屋からの材木仕込銀等の受け取りは禁止する。

㋓筏に上積みする樽丸数は一〇駄までとしそれ以上は禁止する。


文政四年のものと基本的に変わりはない。この時期は材木方の財政が困難に直面しており、経費節約が強調されているのが目を引く。大滝村徳右衛門と上市村源三郎に材木方の業務を委任しているのは、この両人が超大商人で、彼らの財力に依存したのである。床掛銀を預けたのは金融機関の代行であろう。なお大滝村徳右衛門は土倉庄三郎の大伯父にあたる(35)。やはり材木方は大商人の力に依存しなければならなかった。

表1　議事録から見る郡中材木方活動分野の分類

活動分野		元文 議事録	明和 議事録	天明 議事録	文政 議事録	弘化 議事録
材木方の運営	床掛銀	㋐	㋞	㋤㋦	㋬㋭	㋣㋥㋷㋸㋻
	寄合		㋐㋡	㋐㋧	㋐	㋐㋓
	運営	㋑	㋑	㋑㋠	㋑㋡㋤㋦㋨ ㋸	㋒㋗㋛㋜㋶ ㋺㋽㋾(あ)(い)
筏運賃・道中費用	奥郷～上市	㋗ ㋙～㋝		㋒㋓	㋒㋓㋗㋘㋙	
	上市～和歌山	㋘	㋓㋜	㋕㋞	㋕㋫	
	和歌山～大坂	㋒	㋠	㋖㋜	㋖	
洪水・流木対策	引上賃		㋔			
	洪水・流木対策		㋝	㋗㋨	㋜㋰㋱㋲	㋩㋪㋫
	流木不正取得対策		㋕㋙㋚			
河川浚渫	河川浚渫			㋟		
取引の秩序維持	筏の定法		㋖	㋙	㋛	㋝㋳
	筏の上積み		㋢	㋝	㋩	(え)
	生産・出荷調整	㋓㋔㋕				㋼
	商いの規律			㋘㋢	㋚㋢㋣㋪㋳ ㋴	㋑㋔㋘㋡㋢ ㋤㋬(う)
筏士等の管理統制	全般・その他		㋛	㋛	㋧㋮	㋕㋖㋙㋚
	賃銀			㋣㋥	㋞㋟㋠㋥㋯ ㋼㋽㋾	
	洪水時の対応		㋘			
問屋・市場対応	中継問屋		㋗	㋔	㋔㋻	
	和歌山問屋・船手方			㋪	(あ)(い)	㋧㋴㋵
	大坂問屋	㋞	㋒㋟	㋚㋡	㋝㋵㋶(う)(え) (お)(か)	㋞㋟㋠㋦㋭ ㋮㋯㋰㋱㋲ ㋹
その他		㋖		㋩	㋷㋹㋺	㋨

注：２分野にわたっているものは、主な活動分野と思われる方に入れた。

一八世紀の中頃から一九世紀の中頃まで約一〇〇年間、煩雑を厭わずほぼ二〇年間隔で五つの議事録をとりあげた。議事録から見た郡中材木方の活動分野を表1にまとめた。

これをまとめると、

(1)外部に対する自己の利益の擁護

(2)内部の運営と規律保持

(3)材木流通機構の整備

(4)筏士等の管理統制

ということになる。郡中材木方は郷材木方に比べてはるかに広範囲に活動していることがうかがえる。しかし個々の材木商人との結びつきということでは、郷材木方の方がより密接であったといえよう。

第三節　材木方の共同と分裂

材木方が共同するのは当然で、わざわざ共同などというのはいささか奇異な感を与えるかも知れない。材木方はしばしば村方と共同することがあったし、村方の支援を受けることもあった。大滝村の滝割りや加名生川の流筏のために材木方は村方の支援を得たことはすでに詳説したところである。また郷間で激しい対立抗争があっても、それが直ちに郷材木方間の対立抗争に反映することはなかった。村や郷は村民の論理や幕府権力との関係で行動するが、材木方は材木商人の論理にもとづいて行動したからである。

その典型として天明末年から文化年間にかけて小川郷が展開した、口役十分一銀の下付を求める請願運動をとりあげてみよう。(36)

口役銀はこれまで何度もとりあげているが、近世を通して吉野林業地帯から移出される材木に課せられた流通税である。売価の一割を徴収したというが、実際は『口役目録』にもとづいて徴収された。徴収額から金一〇〇両（銀五貫四四〇目）を幕府に上納し、残額は川上・黒滝両郷に百姓助成として下付された。下付されたのが両郷だけであったのは、口役銀制度が成立した時点で両郷から移出される材木量が他郷より抜きん出ていたからであろう。

一八世紀後半、小川郷の材木移出量が増加して川上郷につぐようになると、当然小川郷でも下付を求める動きが出てきた。天明八年（一七八八）、小川郷一七ヶ村は幕府巡見使に対して、徴収される口役銀から一〇分の一の下付（口役十分一銀という）を求める請願をおこなった。しかしなかなか埒が明かず、ようやく文化六年（一八〇九）になって仕法替が認められ、同一二年から実施された。この間、寛政一一年（一七九九）には小村七左衛門が山城国橋本で老中戸田釆女正に駕籠訴を決行し、文化一〇年（一八一三）には七左衛門の倅嘉兵衛が京都二条で勘定奉行肥田豊後守に直訴するなど粘り強い運動を展開した。

これに対して、川上・黒滝両郷は既得権の喪失を恐れ、「権現様以来の由緒」を守るために、惣代を江戸に出府させて幕府要路に歎願をおこなった。

口役銀をめぐって小川郷と川上・黒滝両郷とは激しく対立したが、材木方は終始共同行動をとっていた。毎年の寄合はもとより、寛政六年の紀州岩出口銀軽減の歎願でも、享和年間の和歌山小廻しの不正究明でも、これら三郷材木方は緊密な共同行動をとっていた。

材木方の分裂

しかし、加名生川筋の流筏をめぐって、黒滝・西奥両郷材木方（以下川西組という）と川上・小川・中庄三郷材木方（以下川上組という）とは激しく争い、ついに郡中材木方が分裂したのであった。

すでに詳説したように、加名生川筋の流筏は黒滝郷材木方の努力で天保年間に実現したが、同一四年秋五條代官所から禁止された。これには川筋の村々の反対もあったが、川上組材木方の反対が有力な理由ではなかったかと思われる。しかし黒滝郷材木方や黒滝郷各村の必死の努力で弘化二年（一八四五）流筏再開を勝ち取った。川西組材木方と川上組材木方との間で紛争が起こるのは安政年間（一八五四―一八六〇）である。以下この紛争を、嘉永七年（安政元＝一八五四）起の「材木方会談帳」[37]と小村七左衛門が書き写した安政六年（一八五九）の「加名生川筋筏組流一件訴答願書之写」[38]（以下「加名生川筏流一件」という）をもとにしてたどってみよう。以下の記述は、とくに断らない限り「材木方会談帳」による。

安政四年、黒滝・西奥両郷より伐り出された大量の管流材が霊安寺村張瀬口（はらせぐち）で錯綜し、両郷材木方と霊安寺村との間で紛争が生じた。張瀬口には加名生川の管流材を塞き止める施設と筏に組む土場があった。材木によって塞き止められた川水が川端を水漬（つ）きにしたのが原因であろう。郡中材木方としても放置しておけず、武木村吉右衛門、高原村四良左衛門の代理佐右衛門、上市村又左衛門の代理彦助の三人を派遣して斡旋に乗り出した。西奥郷の材木商人のうち二〇人余の者が霊安寺村の稼方（かせぎがた）と組んで強硬に我意を主張したので、この状況では管流材を霊安寺村で筏に組むことは難しかろうということになり、上流の和田村前後か黒淵村あたりで筏に組むということにとりまとめた。

翌五年の初寄合で二〇人の者が新組結成を主張したので、彼らに限って西奥郷の勝手の良い所から流筏でも管流でも自由に川下げしたらよいとして、文書を交わした。ところが両郷は奥地から流筏をしているので、六年夏から冬にかけて川上六ヶ郷[39]の地方（ぢかた）と材木方は材木商売の差し支えになるとし、川西組材木方の行司と掛け合った。すでに弘化二年（一八四五）から流筏を再開しているのに、川上六ヶ郷がなぜこの時反対を唱えたのか、また両者の言い分を「材木方会談帳」からさぐってみよう。

川西組材木方の言い分は、安政四年一一月の約定では和田村前後か黒淵村あたりで筏に組むということであったが、翌五年の初寄合では勝手のよい所から流筏でも管流でも自由に川下げしたらよいということになった、というのであった。これに対して、川上組材木方は、それは新組を唱えた二〇人に限ったことで、黒滝・西奥両郷全体に適用されることではないと反論した。安政六年一一月五條村源兵衛、同村岩蔵、須恵村廣吉らの斡旋で、未年（安政六）九月から翌申年三月晦日まで、申年九月一六日より酉年三月一〇日までという日数を限って流筏し、酉年正月の初寄合でその結果を検討して、それ以後のことを決定するという条件で一応の和談が成立した。

この和談には川上六ヶ郷が激しく反発した。「試ミ之儀は去々午未年（安政五、六年）丸壱ヶ年試ミ仕見候所、眼前不都合之廉ト承知仕候」というように、結果はすでに明白であるというのであった。

この時点で反発が爆発したのは、「去ル未年（一八五九）春湊至而荷支ニ付郡中示談之上荷留仕候所、桴三拾鼻余も抜ケ荷致」したということ、すなわち出荷停止をしているのに黒滝・西奥両郷が抜け荷をしたということが引き金になったと思われるが、底流には郡中材木方の運営に不満が滞留していたのである。

この頃の郡中材木方の大行司は、前記の吉右衛門と又左衛門、それに黒滝郷寺戸村の重兵衛の三人であった。大行司は二人のはずなのに、寺戸村の重兵衛を加えたのは恣意的と受けとめられた。この三人の親密と目される関係のなかで黒滝・西奥両郷の流筏が容認されたのである。さらにこの時期、和歌山市場では材木がだぶついて値崩れが生じたので、郡中材木方は買い戻して大坂市場へ回送したが、値下がりがひどく、かえって材木方に大損失を生じさせた(40)。そのうえ安政四〜五年に郡中材木方は、住吉大社・讃岐金比羅宮・吉野山金峯山寺の三ヶ所に永代常夜灯を寄進している(41)。郡中材木方は大借を解消するために、床掛銀を一匁一分から一匁五分に増徴しなければならなかった。

同六年一〇月、川上六ヶ郷は大行司の吉右衛門と又左衛門、それに各郷行司を解任し、大行司が保管していた帳箱と鍵をとりあげた。そして新行司を各郷から選出するとともに、大行司を大滝村庄右衛門に依頼したが、病気を理由に断られたので、東川村源右衛門と小村七左衛門を選任した。

川西組材木方は、吉右衛門や又左衛門が、大行司である寺戸村重兵衛と川西組材木方にも相談をせずに、帳箱や鍵を先方に渡したのは不当であるとして、五條代官所に出訴するとともに、一二月離組を宣言し、ここに郡中材木方は二派に分裂した。

解任にいたる大筋は吉右衛門の歎願書から見ても大異はない。それによると、材木方行司の解任にはむしろ、材木方よりも地方の方が急先鋒であったことがわかる（「加名生川筏流一件」）。

川上・黒滝両郷は近世初頭から口役仲間を作って口役銀を徴収し、幕府上納分の残余を百姓助成として両郷で折半してきた間柄であり、小川郷の口役一〇分一銀下付の請願運動には共同して反対運動をおこなうなど親密な関係にあった。しかし今回はそのような関係はなんの役にも立たなかった。

なぜ材木方分裂という事態にまで立ちいたったのか。川上組材木方新行司の歎願書からその原因をさぐってみよう（番号は筆者が付けたものである）。

①西奥黒瀧郷々之儀は往古より諸木大材之分樽丸ニ仕出し、其余管流又ハ末木小木之分ハ箸・杓之柄・薪等ニ相用ひ、僅ヲ以山代諸色相払利益有之夫々取続来申候、然ル処同郡より加名生川筋へ去午年以来材木新規筏ニ組流、左候而は私共郷中一同産業ニ差響キ

②川上外五郷より仕出し候材木筏之儀は河路遠上荷之外ハ岩嶋ニ而相痛、長々水中漂藤腐見苦敷相成、西奥黒瀧より筏ニ組流候而は川路近ク川上筏上荷同様木姿不相変、湊着之砌筏繋置並候ハヽ、川上外五郷材木相劣、其上西奥黒瀧之義ハ湊近運賃之失費も纔ニ付自然直（下直カ）ニ売払、川上材木売捌方甚差支候様、且箸・杓之柄・薪ニ相用之分迄追々組流候様相成り候而は猶更之義

③霊安寺ニ而是迄筏百床ニ付藤弐百貫目ニテ結ミ候処、奥向ニて諸木柵出候ハ、何程藤入増候哉際限も無之、
（中略）眼前藤ニも差支旁以河上之もの共難立行
④既ニ天保十四卯年中新規筏組流取工ミ候段達御触、同閏九月十日其節之御代官小田又七郎様御役所奉差上候西奥と霊安寺村と之出入一件済口證文にも都而在来通り可相守との文言ニ有之、右之通同郷内にも差支有之物難儀ニ御座候

（東吉野村小・天照寺文書、安政六年「加名生川筋筏組流一件訴答願書之写」）

これは川上組材木方の新行司があげた反対理由であるが、核心は①と②である。①は、西奥・黒滝両郷は従来樽丸のほかに管流材にならない末木や小木などを箸・杓之柄・薪等に加工して利益を得ていたが、流筏が可能になるとそれらにも商品価値が出て、川上組の材木業を圧迫するということである。②は、西奥・黒滝両郷の方が和歌山に近いので、筏の傷みが少なく流通コストも低く、逆に川上組の材木は流送中に疵がついて見劣りがし、材木価格が下がって川上組の材木が圧迫されるというのである。要するに市場競争で勝ち抜くために、一方は安定した流筏機構を立ち上げようとし、他方はそれに反対するという構図である。これは材木商人には死活の事態であり、口役銀の由緒どころではなかった。

だが、代官所も分裂を放置しておけず、大行司だけでなく郷行司まで五条に呼び出して交渉させたが、解決しなかった。万延元年（一八六〇）一一月、代官所は東川村源右衛門・小村七左衛門らを退役させ、代わりに大滝村庄右衛門・上市村又左衛門・狭戸村彦右衛門の三人を任命した。狭戸村彦右衛門はどのような商人かわからないが、後の二人は吉野林業地帯の超大商人である。彼らの影響力を利用しようとしたのであろう。泉英二氏のように文政以後、材木方の主導権が小前商人に移った[42]とはいえない。

関係修復の動きは意外に早くやってきた。文久元年（一八六一）五月、京都聖護院森御殿の意向を受けた吉野山の喜蔵院が仲介に乗り出してきたのである。吉野山の金峯山寺は修験道の総本山であり、修験道は本山派（園城

寺聖護院系）と当山派（醍醐寺三宝院系）に組織されていた。材木方は京都奉行所への取り次ぎを依頼するなど森御殿との関係が深かった。森御殿の「御奉書」は、川上・黒滝両郷は「唇歯之土地柄」であり、「年々両郷え頂戴之御口銀仕出し方材木地方商人和合之上落着ニ相成候ハヽ宜敷儀」とし、「谷別ニてハ双方為方不宜」「元来川上郷之儀ハ勿論於黒滝郷ニも御殿表厚キ御内緒之土地柄ニ候間争論筋に不拘如前々令親睦候様」喜蔵院よりとくと諭せというものであった（「材木方会談帳」）。これを受けた材木方と地方は、五條代官所が関わっている事案であり、代官所に伺いを立てたが、筋違いということで代官所から差し止められた。

関係修復へ向かわせたのは和歌山市場の動向であった。一つは金相場、二つは土入川口の筏繋ぎ場、三つは大坂廻し、これらをめぐる紛糾が発生したのである。

和歌山市場には、いつの頃よりか金銀両貨の通用に関連して「銀仕掛」と称する慣行があった。金貨と銀貨の換算レートが日々変動するので、時の銀相場に何匁何分かを加算して一両にする慣行である。金の持ち手はそれだけで仕掛けと称する空利を得た。和歌山問屋は材木の仕切を金勘定にすれば有利であった。和歌山における換算レートは仲買・問屋・材木方の力関係で決まっていたようである。これらをめぐって時々紛糾があった。

万延元年（一八六〇）には和歌山問屋は思いのほかの金相場（具体的な数字は不詳）で仕切金を送ってきたので、翌年の初寄合で問題となり三人の惣代を和歌山に派遣して、問屋と交渉に当たらせたが不調に終わった。紀州藩の役所は大坂摺紙相場で取り引きするようにとの命令を下した。材木方は承知したが、仲買衆はそれより五匁上げを要求した。材木方がこれを拒否すると、仲買衆は木場立ちを中止した。材木方はそれもやむなしとし、妥協しなかった。大坂売りでこの局面を切り抜けようとしたのである。

八月にも紛糾し、仲買衆は木場に出てこなかった。さらに一二月にももつれ、年内には決着しなかった。

土入川は紀ノ川河口付近で北岸から合流する川であるが、郡中材木方は船積みまでの間ここを筏繋ぎ場として使うことを紀州藩から許可されていた。文久元年（一八六一）四月一八日に出水があった。同川周辺の百姓二〇〇～三〇〇人が筏繋ぎ場に集結し、繋留していた筏を切り離した。問屋や仲仕らが駆け付けて鎮めにかかったが治まらず、藩役人が出動してようやく沈静した。しかし百姓らは強気の姿勢を崩さなかった。洪水と満潮とで水位が上昇して筏が住宅地に打ち上げられることを恐れたのであろう。知らせを受けた川上組材木方は、西奥・黒滝両郷材木方とも相談し、両組材木方惣代らが五條代官所の添翰を持って紀州藩役所へ出訴した。

和歌山には大坂・兵庫方面に材木を回送する船仲間（船手方）があり、吉野材を優先的に輸送していたことは第四章第三節で述べた（二八八～二九一頁参照）。郡中材木方から融資も受け、「吉野材木方の手先同前」（天保一三年「和歌山舟手定助治右衛門江よしの材木方より銀子貸渡候訳諸事扣書」）とすら自認していた。しかしこの頃には自立性を高め、他荷物を先に積み込み、吉野材を積み残すようになった。文久元年の春以来、惣代を派遣して船手方と何回も掛け合ったが、埒が明かなかった。この件も六月には藩役所へ出訴している。

これら三つは材木業の存亡にかかわる事件である。材木方は、内部対立をしている時ではなく、郡中全体の総力を結集して当たらねばならない事態に直面したのである。材木業の危機的な状況が分裂の修復に向かわせたのである

文久二年になって、ついに解決を見るにいたった。済口証文は次の通りである。

（前略）今般厚御利解之上扱人立入両組郷々惣代共立会実意ヲ以談判之上古来之通川魚ニ相交り候済口左之通り

一毎年十月十五日より筏御口役御改始

一三月三日搦留之積

但シ本文之通月割相究候得共黒瀧郷之儀は谷奥之儀ニ而差支候趣ニ付此度和融相成候上ハ前段ニ而十五日

之間延日方勘弁取計候筈
一其余は管流之事
右之通双方郷々惣代共立会和融熟談相整候ニ付向後古来之通商事互ニ助合相励可申、右筏管ニ而互ニ無申分和済仕依之済口證文差上申処如件

文久弐年戌一月廿三日

川上郷外六郷
材木商人惣代
上市村
又左衛門代
彦　助　㊞
（他四人略）
黒瀧西奥郷々
材木方商人惣代
黒淵村
卯兵衛　㊞
（他七人略）
取扱人
五条村庄屋
源兵衛　㊞
（他五人略）

松永善之助様

御役所
（川上村大滝・辻井家文書、「材木方会談帳」）

「筏御口役御改始」とは流筏開始ということである。筏は口役銀を公儀に上納するのでこのような表現をとったのである。一〇月一五日から翌年三月三日までの流筏であるが、黒滝郷は加名生川の最奥地にあることを理由にして、一五日の日延べを認められた。これは両組材木方の妥協の結果であろう。

材木方を分裂させたのも、またそれを修復させたのも、当然のことながら徹頭徹尾市場経済の論理であった。

ちなみに金相場の件は、大坂摺紙相場中値より五分（％ではない）上げで妥協した。

土入川の件は、和歌山問屋より交渉を続けることにし、入り用高の三歩は五軒問屋が負担することになった。

船手方の件は、郡中材木方より船手方へ銀二〇貫目を融資することを条件にして、吉野材の輸送をスムーズにおこなうことで決着した。融資額の内訳は、先行司の東川村源右衛門と小村七左衛門が五貫目、当行司上市村又左衛門と大滝村庄右衛門が九貫目、残り六貫目は西奥・黒滝両郷が立て替えた。

いずれも文久二年中に一応の決着を見た。

小括

材木方は材木商人の同業組合である。その誕生は一七世紀にさかのぼるが、今はまだ時期を特定するだけの史料がない。材木方の組織は、村々材木商人仲間、それを郷単位に結集した五郷材木方、さらにそれをまとめた郡中材木方と重層的なものとなっていた。しかし明文化した規約がないので、上下の関係にあったか、それぞれに独立した存在であったかは断定できない。

議事録をきちんと残した白屋村の材木商人仲間のような事例は稀有であるが、材木商人は村単位で結集した。材木はまず村内の材木商人に販売された。購入は入札によっておこなわれ、その村の材木商人仲間しか入札場に入ることはできなかった。他村他郷者の入札は認めないという封建的規制があったからである。彼らは一面ではその規制に束縛され、他面ではそれに守られていた。

材木商人仲間に加入するには、白屋村では銀一匁を納入することになっていた。銀一匁さえ納めれば、誰でも仲間のメンバーとして材木商いができた。この慣行はどこでも同じようなことであったと思われる。材木方が無株の同業組合といわれる所以である。これは小前商人が材木商いに参入しやすい条件であった。だから村内の三分の一から半分近い家が材木商人であった。もちろんその大半は零細な商人である。

村々材木商人仲間は、村内限りで流通施設と機構を維持管理するとともに、村内の商人の統制をおこなった。村方との関係では村方が優位にあったことは当然としても、補完しあう関係でもあった。

村々の材木商人仲間から選ばれた惣代によって郷材木方が構成され、惣代のなかから行司を選んで運営された。吉野林業地帯には中世以来の由緒をもつ一五郷があり、材木方からはずれていた北郷を除く一四郷が川上・小川・中庄・黒滝・西奥の五郷材木方に組織されていた。その組織原則は中世以来の郷と流域とにもとづくものであった。

郷材木方の財政は筏の床掛銀や上荷の駄掛銀によって賄われた。郷材木方は郷内の河川の浚渫、溜堰の設置、流木の回収等、郷内の流筏機構を維持管理することを最大の任務としていた。加名生川筋の流筏機構の立ち上げで見たように、単独で訴訟を提起する力量も持ち合わせていた。

多くの材木商人にとって材木方を意識するのは郷材木方であったと思われる。その求心力は流筏機構を握っていることにあった。材木商人は、材木方の立ち上げた流筏機構を利用しなければ商いができなかったからである。

各郷材木方は相互に独立平等であって、多くは共同歩調をとっていたが、前節でみたように利害が相反すれば激しく対立することがあった。

郷においても材木方は地方（ぢかた）から独立した存在であったが、川上郷大滝村内の滝割り費用の徴収、黒滝郷の流筏訴訟費用の徴収など、材木方の力だけではおよばず、地方の力を利用しなければならないこともあった。

五郷材木方の連合体が郡中材木方である。各郷の惣代によって毎年正月に初寄合を開き、年間の方針を決定し、また大行司を選んで運営に当たらせた。その活動範囲は多岐にわたっていたが、次のように分類される。

(1)外部に対する自己の利益の擁護
(2)内部の運営と規律保持
(3)材木流通機構の整備
(4)筏士等の管理統制

このうち最も重要なのは流筏機構を含む材木流通機構の整備であった。

郷内の流筏機構の整備は各郷材木方の任務であったが、上市以西和歌山までは郡中材木方の任務であった。それもさることながら、和歌山・大坂市場との対応が郡中材木方の最大の任務であった。商略に長（た）けた材木問屋との交渉事は個々の材木商人のよくするところではなく、郡中材木方という組織があってようやくなし得たのである。

活動のための費用は筏の床掛銀で賄われたが、その額は下床一床で銀三分（天明六年・文政四年・弘化五年の各議事録）、上荷一駄が二分（弘化五年）であった。吉野から流下する筏の床数を下床で四六、〇〇〇床（安政四年）とすると一三貫八〇〇目、樽丸七〇、〇〇〇丸（安政四年）を四丸で一駄として計算すると、一七、五〇〇駄となり五貫二五〇目、合計して一九貫五〇目、その他の駄物を合わせたとして約二〇貫目くらいではなかったろうか。ただし和歌山・大坂の人件費は別途賄いであった。郡中材木方の資金としては潤沢だったかどうかは判断しがたいが、和歌山船手方への融資額が二〇貫ということからみると、そこそこの財政水準ではないかとも考えられる。

明治元年九月（この年の九月八日慶応から明治に改元されたが、ここでは改元後としておく）、新政府から吉野材を政府産物に指定するとの通知があった。郡中材木方は小前商人にいたるまで協議を重ね、これまで通り民営林業を貫くことを確認し、政府へ加入拒否を通告した。この時作成された「郡中材木方取締書」には、上市村又左衛門・大滝村庄右衛門を初めとして郡中の大立者が連印している。吉野林業の基本である民営林業は材木商人によって守られ発展させられてきたのである。

小川郷小村出身で、静岡県の林業巡回教師をした盛口平治は、明治二三年に静岡県から刊行された『吉野林業法』の最後で、次のように述べている。

此ノ団体（吉野材木方――筆者）ノ力アルカ為メニ、商業機敏ヲ以テ全国ヲ圧倒セントスル大坂ノ仲買商及和歌山ノ仲買商人ニ対シテ商権ヲ失ハサル事、大坂和歌山ニ在ル問屋ニ対シテ取締ノ行キ届ク事、険峻ナル坂路ヲ開キテ車道トシ、渓流ノ難所ヲ破石シテ流筏ノ障礙ヲ去リ運搬費ヲ低減セシ事等、皆ナ団体ノ力ヲ以テ運動スレバ也、例ヘバ仕出シタル材木ニ一本ノ送状ヲ添ユレバ仕切金ハ我台所ニ向ツテ入リ来リ少シモ不安心ノ点ナキハ全ク組合組織ニヨレリ、国ハ法律ニヨツテ安ク、業ハ組織ニヨリテ安心ヲ得、本業ノ旺盛ヲ期スルニハ当業者共同シ団結ノ力ヲ以テ運動セサルヘカラサルナリ　（読点は筆者）

たしかに吉野材木方は流通機構を立ち上げ、維持管理し、材木の安定した流通を確保するとともに、和歌山・大坂の材木問屋による体制的な支配を許さなかった。だが個々の材木商人の浮沈はいかんともし難く、そのことにともなう山林の流出は止めることはできなかった。そして近代に入ると、吉野林業の構造は質的な変貌を遂げるのである。

（1）『吉野林業発達史』は林業発達史調査会の刊行（一九五六年）であるが、まえがきに三橋時雄に依頼したとある。

(2) 岡光夫「私有林における市場の展開と商業資本」(『農業経済』三号、一九五八年)。
(3) 笠井恭悦「吉野林業の発展構造」(『宇都宮大学農学部学術報告』特輯第一五号、一九六二年)。
(4) 泉英二「吉野林業の展開過程」(『愛媛大学農学部紀要』三六巻二号、一九九二年)。
(5) 『吉野町史』上巻(一九七二年)で、近世の材木方、近代における材木組合の沿革を述べた。また『年輪』(吉野木材協同組合連合会、一九九九年)では、近世・近代にわたり材木組合の歴史をより詳しく書いている。
(6) 盛口平治『吉野林業法』二九~三二頁。同書は明治二三年に静岡県から出版されたが、昭和五二年、平治の五〇回忌を記念して同家から復刊された。また『吉野林業史料集成(五)』(筑波大学農林学系、一九八九年)に収録されている。
(7) 森庄一郎『挿画吉野林業全書』(一八九八年)三三九~三五七・三九九~四一八頁。
(8) 谷島彦四郎『吉野林業の栞』(一九〇三年)三三~三八頁。
(9) 北村又左衛門『吉野林業概要』(初版は一九一四年発行)の吉野林業制度の説明は、谷島彦四郎の『吉野林業の栞』をほとんどそのまま使っている。
(10) 注(1)三橋前掲書、七五頁。
(11) 『日本林制史資料』江戸幕府法令、八八頁(朝陽会、一九三〇年)。
(12) 高札文言は地方文書にも出ている。口役銀については、文化五年(一八〇八)に黒滝郷寺戸村が黒滝郷中へ差し出した書面に、寛永二年御口役の取立が不埒にならないよう郡中七カ所へ制札をたてたという記述がある(岸田日出男編『吉野・黒瀧郷林業史』五七頁、林業発達史調査会・徳川林政史研究所、一九五七年)。流木については、明和五年(一七六八)に郡中材木方が筏の円滑な輸送を確保するために吉野川筋への廻文を願い出た文書のなかに引用されており、寛政四年(一七九二)の同趣旨の願書にも同様の記述があって、この制札は寛永年間、(一六二四~四四)代官小野宗左衛門の時に建てられたもので、南都代官辻彌五左衛門によって書き換えられたとある(小川郷木材林産協同組合文書、明和四年「大川筋御廻文願書写」、『吉野林業史料集成(七)』一五・二一~二二頁、筑波大学農林学系、一九九〇年)。
(13) 小川郷木材林産協同組合文書、明和四年「大川筋御廻文願書写」(『吉野林業史料集成(七)』三~五頁)。
(14) 同右、七頁。
(15) 同右、一二~一三頁。

(16) 同右、一三～一六頁。
(17) 船越昭治『大坂木材市場の歴史的発展の過程』一〇頁（大坂営林局、一九五一年）。
(18) 東吉野村小・谷家文書。
(19) 注(13)と同じ文書。
(20) 注(12)『吉野・黒瀧郷林業史』一九五頁。
(21) 大阪市立大学経済学部所蔵「大和国吉野郡川上郷井戸村文書」。
(22) 天理図書館所蔵「土倉家文書」。
(23) 注(13)と同文書（『吉野林業史料集成(七)』一九頁）。
(24) 帳面の状態から落丁があると見られるので、正確な商人数は不詳である。
(25) 適度な傾斜のある山路を利用して丸太を滑らせて運搬する土修羅があった。
(26) 東吉野村小・谷家文書。
(27) 原文は、「先達而請取有之候内ハ跡筏懸り申間敷候、若手支申節ハ木主より相対可仕候事」。
(28) 小川郷木材林産協同組合文書（『吉野林業史料集成(七)』八九～九〇頁）。
(29) 注(38)の文書によれば、藤は葛城山・金剛山・奈良山中・紀州から購入していた。
(30) 東吉野村小・谷家文書。
(31) 同右。
(32) 川上村白屋・小南家文書。
(33)『黒瀧村史』七六九～七七〇頁。
(34) 黒滝村寺戸・田野家文書（『黒瀧村史』七五九～七六八頁）。
(35) 土倉祥子『評伝　土倉庄三郎』八～一一頁（朝日テレビニュース社、一九六六年）。
(36) 小川郷の口役十分一銀の下付を求める請願運動に関する史料として、『当郷永昌録』正副二冊と歎願書の下書きや関連資料を筆写した『成功集』五冊が、終始この運動を指導した小村七左衛門家（谷家）に残されている。この史料をもとに、岸田日出男『口役銀の由来とその変遷』（奈良県林務部、一九五二年）、森口奈良吉・山添満昌『小川郷木材史』（小川郷木材林産協同組合、一九六一年)、山添満昌『東吉野村の口役銀』(東吉野村教育委員会、一九八二年)、『東吉野村史』史料編・上巻、拙稿「近世小川郷における口役銀について」(『史朋』五号、一九六九年)などがある。

(37) 川上村大滝・辻井家文書。

(38) 東吉野村小・天照寺文書。この文書の表題は「安政六年未ノ十一月　加名生川筏組流一件訴答願書之写　小村七左衛門」となっており、同年一一月から一二月までに作成された五つの文書が収録されている。黒滝・西奥両郷材木方の訴状「加名生川筋筏組流一件ニ付黒滝郷并西奥組七ヶ郷より上市村又左衛門武木村吉右衛門右両人外当行司江相掛り願書之写シ」(山本重右衛門筆写)、武木村吉右衛門の歎願書「黒滝組惣代武木村吉右衛門外五人へ相掛り材木方帳箱鍵共取戻方御願申上候ニ付始末書写」(東川村源右衛門筆写)、東川村源右衛門・小村七左衛門ら五人の惣代の歎願書「乍恐以始末(書欠)奉願上候」、源右衛門・七左衛門ら四人の惣代作成の歎願書「乍恐以始末書御願奉申上候」、源右衛門・七左衛門両人による「乍恐以書附奉願上候」。

(39) 享保期に作成された『大和志』(臨川書店、一九八七年)によると、吉野川流域には、川上・小川・国栖・中庄・竜門・池田・北・黒滝・丹生・古田・檜川・宗川・加名生・官上・御料の一五郷があった。このうち川上・小川・国栖・中庄・竜門・池田が川上組材木方に、黒滝・丹生・古田・檜川・宗川・加名生・官上・御料の八郷が川西組材木方に属していた。北郷はいずれにも所属していなかった。

(40) 川上村大滝・辻井家文書「材木方会談帳」。

(41) いずれの灯籠にも世話人としてこの三人の名が陰刻されている。

(42) 注(4)泉前掲論文、三九〇頁。

あとがき

本書は私の四十数年におよぶ吉野林業史研究の集大成である。本論はすべて書き下ろしであるが、過去に発表した論文が基礎になっている。まずそれを掲出しておこう。


1「吉野林業地帯における林野所有の形成(一・二)」、『史朋』六・七号、一九七一・一九七二年。

2「吉野林業の成立と展開」、「近世吉野における木材流通の問題」、『吉野町史』上巻、一九七二年。

3「土倉家山林関係文書の実証的研究(一・二)」、『ビブリア』一〇六・一〇七号、一九九六・一九九七年。

4「借地林業概念とそのイデオロギー的役割」、『経済学雑誌』九七巻四号、一九九六年。

5「吉野材木商人の研究」、大阪市立大学大学院経済学研究科修士論文、一九九八年。

6「吉野材木業の歴史」、吉野木材協同組合連合会記念誌『年輪』、一九九九年。

7「吉野材木業史試論」、『林業経済研究』四七巻二号、二〇〇一年。

8「近世吉野地方の材木生産の発展」、『徳川林政史研究所研究紀要』三六号(平成一三年度)、二〇〇二年。


このうち3と4は本書に補論として収録している。このさい、誤字・脱字の訂正と表記法を少し修正したが、内容は変えていない。本論と異なるところは、私の認識の発展である。

私が吉野林業史の研究に志したのは教職に就いて数年が経過した頃であった。仕事にもようやく慣れ、我が家の家計支持からいく分解放されるようになった時、むしょうにオリジナルな研究がしたくなった。その頃、私は民間の歴史教育研究団体（歴史教育者協議会）に参加していたので、自然と歴史に目が向いていった。自分が吉野林業地帯に生まれ育ったこと、父の代まで林業や材木業に携わっていたこと、本家に多くの古文書が残されていることなどが私を吉野林業史研究へと向かわせた。いささか情緒的な言い方になるが、私はこれまで自分のなかに吉野林業のＤＮＡが流れていることを感じながら研究を続けてきたように思っている。

研究に志したものの、私は古文書が全く読めなかった。そこで井ヶ田良治先生（当時同志社大学法学部教授）の門をたたいて教えを請うた。古文書のコピーをいただき悪戦苦闘しながら読解し、月に一度研究室を訪ねてご指導を受けた。一年ほど通って一通り読めるようになった。その間、林業史研究の手ほどきも受けた。なんとか今日、林業史研究に従事できるのは井ヶ田先生のお陰である。

一九九五年中学校教員を定年退職し、直ちに大阪市立大学大学院経済学研究科に社会人院生として進学した。大島真理夫教授の下で吉野林業史の研究に専念できるようになった。最初に取り組んだのは天理図書館に保管されている土倉文書であった。超大山林所有者のもとに集積された千数百枚の山林売買証文、数百枚の金銭貸借証文の分析を通して、近世後期の吉野林業を俯かんし、本格的な研究の出発点としたいと考えたのであった。本書に補論2として所収しているのがそれである。

これまでの研究をまとめて出版する構想がかたまったのは二、三年前であった。この間、理論的苦闘を重ねながらようやくこのような形にまとまった。特に印象深いことは、「第三章第四節　小農型林業の確立過程」でとりあげた享保六年の訴訟文書の解釈についてである。新旧村役人が「所持之山畑古林之外村山植出シ切開猥りニ」致したことから住民訴訟がおきたのである。私はそれまで「村山植出」を小農型林業の始まりと見ていた。大島教授から「植出」の前に個人持山畑の山林化があったのではないかというご指摘をいただいた。その一言が目の前の霧をはらい、小農型林業の発展過程が見えてきたのであった。実はこの訴訟を提起したのは杢右衛門と李平次の二人であるが、李平次は私の先祖である。私は何か先祖が背中を押してくれたように感じた。

私はすでに古希を越えているが、次の課題として、近代吉野林業史の執筆、林業史料集の出版、口役銀研究の続編完成などを計画している。すでにとり組んでいるものもあるが、心身の健康が許すかどうかきわめて微妙である。精進してぜひ完成させたい。

大島真理夫先生には、研究上のことだけではなく、思文閣出版との橋渡しや出版助成金の紹介までお世話になった。またこの四十数年の間、さまざまな面でご指導をいただいた方、史料閲覧の便宜をはかってくださった方など多くの方々にお世話になった。すべての方々に改めて御礼申し上げる。

本書の出版には財団法人住宅総合研究財団から出版助成金をいただいたことを記して御礼申し上げる。

思文閣出版の林秀樹編集長、原宏一氏、田中峰人氏には、自著の出版という全く不案内なことゆえ、たいへん手間をとらせたと思う。改めて感謝の意を表したい。

最後に、私事になるが、私たち夫婦は結婚して今年で四〇年になる。私が研究を続けてこられたのは妻の支えがあったからである。感謝の気持ちを込めて本書を妻幸子に捧げることにしたい。

二〇〇七年九月

谷　彌兵衞

きんせい よしの りんぎょうし
近世吉野林業史 (オンデマンド版)

2015年11月20日 発行

著 者 谷 彌兵衞
発行者 田中 大
発行所 株式会社 思文閣出版
〒605-0089 京都市東山区元町355
TEL 075-751-1781 FAX 075-752-0723
URL http//www.shibunkaku.co.jp/

装 幀 上野かおる(鷺草デザイン事務所)
印刷・製本 株式会社 デジタルパブリッシングサービス
URL http://www.d-pub.co.jp/

AJ496

ISBN978-4-7842-7001-9 C3021 Printed in Japan

◎著者略歴◎

谷　彌兵衛（たに・やへえ）

1934年　奈良県吉野郡小川村（現東吉野村）で生まれる
1957年　同志社大学経済学部卒業
　　　　奈良県下の中学校教員となる．教職の合間に吉野林業史の研究に従事する
1995年　定年退職
　　　　大阪市立大学大学院経済学研究科前期博士課程進学
1998年　同課程修了

主な論文・共著等
「吉野材木業史試論」（『林業経済研究』47巻2号）「近世吉野地方の材木生産の発展」（『徳川林政史研究所研究紀要』36号）「吉野林業の成立と展開」「近世吉野における木材流通の問題」（『吉野町史』上巻）「吉野材木業の歴史」（吉野木材協同組合連合会記念誌『年輪』）「吉野の林業――杉・檜の良材に恵まれる」（『江戸時代人づくり風土記　奈良』29，農山漁村文化協会）その他共著・研究論文多数

近世吉野林業史（きんせいよしののりんぎょうし）

2008（平成20）年1月31日発行

著　者　谷　彌兵衛
発行者　田中周二
発行所　株式会社　思文閣出版
　　　　〒606-8203 京都市左京区田中関田町2-7
　　　　電話 075-751-1781（代表）

印　刷
製　本　株式会社 図書印刷 同朋舎

ISBN978-4-7842-1384-9　C3021

索　　引

【地　名】

（注記）大字名は近世村名に含む

か

き

く

つ

て

と

な

に

の

は

ひ

ふ

ほ

ま

み

む

や

よ

り

【事　項】

(注記)章名・節名に出ている語はとりあげない

き

く

け

こ

さ

し

す

せ

そ

た

ち

つ

て

と

な

に

ぬ

ね

の

は

ひ

ふ

へ

ほ

ま